MARTINUS NIJHOFF — PUBLISHER — THE HAGUE

H. A. LORENTZ

COLLECTED PAPERS

The Hague 1933 etc. 9 vols. royal 8vo.
Sewed: 90 guilders,
or bound in buckram: 108 guilders.
— Vols. VII and VIII are out —

FIRST LIST
OF SUBSCRIBERS TO
LORENTZ' COLLECTED PAPERS

EUROPE

The Netherlands and the
Netherlands East Indies

Bibliotheek der Universiteit	Amsterdam
Natuurkundig Laboratorium der Vrije Universiteit	Amsterdam
Bibliotheek der Technische Hoogeschool	Delft
Laboratorium voor Technische Physica	Delft
Philips Gloeilampen Fabriek, Natuurkundig Laboratorium	Eindhoven
Bibliotheek der Rijks-Universiteit	Groningen
Teyler's Stichting	Haarlem
Instituut voor Theoretische Natuurkunde	Leiden
Gemeente Bibliotheek	Rotterdam
Centrale Bibliotheek, Gasthuisstraat 68	Tilburg
Bibliotheek van het St. Ignatius College	Valkenburg
Dr. F. L. Bergansius	Leiden
Dr. E. D. Bruins	's-Gravenhage
Prof. Dr. J. M. Burgers	Delft
Prof. R. Casimir	's-Gravenhage
Dr. P. Clausing	Eindhoven

Prof. Dr. W. J. de Haas	Leiden
Prof. Dr. G. Holst	Aalst bij Eindhoven
Dr. W. Jacobs	Kerkrade
Ir. W. H. Koşter van Groos	Leeuwarden
Prof. Dr. H. A. Kramers	Leiden
A. J. M. Mulder, S.J.	Nijmegen
Dr. P. Mulder	Gorinchem
Dr. Balth. van der Pol	Eindhoven
Dr. J. Reudler	's-Gravenhage
Prof. Dr. J. D. van der Waals Jr.	Amsterdam
Dr. E. C. Wiersma	Leiden
Prof. Dr. P. Zeeman	Amsterdam
Prof. Dr. C. Zwikker	Delft
Bibliotheek der Koninklijke Natuur- kundige Vereeniging	Batavia
Nederlandsch Indische Artsenschool	Soerabaja
P. Blok	Takingeun
Dr. Ir. Han Tiauw Tjong	Kedoengwoenie
Dr. Ir. P. Honig	Pasoeroean
Ir. N. A. A. Smets	Bandoeng
Prof. Dr. H. R. Woltjer	Bandoeng
Unknown (5 copies through booksellers)	

Austria

Universitäts Bibliothek	Wien
Unknown (1 copy through bookseller)	

Belgium

Stedelijke Hoofdboekerij	Antwerpen
Natuurkundig Laboratorium der Uni- versiteit	Gent
Ir. A. van der Meersche	Gent
Prof. Dr. J. E. Verschaffelt	Gent
Unknown (3 copies through booksellers)	

Czechoslovakia

Masaryk Universitäts Bibliothek	Brno

France

Bibliothèque de la Société Française des Electriciens	Malakoff
Bibliothèque de l'École normale Supérieure	Paris
Bibliothèque de l'Université	Paris
Bibliothèque de l'École Municipale de Physique et de Chimie	Paris
Laboratoire de physique théorique du Collège de France	Paris
Prof. Dr. P. Langevin	Paris
Unknown (3 copies through booksellers)	

Germany

Preussische Staatsbibliothek	Berlin
Physikalisches Institut der Universität	Breslau
Seminar für theoretische Physik der Universität	Breslau
Bibliothek der Sächsischen Technischen Hochschule	Dresden
Universitäts Bibliothek	Freiburg i. Br.
Universitäts Bibliothek	Giessen
Mathematisches Institut der Universität	Göttingen
Universitäts Bibliothek	Göttingen
Universitäts Bibliothek	Halle
Staats- und Universitäts Bibliothek	Hamburg
Universitäts Bibliothek	Heidelberg
Universitäts Bibliothek	Jena
Bibliothek der Technischen Hochschule	Karlsruhe
Universitäts- u. Stadtbibliothek Abt. II.	Köln
Deutsche Bücherei	Leipzig
Universitäts Bibliothek	Marburg
Institut für theoretische Physik der Universität	München
Prof. Dr. C. Schaefer	Breslau
Unknown (14 copies through booksellers)	

Great Britain and Northern Ireland

Queen's University Library	Belfast
University Library	Birmingham
University Library	Cambridge
University College Library	Dundee
King's College Library	London
British Museum Library	London
Royal Society Library	London
Royal Institution Library	London
Unknown (2 copies through booksellers)	

Italy

Istituto di Fisica	Firenze
R. Scuola Normale Superiore Biblio-teca	Pisa
Biblioteca Matematica della R. Univer-sità	Torino
Unknown (2 copies through booksellers)	

Norway

Norges Tekniske Høiskole Hovedbiblio-teket	Trondheim

Poland

Jagellonische Bibliothek	Krakow
Unknown (2 copies through booksellers)	

Russia

Unknown (3 copies through bookseller)

Spain

Biblioteca Universitaria	Madrid
Prof. B. Cabrera	Madrid

Sweden

Kungl. Universitetsbiblioteket	Uppsala
Kungl. Tekniska Högskolans Bibliotek	Stockholm
Unknown (1 copy through bookseller)	

Switzerland

Universitäts Bibliothek	Basel
Bibliothèque Cantonale et Universitaire	Lausanne
Bibliothek der Eidg. Technischen Hoch-schule	Zürich
Physikalisches Institut der Eidg. Tech-nischen Hochschule	Zürich
Unknown (1 copy through bookseller)	

Yugoslavia

Physikalisches Institut der Universität	Zagreb

AFRICA

Egypt

Egyptian University Library, Faculty of Science	Cairo

AMERICA

Canada

Queen's University Library, Douglas Library	Kingston, Ont.
University of Western Ontario Library	London, Ont.
McGill University Library	Montreal, Que.

United States of America

Iowa State College Library	Ames, Iowa.
University of California Library	Berkeley, Cal.
Lehigh University Library	Bethlehem, Pa.

University of Colorado Library	Boulder, Colo.
University of Chicago, Harper Memorial Library	Chicago, Ill.
Western Reserve University Libraries	Cleveland, O.
Ohio State University Library	Columbus, O.
Northwestern University Library	Evanston, Ill.
Dartmouth College Library	Hanover, N.H.
Rice Institute Library	Houston, Tex.
Cornell University Library	Ithaca, N.Y.
University of Nebraska Library	Lincoln, Nebr.
University of Wisconsin Library	Madison, Wisc.
University of Minnesota Library	Minneapolis, Minn.
Yale University Library	New Haven, Conn.
Columbia University Library	New York City, N.Y.
New York Public Library	New York City, N.Y.
California Institute of Technology Library	Pasadena, Cal.
American Philosophical Society	Philadelphia, Pa.
University of Pennsylvania Library	Philadelphia, Pa.
Princeton University Library	Princeton, N.J.
Brown University Library	Providence, R.I.
University of Rochester Library	Rochester, N.Y.
Mt. Holyoke College Library	South Hadley, Mass.
University of Virginia Library	University, Va.
University of Illinois Library	Urbana, Ill.
Library of Congress	Washington, D.C.
Prof. Dr. W. V. Houston	Pasadena, Cal.
Prof. Dr. G. E. Uhlenbeck	Ann Arbor, Mich.
Unknown (1 copy through bookseller)	

ASIA

India

Indian Institute of Science	Bangalore
University Library	Bombay
University Library	Madras
Prof. Sir C. V. Raman	Bangalore
Prof. W. Rahman	Hyderabad-Deccan

China

Tsing Hua University Library	Peiping
National Research Institute of Physics, Academia Sinica	Shanghai
Unknown (1 copy through bookseller)	

Japan

Kyushu Imperial University, Faculty of Science	Fukuoka
Hiroshima University of Literature and Science, Seminary of Physics	Hiroshima
Fifth High School	Kumamoto
Tokyo Imperial University, Faculty of Engineering, Physical Laboratory	Tokyo
Tokyo Imperial University, Faculty of Science, Physical Institute	Tokyo
Military Scientific Laboratory	Tokyo
Library of the Institute of Physical and Chemical Research	Tokyo
Hiroshi Fukushima	Tokyo
Usaku Kakinuma	Tokyo
Masamichi Konkoh	Tokyo
Matsuhei Tamura	Kyoto
Unknown (2 copies through booksellers)	

AUSTRALIA

University Library	Melbourne, Victoria
Public Library of Victoria	Melbourne, Victoria

The complete list of the purchasers of *Lorentz' Collected Papers* will appear in the last volume. If those who have acquired the work through their booksellers, desire to be mentioned in that list, they should authorize them to forward their names.

The Hague, December 1934

ORDER FORM

Please send:

LORENTZ, COLLECTED PAPERS. 9 vols. roy. 8vo

Price, sewed: **90 guilders,**

or bound in buckram **108 guilders.**

(After January 1935 the work will no longer be available at the subscriptionprice: sewed 75 guilders, or bound in buckram 90 guilders)

ADDRESS:

NAME:

Payment after the publication of each volume (Gld. 10.— or Gld. 12.—)
Two or **three** volumes will appear annually.

— **Mede verkrijgbaar door den boekhandel** —

H. A. LORENTZ
COLLECTED PAPERS

Jan Veth del. 1899

H. A. Lorentz

H. A. LORENTZ

COLLECTED
PAPERS

VOLUME IX

THE HAGUE
MARTINUS NIJHOFF
1939

ISBN 978-94-015-2213-7   ISBN 978-94-015-3443-7 (eBook)
DOI 10.1007/978-94-015-3443-7

Reprint of the original edition 1939

CONTENTS

PREFACE

With the present ninth volume we bring to a conclusion the edition of the Collected Papers of Professor H. A. Lorentz. It contains the evidence of his constant activity to promote the interest in science of a larger public, in particular of his country men, by addresses on several occasions, by articles in magazines and newspapers, and otherwise. In a certain way in this part of his work he belongs more particularly to his country, therefore we reproduce it in the original language, with the exception of his inaugural address as Leiden professor early in 1878, which readers abroad might be interested in. The sketch of Ludwig Boltzmann, in the German language, contains a most powerful and deep-going survey of the scientific work of this genius.

In several places the character of the man's personality rather than that of the scientist reveals itself, his attitude towards various problems and his personal views. In his first address he refers to the value of mathematics, we hear his dislike for too vivid visual speculations and crude hypotheses, his taste for the soberness of mathematical formulae, where he argues that the fundamental principles must needs escape further explanation. On page 54 we read what he said about determinism, and on page 181 he expresses himself on the relation of matter and mind. His intimate feelings on space and time, and the aether, are touched upon on pages 240, 261, 274. What he says or writes about other physicists shows how he wanted to throw light upon their achievements, on page 322 he explicitly states that it was not himself, but Einstein, to whom the final relativity theory is due.

We have added a systematic and a chronological bibliography of Lorentz's work, this last with full references to the original publications, including books, treatises, and minor contributions not published again in this collection for reasons previously mentioned.

With a slight alteration we end by applying to Professor H. A. Lorentz himself some words which he spoke in commemoration of Fresnel, whom he so much admired, to be found on page 342 of the present volume:

„avec son génie et son don de pénétration, il a été, pour nous, un maître et un guide.”

P. ZEEMAN

December 1938   A. D. FOKKER

DE MOLECULAIRE THEORIËN IN DE NATUURKUNDE [1])

Curatoren, Professoren, Studenten van deze Universiteit,
Gij allen voorts, die mij met Uwe tegenwoordigheid vereert,
Zeer gewenschte Toehoorders!

Wanneer iemand, die nooit eenig deel der natuurwetenschap ernstig heeft beoefend, een blik slaat in onze natuurkundige tijdschriften en ziet, met welke onderwerpen zich het experimenteel onderzoek bezig houdt, is hij allicht geneigd, een groot deel dier onderzoekingen voor volstrekt nutteloos te houden. Tegen bepalingen van de elasticiteit der metalen, de spankracht van waterdamp, de electromotorische kracht van galvanische elementen en dergelijke meer zal hij waarschijnlijk geen bezwaar maken, daar hij hierbij aan de gewichtige *toepassingen* der natuurkunde zal denken. Maar het zal onzen oningewijde een raadsel zijn, welk belang men toch met mogelijkheid kan stellen in de kleine afwijkingen der gassen van de wet van BOYLE, welke toch in de practijk worden verwaarloosd, in de soortelijke warmte van een metaal als het cerium, dat slechts in hoeveelheden van eenige looden is verkregen, of in de optische constanten van de eene of de andere zeldzaam voorkomende delfstof. En wanneer hij verneemt, dat er natuurkundigen zijn, die een groot deel van hun leven besteden aan het onderzoek naar den vorm van vloeistofdruppels en vloeistofvliezen, of aan het bepalen der brekingsindices van allerhande stoffen, zal hij hun arbeid als van weinig belang en als weinig opwekkend beschouwen.

Inderdaad zouden ook het meerendeel der physische onderzoekingen van luttel beteekenis zijn, indien zij geheel op zich zelve moesten blijven staan. Maar dit is gelukkig het geval niet. Het eigenlijke doel der natuurstudie is — wij weten het allen — niet het verzamelen van zooveel mogelijk feiten. Integendeel verkrijgen deze eerst hunne rechte beteekenis, als het gelukt, het *ver-*

[1]) Inaugureele rede, te Leiden, 25 Januari 1878.

— 1 —

band er tusschen op te sporen en het einddoel van het onderzoek moet het zijn, de tallooze verschijnselen der natuur als noodzakelijke gevolgen uit enkele eenvoudige grondbeginselen af te leiden.

Dat hiermede geen onbereikbaar ideaal wordt nagejaagd, wordt door de reeds verkregen resultaten ten duidelijkste bewezen. In verscheidene takken der natuurwetenschap is men er werkelijk in geslaagd, hoe langer hoe meer verschillende verschijnselen onder één enkel gezichtspunt samen te vatten. Wij hebben daardoor de overtuiging verkregen, dat er vaste natuurwetten bestaan moeten, m.a.w. dat in de natuurverschijnselen toeval, willekeur en onregelmatigheid zijn buitengesloten. Die overtuiging heeft reeds zoo diep wortel geschoten, dat het ons moeilijk valt, ons voor te stellen, hoeveel arbeid en inspanning het den natuuronderzoekers moet gekost hebben, om haar in het leven te roepen, en hoe groot de diensten zijn, die zij daarmede aan onze tegenwoordige beschaving hebben bewezen. Wanneer wij ons echter den ver strekkenden invloed herinneren, dien het in onze dagen heeft gehad, toen op het gebied der levende natuur meer orde en regelmaat dan te voren aan het licht werden gebracht, dan kunnen wij ons eenigszins voorstellen, hoeveel onze hedendaagsche wereldbeschouwing aan het opsporen der natuurwetten te danken heeft.

Niet in alle deelen der natuurwetenschap is men in het streven naar het doel, dat ik U schetste, even ver gevorderd. Men bracht het des te verder, naarmate de verschijnselen, die men onderzocht, beter voor nauwgezette waarneming en daarop gebaseerde strenge redeneeringen vatbaar waren. En de grootste strengheid kon men in die redeneeringen verkrijgen, wanneer men zich niet tot eene qualitatieve beschouwing der verschijnselen behoefde te bepalen, maar wanneer het mogelijk was, de daarbij voorkomende grootheden te meten of te wegen. Kon aldus het kenmerkende in elk verschijnsel door bepaalde *getallen* worden uitgedrukt, dan kon ook de redeneering, die men daarop toepaste al de scherpte en duidelijkheid verkrijgen, die aan de uitkomsten der *wiskunde* eigen zijn.

In dezen zin kan men dus elke redeneering, die op natuurkundige metingen berust, eene *wiskundige* noemen. Ik wil daarmee niet zeggen, dat zij noodzakelijk van een ingewikkeld wiskundig *teekenschrift* gebruik moet maken. Integendeel, zoolang wij met eenvoudige gevallen te doen hebben, kunnen wij dikwijls dit laatste geheel ontberen. Maar naarmate men dieper doordringt in het wezen der verschijnselen worden deze, zoowel als de redeneeringen, waartoe zij aanleiding geven, ingewikkelder. Aan den eenen kant worden hierdoor aan het proefondervindelijk onderzoek steeds hoogere eischen gesteld en aan den anderen kant heeft de onderzoeker soms al de hulpmiddelen der wiskunde noodig, om zijn denkvermogen te hulp te komen. Zoo is het gekomen, dat ook op het gebied der natuurkunde de vooruitgang met eene verdeeling van arbeid gepaard is gegaan en dat zich naast de proefondervindelijke natuurkunde de mathematische physica heeft ontwikkeld.

Als den grondlegger dezer laatste wetenschap hebben wij NEWTON te beschouwen. Vooreerst komt hem die naam toe, als er van de algemeene methode der mathematische physica sprake is. NEWTON gaf het eerste groote voorbeeld van de toepassing der wiskunde op het natuuronderzoek. Wel is waar hield hij zich voornamelijk met de bewegingen der lichamen van ons zonnestelsel bezig, maar dezelfde beginselen, die hij hierop met zulk een schitterenden uitslag toepaste, kunnen en moeten ook bij het onderzoek van andere natuurverschijnselen dienen. De verwachting van NEWTON, dat men eens ook deze uit wiskundige beginselen zou kunnen afleiden, is voor een groot deel vervuld en zoo is het gebleken, dat hij met volle recht zijn werk niet „Theoretische sterrenkunde" noemde, maar het den trotschen titel gaf van „Philosophiae naturalis principia mathematica."

Maar meer nog dan de algemeene methode van onderzoek is de theoretische natuurkunde aan NEWTON verschuldigd. De slotsom zijner ontdekkingen bestond in de stelling, dat twee stofdeeltjes elkaar altijd aantrekken met eene kracht, die omgekeerd evenredig is met de tweede macht van hun afstand, en dit denkbeeld van een onderlinge aantrekking van twee stofdeeltjes, uit de sterrenkundige verschijnselen afgeleid, heeft ook in de theoretische natuurkunde een hoogst belangrijke rol gespeeld. Het zij mij vergund, U dit nader uiteen te zetten en daartoe te spreken over de *moleculaire theoriën in de natuurkunde*.

Wel niemand zal het tegenwoordig onbekend zijn, dat de natuurkundigen zich elk lichaam voorstellen als een stelsel van zeer kleine deeltjes, de zoogenaamde *moleculen*, waarvan elke, zooals vooral de scheikunde ons leert, uit een aantal nog kleinere deeltjes, de *atomen*, kan zijn opgebouwd. Al de redenen, die voor deze voorstellingswijze pleiten, zal ik thans niet ontvouwen. Evenmin is het mijn plan, uitvoerig na te gaan, hoe zich onze begrippen over atomen en moleculen langzamerhand ontwikkeld hebben. Alleen wil ik hier wijzen op de verschillende denkbeelden, die in den loop der tijden geheerscht hebben omtrent de wijze, waarop de atomen op elkander werken.

De atomisten der oudheid en GASSENDI, die in het midden der zeventiende eeuw aan hunne hypothesen nieuw leven schonk, trachtten alle natuurverschijnselen te verklaren uit de beweging en de onderlinge botsing der atomen. Deze zelve zijn bij GASSENDI kleine, volkomen harde lichaampjes van verschillenden vorm, die geen invloed op elkaar uitoefenen, zoolang zij op zekeren afstand van elkaar zijn, maar zich bij de botsing als veerkrachtige lichamen gedragen. Was het gelukt, uit deze onderstellingen werkelijk alle eigenschappen der lichamen af te leiden, dan zouden deze althans tot een eenvoudig grondbeginsel zijn teruggebracht. Maar dit gelukte geenszins en weldra zagen zich de natuurkundigen genoodzaakt, aan de kleinste deeltjes der lichamen een zeer ingewikkelden bouw toe te kennen en ontaardde de theorie der atomen in eene theorie van kleine, met allerhande eigenschappen toegeruste lichaampjes.

Om U te doen zien, dat hier werkelijk van eene *ontaarding* sprake kan zijn, zal het voldoende zijn, wanneer ik U eenige denkbeelden meêdeel, waartoe men op deze wijze geraakte.

Volgens den Italiaanschen natuurkundige BORELLI zouden de eigenschappen der lucht hieruit verklaard moeten worden, dat hare deeltjes kleine buigzame en veerkrachtige lichaampjes zijn, die kunnen worden samengedrukt, maar als de drukking ophoudt weer hun vroegeren vorm aannemen. Het beste was, naar hij meende, de onderstelling, dat de luchtdeeltjes den vorm van holle cilinders hebben, die uit dunne plaatjes of draden zijn samengesteld. De deeltjes van het water omringde BORELLI met een groot aantal veerkrachtige uitsteeksels, die in elkaar kunnen grijpen en waarmee de deeltjes zich aan de oneffenheden van een vasten wand kunnen hechten, en hij zocht hierin de verklaring van de vorming van druppels en van het opstijgen van water in nauwe buizen.

Dat men met dergelijke bespiegelingen geheel op den verkeerden weg was, behoeft wel nauwelijks aangewezen te worden. Bij elk nieuw verschijnsel, dat zich ter verklaring voordoet, eenvoudig de eigenschappen en den bouw der kleine deeltjes de noodige wijzigingen te doen ondergaan, is al zeer gemakkelijk en geheel iets anders dan het afleiden der natuurverschijnselen uit enkele eenvoudige grondbegrippen.

De atomistische en moleculaire theoriën leverden dan ook eerst deugdelijke resultaten op, nadat er een nieuw denkbeeld in was opgenomen. Dit laatste bestond in de onderstelling, dat twee atomen, op een afstand van elkander geplaatst, op elkander werken met eene kracht, waarvan de grootte op de eene of de andere wijze van den afstand afhangt.

Naar het schijnt hebben reeds sommigen voor NEWTON dit denkbeeld gehad, maar het verkreeg vooral door zijne ontdekkingen ingang. Ik zeide U reeds, tot welke wet omtrent de aantrekking van twee stofdeeltjes deze ontdekkingen voerden. Die wet was uit de bewegingen der hemellichamen afgeleid en zij behoefde dus ook slechts op aanzienlijke afstanden te gelden, terwijl het zeer goed mogelijk was, dat op zeer kleine afstanden de aantrekking een andere wet volgde, of zelfs in een afstooting overging. NEWTON zelf liet zich reeds in dezen geest uit en het denkbeeld om de eigenschappen der lichamen te verklaren uit de aantrekkingen of afstootingen, die de atomen op zeer kleine afstanden op elkaar uitoefenen, werd later de grondslag van vele deelen der theoretische natuurkunde en is dit tot heden toe gebleven.

Intusschen werd niet dadelijk na het verschijnen van NEWTON's werk deze richting ingeslagen. Integendeel duurde het, vooral op het vasteland, vrij lang, voor men er in kon berusten, de krachten, die de stofdeeltjes op een afstand op elkaar uitoefenen, als de oorzaak der natuurverschijnselen te beschouwen.

DESCARTES had getracht, de beweging der hemellichamen te verklaren door aan te nemen, dat de geheele ruimte met eene vloeistof gevuld is, waarvan de deelen eene wervelende beweging bezitten, waarbij zij de planeten meesleepen. Deze voorstellingswijze scheen velen aanschouwelijker toe dan de onderstelling, dat de hemellichamen elkaar op een afstand zouden aantrekken. Het gevolg was, dat verscheidene natuurkundigen wel is waar de wet erkenden, die NEWTON voor de aantrekking der planeten door de zon had gevonden, maar meenden, dat die aantrekking moest verklaard worden uit de bewegingen eener vloeistof, die de hemelruimte vult. Was dit echter het geval, dan kon zij natuurlijk niet beschouwd worden als de resultante van de werkingen, die de verschillende stofdeeltjes der zon uitoefenen. Zoo dacht er o.a. CHRISTIAAN HUIJGENS over en ofschoon hij met veel waardeering van het werk van zijn Engelschen tijdgenoot spreekt, verwerpt hij het beginsel, dat elk paar stofdeeltjes elkaar onderling aantrekken.

Eerst langzamerhand vond dit beginsel ingang. Dit was zoozeer het geval, dat veertig jaar na het verschijnen der „Principia" VOLTAIRE bij een bezoek aan Londen kon schrijven: „Als een Franschman in Londen komt vindt hij een zeer groot onderscheid in de philosophie zoowel als in de meeste andere zaken. In Parijs verliet hij de wereld geheel met stof gevuld, in Londen vindt hij ze geheel ledig. In Parijs ziet men het heelal geheel met aetherische wervels bezet, terwijl hier in dezelfde ruimte onzichtbare krachten haar spel drijven." Met de eenvoudige natuurverklaring, die men door die onzichtbare krachten verkreeg, was VOLTAIRE zoo ingenomen, dat men vooral aan hem de invoering der leer van NEWTON in Frankrijk te danken heeft. Ik mag hierbij niet verzwijgen, dat 's GRAVESANDE tot de eersten behoorde, die zich voor deze leer verklaarden, en haar aan deze Universiteit onderwees [1]).

Wat zoolang de invoering van het begrip van aantrekkende en afstootende krachten in den weg stond was de omstandigheid, dat men het ongerijmd achtte, dat twee stofdeeltjes, op een afstand van elkaar geplaatst, door de ledige ruimte heen op elkaar zouden werken. Bij de gewichtige rol, die de aantrekkende en afstootende krachten in de theoretische natuurkunde spelen, is het wel de moeite waard, hierbij een poos stil te staan.

Wanneer iemand voor het eerst de studie der natuurkunde begint, is het zeker wenschelijk, dat hem op dit vreemde gebied alles zoo duidelijk en aanschouwelijk mogelijk worde voorgesteld. Vele ingewikkelde waarheden en afgetrokken begrippen kunnen door vergelijking met gevallen, aan de dagelijksche ervaring ontleend, worden opgehelderd en van de gelukkige keuze daarvan hangen de vruchten van het onderwijs voor een groot deel af. Maar men

---

[1]) Zie de aanteekeningen aan het eind, blz. 22 (Noot van de uitgevers).

kan ook van goede dingen te veel hebben en zoo kan men ook door, als ik mij zoo mag uitdrukken, al te aanschouwelijk te zijn, zijn doel voorbijstreven en hetgeen als beeld moet dienen zoo op den voorgrond stellen, dat het te veel voor de zaak zelf wordt gehouden. In dezen zin kan het al te aanschouwelijk worden, wanneer men de vergelijking van den electrischen stroom met eene stroomende vloeistof te ver drijft, of wanneer men de vorming van kristallen wil ophelderen door de regelmatige rangschikking, die de deeltjes van ijzervijlsel onder den invloed van een magneet aannemen.

Tegen eene dergelijke overmaat van aanschouwelijkheid nu heeft men zich vooral te wachten, als er in de natuurkunde van *krachten* sprake is.

Men heeft ons geleerd, dat eene kracht de oorzaak is, waardoor een lichaam in beweging wordt gebracht, of waardoor de richting en snelheid der beweging, die het reeds heeft, worden veranderd. Het eerst denken wij hierbij aan die gevallen, waarin wij door onze eigen spierkracht een voorwerp in beweging brengen, en onder dit beeld blijven wij ons al licht ook andere krachten voorstellen. Zoo komt het, dat wij geneigd zijn, aan de kracht een zekere realiteit tegenover de stof, waarop zij werkt, toe te schrijven en te verwachten, dat de natuurkunde ons veel zal leeren van de oorzaken, waardoor zich nu eigenlijk een steen naar de aarde, of een ijzerdeeltje naar een magneetpool beweegt. In deze verwachting worden wij deerlijk teleurgesteld en hoe het eigenlijk met de zaak gesteld is zien wij eerst duidelijk in, wanneer wij de wiskunde hebben te hulp geroepen. Het blijkt ons dan, dat men niet anders kan doen dan vergelijkingen opstellen, waardoor voor elk oogenblik de stand en de snelheid van den vallenden steen kunnen berekend worden. Dit doel kan door verschillende vergelijkingen worden bereikt en eene daarvan geeft de veranderingen aan, die de snelheid van den steen aanhoudend ondergaat. Om nu die vergelijking in woorden uit te drukken kan men aan een der daarin voorkomende grootheden den naam van kracht geven en men komt dan tot de uitspraak, dat op den steen eene standvastige kracht werkt, die naar het middelpunt der aarde gericht is.

Even als hier is ook in andere gevallen het woord kracht slechts een naam voor sommige grootheden, die in onze wiskundige formules voorkomen. Wanneer wij de natuurverschijnselen trachten te verklaren uit aantrekkende en afstootende krachten tusschen de atomen der lichamen, dan beteekent dit niets anders, dan dat wij een verband trachten op te sporen tusschen de beweging van elk atoom en zijn stand ten opzichte van de andere. Hoe het nu eigenlijk komt, dat een atoom zich op deze of gene wijze beweegt, wordt daarbij geheel in het midden gelaten en blijft ons volkomen onbegrijpelijk.

Hieruit volgt, dat, wanneer men langs anderen weg den laatsten grond der natuurverschijnselen kon opsporen, de aantrekkende en afstootende krachten hoe eer hoe beter uit de wetenschap moesten worden verbannen. Maar het is niet moeilijk in te zien, dat ook bij andere verklaringswijzen eene grens bestaat, die door het natuurkundig onderzoek niet kan worden overschreden.

Nemen wij bijv. de denkbeelden der vroegere atomisten. Wij hebben ons dan volkomen onveranderlijke atomen voor te stellen en aan te nemen, dat de beweging van twee dezer deeltjes, die tegen elkaar botsen, op dezelfde wijze veranderd wordt als die van twee veerkrachtige lichamen. Vraagt men nu waarom dit het geval is, dan moet men ons het antwoord schuldig blijven, want er is volstrekt geene reden aan te geven, waarom twee onveranderlijke atomen zich juist als veerkrachtige lichamen zullen gedragen. Dus ook hier gaat men van een grondbeginsel uit, dat zelf aan verdere verklaring ontsnapt.

Hetzelfde geldt ook van een paar andere voorstellingswijzen, die in den nieuweren tijd ontstaan zijn.

Het onderzoek had geleerd, dat men de verschijnselen der wrijvingselectriciteit volkomen kan afleiden uit aantrekkende en afstootende krachten, die volgens de wet van NEWTON van den afstand afhangen. Zoo ergens dan scheen dus hier het denkbeeld van dergelijke krachten steun te vinden. Maar ziet, juist op het gebied der electriciteitsleer ontwikkelt zich eene andere zienswijze. Volgens de denkbeelden van FARADAY, later door MAXWELL in wiskundigen vorm overgebracht, heeft men zich de ruimte voor te stellen als doorloopend met stof gevuld en slechts eene werking tusschen naast elkaar liggende deelen der stof aan te nemen. Ontleedt men dit denkbeeld, dan komt het hierop neer, dat men een verband zoekt tusschen den toestand in eenig deel der stof en andere niet verwijderde, maar onmiddellijk daarnaast liggende deelen 2). Tegen deze handelwijze is niets in te brengen; alleen vergete men niet, dat ook hier de laatste oorzaak van dit verband in het duister blijft schuilen.

Evenmin kan, naar 't mij voorkomt, door de voorstelling, die WILLIAM THOMSON zich van de atomen vormt, het geheim worden ontsluierd. Om hier verstaanbaar te blijven moet ik U verzoeken, aan een verschijnsel te denken, waarin wel niemand op het eerste gezicht den sleutel zou zoeken, om tot het wezen der atomen door te dringen, aan de welbekende ringen nl., die van tabaksrook kunnen worden geblazen. De rookdeeltjes zijn in zulk een ring in eigenaardige rondgaande beweging en men heeft hem daarom een *wervelring* genoemd. Het heeft lang geduurd, vóór het gelukte, dergelijke draaiende bewegingen aan het wiskundig onderzoek te onderwerpen. Eerst HELMHOLTZ slaagde er in, voor eene onsamendrukbare vloeistof, waarbij de beweging door geene inwendige wrijving wordt belemmerd, belangrijke uitkomsten omtrent de bedoelde bewegingen te verkrijgen, terwijl later ook THOMSON zich met dit onderzoek heeft bezig gehouden. Het is gebleken, dat een wervelring in eene vloeistof, zooals ik ze daar noemde, nooit kan worden voortgebracht en, als hij er eens is, onvergankelijk is, dat men hem nooit in stukken kan verdeelen en dat twee wervelringen een eigenaardige werking op elkaar uitoefenen. Een en ander bracht THOMSON tot de onderstelling, dat het heelal met eene doorloopende, onsamendrukbare vloeistof zou zijn gevuld en dat de atomen niet anders zouden zijn dan wervelringen in die vloeistof. Hoeveel bewondering men ook nu reeds voor deze vernuftige bespiegeling moge koesteren, men zal hare waarde eerst kunnen beoordeelen, als men de onderlinge werking der wervelringen uitvoeriger onderzocht heeft [3]). Maar zelfs wanneer het gelukte, uit de hypothese der wervelatomen de natuurverschijnselen af te leiden dan zou er nog een raadsel overblijven, aldus luidende: Hoe is het mogelijk, dat een deel der onderstelde vloeistof, die onsamendrukbaar is en niet uit afzonderlijke deeltjes bestaat, tegen de omringende vloeistof naar alle zijden eene drukking uitoefent? Van de beschouwing dier drukking moet men echter noodzakelijk uitgaan, als men de vergelijkingen opstelt, waarop de geheele theorie berust [4]).

Ik heb U thans eenige richtingen aangegeven, die men ter verklaring der natuurverschijnselen heeft ingeslagen. Bij alle kwamen wij tot een beginsel, dat voor geene verdere natuurkundige verklaring vatbaar schijnt te zijn. Waar het zoo met de zaak gesteld is, is het dunkt mij, niet van lichtvaardigheid vrij te pleiten, wanneer men, zooals soms gebeurt, eene dezer richtingen als de eenig juiste beschouwt. Integendeel geloof ik, dat het zeer nuttig is, dat verschillende onderzoekers hier verschillende wegen inslaan, want alleen zoo zal men eens kunnen beslissen, niet welke weg de geheimen der natuur geheel ontraadselt, maar welke tot het eenvoudigste grondbeginsel voert.

Tegenwoordig is intusschen de voorstellingswijze, volgens welke de atomen elkaar aantrekken of afstooten, hare mededingsters nog ver vooruit en ik zal er mij verder voornamelijk toe bepalen, U te schetsen, wat de onderzoekingen in deze richting ondernomen, omtrent den bouw der lichamen aan het licht hebben gebracht.

Wat men te onderzoeken had was niet weinig. Ziet hier de vragen, die zich ter oplossing voordeden. Hoe zijn op een bepaald oogenblik de moleculen van een lichaam ten opzichte van elkander en hoe de atomen in elke molecule geplaatst? Door welke bewegingen verandert die stand onophoudelijk? Welke aantrekkende of afstootende krachten komen daarbij in het spel en hoe hangen die krachten van den afstand af? Men behoeft deze vragen slechts te hooren om te kunnen begrijpen, dat het antwoord verre van volledig moet zijn. Immers, men kan de beweging van drie atomen, die elkaar volgens eene gegeven wet aantrekken, reeds niet meer berekenen; hoeveel te meer moeilijkheden moet het dan opleveren, de bewegingen der millioenen atomen te bepalen, waaruit elk lichaam is opgebouwd! De resultaten, die men verkregen heeft, kan men dan ook zoo samenvatten, dat men van de bewegingen der atomen binnen de moleculen en van de krachten, waardoor zij aan elkaar gebonden zijn, bijna niets weet; van de moleculen in haar geheel iets meer, maar toch in de meeste gevallen nog weinig. Ik zal dan ook verder over de atomen bijna niet meer te spreken hebben.

Het eerste uitvoerige onderzoek, dat wij over de moleculaire krachten bezitten, had betrekking op de *vloeistoffen*. Wij zagen reeds, hoe BORELLI zich van de vorming van druppels en van het opstijgen van water in nauwe buizen eene voorstelling vormde, die werkelijk geen verklaring mag heeten. Deze laatste verkreeg men eerst, toen LAPLACE in zijne „Mécanique céleste" de aantrekkende krachten tusschen de vloeistofmoleculen aan wiskundige berekening onderwierp. Het bleek toen, dat men al de verschijnselen, die zich op dit gebied voordoen, verklaren kan uit de onderstelling, dat twee moleculen eene aantrekking op elkaar uitoefenen, die slechts op zeer kleinen afstand merkbaar is en dat hetzelfde ook geldt van de aantrekking, die de vloeistofdeeltjes van een vasten wand ondervinden. Niet alleen verkreeg men hieruit een qualitatieve verklaring, maar het gelukte LAPLACE ook, uit zijne theorie af te leiden, op welke wijze de stijghoogte van eene vloeistof in nauwe buizen van de middellijn der laatste afhangt, en deze uitkomst werd door de metingen bevestigd.

Bij alle waardeering der door LAPLACE ontwikkelde theorie is het intusschen niet te ontkennen, dat zij nog geene zuiver moleculaire theorie mag genoemd worden. Immers deze moet *alles* terugbrengen tot de beweging der deeltjes en de krachten, die zij op elkaar uitoefenen. Bij de verklaring, die LAPLACE van de capillaire verschijnselen gaf, spelen vooreerst de aantrekkende krachten een rol, ten tweede de drukking, die aan elkaar grenzende deelen der vloeistof op elkaar uitoefenen, maar deze laatste wordt niet tot de grondbegrippen der moleculaire theoriën teruggebracht. Tegenwoordig weten wij, dat de oorzaak dier drukking gezocht moet worden in de onzichtbare beweging der deeltjes, waarin wij geleerd hebben, het wezen der *warmte* te zien. Ongelukkig staan echter aan het wiskundig onderzoek dier beweging bij de vloeistoffen nog groote zwarigheden in den weg.

Verder is men gevorderd bij de *gassen* en dit is aan de kleinere dichtheid dezer lichamen toe te schrijven. Het gevolg daarvan is, dat men mag aannemen, dat elke gasmolecule zich gedurende het grootste deel van haar weg buiten den invloed der andere deeltjes bevindt en dus met standvastige snelheid in eene rechte lijn voortgaat. Slechts nu en dan en dan telkens voor zeer korten tijd komt eene molecule zoo dicht in de nabijheid van eene andere, dat hare beweging door de krachten, die deze op haar uitoefent, veranderd wordt; er heeft, zooals men gewoonlijk zegt, eene *botsing* plaats. Aan deze omstandigheden heeft men het te danken, dat de beweging der gasdeeltjes aan de berekening kon worden onderworpen. Die berekening heeft reeds zulk een groot aantal schoone resultaten opgeleverd, dat ik in den tijd, waarover ik beschikken mag, U slechts een zeer beknopt overzicht daarvan zal kunnen geven.

De eerste eisch, dien men aan de theorie kon stellen, was deze, dat zij de spankracht der gassen moest kunnen verklaren. Werkelijk gelukte het, uit de beschouwing van de botsingen der gasdeeltjes tegen de wanden van het vat, waarin zij besloten zijn, af te leiden, hoe die spankracht van de dichtheid van het gas moet afhangen. Tevens kon men uit dit onderzoek voor elke temperatuur de gemiddelde snelheid der deeltjes berekenen en het bleek hierbij, dat deze zeer groot is. Voor waterstofgas bijv. bij de temperatuur van smeltend ijs bedraagt die gemiddelde snelheid ruim 1800 m in de secunde [5]).

Ik zeg met opzet: de *gemiddelde* snelheid, want gemakkelijk ziet men in, dat niet alle deeltjes zich even snel kunnen bewegen. Immers, de moleculen ontmoeten elkaar van tijd tot tijd en daarbij wordt telkens hare snelheid gewijzigd, zoodat ook op elk oogenblik de snelheid van sommige deeltjes grooter, die van andere kleiner dan het gemiddelde bedrag moet zijn. MAXWELL is er in geslaagd, voor een gas, waarbij de moleculen niet uit verscheidene atomen zijn samengesteld, deze ingewikkelde zaak wiskundig te behandelen, zoodat men nauwkeurig kan aangeven, volgens welke wet de verschillende snelheden over de verschillende moleculen verdeeld zijn. Wij bezitten dus eene zeer volledige kennis van den inwendigen toestand van een gas, zooals ik het daar noemde.

Hetzelfde kan niet gezegd worden van die gassen, wier moleculen uit twee of meer atomen zijn samengesteld. Het vraagstuk, om dan niet alleen de voortgaande beweging der moleculen, maar ook de beweging van de afzonderlijke atomen te bepalen, is een van de gewichtigste der theoretische natuurkunde en ook voor de scheikunde van het hoogste belang. Ongelukkig laat de oplossing ervan zich nog steeds wachten. Wel is waar hebben wij aan BOLTZMANN belangrijke onderzoekingen te danken over het verband, dat er tusschen de levendigheid van de voortgaande beweging der moleculen en die van de atomen binnen de moleculen bestaan moet, maar zijne uitkomsten zijn niet met de ervaring in overeenstemming.

Eene volledige oplossing van het vraagstuk zal men trouwens niet kunnen verkrijgen, zonder op eene eigenaardige omstandigheid te letten, waardoor de zaak zeer moeilijk wordt. Het is nl.

mogelijk, dat bij de ontmoeting van twee moleculen de atomen, waaruit zij zijn samengesteld, van elkaar worden gescheiden, of zich op andere wijze dan te voren met elkaar verbinden. In hoe verre dit plaats heeft en welke er de gevolgen van zijn, zietdaar vragen, tot welker wiskundige behandeling eerst in den allerlaatsten tijd een eerste poging gedaan is 6).

De onderzoekingen, waarover ik U tot nu toe sprak, hadden steeds betrekking op het geval, dat een gas overal dezelfde temperatuur en dichtheid bezit en ondanks de heen- en weergaande beweging zijner moleculen, in zijn geheel in rust verkeert. Ook voor twee gassen, die gelijkmatig met elkaar vermengd zijn, heeft men dien stationnairen toestand onderzocht.

Na te gaan, wat er gebeurt, wanneer die toestand niet bereikt is, was het doel eener tweede reeks van onderzoekingen. Hiertoe behooren alle theoriën over de stroomende bewegingen, die in eene gasmassa kunnen plaats hebben, over de daarbij optredende inwendige wrijving, over de warmtegeleiding, eindelijk over de wijze, waarop de vermenging van twee gassen tot stand komt. Bij al deze verschijnselen doet zich de omstandigheid voor, dat de uitkomsten der theorie afhangen van de wijze, waarop twee moleculen bij de botsing op elkander werken. Hieromtrent nu heerschen twee verschillende zienswijzen.

Volgens de oudste oefenen twee moleculen bij hare ontmoeting geene werking op elkander uit vóór zij op een bepaalden afstand van elkaar zijn gekomen, maar bestaat er, zoodra die afstand slechts een weinig overschreden wordt, eene sterke afstooting. Is dit het geval, dan moeten zich de deeltjes bij de botsing als veerkrachtige lichamen gedragen. Men had uit deze beschouwingswijze afgeleid, hoe de inwendige wrijving van een gas met de temperatuur moet toenemen, maar het aldus verkregen resultaat was met de door MAXWELL genomen proeven niet in overeenstemming. Dit gaf dezen natuurkundige aanleiding, de theorie te wijzigen, en het bleek hem, dat zijne proeven verklaard konden worden door aan te nemen, dat twee gasmoleculen elkaar afstooten met eene kracht, die omgekeerd evenredig is met de vijfde macht van haren afstand. Latere proeven hebben echter andere uitkomsten opgeleverd dan die van MAXWELL en er bestaat dus nu geen genoegzame grond, om zijne onderstelling aan te nemen.

Dit is in zooverre te betreuren, als men juist alleen in die onderstelling de vraagstukken, die ik U zooeven opnoemde, voldoende heeft opgelost. Wanneer de moleculen anders op elkaar werken dan volgens de onderstelling van MAXWELL, heeft men van verschijnselen als de inwendige wrijving slechts eene benaderde, geene volkomen strenge theorie gegeven 7). Het is zeer te hopen, dat spoedig deze moeilijkheid worde overwonnen, daar men dan misschien iets meer over de onderlinge werking der deeltjes van een gas zal te weten komen. Vooral zal het wenschelijk zijn, ook die gevallen te behandelen, waarin de moleculen van *verschillende* gassen op elkaar werken. De proeven over de langzame vermenging van twee gassen kunnen ons over die laatste werking iets leeren en ook het onderzoek naar de inwendige wrijving van *gasmengsels* is in dit opzicht van belang te achten 8).

Intusschen heeft de theorie der inwendige wrijving reeds een resultaat opgeleverd, dat, al is het misschien slechts bij benadering juist, toch zeer merkwaardig is. Het bestaat in de kennis der gemiddelde lengte van den weg, dien eene molecule tusschen twee achtereenvolgende ontmoetingen met andere aflegt. Voor waterstofgas bij eene temperatuur van 20° C en onder de normale drukking bedraagt die weg slechts ongeveer 18 honderdduizendste millimeter en dit, in verband met de groote snelheid, waarmede zich de moleculen bewegen, leert ons, dat elk deeltje gedurende 1 secunde niet minder dan 9000 millioen botsingen ondergaat.

Op de kennis van deze getallen heeft LOSCHMIDT eene schatting gebaseerd van den afstand, waarop de zwaartepunten van twee moleculen bij eene ontmoeting van elkaar verwijderd blijven en men kan, als die afstand bekend is ook het aantal der moleculen berekenen, die in een kubieken millimeter aanwezig zijn.

Ik heb nog eene laatste richting te bespreken, waarin men zich bij de behandeling van de moleculaire theorie der gassen heeft bewogen. De wetten, die bij een gas het verband tusschen spankracht, dichtheid en temperatuur aangeven, zijn zeer eenvoudig en kunnen gereedelijk uit de theorie worden afgeleid. Maar zij zijn slechts bij benadering waar en elk gas vertoont afwijkingen van die wetten, die des te aanzienlijker worden, naarmate het gas eene grootere dichtheid verkrijgt en meer tot den vloeibaren toestand nadert. Gelukt het, de oorzaak dezer afwijkingen op te sporen, dan mag men verwachten, op den goeden weg te zijn, om ook over de eigenschappen der vloeistoffen meer licht te verspreiden. Onze landgenoot VAN DER WAALS heeft in deze richting een belangrijken stap voorwaarts gedaan. Hij heeft de aantrekkende krachten, waaruit LAPLACE de verschijnselen der capillariteit afleidde, ook bij de gassen, waar zij zeer zwak zijn, in rekening gebracht en dit, in verband met den afstand, waarop bij de botsing de zwaartepunten der moleculen van elkaar verwijderd blijven [9]), leverde hem de verklaring der bedoelde afwijkingen [10]), terwijl het bovendien gelukte, de grootheden, die door LOSCHMIDT slechts waren geschat, werkelijk te berekenen. Voor den afstand van de zwaartepunten van twee moleculen bij de ontmoeting werd gevonden eenige tienmillioenste millimeters en het aantal der moleculen, die in 1 kubieken millimeter van een gas onder de normale omstandigheden van temperatuur en drukking aanwezig zijn, kan worden voorgesteld door een 5, gevolgd door 16 nullen.

Het onderzoek van VAN DER WAALS is echter vooral van belang, omdat er uit bleek, dat er geene scherpe afscheiding tusschen den gas- en den vloeistoftoestand bestaat, maar dat integendeel de eigenschappen van een lichaam in beide toestanden aan ééne vergelijking gehoorzamen. Aldus werd eene zuiver moleculaire theorie der vloeistoffen ten minste voorbereid. Van de verschillende vraagstukken, die hierdoor een schrede nader tot de oplossing zijn gebracht, zal ik er slechts één noemen. Wanneer eene ruimte gedeeltelijk met eene vloeistof en gedeeltelijk met den damp daarvan gevuld is, dan heeft er eene aanhoudende uitwisseling van moleculen tusschen de vloeistof en den damp plaats. Het wiskundig onderzoek van dit verschijnsel zal ons vooreerst antwoord moeten geven op de belangrijke vraag, of de gemiddelde snelheid der moleculen in den damp en de vloeistof al of niet even groot is, en ons ten tweede moeten leeren, hoe de dampspanning van de temperatuur, de gedaante van het oppervlak der vloeistof en van den aard der laatste afhangt [11]).

Kon ik U bij de gassen wijzen op een zeer ontwikkelde moleculaire theorie, bij de vloeistoffen althans op een begin daarvan, voor de *vaste lichamen* is men veel minder ver gevorderd. Wel is waar bezitten wij sedert lang eene theorie der elasticiteit en deze moet, als zij naar hare wiskundige volkomenheid beoordeeld wordt, zeker zeer hoog worden gesteld. Let men echter op de grondslagen, waarop hier de wiskundige beschouwingen zijn gebaseerd, dan komt men tot eene minder bevredigende uitkomst.

In de theorie der vormveranderingen van veerkrachtige lichamen begint men meestal met de beschouwing der drukking of spanning, die aan elkaar grenzende deelen van zulk een lichaam op elkaar uitoefenen. De bedoeling is daarbij, dat die drukking uit de moleculaire krachten voortvloeit, maar hoe zij van de vormverandering van het lichaam afhangt kan men vinden, ook zonder in eene gedetailleerde beschouwing dier krachten te treden. Toch is deze laatste voor de moleculaire theorie volstrekt noodzakelijk.

Men neemt gewoonlijk bij deze beschouwingen aan, dat de deeltjes van een veerkrachtig lichaam in zijn oorspronkelijken vorm in rust verkeeren. Inderdaad levert het dan, zoolang men slechts de inwendige deelen van het lichaam beschouwt, geenerlei bezwaar op, uit aantrekkingen of afstootingen tusschen de moleculen de vereischte waarden der spanningen af te leiden. Maar wanneer men ook op de moleculen let, die nabij het oppervlak liggen, ontstaat de moeilijkheid, dat men zoodanige moleculaire krachten moet aannemen, dat die deeltjes in evenwicht zijn, zoolang de vorm van het lichaam niet is veranderd. Door dit in aanmerking te nemen kwam POISSON tot resultaten, die met de ervaring in strijd zijn, en het is dan ook niet moeilijk aan te toonen, dat het onmogelijk is, uit aantrekkende en afstootende krachten tusschen *rustende* deeltjes zoowel den evenwichtstoestand van een lichaam te verklaren, als de vormveranderingen, die het door uitwendige krachten ondergaat [12]). De oplossing dezer moeilijkheid mag men eerst verwachten, wanneer men ook hier de warmtebeweging der deeltjes in rekening heeft gebracht.

Dat die beweging in de theorie der elasticiteit een rol moet spelen wordt ook door eenige verschijnselen waarschijnlijk gemaakt, die men gewoonlijk onder den naam van elastische nawerking samenvat. Het eenvoudigste daarvan bestaat hierin, dat om een lichaam in een bepaalden, van zijn oorspronkelijken verschillenden vorm te houden, aanvankelijk grootere uitwendige krachten noodig zijn dan later. Het schijnt uiterst waarschijnlijk, dat dit op rekening moet worden gesteld van de warmtebeweging der moleculen [13]). Gelukkig zijn in den laatsten tijd de bedoelde verschijnselen uitvoerig experimenteel onderzocht. Voegt men daarbij, dat men ook begonnen is, de elasticiteit der *kristallen* aan nauwgezette meting te onderwerpen, waaruit men iets zal kunnen afleiden omtrent de wijze, waarop de moleculaire krachten van den afstand afhangen [14]); dat verder de wiskundige behandeling der moleculaire bewegingen groote vorderingen heeft gemaakt, dan blijkt het, dunkt mij, dat de uitzichten op eene moleculaire theorie der vaste lichamen veel zijn verbeterd.

Hetgeen ik U thans heb meegedeeld, M.H., omvat slechts een deel der verschijnselen, die ons iets omtrent den moleculairen bouw der lichamen kunnen leeren. Wilde ik U een overzicht geven van alles, wat op dit onderwerp betrekking heeft, dan zou ik de grenzen, die ik aan deze rede moet stellen, verre overschrijden. Ik zou dan menig onderwerp uit de electriciteitsleer moeten aanroeren en de moleculaire theorie van het magnetisme, die in nauw verband staat met die der elasticiteit, zou niet vergeten mogen worden. Maar terwijl ik deze zaken slechts aanstip kan ik niet nalaten, U er iets uitvoeriger op te wijzen, hoe men door de studie der *lichtverschijnselen* tot belangrijke resultaten omtrent de structuur der lichamen zal kunnen geraken.

Wanneer de moleculen van een doorschijnend lichaam op onregelmatige wijze verspreid zijn, zooals dit bij de gassen, de vloeistoffen en de glassoorten het geval is, dan bezit het lichaam, juist ten gevolge van dien onregelmatigen bouw, in alle richtingen dezelfde eigenschappen; het is, zooals men kortweg zegt, *isotroop*. Dit blijkt o.a. hieruit, dat de snelheid, waarmede zich het licht in eene dergelijke stof voortplant, en die men uit de metingen van den brekingsindex kan afleiden, steeds dezelfde is, onverschillig, in welke richting die voortplanting plaats heeft, en in welke richting de lichttrillingen geschieden. De bedoelde voortplantingssnelheid hangt dan alleen af van den aard der moleculen en van de meerdere of mindere dichtheid, waarmee zij zijn opeengehoopt.

Zoodra echter de moleculen zoo verspreid zijn, dat zij niet meer in alle richtingen op gelijke afstanden van elkander liggen, volgt ook de lichtbeweging andere wetten. Dit is o.a. het geval, wanneer een stuk glas in eene enkele richting wordt samengedrukt en iets dergelijks, als wij hier kunstmatig te weeg brengen, doet zich

voor bij de natuurlijke kristallen, die nooit in alle richtingen dezelfde eigenschappen bezitten. De lichtbeweging in dergelijke
lichamen is door vele natuurkundigen uitvoerig onderzocht en
men heeft instrumenten uitgedacht, waarmee men uiterst geringe
afwijkingen van de isotropie kan opsporen.

De taak der theorie van het licht is het nu, aan te wijzen, niet
alleen, welk verband er tusschen den toestand der lichamen en
hunne optische eigenschappen bestaat, maar ook welke de oorzaak van dat verband is, en ons aldus in staat te stellen, uit de
optische eigenschappen besluiten te trekken omtrent de moleculaire structuur. Dit veld van onderzoek belooft, naar 't mij voorkomt, schoone vruchten, maar het is tot heden toe weinig ont-
gonnen.

In de ontwikkeling der theorie van het licht kan men twee pe-
riodes onderscheiden. Vooreerst had men aan te toonen, dat het
licht in eene trillende beweging bestaat, en na te gaan, hoe in
elk bijzonder geval die beweging plaats heeft. Eerst nadat dit doel
was bereikt kon men er toe overgaan, het eigenlijke mechanisme
der lichttrillingen te onderzoeken, m.a.w. de vraag te behandelen,
welke stof hier in beweging verkeert, en welke krachten daarbij
in het spel zijn.

Door FRESNEL werd het eerste vraagstuk bijna geheel opgelost.
Maar zijne pogingen, om de lichtbeweging, zooals hij die had leeren kennen, af te leiden uit de onderstelling, dat het eene veerkrachtige stof is, waarvan de deeltjes de lichttrillingen uitvoeren,
hadden slechts weinig gevolg. Grondiger werd dit vraagstuk opgevat door CAUCHY en andere wiskundigen, maar het bleek toen,
dat men uit de genoemde onderstelling de lichtverschijnselen
slechts op weinig bevredigende wijze verklaren kan en dat daartoe
dikwijls bijonderstellingen noodig zijn, die men niet genoegzaam
kan motiveeren. De wetten der lichtbeweging in kristallen, de
terugkaatsing en breking van het licht, het verband tusschen den
brekingsindex van een lichaam en zijne dichtheid, al deze zaken
leverden moeilijkheden op, die men nooit geheel is te boven gekomen.

Sedert een twaalftal jaren bezitten wij nu echter eene andere
zienswijze omtrent den aard der lichttrillingen, die wij aan MAX-
WELL te danken hebben. Volgens dezen natuurkundige zijn de
lichttrillingen, wat hun aard betreft, nauw verwant met de elec-

trische stroomen en men kan daarom zijne theorie de electrische lichttheorie noemen. Voor zoo ver zij is uitgewerkt is het gebleken, dat deze theorie verscheidene van de moeilijkheden, die hare voorgangster opleverde, eenvoudig kan oplossen, terwijl zij bovendien in eene vergelijking van de optische en de electrische eigenschappen der lichamen eene schoone bevestiging vond. Men mag hieruit, naar 't mij voorkomt, besluiten, dat zij het verdere onderzoek ten volle waard is, en dat men veel kans heeft hierbij op den goeden weg te zijn, om eens den eigenlijken aard der lichtverschijnselen te leeren kennen. Is dit echter het geval dan schijnt de hoop niet ongegrond, dat deze theorie ons ook den samenhang tusschen de structuur der lichamen en hunne optische eigenschappen duidelijker zal maken en dus één van de middelen zal worden, waardoor onze kennis van de wereld der moleculen kan worden uitgebreid.

Curatoren van deze Universiteit! Zeer betreur ik het droevige verlies, dat Uw college zoo plotseling heeft geleden; gaarne toch had ik heden aan allen, die tot mijne benoeming hebben medegewerkt, mijn hartelijken dank betuigd. Misschien is het mij gelukt, eenigszins den omvang in het licht te stellen van het vak, dat ik, dank zij Uwe voordracht, hier geroepen ben te onderwijzen. Die omvang is zoo groot, dat ik niet in alle onderdeelen zoover heb kunnen doordringen, als ik noodig acht, om geheel te kunnen voldoen aan hetgeen thans van mij mag geeischt worden. Nog slechts weinige jaren heb ik mij ernstig aan de beoefening der natuurkunde kunnen wijden en ik zal thans anderen moeten voorlichten, nu ik zelf mij nog van zoo menige leemte in mijne kennis bewust ben. Vergunt mij daarom, in mijne benoeming vooral een bewijs te zien van Uw vertrouwen in mijne toekomst. Ik reken mij dat vertrouwen tot eene hooge eer en geef U de welgemeende verzekering, dat ik er ernstig naar zal streven, eens mijne plichten aan deze Universiteit beter te vervullen dan mij in den aanvang misschien mogelijk zal zijn.

Ook tot U, die ik thans het voorrecht heb, mijne ambtgenooten te mogen noemen, moet ik over de toekomst spreken. Heden nog voor de meesten Uwer bijna een onbekende gevoel ik, dat het vooral van mij zal afhangen, eens Uwe vriendschap te verwerven.

Thans kan ik U slechts betuigen, dat ik het als mijn plicht beschouw, mij die waardig te toonen.

Uit den aard der zaak zal ik vooral met U, Professoren van de
Faculteit der Wis- en Natuurkunde, in nauwere aanraking komen.
De band tusschen de vakken, die wij beoefenen, is zoo eng, dat
onderlinge samenwerking veelal onmisbaar is, en ik vooral zal
menigmaal een beroep moeten doen op Uwe wetenschap en op
Uwe rijkere ervaring. Dat dit beroep niet vergeefsch zal zijn,
daarvoor staat mij niet alleen de vriendschap borg, die ik vroeger
als leerling van velen Uwer mocht ondervinden, maar ook de hartelijke wijze, waarop Gij mij thans hier hebt ontvangen. Ontvangt
heden voor die welwillendheid mijn oprechten dank en wilt mij
die ook verder blijven schenken.

U, hooggeachte RIJKE, moet ik in 't bijzonder hartelijk danken.
Ik beschouw het als eene groote eer, dat Gij mij waardig hebt geacht, met U bij het onderwijs der natuurkunde aan deze Universiteit mede te werken. Dat woord medewerken gebruik ik vooral
hier met nadruk. Zonder Uwen raad en bijstand zal ik hier weinig
kunnen doen, maar de overtuiging, dat Gij mij die niet zult onthouden, geeft mij goeden moed. Moge onze wederzijdsche vriendschap blijven voortduren en steeds tusschen ons de goede ver-
standhouding bestaan, die tusschen de beoefenaren der experimenteele en theoretische natuurkunde zoo noodig is.

Bij het te gemoet gaan van eene nieuwe toekomst gevoel ik
behoefte, ook het verleden en hen, die het mij lief maakten, niet
te vergeten.

Voor ons, mijn Vader, zijn vele woorden hier niet noodig; ik
weet, dat Gij ze niet verwacht. Toch stel ik er prijs op, thans open-
lijk te verklaren, dat vooral Uwe tegenwoordigheid mij heden zeer
lief is, daar ik het aan U in de eerste plaats te danken heb, dat ik
thans hier sta.

Gij, mijne vrienden, die hier zijt gekomen, om deze plechtigheid bij te wonen, — en onder wie ik met genoegen U, geachte
VAN DE STADT, als mijn eersten leermeester in de natuurkunde
begroet — hebt mij daardoor het bewijs geleverd, dat de toege-
negenheid, die wij voor elkaar hebben opgevat, van Uwe zijde ook

thans zal blijven voortduren. Ik hoop er ook van mijn kant toe mede te werken, dat onze vriendschap niet zal verflauwen.

Studenten van deze Universiteit! Men heeft menigmaal opgemerkt, dat de echte natuuronderzoeker niet zoozeer gekenmerkt is doordat hij veel weet, als wel hierdoor, dat hij zich ook van hetgeen hij nog niet weet, klaar bewust is. Ook in de theoretische natuurkunde is het hoofdzaak, steeds duidelijk voor oogen te hebben, waar de grens ligt tusschen het reeds verworven terrein en het groote nog onbekende gebied daarbuiten. Ik acht het een moeilijke, maar schoone taak, diegenen onder U, die zich aan de beoefening van dit vak wijden, die grens te helpen zoeken en ik zou mij gelukkig rekenen, wanneer ik er aldus iets toe kon bijdragen, hen tot eigen wetenschappelijk werk in staat te stellen. Ik geloof niet, dat dit doel door enkele lessen op gezette tijden geheel kan worden bereikt. Veeleer komt het mij voor, dat daartoe een vriendschappelijke, vertrouwelijke verhouding tusschen ons een eerste vereischte is. Eerst wanneer ik mij daarvan verzekerd mag houden zal ik kunnen meenen, hier niet zonder nut te hebben gewerkt.

AANTEEKENINGEN

1) Uit de volgende plaats uit zijn „Discours sur l'utilité des mathématiques dans toutes les sciences, et particulièrement dans la physique" (Oeuvres philosophiques et mathématiques de 's Gravesande, publiées par Allamand, II p. 323) moge blijken, hoe 's Gravesande over de algemeene aantrekkingskracht dacht. Na eenige voorafgaande beschouwingen over die kracht zegt hij:

„Quelle que soit cette force, il faut lui donner un nom. Si nous ne faisons attention qu'au corps vers lequel l'autre est porté on l'appelle attraction; mais à l'égard du corps qui est porté on la nomme gravitation. Ces noms désignent des effets et non des causes; ceux qui ont reproché à Newton qu'il désignait par eux des qualités occultes n'ont pas eu une idée juste de la philosophie.

„Si nous poussons plus lion nos raisonnements mathématiques nous trouvons que toutes les planètes gravitent les unes vers les autres; que les corps gravitent vers les planètes dont ils sont proches, comme aussi en général vers tous les autres corps dont ils sont à une certaine distance; et que cette gravitation est proportionnelle à leur quantité de matière. Concevez que tous les corps sont composés de particules très-petites qui toutes contiennent une égale quantité de matière et s'attirent également les unes les autres: Vous comprendrez aisément que dans tout corps la force attractrice est composée de toutes ces différentes forces égales et qu'elle en suit la proportion, c'est-à-dire qu'elle est proportionnelle au nombre des particules qui constituent chaque corps, nombre qui exprime la quantité de matière.

„C'est des phénomènes qu'on déduit mathématiquement cette attraction et les lois suivant lesquelles elle agit sur tous les corps. Mais jusqu'à présent nous en ignorons la cause et nous ne connaissons rien qui puisse nous servir à l'expliquer. L'attribuer aux mouvements d'une matière subtile qui agit sur la surface des corps et qui est la seule cause physique qu'on puisse admettre ici, c'est ne point expliquer les faits; car jamais on ne pourra comprendre qu'une telle matière doit donner aux corps une impulsion proportionnelle à leur quantité de matière. Cette gravitation est donc pour nous une loi de la nature et c'est elle qui doit nous fournir l'explication des phénomènes que nous offrent les corps célestes."

Er wordt verder op gewezen, dat men niet alleen hier, maar ook in vele andere gevallen grondbeginselen aanneemt, die men niet verder kan verklaren, en dat zelfs de eenvoudige stelling, dat een lichaam aan zich zelf overgelaten, eene gelijkmatige beweging bezit, een dergelijk grondbeginsel is.

2) Wiskundig wordt dit verband uitgedrukt door partieele differentiaalvergelijkingen. Hebben wij b.v. te doen met het geval, dat electriciteit met eindige dichtheid over een zekere ruimte verdeeld is, dan worden de electrische werkingen geheel bepaald door de partieele differentiaalvergelijking, die als de vergelijking van Poisson bekend is. Men kan daaruit voor elk punt de waarde der potentiaalfunctie afleiden, maar men kan ook eene vergelijking opstellen, waardoor voor elk punt de potentiaalfunctie als een integraal wordt voorgesteld, voor welke ook de op een afstand gelegen electriciteit eene bijdrage oplevert. Aangezien nu uit de eene vergelijking de andere kan worden afgeleid is het tot op zekere hoogte onverschillig, welke van beide men als de grondvergelijking beschouwt; m.a.w. of men in de eerste plaats wil letten op het verband tusschen den toestand der stof in van elkaar verwijderde punten, dan wel op het verband, dat er tusschen den toestand van naast elkaar gelegen deelen bestaat. De vraag kan slechts zijn, welke vergelijking het eenvoudigst is en het gemakkelijkst in woorden kan worden overgebracht.

3) De wiskundige behandeling der onderlinge werking van twee wervelringen is nog slechts weinig gevorderd. Zelfs het geval van twee wervelringen, die dezelfde as hebben, is nog niet geheel uitgewerkt. En omtrent de onderlinge werking van twee wervelringen, die elkaar in een willekeurigen stand ontmoeten, weet men uit de theorie nog niets; de proeven hebben alleen het vage resultaat opgeleverd, dat de ringen zich dan ongeveer als ringen van een veerkrachtige stof gedragen.

Hoe ver wij er overigens nog van verwijderd zijn, de hypothese van THOMSON als geschikt te mogen beschouwen ter verklaring van de natuurverschijnselen kan uit het volgende blijken. Een wervelring kan nooit stil staan, maar moet zich altijd met een bepaalde, van den aard van den ring afhankelijke snelheid voortbewegen. Nemen wij de hypothese van THOMSON aan, dan zullen wij ons dus hebben voor te stellen, dat de wervelatomen van een (eenatomig) gas zich op deze wijze voortbewegen, tot zij tegen elkaar botsen. Men zal ons nu moeten kunnen zeggen, hoe bij verandering van temperatuur de gesteldheid der wervelringen en in verband daarmede hunne voortgaande beweging gewijzigd wordt.

Verder is het de vraag, of, terwijl een enkele wervelring nooit in rust kan zijn, toch bij een verzameling van een groot aantal dezer ringen de beweging van elk binnen zulke enge grenzen besloten kan zijn, dat het stelsel in zijn geheel in rust verkeert. Dit is echter noodzakelijk, zal men zich een vast of een vloeibaar lichaam als een verzameling van wervelringen kunnen voorstellen.

4) Het is niet voldoende, de onsamendrukbaarheid der vloeistof als grondeigenschap aan te nemen. Daaruit kan men slechts ééne vergelijking, de zoogenaamde vergelijking der continuïteit, afleiden, terwijl voor de afleiding der andere de invoering van het begrip der drukking onmisbaar is.

5) Met de gemiddelde snelheid is hier een zoodanige snelheid bedoeld, dat, wanneer alle moleculen die bezaten, de totale levende kracht dezelfde waarde zou hebben, die zij werkelijk bezit.

6) In Phil. Mag. 3, 401, 1877 vindt men een verhandeling van HICKS over dit onderwerp. Bij zijne berekeningen gaat hij uit van de twee volgende onderstellingen: 1°. That when a molecule experiences a blow greater than a certain blow c, it breaks up into its component atoms, 2°. that when two atoms impinge with a blow less than c, they combine to form a molecule. Het is wel duidelijk, dat de hieruit afgeleide resultaten hoogstens een ruw beeld van de werkelijkheid kunnen zijn.

7) De inwendige toestand van een eenatomig gas (of van een mengsel van twee dergelijke gassen), dat bij overal gelijke temperatuur en dichtheid in zijn geheel in rust verkeert, is zeer nauwkeurig bekend. Men kan nu aan de kinetische theorie de vraag stellen, om aan te geven, aan welke wetten kleine afwijkingen van dien toestand gehoorzamen moeten. Om die afwijkingen volledig te kennen zou men ook wanneer er stroomende bewegingen in het gas plaats hebben, of wanneer dit niet overal dezelfde dichtheid, samenstelling of temperatuur bezit, moeten weten, hoe de verschillende snelheden over de verschillende moleculen verdeeld zijn. Wanneer de gasdeeltjes elkaar afstooten met eene kracht, die omgekeerd evenredig is met de vijfde macht van hun afstand, gelukte het MAXWELL (Phil. Mag. 35, 129, 185, 1868), ook zonder de bedoelde snelheidsverdeeling te kennen, uit de kinetische gastheorie de aërodynamische vergelijkingen af te leiden en den wrijvingscoëfficient en de warmtegeleiding te berekenen. BOLTZMANN heeft later (Wiener Sitzungsberichte, 66, 275, 1872) in dezelfde onderstelling de wet der snelheidsverdeeling voor niet stationnaire toestanden behandeld.

Werken echter de deeltjes anders op elkaar, gedragen zij zich bijv. als veerkrachtige bollen, dan moet men voor een strenge oplossing van vraagstukken over de inwendige wrijving en dergelijke noodzakelijk de verdeeling der snelheden kennen, als de toestand niet stationnair is, maar juist dan is de wet voor die verdeeling niet gevonden. Zoolang deze leemte niet is aangevuld zal men de theorie, die dan van de inwendige wrijving gegeven wordt, slechts als eene benaderde kunnen beschouwen.

8) Wanneer de gasmoleculen als veerkrachtige bollen mogen beschouwd worden

kan men uit den wrijvingscoëfficient van een gas — in de onderstelling, dat de theorie der inwendige wrijving volkomen ontwikkeld was — iets over de middellijn zijner deeltjes afleiden en als dit voor twee gassen is geschied, heeft men ook de noodige gegevens, om de onderlinge botsingen der deeltjes van deze beide gassen in rekening te brengen en dus hunne diffusie en de inwendige wrijving van een mengsel der beide gassen te berekenen. Bovendien moet dan ook tusschen de diffusiecoëfficienten van een aantal gassen, twee aan twee genomen, een bepaald verband bestaan. Maar zoodra de gasdeeltjes anders op elkaar werken kan men uit de onderlinge werking der deeltjes van een zelfde gas niets besluiten omtrent die van de moleculen van verschillende gassen en al de boven aangeduide berekeningen vervallen dan. Van daar het theoretische belang der diffusie en der inwendige wrijving van een gasmengsel. Voor zoover men thans de zaak kan beoordeelen schijnt de meening, dat de gasdeeltjes zich als veerkrachtige lichamen gedragen, de meeste waarschijnlijkheid voor zich te hebben. Men zie Stefan, Wiener Sitzungsberichte, **65**, 323, 1872, Maxwell, Nature, **8**, 298, 1873.

⁹) Van der Waals stelt zich de moleculen als veerkrachtige bollen voor, die elkaar op een afstand aantrekken. Den afstand, waarop bij de botsing de zwaartepunten van elkaar verwijderd blijven, de uitgebreidheid der deeltjes dus, brengt hij in rekening door na te gaan, hoeveel door de uitgebreidheid van twee moleculen in de richting van hare relatieve beweging de weg tusschen twee opvolgende botsingen verkort wordt en door dan hieruit af te leiden, in welke verhouding daardoor het aantal botsingen tegen de wanden van het vat toeneemt. De bedoelde verkorting van den weg tusschen twee botsingen is later door Korteweg (K.A.W. **10**, 349, 363, 1876) strenger berekend en hij komt hierbij tot dezelfde uitkomst als van der Waals. Maxwell (Nature, **10**, 477, 1874) is het met de berekening van van der Waals niet eens. Hij doet opmerken, dat de invloed van de uitgebreidheid der moleculen moet kunnen gevonden worden door in de bekende vergelijking van het viriaal ook het viriaal in rekening te brengen van de afstootende krachten, die de moleculen bij de botsing op elkaar uitoefenen. Hij deelt alleen de uitkomst zijner berekening mee en deze strookt niet met die van van der Waals. Ik heb intusschen gevonden, dat men, althans wanneer de gasmoleculen slechts een klein deel der geheele ruimte vullen, uit de beschouwing van het viriaal der bedoelde afstootende krachten wel degelijk tot de vergelijking van van der Waals komt. (Zie deze Coll. Papers, deel 6, blz. 40. Noot der uitgevers).

¹⁰) Later zijn proeven van Mendeléeff over die afwijkingen bekend geworden, (Nature, **15**, 455, 498, 1877), waarvan nog geene verklaring is geleverd.

¹¹) De invloed der moleculaire aantrekking is ook bij dit vraagstuk niet moeilijk in rekening te brengen, wanneer men, zooals Laplace in zijne theorie der capillariteit deed, mag aannemen, dat de straal van den sfeer van attractie, hoewel zeer klein, toch nog zeer groot is vergeleken met den gemiddelden afstand der moleculen, zoodat de om eenig deeltje beschreven sfeer van attractie nog een groot aantal moleculen bevat. Het gevolg daarvan is, dat, wanneer eene ruimte gedeeltelijk met een vloeistof, gedeeltelijk met den damp daarvan gevuld is, op eene molecule, die in het binnenste van den damp of van de vloeistof ligt, geen kracht werkt, op een deeltje daarentegen, dat in de grenslaag ligt, een kracht, die slechts van de plaats van het deeltje afhangt. Alles komt dan op hetzelfde neer als wanneer er geene attractie bestond, maar op de moleculen uitwendige krachten werkten, die een functie zijn van de plaats der deeltjes. Men heeft echter als dergelijke uitwendige krachten werken en als de uitgebreidheid der deeltjes wordt verwaarloosd, het vraagstuk, om hunne beweging te bepalen, reeds in het algemeen opgelost. Het zou niet zeer moeilijk zijn, hierbij ook de uitgebreidheid der deeltjes in rekening te brengen en men zou aldus tot eene formule voor de spankracht van verzadigde dampen kunnen geraken, die geheel uit de kinetische theorie is afgeleid.

Ongelukkigerwijze mag, naar 't schijnt, de onderstelling, dat elke molecule door een groot aantal andere wordt aangetrokken, niet worden aangenomen. Van der Waals komt tot het resultaat, dat de moleculen elkaar slechts kort voor hare botsing merkbaar aantrekken, en als dit het geval is wordt de strenge behandeling der moleculaire aantrekkingen veel moeilijker en zal men de formule, die op de boven aangegeven wijze voor de spankracht van verzadigde dampen kan worden verkregen, niet als een geheel juiste theoretische formule mogen beschouwen.

12) Men kan nl. aantoonen, dat bij rustende deeltjes in den evenwichtstand van het lichaam de drukking of spanning tusschen aangrenzende deelen nul moet zijn. Door dit in de vergelijkingen van het vraagstuk over te brengen verkrijgt men tusschen de constanten, die de elasticiteit van het lichaam bepalen, eene betrekking, die niet met de ervaring overeenstemt. De grootte der afwijking van die betrekking moet op de eene of de andere wijze met de intensiteit der warmtebeweging in verband staan.

13) Bij onze onbekendheid met de warmtebeweging in vaste lichamen bestaat er nog weinig hoop op een geheel ontwikkelde theorie der elastische nawerking. Voorloopig zal men wel niet veel verder kunnen gaan dan BOLTZMANN (Pogg. Ann. Ergänzungs-band, 7, 624, 1876). Alleen is het de vraag, in hoe verre de door hem gebezigde grond-stelling als een noodzakelijk gevolg der moleculaire theorie kan worden beschouwd.

14) Ik heb hierbij vooral het oog op de metingen van BAUMGARTEN over de elastici-teit van kalkspaath (Pogg. Ann. 152, 369, 1874) en op die van WOLDEMAR VOIGT en GROTH over de elasticiteit van klipzout. (Pogg. Ann. Ergänzungsband, 7, 1, 177, 1876 en Pogg. Ann. 157, 115, 1876). Vooral de laatste proeven zijn merkwaardig, daar er uit blijkt, dat ook in kristallen van het regelmatige stelsel de elasticiteit niet in alle richtingen dezelfde is. De wijze echter waarop zij met de richting verandert, moet in nauw verband staan met de wet, volgens welke de onderlinge werking van twee mole-culen van den afstand afhangt.

MOLECULAR THEORIES IN PHYSICS [1])

Any one, who has not studied seriously any branch of physics, glancing occasionally in our physical periodicals and noticing the subjects experimental research is concerned with, will very likely feel inclined to the opinion, that a great part of these investigations is perfectly useless. It may be that he will not object to determinations of the elasticity of metals, the tension of water-vapour, the electromotive force of galvanic cells and the like, but then he will have in mind the important *applications* of physics. Our uninitiated reader will, however, be at a complete loss to explain, how one can possibly be interested in the small deviations, shown by the gases, from BOYLE's law, in the specific heat of a metal like cerium, which has only be obtained in quantities of a few grains, or in the optical constants of some rare mineral or other. When, moreover, he is told that physicists actually exist, who devote a large part of their life to investigating the shape of liquid drops and membranes or determining refractive indices of all kinds of materials, he is sure to consider their work rather trifling and but little stimulating.

The greater part of physical investigations would, indeed, be of little moment, if they were bound to remain completely isolated from each other. Fortunately, however, this is not the case. What the study of physics is really aiming at is not (as we all know very well) to collect as many facts as possible. On the contrary, these facts receive their true meaning only, when one succeeds in tracing the connection between them, and the final aim of all research must be the deduction of the innumerable natural phenomena as necessary consequences of a few simple fundamental principles.

That this does not mean the pursuit of an unattainable ideal is most convincingly demonstrated by the results already obtained.

---

[1]) Inaugural address, Leiden, 25th January 1878.

In several branches of physics one has actually succeeded in bringing together a steadily increasing number of different phenomena under one single point of view. This has convinced us, that there must exist certain fixed laws of nature or, in other words, that chance, arbitrariness and irregularity are excluded from the occurrence of natural phenomena. This conviction is already so deeply rooted that only with some difficulty can we realize the toil and the exertion, which it must have cost the physicists to consolidate its existence and what important services they have rendered to present day culture. If, however, we bear in mind the far-reaching influence in our own days of the fact that more order and regularity have been brought to light in the domain of living nature, we can form a faint idea of the extent, to which our modern outlook is indebted to the discovery of the laws of nature.

The advancement towards the aim, of which I have just given you an outline, has not been the same in all parts of physical science. It has been the greater, the more the phenomena under investigation lent themselves to accurate observation and to rigorous reasoning based thereon. Again, the greatest rigour could be reached in those reasonings, where one was not forced to restrict oneself to a qualitative discussion of the phenomena but was able to measure or to weigh the quantities involved. When in that manner the essential features of each phenomenon could be expressed by certain *numbers*, the reasoning applied to them, could acquire all the precision and clearness, belonging to the results of *mathematics*.

In this sense, therefore, every argument, based on the measuring of physical quantities, may properly be called a *mathematical* one. I do not mean to say by that, that it must necessarily make use of complicated mathematical *hieroglyphics*. On the contrary, so long as we have to deal with simple cases we can often dispense with the latter altogether. The deeper, however, one penetrates into the nature of the phenomena, the more complicated they and the reasonings arising from them become. On the one hand, experimental research has to meet ever increasing demands, on the other hand the investigator needs occasionally the complete auxiliary means of mathematics to support his mental capacities. Under these circumstances it has come about that also in the domain of physics, advance has been accompanied by partition of activities and that, side by side with the experimental branch, the mathematical branch of physics has developed.

It is NEWTON, who must be considered the founder of the latter science. In the first place he has a right to this title when we speak of the general method of mathematical physics. NEWTON furnished the first great example of the application of mathematics to the investigation of nature. He was chiefly concerned, it is true, with the motions of the bodies, belonging to our solar system but the same principles, that he applied to them with such a brilliant result, can and must also serve when other phenomena in nature are investigated. NEWTON's expectation that in the course of time one would be able to deduce also the latter from mathematical principles has been fulfilled to a large extent and moreover it turned out, that he was completely justified when he did not call his work „Theoretical Astronomy" but gave it the proud title „Philosophiae naturalis principia mathematica".

Theoretical physics, however, are indebted to NEWTON for still more than the general method of investigation. The final conclusion from his discoveries was the theorem, that two particles of matter invariably attract each other with a force, inversely proportional to the square of their distance and this conception of a mutual attraction between two material particles, deduced from astronomical phenomena, has played a highly important part in theoretical physics too. Allow me to explain this to you in further detail and, therefore, to speak to you about the *molecular theories in physics*.

There will be hardly anybody nowadays, who does not know, that in the mind of physicists a material body is a system of very small particles, so called *molecules*, each of which may be composed of a number of still smaller particles, *atoms*, as chemistry more in particular teaches us. I shall not give you here all the arguments, that plead in favour of this way of visualizing a material body. Neither do I intend to trace in detail how our ideas of atoms and molecules have gradually developed. I shall only point out to you at present the various concepts that have prevailed in the course of time as regards the way in which atoms act on one another.

The classical atomists and GASSENDI, to whom we owe the revival in the middle of the 17th century of their hypotheses, tried to explain all phenomena in nature by the motion and the mutual collision of atoms. These atoms themselves are in GASSENDI's opinion small perfectly rigid particles of various shapes, which exert no influence on each other so long as they are at a certain distance apart, but behave like elastic bodies during their collision. If one had actually succeeded in deducing from these hypotheses all the properties of material bodies, these would, at any rate, have been reduced to one simple fundamental principle. But one did not succeed by any means and before long physicists were forced to attribute to the smallest particles a very complicated structure, while the theory of atoms degenerated into a theory of small bodies, equipped with all kinds of properties.

In order to show you, that one can speak here rightly of a *degeneration*, it will suffice to let you know a few of the conceptions arrived at in this way.

According to the Italian physicist BORELLI, the properties of air could be explained from the fact, that its particles are small flexible and elastic bodies, capable of being compressed, but reassuming their former shape, when the pressure ceases. In his opinion it was best to suppose the particles of air to possess the shape of hollow cylinders, composed of thin little plates or threads. BORELLI surrounded the particles of water with a great number of elastic projections, which can mutually engage and by which the particles can fasten themselves to the unevennesses of a solid wall, and in these features he looked for the explanation of the formation of drops and of the ascent of water in capillary tubes.

It need hardly be pointed out that one was entirely on the wrong track with this kind of speculations. Simply to change the properties and the structure of the particles, according to each new phenomenon requiring an explanation, is very easy indeed, but quite a different thing from the deduction of natural phenomena from a few simple fundamental ideas.

For that reason the atomistic and molecular theories began to yield sound results only after the introduction of a novel concept. This consisted of the supposition, that two atoms, placed at a certain mutual distance exert on each other a force, the magnitude of which depends in some way or other on the distance.

To all appearances this idea had occurred already to a few

people before NEWTON, but it was mostly by his discoveries that it became more generally adopted. I told you already to which law, governing the attraction of two material particles, these discoveries led. This law was deduced from the motions of the celestial bodies and it had therefore to hold only for very considerable distances, whereas, in all possibility, the attraction was governed by a different law at very small distances, or was even changed into a repulsion. NEWTON himself made already a statement to the same effect and the idea of explaining the properties of bodies by the attractions or repulsions which the atoms exert on each other at very small distances, became later on the foundation of many branches of theoretical physics, and has remained so to this very day.

It was not, however, immediately after the publication of NEWTON's work that this became the prevailing direction of research. On the contrary, it took a fairly long time, especially on the continent, before one could reconcile oneself with the thought, that the force which particles of matter exert on each other from a distance must be considered as the cause of natural phenomena.

DESCARTES had tried to explain the motions of the celestial bodies by assuming the whole universe to be filled by a liquid, the parts of which possess a vortical motion, dragging the planets with them. This way of representation appealed more to the imagination of many people than the supposition that the celestial bodies attract each other from a distance. The consequence was, that several physicists admitted, it is true, the law found by NEWTON for the attraction of the planets by the sun, but were of opinion, that this attraction must be explained by the motions of a liquid, filling the heavens. If this were true, however, it would naturally be impossible to consider the attraction as the resultant force of the actions exerted by the various material particles of the sun. This is, what, among others, CHRISTIAAN HUYGENS thought on this matter and though he speaks very highly of the work of his English contemporary, he rejects the principle that every two particles attract each other mutually.

It was only slowly and gradually, that this principle was recognized by the physicists. This was the case to such an extent, that forty years after the publication of the „Principia", VOLTAIRE, then on a visit to London, could still write: „When a

Frenchman comes to London, he will find a very great difference as regards philosophy as well as most other things. In Paris he left the world filled entirely with matter, in London he finds it a complete void. In Paris one sees the whole universe occupied by aether vortices, whereas here invisible forces are at play in the same space". VOLTAIRE was so pleased with the simple explanation of nature, obtained with the aid of these invisible forces, that the introduction of NEWTON's theory in France is more in particular due to him. I must mention, in this connection, that 's GRAVE-SANDE was among the first to declare himself in favour of this doctrine and lectured on it at this University [1]).

What for such a long time hindered the introduction of the idea of attractive and repulsive forces was the fact, that one thought it contrary to reason, that two particles at a distance apart should act on each other across empty space. Considering the important part, played by the attractive and repulsive forces in theoretical physics, it is certainly worth while to dwell on this subject a little longer.

It is, without any doubt, advisable to represent everything as clearly and vividly as possible to anyone, who only just begins the study of physics. Many complicated truths and abstruse ideas can, indeed, be elucidated by comparing them to cases, borrowed from everyday experience and the result of teaching physics is for a large part dependent on the more or less fortunate choice of such examples. But one can have too much also of a good thing and so, by exaggerating the visualizing, if I may put it like that, one can overshoot the mark and lay so much stress on what is meant to serve only as a mental picture, that this is taken to an undue extent for the thing itself. In this sense one can appeal too much to the imagination, when the comparison of the electric current to some running liquid is stretched too far, or when one tries to elucidate the formation of crystals by the regular arrangement shown by iron filings under the influence of a magnet.

Now one must be especially on one's guard against this kind of exaggerated visualization when one has to deal with the notion of *forces* in physics.

We have been taught, that a force is the cause, by which a body

---

[1]) See the notes at the end, p. 46 (Editors' note).

is set into motion or by which the direction and velocity of the motion already possessed by the body, are changed. Here we think most readily of those cases, in which an object is set into motion by our own muscular force, and this naturally remains the picture by which we go on to represent also other forces to ourselves. In this way it comes about that we are inclined to ascribe to force a certain reality of its own, in contradistinction to matter, on which it acts, and to expect that physics will teach us quite a lot about what exactly causes a stone to move towards the earth or an iron filing towards the pole of a magnet. But in this respect we are badly disappointed, and how matters really stand, becomes only clear to us after having called mathematics to our aid. We understand then that one cannot but establish equations, by means of which for every moment the position and the velocity of the falling stone can be calculated. This purpose can be attained by means of different equations and one of these determines the changes which the velocity of the stone continually experiences. In order, now, to express this equation in words, one can term one of the quantities, occurring in it, „force", and one is led so to the statement, that a constant „force", directed towards the centre of the earth, acts on the stone.

As in this case, so in other cases, the word „force" is just a name for some quantities, occurring in our mathematical formulae. When we try to explain natural phenomena by attractive and repulsive forces between the atoms of the bodies, this means nothing but that we try to trace the connection between the motion of each atom and its position relatively to the others. Why exactly an atom moves in one way or an other, is here left entirely out of the question and remains completely incomprehensible to us.

It follows from this that if one could trace along different lines the ultimate cause of natural phenomena, the attractive and repulsive forces ought to be banished from science the sooner the better. But is it not difficult to see, that with other ways of explaining as well, a boundary line must exist, which cannot be crossed by physical research.

Let us take, for example, the ideas of the earlier atomists. We must in this case picture to ourselves completely invariable atoms and we must assume the motion of two of these particles when they collide, to be altered in the same way as that of two elastic bodies. If now one asks why this is the case, this question must remain unanswered, for there is no reason whatever, why two invariable atoms should behave of all things, like elastic bodies. Here too, therefore, one starts from a fundamental principle, which itself escapes further explanation.

The same is true for a few other ways of forming mental pictures, which have originated more recently.

Investigation had taught, that the phenomena of frictional electricity can be completely deduced from attractive and repulsive forces, depending on distance in the way, required by NEWTON's law. If anywhere at all, one would expect the idea of such forces to find support here. But now, see!, precisely in the field of the theory of electricity another way of representing things is being developed. According to the ideas of FARADAY, later on translated by MAXWELL into the mathematical notation, one must imagine space to be filled continuously with matter and assume an action only between two immediately adjacent parts of matter. On analyzing this conception, it comes to this, that one tries to find a connection between the condition of any part of the hypothetical matter and other parts, not at a distance but lying directly contiguous to it 2). One can have no objection whatever to this way of proceeding, only one must not forget that, here again, as regards the ultimate cause of this connection, we remain in the dark.

Neither can the secret be disclosed, in my opinion, by the mental picture, which WILLIAM THOMSON forms of atoms. In order to remain comprehensible in this matter, I must ask you to think of a phenomenon, where on the face of it nobody would be likely to look for the key, to penetrate to the real nature of atoms, namely of the well-known rings, which one can blow of tabacco-smoke. In these rings the particles of smoke have a peculiar rotatory motion, that is why they are called *vortex-rings*. It took a long time before one was successful in subjecting whirling motions of that nature to mathematical investigation. It was HELMHOLTZ, who first succeeded in obtaining important results concerning the motions in question, in the case of an incompressible fluid, where the motion is not hampered by internal friction, while later on THOMSON also occupied himself with this subject. It has turned out, that a vortex-ring in a fluid of the kind just mentioned, can

never be produced and that, when once it does exist, it is impe-
rishable, that one can never break it up into pieces and that two
vortex-rings exert a peculiar action on one another. These and
other things led THOMSON to suppose the universe to be filled with
a continuous incompressible fluid and the atoms to be nothing
but vortex-rings in that fluid. However much one may admire
now already this ingenious speculation, one will only be able to
estimate it rightly, when the mutual action of vortex-rings will
have been investigated more in detail [3]). But even if one succeeded
in deducing the natural phenomena from the hypothesis of vortical atoms, a puzzle would remain all the same, expressed in these
words: How is it possible for part of the hypothetical fluid, which
is incompressible and does not consist of separate particles, to
exert a pressure in all directions on the surrounding fluid? But
one must, of necessity, start from the consideration of this pressure, in order to establish the equations, on which the whole
theory is based [4]).

I have now given you an idea of a few directions, in which one
has tried to find an explanation of natural phenomena. All of
these led to a principle, which is not capable of any further physical explanation. This being the case, one can in my opinion not
be considered exempt from thoughtlessness, when as sometimes
happens, one considers one of these directions as the only true
one. On the contrary, I believe it to be highly profitable, that
various investigators take each their own way in this matter, for
only in this manner will one be able, in due course, to decide, not
which way discloses entirely the secrets of nature, but which one
leads to the simplest fundamental principle.

For the time being, however, the conception, according to
which atoms attract or repel each other, is still far ahead of its
rivals and I shall restrict myself, in the following, chiefly to
giving you an outline of what the investigations in this direction
have revealed as regards the structure of material bodies.

It was not a little, that was to be investigated. The problems
asking for a solution were these: What are at a given moment the
positions of the molecules of a body, relatively to each other, and
what the positions of the atoms in each molecule? By what
motion do these positions change continually? What attractive

or repulsive forces come into play in this process, and how do these forces depend on distance? To hear these questions will suffice to enable one to understand that the answer must be far from complete. In fact, the motion of three atoms, attracting each other according to some given law, is already beyond our powers of computation; how much more difficult, then, it must be to determine the motions of the millions of atoms of which each body is composed. The results obtained, can therefore be summarized in the statement, that of the motions of the atoms within the molecules and of the forces, by which they are bound together, one knows next to nothing; of the molecules as a whole slightly more, though in the majority of cases this knowledge is still scanty. In the following I shall, therefore, have hardly anymore to say about atoms.

The first detailed investigation which we possess on molecular forces, was concerned with *liquids*. We have already seen how BORELLI imagined the formation of drops and the rise of water in capillary tubes to take place, but this does not really deserve the name of an explanation. This was only obtained, when LAPLACE subjected in his „Mécanique céleste" the attractive forces between liquid molecules to a mathematical treatment. It turned out, then, that one was able to explain all phenomena, occurring in this field, by the assumption that the mutual attraction of two molecules is appreciable only at very small distances and that the same is true of the attraction, experienced by the liquid particles from a solid wall. Not only was a qualitative explanation obtained in this way, but LAPLACE succeeded besides, in deducing from his theory how the height of the rise of a liquid in capillary tubes depends on the diameter of the latter, and this result was confirmed by the measurements.

With all appreciation for the theory, developed by LAPLACE, it is not to be denied, that one cannot yet call it a purely molecular theory. For such a theory must reduce *everything* to the motion of particles and to forces exerted by them on one another. In the explanation of capillary phenomena, as given by LAPLACE, a part is played first by the attractive forces, secondly by the pressure exerted on each other by contiguous parts of the liquid, but this pressure is not reduced to the fundamental principles of molecular theories. We know now, that the cause of this pressure is to be found in the invisible motion of the particles, in which we have learned to recognize the essential nature of *heat*. Unfortunately, however, great difficulties are still in the way, in the case of liquids, of the mathematical investigation of these motions.

In the case of *gases* more progress has been made and this must be ascribed to the smaller density of these bodies. It follows, namely, from this, that each molecule of a gas is over the greater part of its path outside the influence of the other particles and moves, therefore, at constant velocity in a straight line. Only occasionally, and then only for a very short time, does one molecule approach so closely to another, that its motion is altered by the forces exerted on it by the latter; a *collision* takes place, as it is commonly put. It is thanks to these circumstances that the motion of gaseous particles can be the subject of computation. This has yielded already such a great number of beautiful results, that in the time at my disposal I shall only be able to give you a very brief survey of them.

The first thing, that could be required from the theory was, that it should prove capable of explaining the pressure of gases. And indeed one succeeded in deducing the way in which this pressure must depend on the density of the gas, from the discussion of the collisions of the gaseous particles against the walls of the containing vessel. One was also able to compute from this investigation the mean velocity of the particles for any temperature, which velocity turned out to be very large. For hydrogen at the temperature of melting ice, for example, it amounts to somewhat more than 1800 m per second [5]).

I use the term *mean* velocity on purpose, for it is easily seen that the particles cannot move, all of them, at the same speed. For every now and then the particles meet, their velocity being altered each time, so that at any given moment the velocity of some of the molecules must be larger, that of others smaller than the mean value. MAXWELL succeeded in treating this complicated matter mathematically in the case of a gas, of which the molecules are not composed of several atoms, so that one is able to tell exactly according to what law the various velocities are distributed over the various molecules. We have, therefore, a very com-

plete knowledge of the inner state of the kind of gas, just mentioned.

The same cannot be said of those gases, of which the molecules
are composed of two or more atoms. The problem of the determination in that case, not only of the translational motion of the
molecules but also of the motion of the separate atoms, is one of
the most important of theoretical physics and also of the highest
interest to chemistry. Unfortunately, its solution is still wanting.
We are indebted to BOLTZMANN, it is true, for remarkable investigations concerning the connection which must exist between
the intensity of the translational motion of the molecules and the
motion of the atoms in the interior of the molecules, but his results do not agree with experiment.

It will be impossible, for that matter, to solve the problem completely, without paying attention to a peculiar circumstance,
which complicates matters very considerably. It may happen,
namely, that when two molecules meet, the atoms of which they
are composed are separated from each other, or they may recom-
bine in another way than at first. To what extent this does take
place and what the consequences of it are, these are questions, the
mathematical treatment of which has been attempted for the
first time only quite recently [6]).

So far, the investigations of which I spoke to you were related
all of them to the case, that the temperature and the density are
constant throughout the gas and that the gas as a whole remains
at rest, notwithstanding the zig-zag motion of its molecules. For
the case of two gases, uniformly mixed, one has investigated this
stationary state as well.

What happens, when that state is not reached, was the subject
of a second series of investigations. To this series belong all theories on the movements, which can occur in a gaseous mass, on
the internal friction accompanying them, on the conduction of
heat and, finally, on the way in which the diffusion of two gases
takes place. All these phenomena have this in common, that the
results of theory depend on the way in which two molecules in
colliding act on each other. As regards this, two opinions prevail.

According to the older one, two colliding molecules do not influence each other at all, before they have arrived at a certain

mutual distance, but the moment this distance is diminished
ever so slightly, there exists a strong repulsion. If this is true, the
particles, when colliding, must behave like elastic bodies. One
had deduced from this theory how the internal friction of a gas
must increase with temperature, but the result, obtained in this
way did not agree with the experiments carried out by MAX-
WELL. This induced him to modify the theory and it became apparent to him that his experiments could be explained by assuming two gas-molecules to repel each other with a force, inversely
proportional to the fifth power of their distance. More recent experiments, however, have yielded results, different from those of
MAXWELL and at present, therefore, we have not sufficient reason
to accept his supposition.

This is to be regretted in so far, that on that very supposition
only one has been able to solve satisfactorily the problems, just
mentioned to you. When the molecules act on each other in a way,
different from MAXWELL's supposition, one has developed only an
approximate, not a perfectly rigourous theory of phenomena like
the internal friction [7]). It is sincerely to be hoped, that this difficulty may be soon overcome, since in that case only one will perhaps learn something more about the mutual action of the particles of a gas. It will be advisable especially to treat also those
cases, in which molecules of *different* gases act on each other. The
experiments on the slow diffusion of two gases can teach us something about the latter action and the investigation of the internal
friction of *mixtures of gas* must also be considered as important
in this respect [8]).

Meanwhile the theory of internal friction has already yielded
a result, which though perhaps only approximately true, is very
remarkable all the same. It consists of the knowledge of the mean
length of the path over which a molecule moves between two successive collisions. For hydrogen at a temperature of 20° C and under normal pressure, this length amounts to only 0,00018 millimeter and this, together with the high velocity of the molecules,
teaches us that each particle suffers in 1 second no fewer than 9000
million collisions.

On the knowledge of these numbers LOSCHMIDT has based an
estimate of the distance at which the centres of gravity of two
molecules remain apart during a collision and, once this distance is

known, one is able also to compute the number of molecules present in one cubic millimeter.

I have still to speak of a last direction, in which the treatment of the molecular theory of gases has moved. The laws fixing for a gas the connection between pressure, density and temperature are very simple and can readily be deduced from theory. But they hold only approximately, and every gas shows deviations from these laws, which grow the more considerable the greater the density of the gas becomes, and the closer it approaches the liquid state. If one should succeed in tracing the cause of these deviations one may expect to be on the right way to throwing more light on the properties of liquids too. In this direction our compatriot VAN DER WAALS has made an important step forward. He has taken into account the attractive forces, from which LAPLACE deduced the phenomena of capillarity, also in the case of gases, where they are extremely weak, and this, in connection with the distance, at which, when colliding, the centres of gravity of the molecules remain apart [9]), furnished him the explanation of the deviations in question [10]), while, moreover, he succeeded actually in computing the quantities, that were only estimated by LOSCHMIDT. For the distance between the centres of gravity of two colliding molecules a few tenmillionth parts of a millimeter were found and the number of molecules present in 1 cubic millimeter of gas under normal conditions of temperature and pressure, can be represented by 5×10^{16}.

VAN DER WAALS' investigation is, however, in the first place important, because it made clear, that there exists no sharp line of demarcation between the gaseous and the liquid state, but that, on the contrary, the properties of a material body obey one and the same equation. The foundation, at any rate, was laid, in this way, of a purely molecular theory of liquids. I shall mention only one of the various problems, that by this theory were brought a step nearer to their solution. When a space is filled partly with a liquid and partly with its vapour, a continual exchange of molecules takes place between the liquid and the vapour. The mathematical investigation of this phenomenon will have to answer, in the first place, the important question, whether the mean velocity of the molecules in the vapour and in the liquid is the same or not, and in the second place, it must teach us the way, in which the vapour-tension depends on the temperature, the shape of the surface of the liquid and the nature of the latter.

Whereas I was able to give you, in the case of gases, the outline of a highly developed theory, in the case of liquids, of at least the beginnings of such a theory, progress has been, in the case of solid bodies considerably slower. It is true, that we have been for a long time already in the possession of a theory of elasticity, and judged according to its mathematical perfection, this must certainly be placed very high. If, however, attention is payed to the principles on which the mathematical considerations are based, the result turns out to be less satisfactory.

In the theory of the deformations of elastic bodies, one starts, as a rule, by considering the pressure or the stress, which contiguous parts of such a body exert on each other. This pressure is understood to be a consequence of the molecular forces, but the way it depends on the deformation of the body can be found quite well without entering into a detailed discussion of those forces. Yet this discussion is essentially necessary to the molecular theory.

It is usually assumed in these considerations, that the particles of an elastic body in its original shape are at rest. And, indeed, there is then no difficulty whatever in deducing the required values of the stresses from attractions or repulsions between the molecules, so long as one only considers the interior parts of the body. But when one pays also attention to the molecules, that lie close to the surface, the difficulty arises, that one must assume molecular forces of such a nature, that these particles are at rest, so long as the body has not been deformed. By taking this into account, POISSON arrived at results, which do not agree with experiment, and indeed, it is not difficult to prove the impossibility of deducing from attractive and repulsive forces between particles *at rest*, the state of equilibrium of a body as well as the deformations, which it undergoes by external forces. The solution of this difficulty is only to be expected, when here also the heat-motion of the particles is taken into account.

That this motion plays indeed a part in the theory of elasticity is suggested by a few phenomena, usually taken together under the heading elastic afterworking. The simplest of these consists in the fact, that it requires at first greater external forces to keep a body in a certain shape, which differs from its undeformed shape, than later on. It is extremely likely, that for this effect the heat-motion of the particles must be made responsible. Fortunately, the phenomena in question have recently been the subject of a detailed experimental investigation. If one adds to this, that one has also started the accurate measuring of the elasticity of crystals, from which one will be able to deduce something about the way, in which molecular forces depend on distance, that, moreover, the mathematical treatment of molecular motions has made considerable progress, it seems to me that the prospects of a molecular theory of solid bodies have greatly improved.

What I have told you so far, comprises only part of those phenomena from which we can derive information about the molecular structure of the material bodies. If I were to give you a survey of everything, that bears a relation to this subject, I should far exceed the appropriate limits to this address. I should then have to touch upon many a subject of the theory of electricity, and the molecular theory of magnetism, which is closely related with that of elasticity, ought not to be omitted. But whereas I touch only lightly on these matters, I cannot refrain from giving you more in detail an idea of how by means of the study of the phenomena of light, one will be able to reach important results as to the structure of matter.

When the molecules of a transparent body are distributed in an irregular way, as is the case with gases, liquids and all kinds of glass, the body possesses, precisely on account of this irregular structure, the same properties in all directions; it is, as one puts it briefly, isotropic. This is shown, among other things, by the fact, that the velocity of propagation of light in such a substance, which can be deduced from the measurements of the refractive index, is invariably the same, no matter what the direction of propagation and what the direction of the light-vibrations. The velocity of propagation in question depends in this case only on the nature of the molecules, and on their more or less close packing.

So soon, however, as the molecules are distributed in such a way, that they no longer lie at the same distances apart in every direction, the light-motion obeys other laws. This is for example the case when a piece of glass is compressed in one single direction and something similar to what we bring about here artificially, occurs with natural crystals, which never possess the same proporties in all directions. The motion of light in such bodies has been investigated in detail by many physicists, and one has invented instruments enabling one to detect extremely small deviations from isotropy.

It is the task of the theory of light to explain, not only the connection existing between the state of the bodies and their optical properties, but also the cause of this connection, and in that way to enable us to draw conclusions from the optical properties as to the molecular structure of matter. This field of investigation promises, in my opinion, to bear rich fruit, but up to the present this has only been cultivated to a small extent.

One can distinguish two periods in the development of the theory of light. In the first place one had to prove that light consists of a vibratory motion and to investigate how in every particular case that motion takes place. Only after this aim had been reached, could one proceed to investigate the true mechanism of the light-vibrations, in other words, to treat the problem: what kind of substance is in motion here and what forces come into play in this process.

The first question was almost completely solved by FRESNEL. But his attempts to deduce the light-motion as he knew it, from the supposition that it is an elastic substance, of which the particles perform the light-vibrations, were not successful. CAUCHY and other mathematicians attacked this problem more thoroughly, but it became then apparent, that, from the supposition just mentioned, one can obtain no more than a rather unsatisfactory explanation of the phenomena of light and that to this end auxiliary suppositions are often necessary, which one cannot make sufficiently plausible. The laws of the motion of light in crystals, the reflection and refraction of light, the connection between the refractive index of a body and its density, all these problems led to difficulties, that have never been entirely overcome.

For about twelve years, however, we have possessed of the nature of light-vibrations a different conception, for which we are indebted to MAXWELL; according to this physicist, light-vibrations are, as to their nature, closely related to electric currents, and for that reason his theory may be called the electrical theory of light. So far as it has been worked out, it has appeared that this theory can solve, in a simple way, several of the difficulties to which its predecessor gave rise, while, moreover, it has been confirmed beautifully by a comparison of the optical and electrical properties of material bodies. One may conclude from this, in my opinion, that it fully deserves further careful examination, and that in doing so, there is a good chance of being on the right way, in due course, to finding the true nature of the phenomena of light. If this is the case however, it does not seem unreasonable to hope, that this theory will also elucidate the connection between the structure of material bodies and their optical properties and so become one of the means by which our knowledge of the world of molecules can be extended.

Curators of this University! I regret excessively the sad and sudden loss which your committee has suffered; for I should have liked very much to thank today most sincerely all those, who have collaborated toward my appointment. I have, perhaps, succeeded in giving you some idea of the extent of the branch of instruction, which, thanks to your nomination I have been called to teach here. This is so extensive, that I have not been able to penetrate in all parts so far as I think necessary in order to answer fully what may henceforth be required of me. I have only been able to study physics for a few years as yet and it will now be my duty to instruct others, while I am conscious of so many gaps in my own knowledge. Allow me, therefore, to see in my appointment in the first place a proof of your confidence in my future. I feel very much honoured by that confidence and I give you the sincere assurance, that it will be my earnest endeavour to fulfil my duties at this University better in the future than I shall perhaps be able to do in the beginning.

To You also, whom I am now privileged to call my colleagues, I must speak about the future. Today, as yet, practically unknown to most of You, I feel, that it will in the first place depend on me, to gain Your friendship in the course of time. For the present, I can only assure You, that I consider it my duty to prove myself worthy of it.

Naturally, I shall come in closer contact, more in particular, with You, Professors of the Faculty of Mathematics and Physics. The branches, that we study, are so closely connected, that mutual collaboration will be very often indispensable. I, for one, shall frequently be obliged to appeal to Your knowledge and to Your more extensive experience. That I shall not appeal in vain is guaranteed, in my opinion, not only by the friendship, which as a pupil I have met with from many of You, but also by the cordial way, in which You have today received me here. For the present, my sincere thanks to You for that kindness, which I hope You will continue to grant to me.

To You, highly esteemed Rijke, my sincere thanks are due in particular. I consider it a great honour, that You have judged me worthy to share with You the teaching of physics in this University. I use the word „share" on this occasion with special emphasis. Your advice and help will be indispensable to me, but the conviction that You will not withhold them from me, gives me courage. That our mutual friendship may last and that between us there may always prevail that good understanding, so essential for those who study experimental and theoretical physics!

On entering on a new career, I feel I may not forget the past, nor those, who made it dear to me.

For us, my Father, not many words are wanted, and I know You do not expect them from me. Yet I value highly this opportunity to declare openly, that your presence is especially dear to me, for it is in the first place thanks to You, that I am now standing here.

You, my friends, who have come to attend this ceremony, and among whom I greet with much pleasure my respected first teacher of physics, VAN DE STADT, have thereby given me the proof, that the friendly disposition, which has developed between You and me, will continue on Your part in the future as well. I, for my part, hope to do my share not to let our friendschip grow less.

Students of this University! The remark has been made several times, that the true investigator of nature is not characterized so much by the fact that he knows a great deal, as by the fact, that he is also well aware of what he does not yet know. In theoretical physics too, the chief thing is to have clearly in mind the boundary between the domain already acquired and the vast unknown extent outside this boundary. In my opinion, it is a difficult but beautiful task to assist those among you, who study this branch of physics, in the search of this boundary and I should be happy if in that way I might contribute to enabling them to carry out independent scientific work. I do not think, that this can be obtained completely by just a few lectures at fixed hours. Rather, it appears to me that, to this end, the first thing required of us, is to be on terms of friendship and confidence. Only when I shall know for certain, that we are on these terms, shall I be able to think, that I have not worked here in vain.

———

NOTES

¹) The following quotation from his „Discours sur l'utilité des mathématiques dans toutes les sciences, et particulièrement dans la physique" (Oeuvres philosophiques et mathématiques de 's GRAVESANDE, publiées par ALLAMAND, II p. 323) may serve to give 's GRAVESANDE's opinion about universal gravitation. After a few preliminary considerations concerning that force he goes on:

„Quelle que soit cette force, il faut lui donner un nom. Si nous ne faisons attention qu'au corps vers lequel l'autre est porté on l'appelle attraction; mais à l'égard du corps qui est porté on la nomme gravitation. Ces noms désignent des effets et non des causes; ceux qui ont reproché à Newton qu'il désignait par eux des qualités occultes n'ont pas eu une idée juste de la philosophie.

Si nous poussons plus loin nos raisonnements mathématiques nous trouvons que toutes les planètes gravitent les unes vers les autres; que les corps gravitent vers les planètes dont ils sont proches, comme aussi en général vers tous les autres corps dont ils sont à une certaine distance; et que cette gravitation est proportionnelle à leur quantité de matière. Concevez que tous les corps sont composés de particules très-petites qui toutes contiennent une égale quantité de matière et s'attirent également les unes les autres: Vous comprendrez aisément que dans tout corps la force attractrice est composée de toutes ces différentes forces égales et qu'elle en suit la proportion, c'est-à-dire qu'elle est proportionnelle au nombre des particules qui constituent chaque corps, nombre qui exprime la quantité de matière.

C'est des phénomènes qu'on déduit mathématiquement cette attraction et les lois suivant lesquelles elle agit sur tous les corps. Mais jusqu'à présent nous en ignorons la cause et nous ne connaissons rien qui puisse nous servir à l'expliquer. L'attribuer aux mouvements d'une matière subtile qui agit sur la surface des corps et qui est la seule cause physique qu'on puisse admettre ici, c'est ne point expliquer les faits; car jamais on ne pourra comprendre qu'une telle matière doit donner aux corps une impulsion proportionnelle à leur quantité de matière. Cette gravitation est donc pour nous une loi de la nature et c'est elle qui doit nous fournir l'explication des phénomènes qui nous offrent les corps célestes."

It is further pointed out, that not only here but also in many other cases one assumes fundamental principles, which one cannot explain any further, and that even the simple theorem that a body, left to itself, possesses a uniform motion, is a fundamental principle of that kind.

²) Mathematically, this connection is expressed by means of partial differential equations. When, for example, we have to deal with the case, that electricity is distributed with final density over a certain space, the electrical actions are completely determined by a partial differential equation, known as POISSON's equation. From this equation one is able to deduce for every point the value of the potential function, but one can, equally well, establish an equation, by which for every point the potential function is given as an integral to which distant electricity as well contributes. Since now either of these equations can be deduced from the other, it is to a certain extent immaterial, which of the two is considered the fundamental equation, in other words, whether one will fix one's attention primarily on the connection between the state of matter in points at a distance apart, or on the connection existing between the state of immediately adjoining parts. The question can only be as to which equation is the most simple and can be interpreted most readily in words.

³) The mathematical treatment of the mutual action of two vortex-rings has made so far only little progress. Even the case of two rings having the same axis, has not yet been worked out completely. And about the mutual action of two vortex-rings, meeting in entirely arbitrary positions, theory teaches nothing; the experiments have only led to the vague result that in that case the rings behave more or less like the rings of an elastic substance.

How much, for that matter, is still to be desired, before we may consider THOMSON's hypothesis as suitable for the explanation of physical phenomena, can appear from the following. A vortex-ring can never be at rest but must invariably move with a velocity, depending on the nature of the ring. If we accept THOMSON's hypothesis, we must imagine, therefore, that the vortex-atoms of a (monatomic) gas do move in this way, until they collide against each other. One ought to be able now to explain how with changing temperature, the conditions in the vortex-rings and consequently their translational motion is modified.

Further, the question arises, whether, although a single vortexring can never be at rest, yet in the case of a collection of a great number of these rings, the motion of each can be confined in such narrow limits, that the system as a whole is at rest. This rest is a necessary condition, however, if one is to imagine a solid or liquid body as a collection of vortex-rings.

⁴) It is not sufficient to assume the incompressibility of the liquid as fundamental property. From this one can deduce only one equation, the so-called equation of continuity, whereas, in deducing the other equations, one can not dispense with the introduction of the notion of pressure.

⁵) By „mean velocity" is here meant such a velocity, that if all molecules were to share it, the total kinetic energy would have the same value as in reality.

⁶) Phil. Mag. **3**, 401, 1877, brings an article of HICKS on this subject. In his computations he starts from the following suppositions: 1. That when a molecule experiences a blow greater than a certain blow c, it breaks up into its component atoms, 2. that when two atoms impinge with a blow less than c, they combine to form a molecule. It will be clear that the results deduced from these suppositions can at most be only a rough image of reality.

⁷) The internal state of a monatomic gas (or of a mixture of two such gases) at rest at uniform temperature and density is known very accurately. It can now be required from the kinetic theory to determine, what laws must be obeyed by small deviations from that state. In order to know these deviations completely, one would have to know how the various velocities are distributed over the various molecules, also in the case when turbulent motions take place in the gas or when the latter does not possess a uniform density, composition or temperature. If the gas-particles repel each other with a force, inversely proportional to the fifth power of their distance, MAXWELL succeeded (Phil. Mag. **35**, 129, 185, 1868) even without knowing the velocity-distribution in question, to deduce from the kinetic theory of gases the aerodynamical equations and to compute the coefficient of friction and the conduction of heat. Later on BOLTZMANN (Wiener Sitzungsberichte, **66**, 275, 1872) treated on the same supposition the law of the velocity-distribution for non-stationary states.

When, however, the particles do not act on each other in this particular way, when, for example, they behave like elastic spheres, the knowledge of the velocity-distribution in the non-stationary state is indispensable for a rigorous solution of the problems on internal friction and suchlike, but for that very case the distribution law has not been discovered. So long as this gap is not filled the theory of internal friction, developed under this condition, must be considered as only an approximate one.

⁸) If the gas-molecules may be considered as elastic spheres one is able, supposing that the theory of internal friction were developed completely, to deduce from the coefficient of internal friction of a gas some information on the diameter of its particles, and if this had been worked out for two gases, one would possess also the data, necessary for taking into account the mutual collisions of the particles of these two,

gases, so that one could then compute their diffusion and the internal friction of a mixture of the two gases. Besides, there must then exist a definite connection between the coefficients of diffusion of a number of gases, taken in pairs. So soon, however, as the particles act on each other in a different way, one cannot draw any conclusion from the mutual action of particles of one and the same gas, as to the interaction of molecules of different gases, and all of the computations, mentioned above, are then cancelled. This is why the diffusion and the internal friction of a gaseous mixture are of such great theoretical importance. So far as one is able to judge at present, it would seem that the conception of the particles of a gas as behaving like elastic bodies, has the greater probability in its favour. See STEFAN, Wiener Sitzungsberichte, **65**, 323, 1872; MAXWELL, Nature, **8**, 298, 1873.

9) VAN DER WAALS imagines the molecules to be elastic spheres, which attract each other at a distance. The distance at which, when colliding, their centres of gravity remain apart, in other words, the extension of the particles, is taken into account by him by investigating how much the path between two successive collisions is shortened by the extension of two molecules in the direction of their relative motion and by then deducing in what proportion the number of collisions against the walls of the containing vessel is thereby increased. Later on, the shortening in question of the path between two collisions has been computed more rigorously by KORTEWEG (K.A.W. **10**, 349, 363, 1876) but in this way he obtains the same result as VAN DER WAALS. MAXWELL (Nature, **10**, 477, 1874) objects to VAN DER WAALS' computation. He remarks that it must be possible to find the influence of the spatial extention of the molecules by taking into account in the well-known expression for the virial, also the virial of the repulsive forces that the molecules exert on each other at a collision. He only gives the result of his computation and this differs from VAN DER WAALS' result. In the meantime, I have found that, at any rate if the molecules of a gas fill only a small fraction of the space in which they are contained, one does arrive at VAN DER WAALS' equation by considering the virial of the forces of repulsion in question. (See Coll. Papers, vol. 6, p. 40. Editors' note).

10) Since then experiments of MENDELÉEFF on these deviations have been published (Nature, **15**, 455, 498, 1877), the explanation of which is still wanting.

11) It is not difficult in this problem either, to take into account the influence of molecular attraction, if one may suppose, as LAPLACE did in his theory of capillarity, that the radius of the sphere of attraction, though very small, yet is still very large compared with the average distance of the molecules, so that the sphere of attraction circumscribed round any particle still contains a great number of molecules. It follows then that, when a space is filled partly with a liquid and partly with its vapour, no force acts on a molecule in the interior of the vapour or of the liquid, but that on a molecule in the boundary-layer a force does act, which depends solely on the position of that particle. Everything comes in this case to the same as if there were no attraction at all, but as if the molecules were acted on by external forces, which are a function of the position of the particles. When, however, external forces of such a nature act and when one neglects the spatial extension of the particles, the problem of determining their motion has already been solved in a general way. It would not be difficult to take into account in this solution also, the extension of the particles, and in this way one would be able to establish for the tension of saturated vapours an expression, wholly deduced from the kinetic theory.

But, unfortunately, it is apparently not allowed to assume each molecule to be attracted by a great many other molecules. VAN DER WAALS arrives at the result, that molecules attract each other appreciably only shortly before their collision, and if this be true, the rigorous treatment of molecular attractions becomes much more difficult and it will not then be allowed to consider the expression, which in the way indicated above can be obtained for the tension of saturated vapours as a entirely correct theoretical formula.

12) It can be proved, namely, that in the case of particles at rest in the position of equilibrium of the body, the pressure or stress between contiguous parts must be zero. By introducing this into the equations of the problem, one obtains between the con-

stants, determining the elasticity of the body, a relation which does not agree with experiment. The magnitude of the deviation from that relation must in some way or other be connected with the intensity of the heat-motion.

13) Considering our deficient knowledge of the heat-motion in solid bodies, there is as yet only little hope for a completely developed theory of elastic after-working. For the time being, one will probably not be able to go any further than BOLTZMANN (Pogg. Ann. Ergänzungsband, 7, 624, 1876). The only question is how far the fundamental theorem, used by him, can be considered a necessary consequence of the molecular theory.

14) I am thinking here more in particular of the measurements of BAUMGARTEN on the elasticity of Iceland-spar (Pogg. Ann. 152, 369, 1874) and of those of WOLDEMAR VOIGT and GROTH on the elasticity of rocksalt (Pogg. Ann. Ergänzungsband, 7, 1, 177, 1876, and Pogg. Ann. 157, 115, 1876). The last mentioned experiments are especially remarkable, because it appears from them that even in crystals of the regular system the elasticity is not the same in all directions. The way, however, in which it changes with direction, must be closely connected with the law, according to which the mutual action of two molecules depends on distance.

DE TEGENWOORDIGE STAND DER MECHANISCHE WARMTETHEORIE, IN HET BIJZONDER WAT DE TOEPASSINGEN VAN DE TWEEDE WET DEZER THEORIE BETREFT [1])

Zoo eenvoudig als de grondstelling is, dat warmte niet van zelf van een koud naar een warm lichaam kan overgaan, zoo verschillend en veelal ingewikkeld zijn de wegen, die men bij de daarop steunende redeneeringen inslaat. Men kan gebruik maken van een denkbeeldigen kringloop van deels isotherme, deels adiabatische veranderingen, die het te onderzoeken lichaam ondergaan moet, men kan echter ook het begrip der entropie op den voorgrond plaatsen en alle gevolgtrekkingen hieruit afleiden, dat deze grootheid nooit kan afnemen.

Men moet daarbij op de entropie van alle lichamen letten, die in het spel komen, dus bijv. wanneer de beschouwde stof in een vat van onveranderlijk volume is opgesloten, dat omringd is door eene groote watermassa van standvastige temperatuur, niet alleen op de entropie van den inhoud van het vat, maar ook op die van het omringende water. Men kan echter eene grootheid aanwijzen, die alleen van den toestand der stof in het vat afhangt, en die onder de genoemde omstandigheden slechts in ééne richting veranderen kan. Deze grootheid wordt verkregen door het arbeidsvermogen te verminderen met het produkt van de entropie en de absolute temperatuur; zij werd het eerst door GIBBS ingevoerd en onder den naam van „vrije energie" door v. HELMHOLTZ, onder dien van „thermodynamische potentiaal" door DUHEM bestudeerd. De stelling, dat zij slechts in ééne richting veranderen kan, leidt bijv. tot eene eenvoudige behandeling van het geval, dat in het genoemde vat de damp eener vloeistof zich bevindt boven de oplossing van een vast lichaam in die vloeistof, of dat eene waterige op-

---

[1]) Nederl. Natuur- en Geneesk. Congres. 1 October 1887. Verhandelingen 1, 116, 1887.

lossing van eene vaste stof in aanraking is met ijs, of eindelijk, dat twee met elkander onmengbare vloeistoffen, die beiden een zelfde vast lichaam kunnen oplossen, in aanraking met elkaar zijn en voorzien worden van eene hoeveelheid der vaste stof, die geheel kan oplossen. De verhouding, in welke zich die hoeveelheid over de oplossingsmiddelen verdeelt, blijkt in verband te staan met den invloed, dien het vaste lichaam op de dampspanning van elke der vloeistoffen of op haar vriespunt uitoefent.

Van tal van physische en chemische onderzoekingen uit den laatsten tijd kan gezegd worden, dat zij ten doel hebben, de waarden der entropie in verschillende toestanden der lichamen met elkander te vergelijken, evenals de vroegere thermochemie het inwendige arbeidsvermogen van de produkten eener schei-kundige omzetting vergeleek met dat van de oorspronkelijke stof-fen.

Welke moeilijkheden overigens verbonden zijn aan de quanti-tatieve bepaling der entropie kan blijken uit het voorbeeld van twee gassen, die zich met elkander vermengen. De verandering, die de entropie daarbij ondergaat, kan slechts berekend worden als men eene denkbeeldige proef weet te verzinnen, waarbij de gassen op omkeerbare wijze met elkaar gemengd worden. Men kan daartoe gebruik maken van de omstandigheid, dat volgens de kinetische gastheorie een mengsel van twee gassen door de wer-king der zwaartekracht een evenwichtstoestand zal aannemen, waarbij het niet homogeen is.

De kennis van de entropie van een lichaam heeft niet dezelfde beteekenis als die van het inwendige arbeidsvermogen. Men kan zich duidelijk voorstellen hoe dit laatste van den bouw van het lichaam, van de krachten tusschen zijne deeltjes en van de snel-heid dezer laatste afhangt, maar wat de entropie betreft kan men zich thans zulk eene voorstelling niet vormen. Was men daartoe in staat, dan zou men ook de tweede wet der warmtetheorie uit de beginselen der mechanica kunnen afleiden, wat tot nog toe niet gelukt is. Zooals v. HELMHOLTZ opmerkt, zijn door hem zelven en door anderen vóór hem slechts mechanische analogieën voor de wet aangewezen, maar geene bewijzen er voor geleverd.

Wordt zulk een bewijs eenmaal gevonden dan zal het zeker on-afhankelijk moeten zijn van bijzondere onderstellingen omtrent den bouw der lichamen. Want de tweede wet heeft met de eerste dit gemeen, dat zij op alle lichamen kan worden toegepast. Van daar, dat zij een veilige gids is bij het onderzoek der natuurverschijnselen, maar van daar ook, dat zij ons slechts tot op zekere hoogte van dienst kan zijn. Alle onderzoekingen, die de verificatie der algemeene wetten van de warmtetheorie ten doel hebben, laten het mechanisme der verschijnselen in het midden: na de bedoelde verificatie treedt echter het onderzoek naar dit mechanisme op den voorgrond. Natuurlijk kan daarbij van de uitkomsten der warmtetheorie partij worden getrokken. Zoodra men bijv. uit deze laatste de waarde van het inwendige arbeidsvermogen van een lichaam in verschillende toestanden heeft afgeleid kan men, dit in verband brengende met de door CLAUSIUS bewezen stelling van den viriaal, van eene zekere grootheid, die uit den viriaal en de potentieele energie wordt opgebouwd, de veranderingen geheel leeren kennen. Deze grootheid hangt alleen van den stand der deeltjes af en van de krachten, welke zij op elkander uitoefenen, maar is onafhankelijk van de beweging der molekulen. Het onderzoek naar hare veranderingen laat reeds thans eenige gevolgtrekkingen omtrent den aard der molekulaire krachten toe.

DE WEGEN DER THEORETISCHE NATUURKUNDE [1])

Toen ik de vereerende uitnoodiging ontving om een spreekbeurt in uwe vereeniging te vervullen, heb ik niet geaarzeld die aan te nemen omdat ik gaarne op deze wijze een blijk van mijn belangstelling in uw streven wilde geven. Wat het onderwerp betreft, heeft vervolgens eenig overleg met uw Bestuur plaats gehad. Wij zijn tot het besluit gekomen, dat ik uwe aandacht niet zou vragen voor een of ander bijzonder hoofdstuk der physica, maar voor eenige beschouwingen van meer algemeenen aard. Zoo wensch ik dan tot U te spreken over de verschillende wijzen waarop de theoretische natuurkunde haar taak tracht te vervullen, in de hoop daarvoor belangstelling te vinden, ook bij hen, die zich niet in het bijzonder met physica bezighouden en voor wie deze slechts een hulpwetenschap is.

Er is natuurlijk geen denken aan, in den korten tijd van één avond diep in een aantal vraagstukken door te dringen, maar dat is voor wat ik mij voorstel ook niet noodig. Mijn bedoeling is alleen, den bijzonderen aard van eenige physische theorieën te doen uitkomen en daartoe zal reeds een vluchtige monstering voldoende zijn, waarbij wij dan tevens van eenige uitkomsten kennis zullen kunnen nemen. *Welke* theorieën nu voor deze bespreking in aanmerking moeten komen, is niet twijfelachtig, daar er onder vakgenooten weinig verschil van meening bestaat over de vraag, welke meer en welke minder belangrijk geacht moeten worden. Trouwens, in het algemeen mogen wij er ons over verheugen, dat in het oordeel over de waarde van physische uitkomsten en beschouwingen in den regel zonder veel moeite overeenstemming kan worden verkregen.

Hiermede is niet bedoeld dat de natuurkunde van den een volkomen gelijk zou zijn aan die van den ander, dat dus onze per-

---

[1]) Rede uitgesproken voor de Vereeniging „Secties voor Wetenschappelijken Arbeid" te Amsterdam, op 20 Januari 1905 in de Aula der Universiteit.

soonlijkheid in het geheel geen invloed zou hebben op de wijze waarop wij deze wetenschap, of welke andere dan ook, beoefenen. De aandrang die ons daartoe drijft, het doel dat wij min of meer bewust voor oogen hebben, de wijze waarop wij een vraagstuk aanvatten en de waarde die wij aan een uitkomst hechten, dit alles zal wel nooit bij twee personen geheel hetzelfde zijn. Maar toch, al wordt ons werk ongetwijfeld gekleurd door onze bijzondere opvattingen, door onze denkbeelden op ander, inzonderheid op wijsgeerig en religieus gebied, de ondervinding leert dat zelfs groote verschillen in dit laatste opzicht eenstemmigheid over vele vragen, en daarmede wederzijdsche waardeering en een vruchtbare samenwerking niet uitsluiten.

Tot de grondslagen waarover geen verschil van meening bestaat, behoort in de eerste plaats dat wij in de natuurwetenschap *determinist* moeten zijn.

Wij moeten wel aannemen, dat uit den toestand der stoffelijke wereld op één oogenblik, de toestand op een volgend oogenblik met noodzakelijkheid voortvloeit. Of, om mij nauwkeuriger uit te drukken, de ervaring leert dat wij in staat zijn, in eenvoudige gevallen met onze rede uit een toestand dien wij waarnemen, een toestand die op een lateren tijd bestaan zal, af te leiden en wij stellen nu als postulaat voorop, dat wij dit ook in alle andere gevallen zouden kunnen doen, als onze waarnemingen maar ver genoeg reikten en wij een denkvermogen hadden, doordringender en meer ontwikkeld dan ons gegeven is, maar overigens van denzelfden aard. Wij hebben allen grond om te vertrouwen dat wij, zoo doende, op den goeden weg zijn. Trouwens, ook de niet-natuurkundige laat zich, zoodra hij met physische verschijnselen te doen heeft, zonder aarzeling door hetzelfde postulaat leiden. Hij waagt zich even goed, misschien met nog wat meer vrijmoedigheid, aan een voorspelling als wij dat doen.

Voor ik verder ga, zij het mij vergund, ook over de beteekenis der wiskunde voor het natuurkundig onderzoek een enkel woord te zeggen. Dat in de physica het quantitatief onderzoek op den voorgrond staat en dat de meeste natuurkundige wetten quantitatieve betrekkingen uitdrukken, is waarlijk bekend genoeg. Ook dat de samenhang tusschen twee verschijnselen — en het opsporen daarvan is een weg waarop de physica zich met voorliefde beweegt — nooit zoo goed wordt vastgesteld als wanneer het gelukt, door meting te bewijzen dat de grootte van het eene verschijnsel naar dezen of genen regel aan die van het andere beantwoordt.

Zoo is een der belangrijkste uitkomsten van de laatste jaren, dat het absorptievermogen der metalen voor warmtestralen van groote golflengte juist zoo groot is als men het uit hun electrisch geleidingsvermogen kan voorspellen.

Wie dit alles in het oog houdt, kan geen oogenblik denken dat wij de wiskunde zouden kunnen missen. Dat wil natuurlijk niet zeggen dat wij, waar het maar kan, ellenlange formules zullen te pas brengen; in den regel kan men zeggen dat de kortste berekening ook de mooiste is. Ook bedoel ik volstrekt niet dat ieder zich in dezelfde mate van wiskundige hulpmiddelen zal moeten bedienen; er zijn uitstekende natuurkundigen van wie ik nooit een mathematische beschouwing gezien heb en die daar waarschijnlijk ook weinig lust in hebben. Maar het algemeene besef dat het voornamelijk op de quantitatieve betrekkingen aankomt, wordt daarom in hun werk toch niet gemist.

Dat besef behoort levendig te zijn in ieder die physica wil leeren, en er kan dan ook met niet te veel nadruk gewezen worden op het groote nut van een helder inzicht in eenvoudige wiskunde en vaardigheid in de toepassing daarvan, een inzicht en een vaardigheid die, gelukkig, verkregen kunnen worden door het voorbereidend onderwijs, zooals het hier te lande is, en die men zelfs zou kunnen bereiken, al werd dit, met weglating van onbestaanbare grootheden, boldriehoeken en onbepaalde vergelijkingen, nog wat ingekrompen.

Er is één onderdeel der wiskunde, dat ik nu wel niet op gymnasia en hoogere burgerscholen zou willen invoeren, maar waarmede ik toch zou wenschen dat, wat de grondbeginselen betreft, alle studenten in de faculteiten der wis- en natuurkunde en der geneeskunde beproefden zich min of meer vertrouwd te maken. Dat is de differentiaal- en integraalrekening. Tot aanprijzing dezer wiskunde van de oneindig kleine grootheden behoef ik er slechts op te wijzen dat, zoodra men met een verschijnsel te doen heeft, dat niet voortdurend of niet in alle punten van een voorwerp op dezelfde wijze plaats heeft, men genoodzaakt is, als men het tot in bijzonderheden wil overzien, het beschouwde tijdsverloop of de beschouwde ruimte in zeer kleine, liefst in zoogenaamd oneindig kleine deelen te verdeelen.

Om nu tot de voorgenomen monstering over te gaan, zal ik beginnen met de physische theorieën in twee groepen te verdeelen, die men de „voorzichtige" en de meer „gewaagde" zou kunnen noemen. In de eerste houdt men zich zooveel mogelijk aan het rechtstreeks waargenomene of althans aan dat waarvan men zich de waarneming gemakkelijk kan voorstellen; in de theorieën der tweede groep daarentegen stellen wij ons achter hetgeen wij waarnemen een wereld van onzichtbare deeltjes en verborgen bewegingen voor, waarvan de voor ons toegankelijke werkingen de uitingen zijn. Terwijl *dan* de beschouwing van molekulen, atomen, ionen, electronen schering en inslag is, is van dit alles in de theorieën der eerste soort, die men ook de „phenomenologische" kan noemen, geen sprake.

De gewone leer bijv. van de beweging van vloeistoffen kent geen molekulen, maar alleen volume-elementen. D.w.z., wij verdeelen weliswaar de ruimte, die door de vloeistof wordt ingenomen, in uiterst kleine deelen, maar wij stellen ons voor dat elk dergelijk deel continu met vloeistof gevuld is. Wij ontleenen verder aan de waarneming zekere eenvoudige grondstellingen over de krachten die de vloeistof aan de eene zijde van een of ander vlak op de vloeistof aan de andere zijde uitoefent, over den druk en de inwendige wrijving, leiden dan daaruit een mathematische uitdrukking af voor de totale werking die een vloeistofelement van de omringende stof ondervindt, en stellen eindelijk de resulteerende kracht gelijk aan de versnelling der vloeistof, vermenigvuldigd met de massa van het element. Zoo krijgen wij de vergelijkingen die de beweging bepalen, de zoogenaamde bewegingsvergelijkingen, die dan verder voor de mathematici een onafzienbaar arbeidsveld opleveren.

Veel overeenkomst met de hydrodynamica heeft, wat den opzet betreft, de theorie van het evenwicht en de beweging van veerkrachtige vaste lichamen. Als een derde voorbeeld van een theorie, zooals wij nu op het oog hebben, zou ik FOURIER's theorie der warmtegeleiding kunnen aanvoeren. Maar het meest interesseert U waarschijnlijk de tegenwoordige theorie der electromagnetische verschijnselen, die men in een algemeenen en voor menig doel voldoenden vorm op phenomenologischen grondslag kan opbouwen. De fundamenteele begrippen die men daarbij aan de waarneming ontleent, zijn die van hoeveelheid electriciteit, electrische stroom, electrische kracht, magnetische kracht, enz. Wij hebben opgemerkt dat in de nabijheid van geladen lichamen en in het algemeen van lichamen waarin electromagnetische werkingen plaats hebben, d.w.z. in het „electromagnetische veld" een geladen voorwerpje een kracht ondervindt, die het naar een bepaalden kant drijft, en wij verstaan onder „electrische kracht" wat die werking is in het bijzondere geval dat dit voorwerpje de eenheid van positieve lading heeft. Wij kunnen die electrische kracht in elk punt bepalen of ons voorstellen dat dit gedaan wordt, wij kunnen ons dit laatste zelfs denken voor het inwendige van een geleider, zoodat wij ook hier van een electrische kracht spreken. Evenzoo is in elk punt sprake van een „magnetische kracht", de kracht die op een noordpool met de eenheid van sterkte, op de beschouwde plaats gebracht, zou werken, en wij vatten de zaak nu zoo op, dat beide grootheden de aanwijzingen zijn voor zekere bijzondere toestanden in het beschouwde stelsel bestaande en over den aard waarvan wij ons verder niet uitlaten. Het is ons genoeg in de electrische en de magnetische kracht twee kenteekenen te hebben, die den toestand karakteriseeren, en die, voorzoover wij weten, daartoe in het algemeen ook voldoende zijn.

Een stelsel van vergelijkingen, die door MAXWELL zijn opgesteld en later door HEAVISIDE en HERTZ in eenvoudiger vorm zijn gebracht, speelt nu dezelfde rol als zooeven de bewegingsvergelijkingen der vloeistof. In die vergelijkingen drukken wij het waargenomen verband tusschen de verschillende straks genoemde grootheden uit en wij hebben daardoor het middel gekregen om er de meest uiteenloopende gevallen mede te behandelen. De formules kunnen rekenschap geven van de verdeeling der ladingen over een stelsel geleiders, de magnetisatie van een ijzeren bol in een magnetisch veld, de stroomverdeeling, de inductiestroomen, de wetten der wisselstroomen, de voortplanting der golven van HERTZ, en zij zijn voldoende om ons tot de opstelling der electromagnetische lichttheorie te brengen en vervolgens de verklaring van terugkaatsing en breking, interferentie en polarisatie te leveren. Het is zeker opmerkenswaardig dat men dit alles met een phenomenologische theorie kan doen, waarvan de grondvergelijkingen op een enkele bladzijde kunnen worden samengevat.

De vier theorieën die ik als voorbeelden heb aangevoerd, zijn nog in menig opzicht van verschillenden aard. Vooreerst wat betreft de begrippen waarmede zij werken. In de hydrodynamica en bij de beschouwing van veerkrachtige lichamen behoeven wij nauwelijks buiten de gewone mechanica te gaan; wij spreken, behalve van ruimte en tijd, alleen van snelheden, versnellingen, massa's en krachten. Daarentegen komen in de theorie der warmtegeleiding als nieuwe begrippen de hoeveelheid warmte en de temperatuur te pas, in de electriciteitsleer die welke ik U reeds heb opgenoemd, waarbij het vooral opmerking verdient, dat wij op het standpunt dat wij nu innemen, geen poging doen om deze begrippen tot andere of tot elkaar te herleiden.

Verder is er een groot verschil in de moeite die het gekost heeft, om de verschillende theorieën te ontwikkelen. Er is niet veel inspanning voor noodig geweest om tot de vergelijkingen van de hydrodynamica en voor de warmtegeleiding te geraken; men had daartoe slechts de meest voor de hand liggende onderstellingen te maken. Maar in de electriciteitsleer is het eerst veel later gelukt, uit de uitkomsten van lang experimenteel onderzoek de eenvoudige regels te laten kristalliseeren, die nu den grondslag der theorie uitmaken. Ook heeft men hier veel meer de uit de waarneming van bijzondere gevallen getrokken besluiten moeten *generaliseeren*, waarbij trouwens moet worden opgemerkt, dat men zoo iets, zij het ook in mindere mate, altijd moet doen. Wij zouden in het geheel geen physica hebben, als wij ons angstvallig binnen de grenzen der onmiddellijke waarneming hielden en nooit bij wijze van onderstelling, aan regels, uit weinige waarnemingen afgeleid, een algemeene geldigheid durfden toeschrijven.

In den gedachtenkring waarin wij ons tot nu toe bewogen, kunnen wij blijven, wanneer wij onze aandacht vestigen op de wet van het behoud van arbeidsvermogen. Gij verlangt niet van mij, dat ik over de groote beteekenis daarvan uitweid; die kan inderdaad niet licht te hoog aangeslagen worden. Maar twee dingen mag men niet uit het oog verliezen. Vooreerst, dat de wet niet van zelf spreekt, maar uit de waarneming, alweer met de noodige generalisatie, is afgeleid, zoodat wij dan ook niet mogen neerzien op hen, die in vroeger tijden, met een gebrekkige kennis der verschijnselen, naar een perpetuum mobile zochten. En in de tweede

plaats, dat de wet van het arbeidsvermogen op zich zelf in verreweg de meeste gevallen niet voldoende is om ons den loop van een
verschijnsel geheel te laten overzien en ons er alles van te zeggen
wat wij verlangen te weten. Terwijl wij er bij een eenvoudigen
slinger uit kunnen afleiden, hoe de beweging van oogenblik tot
oogenblik verandert, is dat reeds niet mogelijk, zoodra wij met een
dubbelen slinger te doen hebben, ik bedoel, zoodra aan het benedeneinde van een slinger een tweede is opgehangen. Evenmin
kunnen wij uit het onveranderd blijven van het arbeidsvermogen
vinden, hoe groot bij de eenparige beweging in een cirkel de centripetale kracht moet zijn.

Hoeveel soorten of vormen van arbeidsvermogen moeten wij
wel onderscheiden? Bij de opvatting die wij nu volgen, zeer vele;
wij kunnen niet van te voren zeggen, hoe veel. De zaak komt hierop neer dat het mogelijk is, voor elken toestand van elk lichaam
een bepaald getal aan te geven, onder dien verstande, dat voor een
lichaam waaraan niets anders dan een voortgaande beweging valt
op te merken, dit karakteristieke getal het bekende halve product
van de massa m met de tweede macht der snelheid v is, en dat dan
bij alle veranderingen die een afgesloten stelsel van lichamen ondergaat, de som van hun „karakteristieke getallen" standvastig
blijft. Hoe groot nu het getal is, dat aan een lichaam moet worden
toegekend, hangt van den physischen en chemischen toestand,
van de temperatuur, de electrische lading, de magnetisatie af,
en als men wil, kan men in verband hiermee van allerhande soorten van arbeidsvermogen of energie spreken, zooals men het zooeven genoemde product $1/2\ mv^2$ de „kinetische energie" noemt.

Misschien klinkt U mijn inkleeding wat vreemd en verraadt zij
naar uw smaak te zeer den mathematicus. Vergunt mij daarom
een korte toelichting. Wij kunnen gemakkelijk een proef verzinnen, waarbij van een lichaam, dat eerst een zekere snelheid heeft,
partij wordt getrokken om een spiraalveer uit te rekken. Het verliest dan tevens zijn beweging. De waarde van het getal $1/2\ mv^2$ is
dan voor het werkende lichaam kleiner geworden, en de wet
brengt mede dat het karakteristieke getal van de spiraalveer is
toegenomen, dat wij dus aan de veer na de uittrekking een grooter
getal toekennen dan daarvoor. Dit wetende, kunnen wij nu verder uit den gegeven regel afleiden, dat het onmogelijk is, proeven
zoo in te richten, dat daarbij ten slotte een veer is uitgerekt en

alle andere lichamen weer in dezelfde toestanden zijn als eerst. Hierin herkent men wel degelijk de wet van het behoud van arbeidsvermogen.

Trouwens, wij zullen ook zekere andere wetten op dergelijke wijze kunnen inkleeden, nl. door te zeggen dat het mogelijk is, aan elk lichaam een bepaald getal te verbinden, van den toestand afhankelijk en daarvoor kenmerkend, op zoodanige wijze dat die getallen deze of gene eigenschap hebben.

Een vraag die in verband met het behoud van arbeidsvermogen overweging verdient, is deze, of men altijd kan zeggen dat de energie van het eene lichaam op het andere overgaat, of men van een *strooming* der energie kan spreken op dergelijke wijze als van de voortbeweging van een stof. Ieder is geneigd te zeggen dat bij de warmtegeleiding door een metaalstaaf warmte, d.w.z. arbeidsvermogen, van het eene deel op het andere overgaat en dus door een doorsnede van de staaf heen gaat, en niemand vindt het vreemd wanneer wij beweren dat in een bundel zonlicht een zeker arbeidsvermogen zich voortplant. Is nu zulk een spreekwijze in alle gevallen toepasselijk? Wel beschouwd, hangt dit samen met de vraag of wij „werkingen op een afstand" willen aannemen, beter gezegd, of wij, wanneer wij lichamen die op een afstand van elkaar staan invloed op elkaar zien hebben, het, zonder ons verder in de zaak te verdiepen, bij het constateeren van dien invloed willen laten. Zijn wij daarmee tevreden, dan hebben wij ook geen aanleiding, naar een *weg*, langs welken het arbeidsvermogen van het eene lichaam naar het andere overgaat, te vragen. Anders wordt de zaak, zoodra wij alle werkingen tusschen verwijderde lichamen op rekening willen stellen van de middenstof die zich daartusschen bevindt, hetzij van gewone zoogenaamd „ponderabele" stof of van den aether. Dan *localiseeren* wij het arbeidsvermogen, d.w.z. wij stellen ons voor dat elk volume-element van het medium wegens den toestand waarin het verkeert, een zeker bedrag daarvan bevat. Verandert de toestand van zulk een element, wordt bijv. zijn energie grooter, dan is dit altijd aan een werking van de aangrenzende deelen te wijten en wij kunnen gevoegelijk zeggen dat het beschouwde element arbeidsvermogen van die deelen heeft gekregen; dan ligt dus de opvatting dat de energie „stroomt" voor de hand.

In de electriciteitsleer heeft men voor de voortbeweging der energie een mooie stelling, het theorema van POYNTING; het is gebleken dat men altijd van een energiestroom kan spreken, zoodra er op dezelfde plaats zoowel een electrische als een magnetische kracht is, en de richtingen van deze twee niet juist samenvallen of tegengesteld aan elkaar zijn. Om dit in te zien, verzoek ik U vooreerst aan een lichtbundel te denken, die zich naar U toe voortplant. In elk punt van zulk een bundel bestaan voortdurend in richting wisselende electrische en magnetische krachten, en wel staan deze loodrecht op den lichtstraal en bovendien loodrecht op elkaar. In een bepaald punt van den straal kan bijv. op zeker oogenblik de electrische kracht naar boven gericht zijn. Dan is daar op hetzelfde oogenblik de magnetische kracht naar uwe linkerzijde gericht. Wat den energiestroom betreft, die gaat natuurlijk naar U toe, omdat de voortplanting naar die zijde plaats heeft. Men ziet hieruit dat de energiestroom loodrecht staat op het vlak dat men door de richtingen der electrische en der magnetische kracht kan brengen, en wel naar die zijde gericht is, waar men zich moet plaatsen om een draaiïng van de electrische naar de magnetische kracht over een hoek van 90° tegengesteld aan de beweging der wijzers van een uurwerk te zien. Dit zelfde komt ook uit in een ander punt van den straal, waar de electrische kracht naar beneden gekeerd is; de magnetische kracht is daar namelijk niet, zooals zooeven, naar links, maar naar rechts gericht, en de energiestroom weer naar U toe.

Het verdient nu vooral de aandacht dat, zooals reeds werd opgemerkt, de electrische en de magnetische kracht geacht moeten worden, den toestand van het medium en alles wat daarin plaats heeft, geheel te bepalen. Daaruit volgt dat, wanneer wij in het geval van den lichtstraal zeggen dat er een energiestroom is, wij dat zelfde moeten zeggen in alle andere gevallen waarin de electrische en de magnetische kracht op dezelfde wijze ten opzichte van elkaar staan.

Laten wij dit op een paar gevallen toepassen. Verbeeldt U vooreerst een in zich zelf terugkeerenden geleiddraad van cirkelvormige doorsnede, die door een electrischen stroom wordt doorloopen. Om de gedachten te bepalen, stellen wij ons voor dat een deel van die keten langs een horizontale rechte lijn naar ons toeloopt en dat de stroom wordt teweeggebracht door zekere oorzaken, werkende tusschen twee doorsneden A en B van dat deel, de eerste verder van ons verwijderd dan de tweede. Drijven nu die oorzaken de electriciteit van A naar B, dan hebben zij ten-gevolge dat in B de potentiaal hooger is dan in A; het is juist on-der den invloed van dat potentiaalverschil dat de electriciteit in het overige deel van de keten van B naar A terugstroomt. De electrische kracht, die van den hoogen naar den lagen poten-tiaal gericht is, loopt dus tusschen A en B van U af, maar in de andere deelen van het beschouwde stuk naar U toe.

Wat de magnetische kracht betreft, de lijnen die de richting daarvan bepalen, loopen overal in dezelfde richting als kringen om dat deel van den geleider heen en wel in een richting, tegen-gesteld aan de beweging der wijzers van een uurwerk. Aan de bovenzijde van den draad is dus de magnetische kracht naar links gericht. Past men nu den straks gegeven regel toe, dan komt men tot het besluit dat de energiestroom in een punt van het op-pervlak tusschen A en B naar buiten, maar vóór B of achter A naar binnen gericht is. Dat komt ook heel mooi uit, want op de laatstgenoemde plaatsen wordt in den draad warmte ontwikkeld en hier krijgt de geleider dus meer arbeidsvermogen, terwijl in het deel tusschen A en B werkelijk energie verdwijnt.

Intusschen zal ieder het eerste oogenblik verrast zijn door deze voorstelling die medebrengt dat het kooldraadje van een gloei-lamp het arbeidsvermogen dat er als warmte in te voorschijn komt, *van buiten* ontvangt.

Vreemder zal U nog de gevolgtrekking lijken, waartoe wij ko-men, wanneer wij ons een positief geëlectriseerden metalen bol voorstellen, geplaatst in een ruimte waarin overal een magneti-sche kracht van dezelfde richting bestaat, bijv. in het magnetisch veld van de aarde; dit is dus een geval dat dikwijls genoeg voor-komt. De electrische kracht is nu overal van het middelpunt af gericht. Wij brengen verder door dat punt een vlak loodrecht op de lijn die van daar naar ons toe wordt getrokken, en nemen aan dat de magnetische kracht overal loodrecht op dit vlak staat en naar ons toe gekeerd is. Gaat men nu na hoe het met den energie-stroom gesteld is in punten van een cirkel in dat vlak, waarvan het middelpunt met dat van den bol samenvalt, dan vinden wij dat het arbeidsvermogen *langs dezen cirkel rondloopt.* Hetzelfde geldt van andere dergelijke cirkels. Daar is ook niets tegen, want bij zulk een rondloopen heeft nergens een opeenhooping plaats, en wij komen dus niet in strijd met het feit dat de toestand rondom den bol nergens verandert. Maar eenigszins gekunsteld is die voorstelling van de altijd in kringen rondloopende energie toch wel.

Ik stond bij deze questies stil om U er op te wijzen, dat men, als men de energie zich op de beschreven wijze laat bewegen, daaraan heel wat meer realiteit toekent dan toen wij van „het voor elk lichaam karakteristieke getal" spraken. Het staat nu een ieder vrij om aan de eene of de andere opvatting de voorkeur te geven. De een zal zich het best bij de sobere mathematische voorstelling bevinden, al kan die, te ver gedreven, wel wat al te dor worden; en daar hij de voordeelen die het theorema van POYNTING oplevert, niet zal willen missen, zal hij zich redden door te zeggen: „de verandering der energie in ieder deel van de ruimte is juist zoo *alsof* het arbeidsvermogen stroomde, zooals dat theorema dat vereischt"; dat is zeker voorzichtig genoeg. Een ander, die meer prijs stelt op aanschouwelijkheid, zal zijn voorstelling sterker kleuren en kort en goed zeggen: „de energie stroomt".

Ik kom nu tot de thermodynamische beschouwingen, waarbij ik vooral de zoogenaamde tweede wet der warmtetheorie op het oog heb. Dat is, zooals gij weet, een ware Proteus, die in allerlei gedaanten, soms bijna tot onkenbaar worden toe vervormd, in alle hoofdstukken der physica indringt, en, dat kan men er bijvoegen, ons overal nieuwe gezichtspunten opent.

Ik zal mij tot twee vormen bepalen, waarvan de eene het wint wat algemeenheid en gemakkelijkheid van toepassing, de andere wat eenvoudigheid betreft. Behalve de energie, moeten wij nu aan elk lichaam twee karakteristieke getallen toekennen, die wij de temperatuur [1]) en de entropie noemen. De temperatuurgetallen hebben de eigenschap dat bij aanraking van twee voorwerpen altijd warmte overgaat van het voorwerp met het hoogste naar dat met het laagste getal. Wat de entropiegetallen aangaat, deze worden nader bepaald door den volgenden regel. Wanneer A en A' twee oneindig weinig van elkaar verschillende evenwichtstoestanden van een lichaam zijn, d.w.z. toestanden waarin het zou kunnen *blijven* bestaan, en wanneer men, om het lichaam uit den toe-

---

[1]) Met „temperatuur" wordt hier altijd de absolute temperatuur bedoeld.

stand A in den toestand A' over te brengen, er een hoeveelheid
warmte q aan moet geven, dan vindt men, als men die hoeveelheid q deelt door de temperatuur van het lichaam, hoeveel de
entropie in den tweeden toestand grooter is dan in den eersten.
De wet zelf, waarover wij nu te spreken hebben, luidt aldus: Als
aan een stelsel lichamen geen warmte van buiten wordt toegevoerd
en er evenmin warmte aan wordt onttrokken, dan kunnen in dat
stelsel nooit veranderingen plaats hebben, waarbij de totale entropie, d.i. de som van alle entropiegetallen, kleiner wordt. Anders gezegd, de entropie zal, afgezien van die bijzondere gevallen
waarin zij onveranderd blijft, toenemen. Zij streeft er naar, zoo
groot mogelijk, een maximum te worden.

Dit is de eene vorm. De andere is de eenvoudige grondstelling
van CLAUSIUS: het is onmogelijk dat de veranderingen in een stelsel lichamen ten slotte op niets anders zouden neerkomen dan dat
een lichaam van lager temperatuur een zekere hoeveelheid warmte
heeft verloren en een lichaam van hooger temperatuur een even
groote hoeveelheid heeft gewonnen.

Gij ziet dat de beide vormen dit met elkaar gemeen hebben, dat
zij de *richting* waarin de veranderingen plaats hebben, nader bepalen, en wel door sommige veranderingen uit te sluiten. Het is
dus begrijpelijk dat de wet ons iets kan leeren over den eindtoestand dien een aan zich zelf overgelaten stelsel zal aannemen.
Vandaar het overwegend belang dezer beginselen voor de studie
van het physisch en chemisch evenwicht.

Van een overzicht over de langs thermodynamischen weg verkregen uitkomsten kan natuurlijk geen sprake zijn. Zoo ik er iets
van vermeld, dan is het alleen om U te kunnen wijzen op de stoute
generalisaties waaraan die resultaten veelal te danken zijn.

Vooreerst een punt uit de theorie der straling. Wij verbeelden
ons een luchtledige ruimte, aan alle zijden ingesloten door wanden
die op een bepaalde temperatuur worden gehouden. Die ruimte
wordt in alle richtingen door warmtestralen doorkruist en wij kunnen het arbeidsvermogen, de *stralingsenergie*, in het oog vatten,
die dientengevolge in een kubieken centimeter aanwezig is. Verder kunnen wij de stralen sorteeren naar hun golflengte en letten
op de energie die aan stralen met een bepaalde golflengte eigen is.

Konden wij die bepalen, dan zouden wij vinden dat de energie
gering is voor kleine golflengten, een maximum wordt voor een be-

paalde golflengte, die wij λ_m zullen noemen, en dan weer afneemt.

BOLTZMANN en WIEN hebben nu aangetoond dat de totale energie der straling evenredig moet zijn met de vierde macht der temperatuur en de golflengte λ_m omgekeerd evenredig met de temperatuur zelf, wetten die door de waarnemingen zoo goed als men maar verlangen kan zijn bevestigd. Nu zijn de redeneeringen die de genoemde natuurkundigen gebezigd hebben, van thermodynamischen aard; zij komen hierop neer dat, wanneer dit alles eens niet zoo was, het mogelijk zou zijn tegen het beginsel van CLAUSIUS in, warmte van een koud naar een warm lichaam over te brengen. Gaat men echter na, wat er bij de redeneering al zoo gefingeerd wordt, volkomen spiegelende wanden en zuigers die door den druk der stralen worden voortgedreven, let men verder op de uiterst kleine hoeveelheden arbeidsvermogen waarvan hier sprake is, dan wordt het duidelijk dat aan een werkelijke uitvoering niet te denken is. Men heeft hier het beginsel van CLAUSIUS in dezen ruimen zin toegepast, dat men het voor onmogelijk verklaard heeft, met de meest verfijnde hulpmiddelen ook maar de kleinste hoeveelheid warmte op een met dat beginsel strijdende wijze over te brengen.

Beschouwen wij vervolgens het geval van een stof, bijv. water, die eerst in dampvormigen toestand verkeert en dan door samendrukking bij standvastige temperatuur tot vloeistof verdicht wordt. Gij weet dat de stof dampvormig blijft totdat een zekere druk p bereikt is, waarbij de damp, zooals wij zeggen, „verzadigd" is; dezen toestand zullen wij A noemen. Bij verdere verkleining van het volume komt naast de dampvormige een vloeibare phase te voorschijn, waarvan de hoeveelheid ten koste van den damp toeneemt, totdat eindelijk alles vloeistof is geworden; den toestand die dan bestaat, zal ik met B aanduiden. Bij den overgang van A tot B, d.w.z. zoolang wij vloeistof en damp naast elkaar hebben, blijft de druk op de standvastige hoogte p. Eindelijk kunnen wij de verkregen vloeistof door verhooging van druk nog wat verder comprimeeren.

Dit is de werkelijke gang van zaken. Men kan zich echter ook voorstellen dat de stof zich bij de volumevermindering niet in twee phasen splitst, maar voortdurend *homogeen* blijft. Dan gaat de druk nadat de toestand A bereikt is, voort met stijgen, totdat hij een maximum p_1 is geworden; vervolgens, bij verdere verklei-

ning van het volume, daalt hij eerst tot een minimum p_2, lager dan
de druk p van den verzadigden damp, en stijgt daarna tot deze
laatste waarde p. Daarmede is dan weer de toestand verkregen,
dien wij B genoemd hebben, en van daar af gaat alles verder op
dezelfde wijze als zoo even. Men ziet dat men langs *twee* „wegen"
van den toestand A tot den toestand B kan komen; op den eenen
weg heeft er splitsing in twee phasen plaats, op den anderen weg
niet. Zoowel langs den eenen als langs den anderen weg kan ook de
omgekeerde overgang plaats hebben.

Het is nu de vraag hoe groot de druk p van den verzadigden
damp is. Hierop heeft lang geleden MAXWELL het antwoord gevonden en wel door een kringloop van veranderingen te beschouwen, waarbij de stof langs een der genoemde wegen uit den toestand A in den toestand B wordt overgebracht, en dan langs den
anderen weg weer tot den toestand A terugkeert. Hij toont aan
dat, wanneer de druk p niet de bepaalde door hem aangegeven
waarde had, het mogelijk zou zijn door geschikte manipulaties,
waarbij de kringloop óf in de eene óf in de andere richting wordt
doorloopen, met het grondbeginsel van CLAUSIUS in strijd te komen.

Nu zijn echter de toestanden der stof, die men bij samendrukking, zonder splitsing in twee phasen, verkrijgt, in dat gedeelte der
bewerking, waarin de druk afneemt van het maximum p_1 tot het
minimum p_2 *labiel*, d.w.z., als men zich één dezer toestanden voor
een oogenblik verwezenlijkt denkt, zou hij door de minste toevallige stoornis in een geheel anderen toestand omslaan; deze toestanden kunnen in werkelijkheid *niet* verkregen worden.

Men heeft dus bij deze beschouwing het beginsel van CLAUSIUS
in zooverre uitgebreid, dat men heeft aangenomen dat het zelfs
zou doorgaan, wanneer men met stoffen in labielen toestand kon
werken.

Het geval van een vloeistof die in evenwicht met damp is, geeft
nog aanleiding tot een verdere opmerking. Men dient zich voor te
stellen dat de beide phasen van elkaar gescheiden zijn door een
dunne laag waarin de dichtheid *geleidelijk* verandert, en voor sommige quaesties komt het er op aan te weten hoe dik die laag is en
hoe de stof daarin is verdeeld. Om dit uit te maken heeft VAN DER
WAALS in zijn theorie der capillariteit van het entropiebeginsel
gebruik gemaakt [1]; *die* verdeeling der stof wordt gezocht, voor

---

[1] Eigenlijk van een anderen regel, die echter aequivalent is met dat beginsel.

welke de entropie, die steeds grooter tracht te worden, zoo groot mogelijk is. Nu heb ik U straks, toen er van de entropiegetallen sprake was, alleen iets gezegd over de wijze waarop die voor een lichaam dat in een *evenwichtstoestand* verkeert, worden vastgesteld en inderdaad is de oorspronkelijk door CLAUSIUS gegeven definitie van entropie alleen op zulke toestanden toepasselijk. Daar nu de theorie van VAN DER WAALS den evenwichtstoestand in de overgangslaag juist wil bepalen met behulp van de voorwaarde dat in dien toestand de entropie grooter zal zijn dan in elken anderen, en dus ook aan die andere toestanden een entropiegetal wordt toegekend, moet hierbij noodzakelijk het entropiebegrip worden uitgebreid tot toestanden waarin de lichamen in het geheel niet in evenwicht zijn.

Hiermede zullen wij de theorieën die ik de „voorzichtige" genoemd heb (al zult gij misschien de opmerking hebben gemaakt, dat zij dien naam niet altijd ten volle verdienden) verlaten en overgaan tot de pogingen die men heeft gedaan om dieper dan het rechtstreeks waargenomene door te dringen en door voorstellingen over het *mechanisme* der verschijnselen een nader inzicht in den aard en den samenhang daarvan te verkrijgen.

Willen wij over het recht van bestaan van zulke *mechanische* verklaringen een oordeel vellen, dan moeten wij ons in de eerste plaats rekenschap ervan geven wat ermede beoogd wordt. Dat wij hier, even als in de natuurkunde in 't algemeen, de wereld slechts van één kant bezien en dat er veel is, dat wij niet beweren ook maar in 't minst op te helderen, behoef ik U nauwelijks te herinneren. Het komt niet in ons op, bijv. de *gewaarwording* der warmte op molekulaire bewegingen te willen terugbrengen; die is iets van geheel andere orde dan dat waar wij physici ons mee bezig houden. Al gebruiken wij den naam „warmte" om een complex van verschijnselen aan te duiden, waarvan eenige met die gewaarwording gepaard gaan, wij vergeten niet dat al die verschijnselen physisch onderzocht worden zelfs zonder dat van die gewaarwording wordt gebruik gemaakt, en dat een natuurkundige die het gevoel van warmte in het geheel niet kende, dat zeer goed zou kunnen doen. Zoo'n gevoellooze zou even goed als wij het stijgen van het kwik in den bij een vlam gehouden thermometer of den uitslag van een galvanometer, dien een thermo-electrische

stroom teweegbrengt, kunnen waarnemen, en hij zou kunnen
deelnemen aan onze pogingen om, voor zoover dat dan kan, een
nader inzicht te krijgen in hetgeen er bij onze proeven in de vlam,
de lucht daaromheen, het kwik, de thermo-electrische zuil, de
geleiddraden en den galvanometer plaats heeft.

Dat wij nu daarbij met zuiver phenomenologische beschouwingen op den duur geen vrede kunnen hebben, ligt voor de hand.
Daar wij de warmte een electrischen stroom zien voortbrengen en
omgekeerd, kunnen wij onmogelijk met warmte en electriciteit
als begrippen die geheel van elkaar gescheiden zijn, blijven werken. En daar de samenhang tusschen beide niet klaar voor oogen
ligt, moeten wij wel dien samenhang in het niet rechtstreeks waarneembare zoeken en komen zoo noodzakelijk tot een mechanische
opvatting van dezen of genen aard.

Dat nu dit zoeken naar den samenhang der verschillende werkingen geen ijdel streven is, blijkt zoodra wij kennis nemen van de
uitkomsten die men met theoriën als de hier bedoelde heeft verkregen. Vergunt mij, U daarvan een paar voorbeelden te geven.

KUNDT en WARBURG hebben bij hun onderzoek over de inwendige wrijving van lucht bij verschillende dichtheden de volgende
uitkomsten verkregen (voor 15° C).

Druk	Wrijving
750 mm	0,000 1864
380 „	1862
20,5 „	1852

De getallen in de tweede kolom van dit tabelletje geven aan in
welke mate een luchtlaag wordt meegesleept door een andere die
er langs wordt voortbewogen. De kinetische gastheorie verklaart
dat meesleepen uit de vermenging der twee gaslagen; dank zij de
moleculaire beweging gaan onophoudelijk deeltjes uit de eene
laag in de andere over. Dit verder uitwerkende, kwam MAXWELL
tot het resultaat dat de inwendige wrijving onafhankelijk van de
dichtheid moet zijn; bij vermindering van deze laatste wordt wel
het aantal molekulen die tusschen twee lagen uitgewisseld worden
kleiner, maar daar staat tegenover dat de deeltjes uit de eene
laag dieper in de andere kunnen doordringen, wat aan de vermenging bevorderlijk is.

De getallen doen U zien dat vermindering van den druk tot het 37ste deel van de oorspronkelijke waarde inderdaad nauwelijks een invloed op de inwendige wrijving heeft, waarbij wij willen opmerken dat het volstrekt niet is in te zien, hoe hiervan op eenige andere wijze rekenschap zou kunnen worden gegeven.

Ik zal verder twee getallen aanvoeren, die het geleidingsvermogen der lucht voor warmte aangeven. Het eene getal 0,0000513 is uit rechtstreeksche waarneming afgeleid, het andere 0,0000434 door berekening uit den wrijvingscoëfficient gevonden. De theorie leert nl. dat men het bedrag van het eene verschijnsel uit dat van het andere kan afleiden door vermenigvuldiging met een zekeren coëfficient. En nu hoop ik maar dat gij met de overeenstemming genoegen zult nemen en zult willen bedenken, vooreerst dat men vereenvoudigende onderstellingen over de eigenschappen der molekulen heeft ingevoerd en dat zelfs daarbij de waarde van dien coëfficient moeilijk nauwkeurig kan worden berekend, ten tweede dat, wanneer wij de kinetische gastheorie niet hadden, wij niet zouden kunnen begrijpen waarom het eene getal niet 1000 maal zoo groot is als het andere.

Dergelijke numerieke overeenstemmingen zijn zeker wel het beste bewijs dat wij met onze bespiegelingen over het mechanisme, al zijn die nog in menig opzicht gebrekkig, niet op een dwaalweg zijn. Ik zal er thans nog een paar uitkomsten bijvoegen, waartoe men in de theorie der „electronen" gekomen is, d.w.z. in de theorie der uiterst kleine electrisch geladen lichaampjes, veelal aanmerkelijk kleiner dan een waterstofatoom, die men zich ter verklaring van vele verschijnselen voorstelt.

Vooraf een enkele opmerking, al slaat die dan maar op een bijzonder geval, over de gronden die tot de voorstelling van electronen geleid hebben. Het radium zendt langs rechte lijnen drieërlei stralen uit, die men als α-, β- en γ-stralen onderscheidt, en waarvan de eerste het geringste en de laatste het grootste doordringingsvermogen hebben. Het is nu gebleken dat, wanneer het radium zich in een magnetisch veld bevindt, de α- en de β-stralen zich van de rechte lijnen die zij eerst beschreven, afbuigen en wel naar tegengestelde zijden, terwijl in den loop der γ-stralen, waarover ik trouwens verder niet spreken zal, geen verandering komt. De bij de α- en de β-stralen waargenomen afwijking wijst er nu op, dat deze in elk geval niet als een voortplanting van trillingen of evenwichtsverstoringen moeten worden opgevat. Er is nooit eenige grond aangegeven, waarom zich de weg langs welken zulke verstoringen zich voortplanten, in een magnetisch veld zou krommen; zelfs kan men gemakkelijk bewijzen dat in een veld waarin de magnetische kracht overal dezelfde richting en grootte heeft, zulk een kromming onmogelijk is, zoolang men op de evenwichtsverstoringen het bekende beginsel van HUYGENS mag toepassen.

Daarentegen kan de afwijking ongedwongen verklaard worden wanneer men zich kleine electrisch geladen projectielen voorstelt, die door het radium worden uitgezonden. Het is nl. aan geen twijfel onderhevig dat dergelijke lichaampjes in een magnetisch veld een kracht ondervinden, die loodrecht op hun bewegingsrichting staat en waardoor dus hun baan gekromd wordt; men kan dan de tegengesteld gerichte afwijkingen verklaren door aan te nemen dat men in de eene soort van stralen met positieve en in de andere soort met negatieve ladingen te doen heeft. Het blijkt hierbij dat men aan de deeltjes die in de β-stralen voortvliegen, een negatieve lading moet toeschrijven.

Wanneer ik hier nu nog bijvoeg dat men heeft gevonden dat een geleider die door deze stralen wordt getroffen, werkelijk een negatieve lading krijgt, dan zult gij mij wel willen toegeven dat de verschijnselen bij het radium een krachtigen steun aan de electronentheorie geven, en zult gij het minder gewaagd vinden wanneer wij, daartoe trouwens ook door vele andere overwegingen aangemoedigd, die theorie ook op andere verschijnselen, inzonderheid op de verschijnselen *in* de ponderabele lichamen toepassen.

Ik zal mij tot de metalen bepalen. Wij stellen ons voor dat in deze een onnoemelijk aantal electronen aanwezig zijn, die zich, behoudens de botsingen tegen de metaalatomen, vrij kunnen bewegen. Een electrische stroom bestaat in een voortgaande beweging der electronen en tevens nemen wij aan dat deze deeltjes in de ruimte die de atomen hun overlaten, op dergelijke wijze als de molekulen van een gas heen en weer vliegen, met snelheden, des te grooter naarmate de temperatuur hooger is. Van dit denkbeeld uitgaande heeft men rekenschap kunnen geven van het feit dat de beste geleiders voor warmte ook de beste electriciteitsgeleiders zijn en heeft men ook een theorie kunnen ontwikkelen voor de warmtestraling van een metaal. En nu kan ik een paar uitkomsten vermelden, waarin dit alles een mooie bevestiging vindt. Vooreerst kan men, wanneer e de lading van een electron is, T de temperatuur en αT de daaraan evenredige gemiddelde kinetische energie van een gasmolekuul, op twee wijzen de waarde van $\alpha T/e$ afleiden, nl. uit de metingen over het geleidingsvermogen der metalen voor warmte en electriciteit en uit de hoeveelheid waterstof die door een stroom van zekere sterkte uit water wordt afgescheiden. De uitkomsten zijn 47 en 38. In de tweede plaats kan men den coëfficient α zelf afleiden, zoowel, en dit heeft Prof. VAN DER WAALS gedaan, uit de eigenschappen van gassen en vloeistoffen, als ook uit onderzoekingen over de warmtestraling. De beide uitkomsten, nl. $1,2 \times 10^{-16}$ en $1,6 \times 10^{-16}$, zijn, zooals gij ziet, van dezelfde orde van grootte. Ik had gaarne dat de overeenstemming nog wat mooier was, maar wij kunnen er ons mede tevreden stellen.

Nu ik over electronen gesproken heb, wil ik U er nog op wijzen dat niet al de theorieën die ik onder de benaming „mechanische" heb samengevat, dien naam verdienen, wanneer wij het woord in engeren zin nemen, en daarbij aan theorieën denken die alleen met de grondbegrippen der mechanica, kracht, massa, enz. werken.

Toen wij straks van de verschillende vormen van arbeidsvermogen spraken, konden wij die, daar wij een phenomenologische opvatting volgden, niet tot elkaar terugbrengen; wij moesten ze naast elkaar laten bestaan. Anders is het in een mechanische theorie in den engeren zin van het woord; in deze is alleen plaats voor de potentieele en de kinetische energie der mechanica, en zoo verklaart dan ook de kinetische gastheorie de in een gas aanwezige warmte voor arbeidsvermogen van beweging der heen en weer vliegende molekulen.

Ook wanneer een electron zich beweegt, heeft men een zekere hoeveelheid arbeidsvermogen, maar daarmede is het eigenaardig gesteld. Onderzoekingen van KAUFMANN over de β-stralen van het radium hebben bewezen dat die hoeveelheid niet evenredig met de tweede macht van de snelheid is. Is bijv. de snelheid eerst 0,4 van de lichtsnelheid en later 0,8 daarvan, waarden die werkelijk voorkomen, dan is het arbeidsvermogen niet viermaal grooter

geworden, maar *meer* toegenomen. Daaruit blijkt dat in elk geval
een voortvliegend electron niet als een gewoon stoffelijk punt met
de kinetische energie $1/2 \, mv^2$ kan beschouwd worden. Dat hier een
andere energie in het spel komt, is trouwens duidelijk als men bedenkt dat het electron door een electromagnetisch veld omringd
is en dat dit een zeker arbeidsvermogen bevat. De metingen van
KAUFMANN hebben nu tot het besluit geleid, dat men aan het
electron in het geheel geen kinetische energie van den vorm $1/2 \, mv^2$,
en dus ook in het geheel geen massa in den gewonen zin van
het woord behoeft toe te schrijven. Men kan zich voorstellen dat
het eenige arbeidsvermogen waarmee men in het geval van een
zich voortbewegend electron te doen heeft, het arbeidsvermogen
van het electromagnetische veld is. Met een stoute gedachtenwen-
ding hebben nu sommige natuurkundigen de meening uitgesproken, dat er misschien wel in het geheel geen gewone massa en geen
gewone kinetische energie is; volgens deze opvatting zou alle
materie uit electronen, of uit electrische ladingen zijn samengesteld, en zou alle arbeidsvermogen, ook het gewone mechanische,
electromagnetisch arbeidsvermogen zijn. Ik moet nu laten rusten
wat voor en tegen deze beschouwingswijze pleit; men heeft het er
trouwens nog niet ver mee gebracht en wij zullen dus nog maar
niet beweren dat het arbeidsvermogen van een geschutkogel electromagnetische energie is. Ik wilde U alleen doen opmerken dat,
wanneer het gelukte op dezen weg voort te gaan, men nog wel in
den algemeenen zin van het woord het mechanisme der verschijnselen zou leeren kennen, maar niet meer in engeren zin een *mechanische* theorie zou ontwikkelen. Men zou dan liever van een *electromagnetische* theorie moeten spreken.

Ik mag van uw geduld niet al te veel vergen en moet dus aan
de verleiding weerstand bieden U iets te zeggen van de eigenaardige wiskundige methoden die men volgt om de verschijnselen bij
een onnoemelijk groot aantal molekulen of andere kleine deeltjes
te overzien en die veel overeenkomst met de methoden der sta-
tistiek hebben. Ook zal ik niet uiteenzetten hoe men, waar één
theorie te kort schiet, zooals maar al te dikwijls gebeurt, kan
trachten door een combinatie van verschillende theorieën zijn
doel te bereiken. Ik zal er alleen aan herinneren dat VAN DER
WAALS tot zijn theorie der mengsels gekomen is door een geluk-

kige vereeniging van thermodynamische met molekulair-theoretische beschouwingen.

Intusschen is er één punt dat ik gaarne tot besluit nog in het kort wil bespreken. Ik heb straks gezegd dat de wet van het behoud der energie op zich zelf niet voldoende is om den loop der verschijnselen te bepalen; ik heb dat ook met een paar voorbeelden opgehelderd. Dit neemt niet weg dat er in de mechanica theorema's zijn, die dat *wel* kunnen, en die daarbij de eigenaardigheid hebben, dat zij geheel op de beschouwing der energie berusten.

Eén van die stellingen is het beginsel der „kleinste werking", een naam dien ik gebruik omdat hij algemeen aangenomen is, al is hij wat zonderling en al zult gij in ieder geval uit hetgeen ik U zal zeggen niet zien hoe men er toe gekomen is.

In de elementaire mechanica wordt geleerd dat een lichaam of een stelsel van lichamen in dien stand in evenwicht is, waarin het arbeidsvermogen van plaats zoo klein mogelijk, een minimum is. Men heeft hierin een stelling, waarin niet alleen ligt opgesloten dat bij een slinger of een vloeistofmassa in een vat van dezen of genen vorm het zwaartepunt den laagst mogelijken stand inneemt, maar waarmede wij ook veel moeilijker vraagstukken kunnen oplossen; in het voorbijgaan wijs ik U op de overeenkomst tusschen deze methode en de redeneeringen die men bij vele natuurkundige vraagstukken volgt, wanneer men den toestand van een lichaam hierdoor bepaalt, dat een of andere grootheid een minimum of, zooals de entropie van straks, een maximum wordt.

In plaats van te zeggen dat het arbeidsvermogen van plaats in den evenwichtsstand een minimum is, kunnen wij ook zeggen dat het bij een *oneindig kleine* verplaatsing uit dien stand *niet* verandert [1]. Zoo beweegt zich het zwaartepunt van een slinger, wanneer wij dezen uit den evenwichtsstand brengen, het eerste oogenblik in *horizontale* richting; is de verplaatsing oneindig klein, dan mogen wij zeggen dat de stijging van het zwaartepunt, en de daardoor bepaalde toename van het arbeidsvermogen van plaats nul is.

Hieraan sluit zich nu het beginsel der kleinste werking, dat op willekeurige bewegingsverschijnselen betrekking heeft, aan. Wij denken ons een of ander stoffelijk stelsel, dat zich op een bepaalde

---

[1] Eigenlijk moet men zeggen: „verandert met een bedrag dat oneindig klein van de *tweede* orde is, als men de verplaatsing zelf oneindig klein van de *eerste* orde noemt".

wijze, die wij bestudeeren willen, beweegt; die beweging beschouwen wij tusschen willekeurig gekozen oogenblikken. In den loop
zijner beweging heeft het stelsel op elk oogenblik een zekere potentieele energie en een zekere kinetische energie. Wij maken van
die twee het *verschil* op en vestigen de aandacht op de *gemiddelde
waarde* van dat verschil gedurende het gekozen tijdsverloop.

Vervolgens denken wij ons, behalve de beweging die in werkelijkheid bestaat, en waarvan wij de bijzonderheden verlangen te
kennen, de „natuurlijke" beweging, een andere, die in denzelfden
tijd plaats heeft, met dezelfde standen begint en eindigt, maar
waarbij de tusschengelegen standen zich oneindig weinig van die
welke bij de natuurlijke beweging voorkomen, onderscheiden.
Deze „gevarieerde" beweging, die volstrekt niet in werkelijkheid
behoeft te kunnen plaats hebben, heeft nu eveneens op elk oogenblik een bepaalde kinetische en een bepaalde potentieele energie
en wij kunnen ook nu weer de gemiddelde waarde van het verschil opmaken.

Het beginsel der kleinste werking zegt nu dat bij de oneindig
kleine verandering of variatie die wij in de werkelijke beweging gebracht hebben, het gemiddelde verschil van kinetische en potentieele energie *niet* verandert.

Het doet er minder toe, hoe men te werk moet gaan om deze
stelling uit de grondbeginselen der mechanica af te leiden of er
partij van te trekken om vraagstukken over de beweging op te
lossen. Het is ons genoeg dat hier een middel is om door beschouwingen over het arbeidsvermogen, door *energetische* beschouwingen, alle bewegingsverschijnselen te behandelen. Wij kunnen op
deze wijze de beweging van den dubbelen slinger *wel* bepalen en
ook tot de formule voor de centripetale kracht bij de beweging in
een cirkel geraken.

Het genoemde beginsel kan nu op verschillende wijze in de
physica worden ingevoerd.

Wij kunnen ons bijv. voorstellen dat zeker verschijnsel in den
grond der zaak uit bewegingen van molekulen, atomen of wat dan
ook bestaat, die naar de wetten der mechanica plaats hebben,
maar die wij niet in bijzonderheden kunnen leeren kennen. Dan
moet, daar het op *alle* mechanische stelsels van toepassing is, het
principe der kleinste werking gelden; wij moeten de wetten van

het verschijnsel uit de beschouwing der middelwaarde van het verschil van potentieele en kinetische energie kunnen afleiden. Gelukt het, dan hebben wij *in hoofdtrekken*, voor zoover dat zonder *bijzondere* hypothesen mogelijk is, een mechanische theorie verkregen. Een mooi voorbeeld hiervan is MAXWELL's theorie der inductiestroomen.

Is eenmaal een dergelijke *algemeene* mechanische theorie opgesteld, dan mag men hopen dat het ook wel zal gelukken tot een meer in bijzonderheden gaande theorie van dien aard te geraken, al is het niet gezegd dat die eenvoudig genoeg zal uitvallen om ons veel bevrediging te geven.

Een wet van denzelfden vorm als het beginsel der kleinste werking geldt ook voor *electromagnetische* stelsels; alleen moet men nu het arbeidsvermogen van plaats door de *electrische* en het arbeidsvermogen van beweging door de *magnetische* energie vervangen.

Men zou dus ook, zonder in bijzonderheden af te dalen, op dezelfde wijze als wij zoo even een algemeene mechanische theorie kregen, tot een algemeene electromagnetische theorie kunnen geraken.

En eindelijk kan men zich nog eens weer op het phenomenologische standpunt plaatsen en, terwijl men het geheele arbeidsvermogen, dat dan noch tot mechanische, noch tot electromagnetische energie teruggebracht wordt, op deze of gene wijze in twee, in elk geval nader aan te geven deelen splitst, beproeven den loop der verschijnselen met behulp van beschouwingen over de middelwaarde van 't verschil dier twee deelen te beschrijven. Wat men dan zou krijgen, zou een „energetische" theorie kunnen genoemd worden, omdat het begrip der energie er voortdurend bij gebrukit wordt.

Gij weet hoe energetische beschouwingen, zij het dan ook van de nu bedoelde verschillend, vooral door OSTWALD met warmte zijn verdedigd. Op uitkomsten, gelijkwaardig met die, welke wij aan de mechanische theorieën te danken hebben, valt hier m.i. echter nog niet te wijzen.

Hiermede ben ik aan het einde mijner beschouwingen gekomen. Zij zullen U den indruk hebben gegeven, niet van een groot geheel, maar van een bonte verscheidenheid. En de slotsom moge dan ook zijn dat elk der vele wegen die wij kunnen inslaan, zijn voordeelen heeft, dat wij nu eens op den eenen en dan eens op den anderen het verst kunnen komen en dat, al gevoelt ieder zich in een bepaalden gedachtengang het best te huis, wij ons ervoor moeten wachten, deze of gene bepaalde beschouwingswijze voor de beste of de meest bevredigende te verklaren.

Er is nog zoo veel en zoo moeilijk werk te doen, dat wij, als er maar *werkers* zijn, hen in de keus van het *werktuig* gaarne vrij zullen laten.

TOEVAL EN WAARSCHIJNLIJKHEID BIJ NATUURKUNDIGE VERSCHIJNSELEN [1])

§ 1. Wanneer een zak evenveel witte en zwarte ballen bevat, en wel van beide een zoo groot aantal, dat bij de trekkingen die beschouwd zullen worden, steeds de kansen op een witten en een zwarten bal gelijk blijven, dan kan men berekenen wat de waarschijnlijkheid is dat men bij een zeker aantal trekkingen een bepaald aantal witte ballen krijgt. Bij ééne trekking is de kans op 1 witten bal $1/_2$, en evenzoo die op 1 zwarten bal; bij 2 trekkingen is de waarschijnlijkheid dat men 2 witte ballen uit den zak haalt $1/_4$, die van 1 witten en 1 zwarten (onverschillig in welke volgorde) $1/_2$ en die van 2 zwarte ballen $1/_4$. Bij 6 trekkingen heeft men de waarschijnlijkheden:

6 w.	5 w., 1 z.	4 w., 2 z.	3 w., 3 z.	2 w., 4 z.	1 w., 5 z.	6 z.
$1/_{64}$	$6/_{64}$	$15/_{64}$	$20/_{64}$	$15/_{64}$	$6/_{64}$	$1/_{64}$

en bij 10 trekkingen:

10 w.	9 w., 1 z.	6 w., 4 z.	5 w., 5 z.	4 w., 6 z.	1 w., 9 z.	10 z.
$1/_{1024}$	$10/_{1024}$	$210/_{1024}$	$252/_{1024}$	$10/_{1024}$	$10/_{1024}$	$1/_{1024}$

§ 2. Uit deze voorbeelden ziet men twee dingen, die men trouwens had kunnen verwachten. Vooreerst is, wanneer het aantal trekkingen *n* even is, van alle mogelijke gevallen dat het meest waarschijnlijk, waarin men evenveel witte als zwarte ballen trekt. Ten tweede wordt deze maximale waarschijnlijkheid des te kleiner, naarmate *n* grooter is. Zij heeft bijv. voor toenemende waarden van *n* de volgende waarden:

$n = 2$	6	10	100	10000
0,5	0,3125	0,2461	0,0798	0,00798

[1]) Verslag van een voordracht, gehouden voor het Technologisch Gezelschap te Delft, 1 April 1909.

Voor zeer groote waarden van n wordt zij met voldoende benadering door

$$\sqrt{\frac{2}{\pi n}} = \frac{0,798}{\sqrt{n}}$$

voorgesteld, welke uitdrukking een voorbeeld is van de vereenvoudigingen die men aan de formules der waarschijnlijkheidsrekening kan aanbrengen, wanneer men met zeer groote getallen te
doen heeft, iets dat bij de straks te bespreken toepassingen meestal
het geval zal zijn, en een enkelen keer stilzwijgend ondersteld wordt.

§ 3. Terwijl dus bij een groot aantal trekkingen de kans, dat
men *precies* evenveel witte als zwarte ballen trekt, zeer klein
wordt, is daarentegen de waarschijnlijkheid *dat de verhouding van
het aantal witte en dat der zwarte ballen weinig van 1 verschilt* juist
zeer groot; in dezen zin is dus „gelijkheid" van het aantal ballen
van beide soorten zeer waarschijnlijk.

Een graphische voorstelling kan dit ophelderen. Laat weer n
het aantal trekkingen voorstellen, en kies op een horizontale rechte lijn $n + 1$ op gelijke afstanden liggende punten $a_0, a_1, \ldots a_n$;
laat a_0 beteekenen 0 witte en n zwarte ballen; laat a_1 beteekenen
1 witte en $n - 1$ zwarte ballen, enz. Richt vervolgens in deze
punten loodlijnen op, waarvan de lengten de waarschijnlijkheden
dier verschillende gevallen voorstellen.

Van al deze loodlijnen is de middelste de langste. Van deze af
dalen zij naar weerskanten en wel, als n een groot getal is, met
zoodanige snelheid dat het aantal loodlijnen die, in vergelijking
met de langste, nog een noemenswaardige lengte hebben, van de
orde van grootte $\sqrt{n}$ is. Het is dus volstrekt niet onwaarschijnlijk dat het aantal witte ballen met een bedrag van deze orde van
het aantal zwarte verschilt, maar dit verschil is zeer klein in vergelijking met het geheele aantal n.

Men kan zeggen dat naarmate n grooter wordt, de loodlijnen
in de figuur die eenige merkbare lengte hebben, meer en meer
nabij het midden der lijn a_0a_n opeengedrongen worden. Dit is in
die mate het geval dat voor $n = 100000$ de waarschijnlijkheid dat
het verschil tusschen het aantal witte en het aantal zwarte ballen
meer dan 1% van het geheele aantal bedraagt, slechts 0,0016 is.

Hoe klein de loodlijnen op eenigen afstand van het midden worden kan bijv. hieruit blijken dat voor $n = 50$, als men de middelste loodlijn gelijk aan 1 stelt, die bij a_{10} door 17×10^{-17} kan worden voorgesteld.

§ 4. Laat het trekken van n ballen een *proef* heeten, en laat zulk een proef vele malen herhaald worden (telkens met *hetzelfde* aantal trekkingen). Men vindt bij iedere proef een bepaald verschil tusschen het aantal witte en het aantal zwarte ballen. Men kan nu bewijzen dat het gemiddelde van al deze verschillen, alle met het positieve teeken genomen, de waarde $0,8 \sqrt{n}$ heeft. Nog eenvoudiger uitkomst krijgt men wanneer men een getal berekent, waarvan de tweede macht het gemiddelde is van de tweede machten der verschillen. Voor dit getal, dat men ook als een zekere middelwaarde („quadratische middelwaarde") van het verschil kan beschouwen, vindt men $\sqrt{n}$.

Bij de volgende beschouwingen behoeft op het onderscheid tusschen de twee genoemde gemiddelden niet te worden gelet; van den bovengenoemden factor 0,8 en dergelijke mag wel worden afgezien.

§ 5. Het verschil dat men bij een enkele proef tusschen het aantal der witte en dat der zwarte ballen vindt, kan allerlei waarden hebben, maar het is allicht van de orde van grootte $\sqrt{n}$. De bedoeling is, dat het zeer goed wat grooter of kleiner dan $\sqrt{n}$ kan zijn, maar dat een waarde die eenige malen grooter of kleiner dan $\sqrt{n}$ is, weinig waarschijnlijk is. In dezen zin kan men zeggen, *dat men een verschil $\sqrt{n}$ mag verwachten*, dus $\sqrt{n}$ maal kleiner dan het geheele aantal ballen dat men heeft getrokken.

§ 6. Stel dat iemand de n trekkingen heeft gedaan en ons al de witte ballen die hij gekregen heeft bij elkaar in één zak geeft, en eveneens al de zwarte ballen in een tweeden zak, zonder ons te zeggen hoeveel ballen er in het geheel zijn. Wij kunnen, *zonder deze te tellen*, iets over dat getal te weten komen wanneer wij den inhoud van elken zak wegen (ondersteld wordt dat alle ballen, witte en zwarte, hetzelfde gewicht hebben).

Laat van de beide gewichten die wij vinden p_1 het grootste en p_2 het kleinste zijn. Dan staat het geheele aantal getrokken ballen tot het verschil tusschen het aantal van de eene en dat van de andere kleur als $p_1 + p_2$ tot $p_1 - p_2$. Blijkens het in § 5 gezegde zal dus $\sqrt{n}$ van dezelfde orde van grootte zijn als de verhouding

$$\frac{p_1 + p_2}{p_1 - p_2},$$

waaruit onmiddellijk een *schatting* van n zelf volgt.

In plaats van een schatting zou men een *bepaling* van het getal n kunnen doen, wanneer de proef zeer dikwijls herhaald werd, telkens met evenveel trekkingen. Men vindt dan voor $p_1 + p_2$ telkens hetzelfde, nl. nq als q het gewicht van één bal is, en men heeft, wanneer het verschil tusschen het aantal witte en zwarte ballen bij de verschillende proeven a, b, c,... bedraagt, voor $p_1 - p_2$ de waarden aq, bq, cq,... De waarden die men voor

$$\frac{p_1 - p_2}{p_1 + p_2}$$

vindt, zijn dus gelijk aan a/n, b/n, c/n,...; derhalve geeft het quadratisch gemiddelde dier waarden ons de waarde van $1/\sqrt{n}$ (verg. § 4).

§ 7. De voorgaande beschouwingen zijn toepasselijk wanneer bij een verschijnsel een groot aantal invloeden in het spel zijn, elk op zich zelf even sterk, maar in twee tegengestelde richtingen werkende, zoodat zij elkaar meer of min kunnen opheffen, en wanneer bovendien de omstandigheden van dien aard zijn dat een invloed evengoed in de eene als in de andere richting kan werken en dat het van het „toeval" afhangt hoe het daarmee gesteld is. Dit laatste vatten wij zóó op, dat de toedracht van het verschijnsel dezelfde is alsof telkens door het trekken van een witten of een zwarten bal uit den boven onderstelden zak over de richting waarin de invloed zal werken, beslist werd. Evenmin als nu te verwachten is dat men precies evenveel witte als zwarte ballen zal trekken, evenmin mag men verwachten dat al de invloeden elkaar volkomen zullen opheffen. Invloeden van de eene richting zullen de overhand hebben boven die van de andere, evenals er tusschen het aantal ballen van de eene en de andere kleur een zeker verschil zal bestaan.

§ 8. Als voorbeeld beschouwe men de trillingen, die van een lichtbron uitgaan. Deze bevat een onnoemelijk aantal middelpunten van trilling, tusschen welker bewegingen volstrekt geen verband behoeft te bestaan; dientengevolge hebben de trillingen, die een of ander punt P van de omringende ruimte van al die middelpunten ontvangt, alle mogelijke phasen. Op het eerste gezicht zou men nu kunnen meenen, dat de in P samenkomende bewegingen elkaar geheel zullen opheffen. In werkelijkheid is het opheffen niet volkomen, en hieraan is het te danken dat de lichtbron, alles samengenomen, licht uitstraalt.

Ter vereenvoudiging neme men aan dat voor een bij P liggend deeltje de snelheden, die het op zeker oogenblik ten gevolge van de verschillende „elementaire" trillingen heeft, alle dezelfde grootte v hebben, en langs een rechte lijn, hetzij naar de eene of naar de andere zijde gericht zijn. Wordt het voorkomen van de snelheden $+ v$ en $- v$ door het toeval bepaald (§ 7), dan mag men, als n het aantal trillingsmiddelpunten is, een resulteerende snelheid van de grootte $\sqrt{n} \cdot v$ verwachten, daar het aantal malen dat een snelheid van de eene richting meer voorkomt dan een snelheid van de andere richting op $\sqrt{n}$ kan worden gesteld.

Daar n ongetwijfeld vele millioenen bedraagt, is de resulteerende snelheid nog vele malen grooter dan de snelheid die elk trillingsmiddelpunt op zich zelf te weeg brengt. Maar een nog veel grootere snelheid (nl. nv) zou er zijn wanneer in eenig punt alle trillingen dezelfde phase hadden. Men kan wel zeggen dat wanneer dit verwezenlijkt kon worden, zelfs bij een zwakke kaarsvlam een lichtsterkte zou ontstaan, ontzaggelijk veel grooter dan ooit is waargenomen.

De sterkte van het licht kan evenredig gesteld worden met de tweede macht der boven beschouwde trillingssnelheid. Daar nu deze laatste evenredig met $\sqrt{n}$ is, wordt de lichtsterkte evenredig met het aantal trillingsmiddelpunten, zooals ieder zou verwachten.

§ 9. Een stelling die met het voorafgaande veel overeenkomst vertoont, is de volgende:

Wanneer wij, van een zeker punt uitgaande, langs een rechte lijn een groot aantal (n) stappen doen, van de gelijke lengte l, maar nu eens in de eene en dan in de andere richting, zoo nl. dat wij ons, wat dit betreft, door het toeval laten leiden, zonder een voorkeur voor de eene of de andere richting te hebben, dan mogen wij verwachten ten slotte op een afstand $\sqrt{n} \cdot l$ van het punt van uitgang te zijn.

Men kan dit verder uitbreiden tot eene beweging in een ruimte van drie afmetingen. Stel dat een punt achtereenvolgens n gelijke rechte lijnen van de lengte l doorloopt, van allerlei verschillende richtingen (zooals bijv. kunnen worden aangegeven door de lijnen uit het middelpunt van een bol naar onregelmatig over het oppervlak daarvan verstrooide punten getrokken) en zonder dat er een voorkeur voor een bepaalde bewegingsrichting is, dan kan men rekenen dat de afstand van het punt van uitgang ten slotte $\sqrt{n} . l$ is, dus $\sqrt{n}$ maal korter dan de doorloopen zigzag-lijn.

§ 10. Toepassing op de diffusieverschijnselen. Men verbeelde zich een gasmengsel waarvan A het hoofdbestanddeel is, terwijl het tweede gas B een kleine, van punt tot punt veranderende dichtheid heeft. Telkens tegen een deeltje van A botsende heeft dan een molekuul van B, bij benadering althans, een beweging zooals zoo even beschouwd werd. Men mag de lengte l, die telkens in een rechte lijn doorloopen wordt, en ook de snelheid v der beweging (een zekere gemiddelde snelheid) voor alle molekulen B even groot stellen.

Worden in zekeren tijd t van elke zigzagvormige baan n zijden doorloopen, zoodat

$$nl = vt$$

is, dan zijn de deeltjes gemiddeld op een afstand

$$\sqrt{n} . l = l'$$

van hun oorspronkelijke plaats gekomen, en wel aan verschillende zijden daarvan, zoodat deeltjes die eerst in een kleine ruimte bijeen lagen, naar alle richtingen verstrooid zijn. Het is duidelijk dat dit tot een gelijkmatige verdeeling van B te midden van het gas A moet leiden.

Dezen gedachtengang volgende kan men de (gewoonlijk op andere wijze afgeleide) vergelijkingen voor de diffusie opstellen. Verder kan men uit metingen van de diffusiesnelheid de lengte van den afstand l', voor een willekeurig gekozen tijd t, leeren kennen. Daar de snelheid v bekend is, weet men ook de lengte van de geheele zigzaglijn. Men kent dus nl en $\sqrt{n} . l$, waaruit het getal n en de lengte l van den in rechte lijn doorloopen afstand kunnen worden berekend. (Verg., wat de bepaling van n betreft, § 6).

§ 11. Voor den afstand l' vindt men uit de beide laatste vergelijkingen

$$l' = \sqrt{vlt};$$

hij is dus evenredig met den vierkantswortel uit het beschouwde tijdsverloop. Deze regel gaat ook dan door, wanneer niet alle zijden van de zigzag-lijnen even lang zijn, wanneer de snelheden der deeltjes om een zekere gemiddelde waarde schommelen, en zelfs wanneer de bewegingsrichting van een deeltje niet telkens *plotseling* verandert, maar de baan, zonder scherpe knikken te vertoonen, onophoudelijk op grillige en onregelmatige wijze nu her-, dan derwaarts gekromd wordt. De uitkomst geldt bijv. voor de eigenaardige „krioelende" beweging van in een vloeistof zwevende deeltjes (BROWN'sche beweging). Werkende met fijn verdeeld guttegom heeft CHAUDESAIGUES voor 50 korrels den gemiddelden afstand l', die in verschillende tijden t bereikt werd, gemeten, en daarbij de volgende uitkomsten verkregen

$t =$	30	60	90	120 sec.
$l' =$	6,7	9,3	11,8	13,95 mikrons.

Deze waarden verschillen weinig van de getallen

6,7	9,46	11,6	13,4

die evenredig met $\sqrt{t}$ zijn.

§ 12. MAXWELL en BOLTZMANN hebben lang geleden door toepassing van beschouwingen der waarschijnlijkheidsrekening over vele vraagstukken van de kinetische gastheorie en de molekulaire theorie in het algemeen een helder licht verspreid, en de beteekenis van de tweede wet der thermodynamica als een waarschijnlijkheidswet doen uitkomen. Hier kan over dit alles niet worden uitgeweid; er kan slechts een enkele opmerking worden gemaakt, waarbij een zekere vaagheid niet te vermijden is, daar de tijd bijv. niet toelaat zoo scherp als wel wenschelijk zou zijn vast te stellen wat met de „waarschijnlijkheid" van verschillende toestanden van een lichaam bedoeld wordt.

Men stelle zich een gesloten vat in den vorm van een rechthoekig parallelepipedum voor en verdeele dit door een denkbeeldig plat vlak in een rechterhelft I en een linkerhelft II. Is op zekeren vroegeren tijd een enkel gasmolekuul in dit vat gebracht, dan kunnen wij (tenzij onze kennis veel meer in bijzonderheden reikte dan het geval is) niet aangeven of op het oogenblik t, waarop wij nu den toestand willen beschouwen, dat molekuul zich bij de beweging, die het met aanmerkelijke snelheid uitvoert, in I of II zal bevinden; wij zeggen daarom dat dit van het toeval afhangt.

Hetzelfde geldt van elk molekuul van een gasmassa, die in het vat gebracht is; de verdeeling daarvan over de twee helften kan geacht worden door het toeval bepaald te zijn.

Het is alsof voor elk molekuul door het trekken van een bal uit den bovengenoemden zak beslist werd of het in I of II zou liggen.

Hieruit volgt dat, als n het aantal gasmolekulen is (een zeer groot getal), een verschil $\sqrt{n}$ tusschen het aantal deeltjes in de eene en de andere helft van het vat mag verwacht worden.

Konden wij dus het gas dat zich in iedere helft bevindt, *volkomen* nauwkeurig wegen, dan zouden wij uit de gewichten p_1 en p_2 een *schatting* van het aantal gasmolekulen kunnen afleiden, en wij zouden dit aantal zelfs kunnen *bepalen* als wij de proef een voldoend aantal malen herhaalden (verg. § 6).

In werkelijkheid zijn zulke metingen onuitvoerbaar, omdat het aantal molekulen veel te groot is. Men overdrijft volstrekt niet wanneer men voor een hoeveelheid gas waarmee men experimenteeren kan, $n = 10^{24}$ stelt. Dan is het verschil dat men tusschen den inhoud van de eene en de andere helft kan verwachten wel een ontzettend groot aantal molekulen (10^{12}), maar vergeleken met het geheele aantal valt het in het niet; er is geen sprake van, dat men het door weging zou kunnen aantoonen.

Wij mogen gerust zeggen, dat het gas zich gelijkmatig over de ruimte verdeelt, en dezen toestand als den „meest waarschijnlijken" karakteriseeren (verg. § 3).

§ 13. In denzelfden zin kan men zeggen, dat in het algemeen een stelsel, dat uit een zeer groot aantal molekulen bestaat, als wij het aan zich zelf overlaten, den meest waarschijnlijken toestand aanneemt. In den evenwichtstoestand is bijv. de temperatuur overal dezelfde; van de toevallige verschillen in de gemiddelde kinetische energie der deeltjes in de eene en de andere helft van het stelsel mag worden afgezien. Bij een mengsel van twee gassen is de gelijkmatige vermenging de meest waarschijnlijke toestand en ook die welke van zelf ontstaat. Kleine toevallige verschillen in samenstelling tusschen de eene en de andere helft (van de orde van grootte $\sqrt{n}$) zijn niet uitgesloten, maar zij zijn onmerkbaar.

Heeft men met een gas te doen, waarvan de molekulen in twee kleinere deeltjes a en b kunnen uiteenvallen, terwijl zich omgekeerd een deeltje a en een deeltje b, zoo zij elkaar onder geschikte omstandigheden ontmoeten, weer met elkaar kunnen verbinden, dan kunnen beschouwingen der waarschijnlijkheidsrekening ons dienen om iets over den toestand, die blijvend bestaan kan (dissociatie-evenwicht) te weten te komen. Het is denkbaar, maar uiterst onwaarschijnlijk, dat op zeker oogenblik alle molekulen, ontsnapt als het ware aan de onderlinge botsingen waarbij zij elkaar kunnen stuk slaan, onontleed zijn, en even onwaarschijnlijk, dat zij alle gesplitst zullen zijn. In werkelijkheid zal er in den evenwichtstoestand een bepaalde verhouding tusschen het gedissocieerde gedeelte en het niet gedissocieerde gedeelte van het gas bestaan.

Ook de theorie van het evenwicht der warmtestraling tusschen een ponderabel lichaam en den aether heeft men in den laatsten tijd met goed gevolg met behulp van beschouwingen der waarschijnlijkheidsrekening ter hand genomen. Men kan zich binnen een aan de binnenzijde volkomen spiegelend, gesloten omhulsel een vast of vloeibaar lichaam M van bepaalde temperatuur voorstellen, dat een deel van de ruimte inneemt, terwijl het overige deel met aether gevuld is. Deze laatste wordt dan in alle richtingen doorkruist door warmtestralen, die door het lichaam zijn uitgezonden en wanneer zij dit weder treffen, er in meerdere of mindere mate door geabsorbeerd worden. Men kan zich de vraag stellen, welke waarschijnlijkheid er is voor verdeelingen van het arbeidsvermogen, in deze of gene verhouding, tusschen het lichaam M en den omringenden aether; de waarschijnlijkste verdeeling mag men voor de werkelijk bestaande houden.

§ 14. Terwijl het niet mogelijk is met een hoeveelheid gas te werken, uit zoo weinige molekulen bestaande, dat het verschil tusschen de hoeveelheden in de twee helften van het in § 12 beschouwde vat merkbaar wordt, zijn er verschillende proeven met radio-actieve zelfstandigheden genomen, waarbij men wel degelijk met betrekkelijk weinige deeltjes te doen had.

Die proeven hadden betrekking op de α-stralen, die, zooals men thans weet, uit positief geladen helium-atomen bestaan, die met groote snelheid door de radio-actieve stof worden uitgestooten. Door een metaalplaatje, dat met een zeer kleine hoeveelheid van zulk een stof bedekt was, op een afstand van eenige meters van een diaphragma met een opening van 1,5 mm middellijn te plaatsen, slaagde RUTHERFORD erin, het aantal α-deeltjes, dat per minuut door die opening vloog, zoo klein te maken, dat hij ze één voor één kon tellen; dit laatste was mogelijk omdat het hem gelukte den invloed waarneembaar te maken, dien één deeltje heeft op den ionisatietoestand en het daarvan afhankelijke geleidingsvermogen van het gas waarin het doordringt. Hij vond nu, dat het aantal door de opening gaande α-deeltjes van minuut tot minuut kleine wisselingen vertoonde; het was bijv. achtereenvolgens 4, 3, 5, 4, 3, 4, 2, 3, 3, 4 (gemiddeld 3,5).

Dit is nu juist wat men moet verwachten wanneer men aanneemt, dat het van toevallige omstandigheden in het binnenste van het radio-actieve lichaam afhangt, of een atoom al dan niet een α-deeltje zal uitstooten, en wanneer men verder bedenkt, dat ook bij de richting van uitzending, van welke het afhangt of een deeltje door de opening heen vliegt, allicht het toeval in het spel is. Men komt dan tot de voorstelling, dat al de onberekenbare invloeden, die zich hier doen gevoelen, wel op hetzelfde zullen neerkomen alsof door het trekken van ballen uit den zoo dikwijls genoemden zak beslist werd hoeveel deeltjes per minuut door de opening gaan. Wanneer $\frac{1}{2}n$ het aantal deeltjes is dat gemiddeld per minuut passeert, dan zou die beslissing gedaan kunnen worden door voor elke minuut een proef te doen, die uit n trekkingen bestaat, en zooveel deeltjes te laten doorgaan als men witte ballen krijgt. Op dezelfde wijze als men bij deze proef nu eens wat meer, dan eens wat minder dan $\frac{1}{2}n$ witte ballen trekt, zal nu het aantal α-deeltjes om de middelwaarde $\frac{1}{2}n$ schommelen.

§ 15. Dergelijke schommelingen als door RUTHERFORD werden opgemerkt, zijn in het algemeen bij radio-actieve lichamen te verwachten; het aantal der in achtereenvolgende gelijke tijdsdeelen (het behoeven niet juist minuten te zijn) uitgezonden α-deeltjes zal nooit aanhoudend even groot zijn, iets waarop VON SCHWEIDLER het eerst de aandacht heeft gevestigd. Alleen zullen de verschillen dezer aantallen, in vergelijking met het gemiddelde ervan, des te minder zijn naarmate de getallen grooter worden, dus naarmate men met sterkere radio-actieve praeparaten werkt, of langere tijden in het oog vat.

Verschillende natuurkundigen, met name REGENER en MEYER hebben, door van de ioniseerende werking der stralen gebruik te maken, de wisselingen nog kunnen waarnemen onder zoodanige omstandigheden, dat ongetwijfeld het aantal deeltjes gedurende elk der beschouwde tijdsdeelen vrij aanzienlijk was, zoodat men gebruik mag maken van de vereenvoudigingen die de regels der waarschijnlijkheidsrekening voor groote getallen ondergaan.

Laat weer, evenals in de vorige paragraaf, het aantal deeltjes, dat in zekere achtereenvolgende gelijke tijdsdeelen T wordt uitgezonden, gelijk zijn aan het aantal witte ballen, die wij bij verschillende proeven krijgen, als wij telkens n ballen trekken. Dan is $\frac{1}{2}n$ het gemiddelde der achtereenvolgende getallen a, b, c,... en de afwijkingen dezer getallen van het gemiddelde zijn de helft van de verschillen, die men bij de eerste, tweede, derde proef, enz. tusschen het aantal witte en het aantal zwarte ballen vindt.

Houdt men het in § 4 gezegde in het oog, en stelt men liever het gemiddelde van a, b, c,... door p voor (zoodat $p = \frac{1}{2}n$ is), dan kan men besluiten dat de quadratische middelwaarde der afwijkingen $a - p$, $b - p$, $c - p$, enz. $\sqrt{2p}$ maal kleiner is dan p zelf, m.a.w. dat de quadratische middelwaarde der grootheden

$$\frac{a - p}{p}, \quad \frac{b - p}{p}, \quad \frac{c - p}{p}, \quad \ldots$$

niet anders is dan $1/\sqrt{2p}$. Mag men nu aannemen, dat de getallen a', b', c',... die men experimenteel als maat voor de radioactieve werking in de achtereenvolgende tijdsdeelen T vindt, evenredig zijn met de aantallen deeltjes a, b, c,... waaraan die werking is toe te schrijven, dan zijn, als p' het gemiddelde van a', b', c',... is, de zooeven genoemde breuken gelijk aan

$$\frac{a' - p'}{p'}, \quad \frac{b' - p'}{p'}, \quad \frac{c' - p'}{p'}, \quad \ldots$$

Van deze grootheden, die men uit de waarnemingen kan afleiden, behoeft men dus slechts de quadratische middelwaarde te nemen om $1/\sqrt{2p}$ en daarmede n, en het aantal deeltjes, dat in den tijd T wordt uitgezonden, te bepalen.

De uitkomsten, die men bij de waarneming van de wisselingen der radioactiviteit heeft gekregen, lieten geen zeer nauwkeurige bepaling van n toe, en nu men de deeltjes rechtstreeks kan tellen, bestaat aan een indirecte bepaling ook weinig behoefte meer, maar uit een theoretisch oogpunt verdient het toch zeer de aandacht dat wij iets dat met het in § 6 gezegde overeenkomt, en dat bij een gas onuitvoerbaar is (§ 12), bij radio-actieve lichamen onder geschikte omstandigheden werkelijk kunnen doen.

ELECTRICITEIT EN ETHER [1])

Indien een natuurkundige het geluk had, eene geheel nieuwe groep van verschijnselen te ontdekken, die niet in een van de traditioneele hoofdstukken der physica kon worden ingelijfd, zou het zeker zijn eerste werk zijn, te onderzoeken, of zij gehoorzaamden aan de grondwet der hedendaagsche natuurkunde, de wet van het behoud van arbeidsvermogen. Had hij zich daarvan overtuigd en was hij zoo ver gekomen, dat hij uit zijne metingen het bedrag van het arbeidsvermogen, dat telkens in het spel is, kon afleiden, dan zou hij reeds in hooge mate met de verschijnselen vertrouwd zijn geworden en een vasten grondslag hebben gelegd voor zijne bespiegelingen over het mechanisme, waardoor zij worden teweeggebracht.

De gewone mechanica kent twee vormen van arbeidsvermogen, arbeidsvermogen van plaats of potentieele energie, arbeidsvermogen van beweging of kinetische energie, het eerste afhankelijk van de op de lichamen werkende krachten, het tweede onafhankelijk daarvan en bepaald door de massa's en de snelheden. Dezelfde onderscheiding kan gemaakt worden in alle gevallen, waar wij achter het rechtstreeks waarneembare stofdeeltjes onderstellen, waarvan de bewegingen kunnen beschreven worden met behulp van vergelijkingen, zooals zij in de mechanica voorkomen. Daar de theoretische mechanica voor de meesten Uwer niet tot de lievelings-studiën zal behooren, zal ik van die vergelijkingen alleen zeggen, dat zij altijd naar hetzelfde schema zijn gevormd en meer of minder ingewikkeld, een verband uitdrukken tusschen de versnellingen der stofdeeltjes en hunne onderlinge standen.

Door middel van dergelijke vergelijkingen beschrijft men de trillingen van veerkrachtige lichamen, de verschijnselen der capillariteit, het gedrag van een stelsel gasmolekulen. En ofschoon het van te voren niet zeker is, dat elk verschijnsel op deze wijze

[1]) Nederl. Natuur- en Geneesk. Congres, 4 April 1891. Verhandelingen **3**, 40, 1891.

beschreven kan worden, niet zeker, dat de gewone mechanica ruim genoeg is om al wat het natuuronderzoek aan het licht brengt te omvatten, zou toch de ontdekker eener nieuwe reeks verschijnselen ongetwijfeld beginnen, met in de aangeduide richting zijne hypothesen te stellen. Hij zou daarbij tevens tot eene bepaalde meening geraken aangaande de wijze, waarop het geheele arbeidsvermogen tusschen de twee straks genoemde vormen verdeeld is.

Slaagde hij er in, eene bevredigende hypothese te vinden, dan zou hij de verschijnselen naar het gangbare spraakgebruik *verklaard* hebben. Wel zou een gevoel van onvoldaanheid hem allicht bijblijven, omdat hij het niet nog verder kon brengen, maar de philosophie zou hem den, zij 't ook wat schralen troost geven, die voor ons gelegen is in de wetenschap, dat wat wij niet verkrijgen kunnen ook werkelijk onbereikbaar is. Inderdaad, wie van de onderstelde stofdeeltjes en van de reden, waarom zij zich zoo en niet anders bewegen, nog veel meer verlangde te weten, zou op weg zijn vragen te doen, waarop men niet alleen geen antwoord kan geven, maar waarop men zich zelfs niet recht een antwoord kan voorstellen.

Zoo zou men zich met de gevonden mechanische verklaring kunnen vergenoegen, als niet altijd de vraag overbleef of dit nu de eenige van dien aard is, die gegeven kan worden. Tegenover elk natuurverschijnsel verkeeren wij min of meer in het geval van iemand, die, zonder met de inrichting van een uurwerk bekend te zijn, alleen de beweging van de wijzers en van den slinger kan waarnemen. Zoo iemand zou ook zijne hypothesen stellen en hij zou er allicht meer dan ééne kunnen vinden, die hem bevredigde. Hetzelfde is mogelijk bij de verschijnselen, die de natuur ons aanbiedt en zoo geraken wij in de moeilijkheid, eene keus te doen.

Gelukkig zijn twee verklaringen niet altijd zoo verschillend als zij op het eerste gezicht schijnen. Als de eene sterrenkundige beweert, dat bij de beweging der hemellichamen iets in de tusschenliggende ruimte medewerkt, en de andere, dat dit niet het geval is, zijn zeker hunne uitspraken met elkander in strijd. Maar ontdoet hunne beweringen van de kleur en de levendigheid, die zij er door het gebruik van het woord „werken" en dergelijke aan geven, steekt ze in het sobere kleed der wiskundige formule en de tegenstrijdigheid zal kleiner worden, misschien zelfs verdwijnen. Beschrijft de een de verschijnselen door vergelijkingen waarin niets voorkomt, dat op de tusschengelegen ruimte betrekking heeft, de ander door formules, waarin wel dergelijke grootheden gevonden worden, dan kunnen toch de vergelijkingen van beiden op hetzelfde neerkomen. Ieder weet, hoe een stel vergelijkingen tot onherkenbaar wordens toe kan worden herleid, zonder op te houden, hetzelfde uit te drukken.

Zoo kunnen twee verklaringen aequivalent zijn en dan kan er natuurlijk geen sprake van wezen, dat de eene wel en de andere niet zou mogen worden aangenomen. Wil men eene keus doen, dan kan men zich slechts laten leiden door de vraag, welke van beide ons door haren *eenvoud* het meest bevredigt. En ook wanneer men van twee verklaringen niet kan zeggen, dat zij op hetzelfde neerkomen, maar alleen weet, dat zij van alle bekende feiten rekenschap geven, zie ik, in afwachting van beslissende waarnemingen, geen ander richtsnoer, dat men bij eene keus kan volgen. Ongelukkigerwijze blijft de vraag, wat meer en wat minder eenvoudig is, tot op zekere hoogte eene quaestie van smaak, waarover men niet met goed gevolg kan twisten, en waarbij zelfs nationale neigingen en vooroordeelen in het spel kunnen komen.

Leiden overwegingen als de voorgedragene tot eene gepaste voorzichtigheid bij het aannemen eener verklaring, van het zoeken daarnaar behoeven zij ons toch niet af te schrikken. Wie eene verklaring vindt, voldoet met meer of minder geluk aan onze zucht om de verwarrende feiten, die zich aan ons opdringen, tot een harmonisch geheel samen te vlechten; zelfs heeft hij iets meer gedaan dan ééne verklaring te vinden: hij heeft ook alle andere voorbereid, die met die eene mathematisch aequivalent zijn.

Deze opmerkingen, Geachte Toehoorders, schenen mij niet misplaatst, nu ik wil trachten, U in korte trekken te schetsen, hoe ver men in de verklaring der electrische verschijnselen gevorderd is. Dat de wet van het behoud van arbeidsvermogen in het onderzoek daarvan eene schitterende bevestiging heeft gevonden, behoef ik wel nauwelijks te vermelden. Gij zult mij vergunnen, U aanstonds aan eene proef te herinneren, waarbij de twee voor de electrische werkingen karakteristieke vormen van arbeidsvermogen in het spel zijn.

In de figuur, die Gij voor U ziet, stellen *A* en *B* de bekleedselen eener Leidsche flesch voor, I de daartusschen liggende isolator, of het *dielectricum*. Verbeelden wij ons, dat door verbinding met de polen eener electriseermachine *A* eene positieve, *B* eene negatieve lading heeft aangenomen. Ieder weet, hoe dan door de ontlading van den condensator eene vonk kan worden verkregen, of een metaaldraad kan worden gesmolten en wij besluiten daaruit dat de geladen flesch een zeker arbeidsvermogen bezit. Dit noemen wij *electrostatische energie* en dienzelfden naam geven wij aan het arbeidsvermogen van elken geladen geleider.

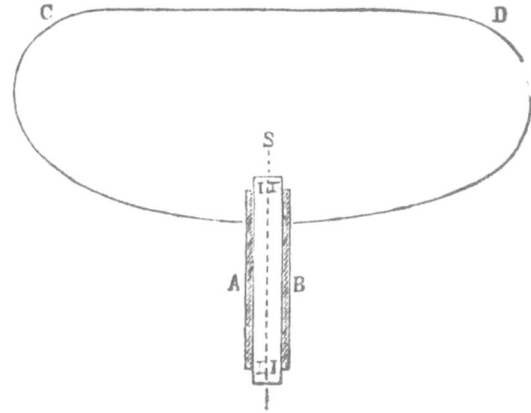

Stelt u thans voor, dat de bekleedselen, nadat zij op de aangegeven wijze geladen zijn, door een sluitdraad *CD* van kleinen weerstand worden verbonden. Dan heeft het merkwaardige verschijnsel van de *heen- en weergaande ontlading* plaats. Het begint met een electrischen stroom in de richting van *C* naar *D*, maar die stroom houdt *niet* op op het oogenblik, waarop de flesch ontladen is. Daar hij nog wat langer in dezelfde richting voortgaat, wordt de flesch opnieuw geladen, maar nu zoo, dat *B* eene positieve lading ontvangt. Eerst terwijl deze ontstaat wordt de stroom in *CD* uitgeput, om dan door eene electriciteitsbeweging in tegenovergestelde richting gevolgd te worden. Ook deze houdt niet op, als de flesch ontladen is en zoo verkrijgt *A* weer eene positieve lading. Kortom, de flesch zal beurtelings eene lading in den eenen en den anderen zin hebben en in den sluitdraad zullen stroomen naar rechts en links met elkander afwisselen.

Had de draad in 't geheel geen weerstand — en met het oog op den korten tijd, waarover ik beschikken mag, zult Gij mij deze vereenvoudigende onderstelling veroorloven — dan zou aan de schommelingen nooit een einde komen. Op de oogenblikken, waarop de achtereenvolgende ladingen haar maximum bereiken, zou de flesch telkens evenveel electrostatisch arbeidsvermogen bezitten als in den beginne. Tusschen die oogenblikken in liggen evenwel andere, waarop er in 't geheel geene lading en dus ook geene electrostatische energie is; het aanvankelijke arbeidsvermogen moet dan *in eene andere gedaante* teruggevonden worden. Het eenige bijzondere, dat dan bestaat, is de stroom in den metaaldraad en deze moet derhalve een zeker arbeidsvermogen bezitten. Dit noemen wij *electromagnetische energie*: een dergelijk arbeidsvermogen bestaat in alle gevallen, waarin men met electrische stroomen te doen heeft. De welbekende werkingen van den extrastroom bij de opening eener keten moeten op rekening van deze energie gesteld worden.

Tot zoover was er geen sprake van eene opvatting van het arbeidsvermogen als potentieele of kinetische energie, dus ook niet van eene volledige verklaring. Willen wij die beproeven, dan hebben wij de keus tusschen twee theoriën. Tegenover de oude electriciteitsleer staat die, welke MAXWELL, op het voetspoor van FARADAY, ontwikkeld heeft. Ik geloof, dat er redenen bestaan, om aan de laatste opvatting de voorkeur te geven, al liggen voor mij die redenen niet hierin, dat de eene theorie ons wel en de andere niet in staat zou stellen, de verschijnselen *geheel* te doorgronden.

Voor de oude theorie met hare electrische vloeistoffen, waarvan de deeltjes elkander op een afstand aantrekken of afstooten, was het electrostatische arbeidsvermogen potentieele energie, geheel vergelijkbaar met dat, waarmede de hemellichamen tengevolge van hunne aantrekkingen op een afstand bedeeld zijn. Maar ook het electromagnetische arbeidsvermogen vatte men als potentieele energie op. Men nam aan, dat de electrische deeltjes in den draad CD onzer figuur, zoodra zij in beweging verkeeren, krachten op elkander uitoefenen, anders dan in den toestand van rust en dientengevolge ook eene andere potentieele energie bezitten, dan wanneer zij stilstaan. Zoo kwam men ertoe, een arbeidsvermogen aan te nemen, dat van de snelheden der deeltjes afhangt en toch geene kinetische energie in den gewonen zin van het woord is. Een overwegend bezwaar is dat nu zeker niet, maar wanneer het arbeidsvermogen toch van snelheden moet afhangen is het eenvoudiger, het als gewone kinetische energie te beschouwen. Zoo is de opvatting van MAXWELL en daarin vind ik eene eerste reden, om aan zijne theorie den voorrang toe te kennen. Eene tweede reden zal ik straks aanvoeren.

Met het zoo even genoemde fundamenteele denkbeeld van den genialen natuuronderzoeker hangt een ander gewichtig punt samen. De waarnemingen leeren, dat het electromagnetische arbeidsvermogen, waarmede men te doen heeft, wanneer twee in elkanders nabijheid geplaatste draden door stroomen doorloopen worden, niet gelijk is aan de som der waarden, die het arbeidsvermogen zou hebben, wanneer of alleen de eene of alleen de andere stroom bestond. Hoeveel het grooter of kleiner is dan die som, hangt van den betrekkelijken stand der draden af. Was nu het arbeidsvermogen van beweging, dat MAXWELL wil aannemen, eigen aan eene „electrische stof," die zich in de geleiders voortbeweegt, dan zou het geheele arbeidsvermogen uit twee deelen bestaan, waarvan het eene bij den eersten, het andere bij den tweeden stroom behoort. Men moet dus wel onderstellen, dat nog iets anders dan de electriciteit in de draden in beweging verkeert, en volgens MAXWELL zijn dit deeltjes der middenstof rondom en tusschen de geleiders, deeltjes van de middenstof, door welker tusschenkomst hij alle aantrekkingen en afstootingen tusschen de draden verklaren wil. Het is wel begrijpelijk, dat de wijze, waarop dit medium in beweging gebracht wordt, kan afhangen niet alleen van de sterkte der twee stroomen, maar bovendien van den betrekkelijken stand der geleiders.

Ook waar, zooals in ons geval, slechts één draad *CD* voorkomt, hebben wij ons voor te stellen, dat iets buiten dien draad in beweging geraakt en dat de daarbij in het spel komende deeltjes eene merkbare massa en dientengevolge een arbeidsvermogen van beweging bezitten.

Maar de middenstof speelt bij MAXWELL nog eene andere rol dan dat er de besproken bewegingen, die ik de *electromagnetische bewegingen* zal noemen, in plaats hebben. Ook de electrostatische werkingen geschieden door hare tusschenkomst; ook van het electrostatische arbeidsvermogen is zij de zetel.

Nu ik wil beproeven, U dit duidelijk te maken, verkeer ik in eene zekere moeilijkheid. POINCARÉ verhaalt van een natuurkundige, die verklaarde de geheele theorie van MAXWELL verstaan te hebben, maar toch niet recht begrepen te hebben, wat nu een ge-electriseerde bol was. Nu zal men dat niet al te letterlijk moeten opvatten — als iemand geene voorstelling heeft van hetgeen een geladen bol is, zal ook zijn inzicht in meer ingewikkelde gevallen nog wel iets te wenschen overlaten — maar een feit is het, dat het niet altijd gemakkelijk is, zich in MAXWELL's gedachtengang te verplaatsen.

Om mij uit de moeilijkheid zoo goed mogelijk te redden, zal ik eene bepaalde hypothese invoeren, waarvan trouwens de theorie tot op zekere hoogte onafhankelijk kan worden gemaakt. Misschien klinkt zij U wat stout. Maar veroorlooft mij dan, U eraan te herinneren, dat zonder hypothesen nu eenmaal geene natuur-verklaring denkbaar is. Het „hypotheses non fingo" van NEWTON moet zeker cum grano salis worden opgevat en toen AMPÈRE meende, dat hij de wetten der electrodynamica uit de ervaring alleen had afgeleid, vergat hij ééne onderstelling, waarop zijn gansche gebouw berustte. Hypothesen zullen wij wel altijd blijven maken; wij hebben er slechts voor te waken, dat wij in dit gebruik onzer verbeeldingskracht niet al te veel behagen gaan scheppen.

Verbeeldt U, dat alle lichamen, geleiders of niet-geleiders, ook dan wanneer zij zich in hunnen natuurlijken toestand bevinden, met eene stof doortrokken zijn, die ik de electriciteit zal noemen, ofschoon hare aanwezigheid op zich zelve nog tot geene electrische werkingen aanleiding geeft. Stelt U verder voor, dat deze stof in de geleiders vrij bewegelijk is, maar dat hare deeltjes in de isolatoren aan bepaalde evenwichtsstanden zijn gebonden, waarheen zij na elke verplaatsing worden teruggedreven; eindelijk, dat het eene deel dezer stof tegen het andere kan drukken, maar dat eene merkbare samenpersing niet kan plaats hebben. Onderstellingen, waarvan de laatste, bij eerste benadering, ook voor eene gewone vloeistof als water kan gemaakt worden.

Om den in onze figuur afgebeelden condensator te laden, kunnen wij op de electriciteit in den sluitdraad krachten, „electromotorische" krachten, in de richting van D naar C laten werken. Voor de electriciteit, die dan naar het bekleedsel A wordt gedreven, wordt ruimte gemaakt door eene verplaatsing der electriciteit in het glas van links naar rechts, iets, wat MAXWELL eene *dielectri-sche verplaatsing* noemt.

Natuurlijk gaat tegelijkertijd electriciteit van het bekleedsel *B* op den draad over; derhalve loopt een electrische stroom in een gesloten kring rond. Al blijft nu de electromotorische kracht in den draad aanhoudend werken, de stroom zal toch weldra op-houden. Zoodra nl. de electriciteit in den isolator naar rechts verschoven is, worden krachten opgewekt, die haar naar links terugdrijven, en die wij onder den naam *dielectrische veerkracht* kunnen samenvatten. Deze krachten houden natuurlijk den stroom tegen en maken na eenigen tijd evenwicht met de elec-tromotorische kracht in den sluitdraad. De condensator is dan geladen.

Om hem te ontladen behoeven wij slechts de electromotorische kracht in den draad op te heffen. De dielectrische veerkracht in den isolator I heeft dan vrij spel: zij drijft de electriciteit door den draad van *A* naar *B* en de flesch zal ontladen zijn op het oogenblik, waarop elk deeltje der electrische stof in het glas tot zijn natuurlijken stand is teruggekeerd. Daarbij blijft het evenwel niet. Want, terwijl de electriciteit in *CD* in beweging geraakt, worden de electromagnetische bewegingen in de ruimte rondom den draad opgewekt; de snelheid daarvan neemt toe zoolang er nog eene kracht in het glas is, die de electriciteit naar *A* drijft, en is dus het grootst, wanneer de flesch ontladen is. Thans kunnen de deeltjes in het medium rondom den draad niet plotseling stilstaan. Dank zij het arbeidsvermogen, dat zij verkregen hebben, de elec-tromagnetische energie, dwingen zij de electriciteit in den draad verder naar de zijde van *D* voort te gaan; men moet zich name-lijk voorstellen, dat een electrische stroom in een geleider en de electromagnetische bewegingen daarbuiten onafscheidelijk met elkander verbonden zijn. Hoe nu in het glas eene dielectrische ver-plaatsing naar de linkerzijde ontstaat — daarin bestaat de nieuwe lading der flesch — en hoe het de daardoor opgewekte dielectrische veerkracht is, die ten slotte den stroom en de elec-tromagnetische bewegingen uitput, zal geene toelichting behoe-ven.

Wat echter het electrostatische arbeidsvermogen betreft, dit schuilt in het dielectricum I. Het kan vergeleken worden met het arbeidsvermogen van veerkrachtige lichamen, die eene vorm-

verandering ondergaan hebben, want ook nu hebben wij met
deeltjes te doen, die naar hunnen evenwichtsstand teruggedreven
worden. De electrostatische energie is nog wel arbeidsvermogen
van plaats, maar toch geheel iets anders dan de oude electrici-
teits-theorie erin zag.

Ik heb de heen- en weergaande ontlading met eenige uitvoerig-
heid besproken, omdat de grootste triomf, dien MAXWELL's theorie
behaald heeft, er gemakkelijk mede in verband kan worden gebracht. In het glas van den condensator bestonden dielectrische
verplaatsingen in steeds wisselende richting, of, zooals MAXWELL
zegt, *electrische trillingen*, in de ruimte rondom den sluitdraad
electromagnetische bewegingen, die evenals de stroom, waarbij
zij behooren, eveneens onophoudelijk van richting wisselen, *magnetische trillingen* naar MAXWELL's nomenclatuur. Beide verschijnselen moeten wel van elkander onderscheiden worden. Zij
kunnen in elken isolator bestaan, ook in den ether, waartoe ik mij
nu verder bepalen zal. Wat ik besproken heb kan nl. ook plaats
hebben, wanneer zoowel tusschen de condensatorbekleedselen als
rondom den draad de ruimte luchtledig, dus alleen met ether gevuld is.

De proef met den condensator leverde het voordeel op, dat bij
haar, althans op het eerste gezicht, de electrische en magnetische
trillingen in deelen der ruimte gevonden worden, die geheel buiten elkander liggen. Intusschen: alleen ook op het eerste gezicht.
In werkelijkheid zal de in het bekleedsel *A* aanwezige electriciteit,
verdrongen door een nieuwen toevoer uit den draad, een uitweg
zoeken, wel grootendeels, maar toch niet uitsluitend door de
ruimte I. Ook aan de linkerzijde van *A* en in de nabijheid van
den sluitdraad wordt eene dielectrische verplaatsing gevonden
en daar deze gedurende de ontlading der flesch overal onophoudelijk van richting verandert, blijken electrische trillingen ook in
dat deel der ruimte te bestaan, waar wij de magnetische trillingen
aantroffen.

In het algemeen zullen zich van elke plaats uit, waar eene heen-
en weergaande electriciteitsbeweging bestaat, de tweeërlei trillingen, die wij leerden kennen, in den ether voortplanten. De
theorie leert, dat zij dit doen met eene snelheid, die uit metingen
over electrische verschijnselen kan worden afgeleid en waarvoor

men dan eene waarde vindt, gelijk aan de snelheid van het licht.

Bovendien voldoen de electrische en magnetische trillingen, wat hare richting betreft, aan de voorwaarde, waaraan men de lichttrillingen heeft moeten onderwerpen om de polarisatieverschijnselen te verklaren.

Dit alles heeft MAXWELL gebracht tot zijne electromagnetische theorie van het licht, waardoor hij het recht heeft verkregen, met natuurkundigen als HUIJGENS en FRESNEL in één adem genoemd te worden. Volgens die theorie bestaan in elken lichtbundel de twee verschijnselen, die wij tusschen de bekleedselen en rondom den sluitdraad in onze figuur aantroffen; deze electrische en magnetische trillingen zijn het, die een gezichtsindruk teweeg brengen, de bestraalde lichamen verwarmen of het zilverzout eener photographische plaat ontleden. Het arbeidsvermogen, dat wij van de zon ontvangen, en waarvan alles wat op aarde leeft afhangt, is voor de helft electrostatische en voor de helft electromagnetische energie.

Tot aanbeveling der theorie behoef ik weinig te zeggen. Heeft men eenmaal MAXWELL's grondbeginselen omhelsd, dan wordt men *gedwongen* tot het besluit, dat zich in den ether electrische en magnetische trillingen met de snelheid van het licht kunnen voortplanten. Wie dan nog in het licht een ander verschijnsel wilde zien, moest aannemen, dat zich in dezelfde stof twee trillingen van verschillenden aard met dezelfde snelheid kunnen uitbreiden.

Trouwens, HERTZ heeft tot op zekere hoogte op de bespiegelingen van MAXWELL het zegel der experimenteele bevestiging gedrukt. Met een vernuft, dat aller bewondering afdwingt, heeft hij de trillingen, die van een electrischen „vibrator" uitgaan, op een afstand van dezen waargenomen, hare terugkaatsing, breking en hare interferentie bestudeerd en door proeven binnen de muren van zijn laboratorium bewezen, dat de voortplantingssnelheid althans van dezelfde orde van grootte is, als die van het licht. Wel blijven er, juist wat de voortplantingssnelheid betreft, moeilijkheden over, maar veel mag van voortgezet onderzoek verwacht worden. Wie dacht, een tiental jaren geleden, zelfs aan de mogelijkheid om de snelheid, waarmede zich electrische werkingen voortplanten, experimenteel te bepalen?

Hoe verleidelijk het ook zij, ik kan hier bij de onderzoekingen van HERTZ niet langer stilstaan. Liever verzoek ik nog eenige

oogenblikken Uwe aandacht voor de vraag, of de oude electrici-
teits-theorie thans voor goed verlaten moet worden.

Ik geloof niet dat men dit kan beweren. Zij is rekbaar genoeg
gebleken, om zich naar menig nieuw feit te voegen. Zonder alle
werkingen op rekening te stellen van de middenstoffen heeft zij
toch aan het medium, dus bijv. aan den ether tusschen de condensatorplaten, eene rol toegekend. Men heeft aangenomen, dat de
deeltjes van den ether de twee electrische vloeistoffen bevatten en
dat, zoodra het bekleedsel A eene positieve en B eene negatieve
lading ontvangt, in elk etherdeeltje daartusschen de negatieve
electriciteit naar links en de positieve naar rechts wordt gedreven.
Dit alles zou geschieden door werkingen op een afstand; zonder
zich te storen aan wat er tusschen ligt zou elke condensatorplaat
op een etherdeeltje en dit op elk ander deeltje een invloed hebben. Men ziet, hoe ondanks dit fundamenteele verschil de gemaakte onderstelling veel overeenkomst heeft met MAXWELL's
denkbeeld eener dielectrische verplaatsing en zoo is het minder
bevreemdend, dat men ook in dezen gedachtengang tot eene verklaring der proeven van HERTZ en tot eene electromagnetische
theorie van het licht kan geraken.

Toch schuilt hier voor de oude theorie eene moeilijkheid. MAX-
WELL neemt aan, dat bij de lading van de Leidsche flesch door een
vlak, zooals ik het in de figuur door de gestippelde lijn S heb aangegeven, evenveel electriciteit naar rechts gaat als wij aan het
bekleedsel A toevoeren. Ook de oude theorie neemt aan, dat
— ten gevolge van de scheiding der electriciteiten in de ether-
deeltjes — eene zekere hoeveelheid electriciteit door het vlak S
naar de rechterzijde gaat, maar volgens haar moet die hoeveelheid altijd kleiner zijn dan die, welke aan de plaat A gegeven
wordt. Van het verschil hangt de electrostatische werking der geladen flesch af, de uitslag bijv., dien men verkrijgt, als men de
bekleedselen met de electroden van een electrometer verbindt.
Aan den anderen kant komt men tot de electromagnetische lichttheorie alleen dan, wanneer de verhouding der twee hoeveelheden, die, welke wij aan A mededeelen en die, welke door het vlak S
gaat, niet merkbaar van de eenheid verschilt. Slechts door eene
gekunstelde onderstelling kan men aan beide eischen voldoen en
dit is een tweede argument, ik zinspeelde er reeds op, wat mij voor
de nieuwe zienswijze schijnt te pleiten.

De opmerking schijnt mij niet zonder belang, dat men door eene kleine wijziging eene toenadering, ten minste wat den vorm betreft, van de nieuwe opvatting tot de oude kan bewerken. Men heeft vroeger op de deeltjes der denkbeeldige electrische stoffen overgedragen, wat men bij geladen geleiders had waargenomen. Iets dergelijks kan een volgeling van MAXWELL doen. Men kan aannemen, dat er kleine electrisch geladen deeltjes bestaan, d.w.z. deeltjes met dergelijke eigenschappen als een geladen conductor, en onderstellen, dat eene voor ons waarneembare lading — ik bedoel de lading van een lichaam van waarneembare afmetingen — bestaat in eene opeenhooping van dergelijke deeltjes, en een electrische stroom in eene beweging daarvan. Eene opvatting, die althans voor electrolyten, aan welker eigenschappen mijn voorganger op deze plaats ons gisteren heeft herinnerd, stellig juist is.

Evenals men nu vroeger eerst eene fundamenteele wet opstelde voor de onderlinge werking van de electrische deeltjes, zoowel wanneer zij zich bewegen, als wanneer zij stilstaan, moet men nu beginnen met de vraag, welke toestandsveranderingen een geladen deeltje in den omringenden ether opwekt en welke krachten het omgekeerd daarvan ondervindt. Zijn alle aanwezige deeltjes in rust, dan bepaalt zich de verandering in den ether tot eene dielectrische verplaatsing, tot iets dergelijks dus als in de isoleerende laag van onzen condensator plaats had, en dan blijkt de kracht, die op een deeltje werkt, dezelfde te zijn als volgens de oude theorie. De geheele leer van het electrisch evenwicht kan dus onveranderd blijven, als men slechts op den voorgrond stelt dat de krachten, waarover zij handelt, in veranderingen van den ether haren oorsprong hebben.

In de theorie der electrische stroomen moet men in het oog houden, dat een geladen deeltje, dat zich in den ether beweegt, daarin electromagnetische bewegingen te voorschijn roept en dat daardoor weer de kracht wordt gewijzigd, die op een ander deeltje werkt. Voor zoover ik heb kunnen nagaan kan men inderdaad op deze wijze tot eene verklaring van de electrodynamische verschijnselen en de inductiestroomen geraken. Men doet dan iets dergelijks als WILHELM WEBER, toen hij de krachten afhankelijk stelde van de beweging. Met dit onderscheid alweder, dat alles door tusschenkomst van het medium geschiedt; met een ander onderscheid bovendien, dat hierop neerkomt, dat de veranderingen, die een deeltje in den ether opwekt en waarvan een ander den invloed zal gevoelen, zich niet oogenblikkelijk, maar met de snelheid van het licht voortplanten. Zoo nadert men tot een reeds lang geleden door GAUSS uitgesproken denkbeeld.

De groote vragen naar de constitutie van den ether en naar de betrekking tusschen deze stof en de gewone, de „weegbare", zal ik laten rusten. Wat ik U daarover zou kunnen voordragen zou meer in bespiegelingen dan in zekere uitkomsten bestaan en voor ver gedreven bespiegelingen is de tijd van deze vergadering te kostbaar.

DE ELECTRONEN-THEORIE [1])

De experimenteele en theoretische onderzoekingen der laatste jaren hebben eene opvatting der electrische en magnetische verschijnselen ingang doen vinden, ·die in den grond der zaak niet anders is dan de oude theorie der twee electrische vloeistoffen, in een vorm die in overeenstemming is met de denkbeelden van CLERK MAXWELL. Wij stellen ons in alle ponderabele lichamen tallooze uiterst kleine, electrisch geladen deeltjes voor, onder dien verstande dat elk lichaam, in zijn natuurlijken toestand, even veel positieve als negatieve lading bevat. Die deeltjes noemen wij *electronen*, den naam *ionen* bewarende voor de electrisch geladen atomen of atoomgroepen, die men sedert lang in de theorie der electrolyse heeft aangenomen. Elk electrisch verschijnsel bestaat nu in eene scheiding, eene verplaatsing of beweging der electronen. Zoodra een voorwerp eene overmaat van positieve of negatieve electronen bevat, heeft het eene electrische lading. In een electrischen stroom in een metaaldraad zien wij eene beweging van positieve electronen naar de eene zijde, allicht vergezeld van eene beweging van negatieve in tegengestelde richting. Terwijl in zulk een geleider de deeltjes vrij bewegelijk zijn — behoudens een weerstand die met eene wrijving kan worden vergeleken —, stellen wij ons voor dat zij in dielectrica aan vaste evenwichtsstanden zijn gebonden, waarheen zij na elke verplaatsing door eene kracht van deze of gene grootte worden teruggedreven. Zoo geven wij ons rekenschap van het specifiek induceerend vermogen, d.w.z. van het feit dat een ponderabel dielectricum tusschen de bekleedselen van een condensator de capaciteit van dezen vergroot. Aan de verplaatsing van de in een ponderabel lichaam aanwezige electronen schrijven wij ook den invloed toe, dien het op de lichtbeweging heeft. Wordt het lichaam

---

1) Nederl. Natuur- en Geneesk. Congres, 12 April 1901. Verhandelingen, **8**, 35, 1901.

door een lichtstraal getroffen, dan geraken de electronen in trilling; de grootte der terugdrijvende krachten, waaraan zij onderworpen zijn, bepaalt de voortplantingssnelheid. Zijn die krachten bij verplaatsingen in verschillende richtingen ongelijk, dan hebben wij met een dubbelbrekend lichaam te doen. Eindelijk vatten wij de uitstraling van licht en warmte zoo op dat in de atomen van het stralende lichaam heen- en weergaande electronen aanwezig zijn, die, als waren zij vibratoren van HERTZ in het klein, in den omringenden aether electromagnetische golven opwekken.

Wat de onderlinge werking der electronen betreft, deze stellen wij geheel op rekening van den daartusschen liggenden, alle ponderabele stof doordringenden aether. In dezen brengt elk geladen deeltje een electromagnetisch veld te weeg en elk ander electroon ondervindt eene kracht die door den toestand van den aether in zijne onmiddellijke omgeving bepaald wordt.

Het is nu de vraag hoe groot de lading e van een electroon is, hoeveel de massa m bedraagt, en met welke snelheid de deeltjes zich in verschillende gevallen bewegen. Er zijn een aantal verschijnselen die het mogelijk maken de verhouding e/m te bepalen. Bij kathodestralen, die, zooals men weet, bestaan in een stroom van negatieve electronen van de kathode af, kan men de afwijking die zij in een magnetisch veld ondergaan meten; evenzoo de afwijking in een electrisch veld, en het potentiaalverschil waardoor zij worden voortgebracht. Men kan hier ook rechtstreeks de snelheid bepalen, zooals WIECHERT gedaan heeft, en de versnelling of vertraging leeren kennen, die door electrische krachten, in de bewegingsrichting werkende, wordt teweeggebracht. Geschikte verbinding van verschillende dezer waarnemingen levert de waarde der gezochte verhouding.

Niet alleen voor kathodestralen die op de gewone wijze in eene vacuumbuis worden voortgebracht, maar ook voor die, welke ontstaan wanneer eene negatief geladen metaalplaat door ultraviolet licht bestraald wordt, heeft men de waarde van e/m bepaald. Eveneens is dat gelukt voor de „secundaire" stralen die men verkrijgt door RÖNTGEN-stralen op metaalplaten op te vangen, en voor de radiumstralen; de invloed van magnetische krachten op de beide laatstgenoemde verschijnselen bewijst dat ook hier negatieve electronen voortvliegen.

Eindelijk kan men e/m afleiden uit de door ZEEMAN ontdekte wijziging die de spectraallijnen ondergaan als de lichtbron in een sterk magnetisch veld geplaatst is. In zijn eenvoudigsten vorm, als nl. bij waarneming loodrecht op de krachtlijnen de oorspronkelijke spectraallijn een triplet wordt, kan het verschijnsel verklaard worden door de onderstelling dat in een lichtgevend atoom één enkel electroon trilt. Het onderzoek van den polarisatietoestand van het langs de krachtlijnen uitgestraalde licht bewijst dat de lading van dat deeltje negatief moet zijn, en de waarde van e/m volgt uit den afstand der componenten van het triplet bij bepaalde veldsterkte.

De volgende tabel bevat de voornaamste uitkomsten; daarbij is ondersteld dat m in grammen en e in de electromagnetische C.G.S. eenheid is uitgedrukt.

SCHUSTER (kathodestralen)	$3,6 \times 10^6$
J. J. THOMSON „	$0,9 \times 10^7$
KAUFMANN „	$1,8 \times 10^7$
SIMON „	$1,9 \times 10^7$
WIECHERT „	$1,0$ à $1,5 \times 10^7$
J. J. THOMSON (bestraling door ultraviolet licht) .	$0,7 \times 10^7$
LENARD „ „ „ „ .	$0,65 \times 10^7$
CURIE en Mevr. CURIE (radiumstralen)	10^7
ZEEMAN	10^7

Men kan, zooals men ziet, niet beweren dat de getallen even groot zijn, maar zij zijn ongetwijfeld van dezelfde orde van grootte en wij mogen hierin eene aanwijzing zien dat de negatieve electronen die in de verschillende gevallen in het spel zijn niet veel van elkaar verschillen.

Bijzonder merkwaardig is het, dat de waarde der verhouding tusschen de lading en de massa bij de negatieve electronen zooveel grooter is dan het overeenkomstige getal bij de electrolytische ionen. Voor de waterstofatomen in een electrolyt bedraagt het 10^4, zooals uit het electrochemisch aequivalent van waterstof kan worden afgeleid. Daar men, zooals aanstonds zal blijken, grond heeft om aan te nemen dat de electrische lading van een negatief electroon van dezelfde orde van grootte is als die van een electrolytisch ioon, komt men tot het besluit dat de massa der electronen veel kleiner is dan die der atomen, zoo iets als het duizendste deel der massa van een waterstofatoom.

Langs twee wegen is men er in geslaagd tot eene schatting der lading *e* te geraken. De eerste methode werd door J. J. THOMSON bedacht, en heeft betrekking op de ontlading eener negatief geladen plaat door ultraviolet licht. Naar de voorstelling, die men zich van deze werking maakt, moet in de ruimte tusschen zulk eene plaat en eene andere die er op eenigen afstand tegenover staat en naar de aarde afgeleid is, een groot aantal electronen aanwezig zijn. De gezamenlijke lading daarvan kan door geschikte metingen worden gevonden, en de lading van elk deeltje zal dus bekend zijn, als men het aantal electronen kent. Tot dit laatste komt THOMSON door met vochtige lucht te werken, en daarin door plotselinge uitzetting een nevel te doen ontstaan. Er zijn goede gronden om aan te nemen dat de electronen hierbij dienst doen als kernen waarom heen de waterdamp zich verdicht, en dat het aantal electronen even groot is als dat der gevormde druppeltjes. Het wordt dus gevonden als men het geheele gewicht water — dat uit den vochtigheidsgraad der lucht en de mate der uitzetting kan worden afgeleid — deelt door het gewicht van één druppeltje. De grootte van één druppel bepaalt THOMSON door de snelheid te meten, waarmede de nevel daalt; met behulp van den bekenden wrijvingscoefficient der lucht kan men nl. de eindsnelheid berekenen, die een bolletje van bekende grootte bij het vallen verkrijgt, en ook omgekeerd uit die snelheid een besluit trekken omtrent de grootte van het bolletje.

De tweede schatting van *e* berust op optische verschijnselen. Zooals reeds werd opgemerkt, zullen bij de voortplanting van licht in een ponderabel lichaam de daarin aanwezige electronen in trilling gebracht worden. In de onderstelling dat elk atoom één enkel trillend electroon bevat heb ik voor den brekingsindex *n* van een gasvormig lichaam de volgende formule gevonden:

$$n = 1 + \frac{1}{2\pi} \frac{1}{1/\lambda_0^2 - 1/\lambda^2} \frac{Ne^2}{m}.$$

Hierin stelt λ de golflengte in den aether voor van de lichtsoort, waarvoor men den brekingsindex wil berekenen, en λ_0 de golflengte die aan de eigen trillingen van het in een atoom aanwezige electroon beantwoordt. N is het aantal atomen per volumeeenheid, terwijl *e* en *m* dezelfde beteekenis hebben als boven. Door den brekingsindex van verschillende lichtsoorten te meten heeft men het middel om de constanten λ_0 en Ne^2/m te bepalen. Ontleent men dan verder de waarde van e/m aan het verschijnsel van ZEEMAN, dan vindt men Ne, en men kan deze uitkomst vergelijken met de gezamenlijke lading die de N atomen zouden hebben, wanneer zij als ionen in een electrolyt voorkwamen.

Met de vraag naar de grootte van e hangt eene andere samen. In den aether rondom een voortvliegend electroon is eene zekere energie aanwezig, waarvan het bedrag van de snelheid v van het deeltje afhangt, en wel, bij niet te groote snelheden, evenredig met de tweede macht daarvan is. Stelt men dat arbeidsvermogen door $m'v^2/2$ voor, dan is m' wat men de *electromagnetische* of de *schijnbare* massa van het electroon kan noemen. Is dan verder m'' de „werkelijke" massa in den gewonen zin van het woord, dan is $m = m' + m''$ de grootheid die bij de bewegingsverschijnselen in het spel komt, en die in het voorgaande bedoeld werd, als wij van de verhouding e/m spraken. Beschouwt men nu het electroon als een bol met den straal R, over welks oppervlak de lading e gelijkmatig verdeeld is, dan vindt men

$$m' = \frac{2}{3}\frac{e^2}{R},$$

dus

$$m > \frac{2}{3}\frac{e^2}{R},$$

en

$$R > \frac{2}{3}\,e\,\frac{e}{m}.$$

Stelt men $e = 2 \times 10^{-20}$, wat niet ver van de waarheid zal zijn, en $e/m = 10^7$, dan komt er

$$R > \frac{3}{4} \times 10^{-13} \text{ cm.}$$

Het blijkt dus dat men zich de electronen *niet* zoo klein mag voorstellen als men wil, waarbij overigens valt op te merken dat de onderste grens die wij voor R vinden duizenden malen kleiner is dan de middellijn der gasmolekulen.

Was er in het geheel geene „werkelijke", maar alleen eene elec-

tromagnetische massa, zooals sommige natuurkundigen ondersteld hebben, dan zouden de bovenstaande ongelijkheden door
gelijkheden moeten worden vervangen.

De uitkomst die THOMSON omtrent de lading en de massa verkregen heeft, hebben hem op het denkbeeld gebracht dat een negatief electroon te beschouwen is als een zeer klein deel van een
atoom, een deel dat op deze of gene wijze van het atoom kan worden afgeslagen. Heeft het atoom oorspronkelijk geene lading, dan
moet er bij deze splitsing een positief geladen deel overschieten,
waarvan de lading even groot is als die van het negatieve electroon, terwijl de massa slechts weinig minder is dan die van het
atoom, eene opvatting die gesteund wordt door het feit dat bij
sommige ontladingsverschijnselen (de „kanaalstralen") positief
geladen deeltjes voortvliegen, en dat bij deze de verhouding e/m
van dezelfde orde van grootte is als bij de electrolytische ionen.

Zoo begint er eenig licht aan te breken over het raadselachtige
en ingewikkelde mechanisme der electrische ontladingen; in het
denkbeeld dat de atomen hierbij in positieve en negatieve deeltjes gesplitst worden hebben wij een sleutel ter verklaring, waarvan wij veel mogen verwachten. Ongetwijfeld wemelt het in eene
ontladingsbuis, en eveneens in een gas dat door RÖNTGEN- of
BECQUEREL-stralen geleidend is geworden van vrije electronen,
getuige bijv. de proeven waaruit TOWNSEND onlangs het besluit
trok, dat een tusschen de gasmolekulen heen en weer vliegend negatief electroon in den tijd gedurende welken het eene zigzag-lijn
van een centimeter lengte beschrijft, een duizendtal electronen in
vrijheid stelde. Het is duidelijk dat men bij zulke proeven en bij
vele andere verschijnselen met eene nieuwe soort van molekulaire
theorie zal moeten werken, waarbij men niet met molekulen,
maar met electronen te doen heeft, maar waarin menige beschouwingswijze der gewone molekulaire theorieën met goed gevolg zal kunnen worden toegepast. Zoo zal men kunnen spreken
van de gemiddelde lengte van den vrijen weg van een electroon
tusschen twee botsingen tegen molekulen of atomen. Bij de kathodestralen die LENARD in een uiterst verdund gas heeft kunnen
verkrijgen was die lengte van de orde van een meter, bij de kathodestralen in lucht van de gewone dichtheid bedraagt zij slechts
eenige centimeters. En zonder twijfel is zij veel kleiner bij de elec-

tronen die zich te midden der atomen van een metaal bewegen, en die men heeft te beschouwen als men zich rekenschap wil geven van het geleidingsvermogen der metalen, van het ontstaan van thermo-electrische stroomen en van den invloed van een magnetisch veld op den stroomloop, een invloed over welken o.a. Dr. VAN EVERDINGEN in het Leidsche laboratorium met zooveel volharding gewerkt heeft.

Andere begrippen waarmede men in de molekulaire theorieën werkt kunnen eveneens op dit nieuwe gebied worden overgebracht; het kan zelfs doelmatig zijn, mits men de uitdrukking maar goed opvat, van den „osmotischen druk" der in een metaal aanwezige electronen te spreken.

De snelheid der electronen is zeer verschillend. Bij de kathodestralen kan zij een merkbaar deel der lichtsnelheid zijn, welke groote waarde trouwens in overeenstemming is met het aanzienlijke potentiaalverval waardoor de stralen worden voortgebracht. Ik zal hierover niet uitweiden en er alleen op wijzen dat niet altijd de snelheid kan worden opgevat als te zijn ontstaan door electrische krachten die de deeltjes hebben voortgedreven. LENARD heeft bijv. gevonden dat de electronen die onder den invloed van ultraviolet licht eene metaalplaat verlaten, dit doen met eene snelheid van 10^8 cm per sec wanneer de plaat op denzelfden potentiaal wordt gehouden als een tweede tegenover welke zij geplaatst is. De gedachte ligt voor de hand dat men hier, nu er geene electrische beweegkracht werkt, wellicht te doen heeft met de molekulaire snelheid die de electronen in de plaat, in de warmtebeweging deelende hebben; het ontwijken der electronen zou dan eenige overeenkomst hebben met de verdamping eener vloeistof.

Neemt men aan dat bij de warmtebeweging de gemiddelde kinetische energie van een electroon even groot is als die van een molekuul, en stelt men de massa van een electroon 1000 maal kleiner dan die van een waterstofatoom, dus 2000 maal kleiner dan die van een waterstofmolekuul, dan verkrijgt men de snelheid van het electron door die van een waterstofmolekuul met $\sqrt{2000}$ te vermenigvuldigen. Men komt aldus tot 8×10^6 cm per sec. Hoe het nu komt dat de door LENARD gevonden snelheid 12 maal zoo groot is, is niet te zeggen.

Nog raadselachtiger is het, dat de Heer en Mevr. CURIE voor

de stralen die door een radiumpraeparaat werden uitgezonden, eene snelheid hebben gevonden, gelijk aan de helft der lichtsnelheid. Men ziet in 't geheel niet aan welke kracht deze groote snelheid is toe te schrijven.

Het gebied waarop de electronentheorie met goed gevolg kan worden toegepast strekt zich hoogstwaarschijnlijk veel verder uit dan de verschijnselen waarover tot nog toe werd gesproken. Men heeft, om de uitkomst eener bekende interferentieproef van MICHELSON te verklaren, moeten aannemen dat de afmetingen van een vast lichaam een weinig veranderen wanneer het zich met de aarde mede door den stilstaanden aether heen voortbeweegt. Dit kan alleen begrepen worden als men zich voorstelt dat de molekulaire krachten door deze beweging worden gewijzigd, en dit is weder alleen denkbaar wanneer de onderlinge werking der molekulen door tusschenkomst van den aether plaats heeft. Ook het bedrag dat men aan de bedoelde verandering der afmetingen moet toekennen wijst er op dat de werking der molekulen veel overeenkomst met die van electronen moet hebben.

Wellicht zal men eenmaal tot hetzelfde besluit komen wat de zwaartekracht betreft. Het oude denkbeeld, dat elk deeltje der ponderabele materie uit een positief en negatief electrisch atoom is samengesteld en dat de gravitatie hieraan is toe te schrijven dat de aantrekking tusschen ongelijksoortige deeltjes de afstooting tusschen gelijksoortige een weinig overtreft, kan in dier voege worden uitgewerkt, dat men zoowel de aantrekkingen als de afstootingen op eene dergelijke wijze tot veranderingen in den aether terugbrengt als wij dat voor de werkingen van geëlectriseerde lichamen geleerd hebben. Men bereikt zoo doende althans dit voordeel dat men, zonder met de waarnemingen in strijd te komen, mag aannemen dat die veranderingen in den aether zich met eene snelheid, niet grooter dan die van het licht voortplanten.

Ik zal niet langer stilstaan bij de vele belangrijke vragen die zich aan ons opdringen. Of misschien de ponderabele materie moet worden opgevat als geheel uit electronen opgebouwd, of er behalve de electromagnetische massa nog wel eene „gewone" massa, is, en of men niet, zooals W. WIEN in overweging geeft, de geheele mechanica op electromagnetischen grondslag zal moeten opbouwen, in plaats van de electromagnetische verschijnselen met behulp der gewone mechanica te behandelen, dit alles zal de toekomst leeren. Voor het oogenblik is er nog veel te doen aan eenvoudiger vraagstukken en moet nog menige moeilijkheid uit den weg worden geruimd. En zeker zal men niet verder kunnen komen, zoolang nog geene zekerheid is verkregen omtrent proeven, zooals die welke in den laatsten tijd CRÉMIEU deden twijfelen aan een der grondslagen waarop de electronentheorie is opgetrokken. Het is van het grootste belang te weten, of, zooals uit proeven van ROWLAND was gebleken, en zooals CRÉMIEU thans weerspreekt, een in beweging verkeerend geladen lichaam krachten op eene magneetnaald uitoefent, d.w.z. of een „convectiestroom", even goed als elke andere electrische stroom, een magnetisch veld teweegbrengt, en of de Fransche natuurkundige gelijk heeft, wanneer hij ook het bestaan van andere verwante verschijnselen op grond zijner waarnemingen ontkent. Vooralsnog maakt de beknoptheid waarmede CRÉMIEU zijne proeven beschreven heeft, eene afdoende beoordeeling onmogelijk; ik zal mij dus tot een paar opmerkingen bepalen. In de eerste plaats is ROWLAND in samenwerking met HUTCHINSON in de experimenteele bevestiging der zienswijze, waartegen CRÉMIEU zich verzet, zoover gekomen, dat zij met bevredigende nauwkeurigheid de verhouding van de electromagnetische en electrostatische electriciteitseenheid uit hunne proeven hebben kunnen afleiden. In de tweede plaats heeft CRÉMIEU zelf ook wel eens eene werking van eene wentelende geladen schijf op eene magneetnaald gezien; hij schrijft die hieraan toe, dat tegenover deze schijf, die de lading op een zeker aantal geleidende sectoren droeg, eene vaste schijf, van dergelijke sectoren voorzien geplaatst was. Door gewone electrostatische influentie zouden de sectoren dezer laatste schijf eene lading verkrijgen, die van den relatieven stand der vaste en bewegelijke sectoren afhangt. Die lading zou dus van oogenblik tot oogenblik veranderen; er zou derhalve in de stilstaande geleiders eene electriciteitsbeweging zijn, en deze zou het volgens CRÉMIEU zijn, die de magneetnaald doet afwijken. Hierbij is over het hoofd gezien, dat op de door CRÉMIEU bedoelde wijze in de vaste geleider nooit anders dan snel in richting wisselende stroomen kunnen ontstaan. Deze kunnen geene krachten van standvastige richting op de magneetpolen uitoefenen.

Eindelijk verdient het de aandacht, dat de uitkomsten van

CRÉMIEU, zoo zij moesten worden aangenomen, niet alleen voor de electronentheorie een struikelblok zouden zijn, maar ons er toe zouden dwingen, de geheele hedendaagsche electriciteitsleer tot in hare grondslagen toe aan eene herziening te onderwerpen.

DE LAATSTE VORDERINGEN DER ELECTRICITEITSLEER [1])

Toen ik de vereerende uitnoodiging ontving, U heden een kort overzicht te geven van den tegenwoordigen stand onzer kennis der electrische verschijnselen, heb ik mij daartoe zonder lang aarzelen bereid verklaard, niet omdat ik de taak die ik op mij nam te licht rekende, maar omdat ik niet in gebreke wilde blijven, een door H.H. Directeuren uitgesproken wensch te vervullen. Ook werd ik aangemoedigd door de overweging dat, zooals ons straks door den Secretaris in herinnering werd gebracht, het onderzoek der electrische werkingen de aanleiding is geweest tot de stichting onzer Maatschappij en dat dus thans, bij de herdenking van haar 150-jarig bestaan, eene schets van de in dat onderzoek gemaakte vorderingen ongetwijfeld op hare plaats is.

De tijd is kort en de stof uitgebreid; gij verschoont mij dus van eene breedvoerige inleiding en vergunt mij aanstonds Uwe aandacht te vestigen op een der hoofdtrekken in het tafereel, dat ik U heb te schilderen. Dat is het algemeene voorkomen der electrische verschijnselen. Electriciteit schuilt overal; het komt er maar op aan, haar te vinden en — niet te veel te verlangen. Zoo wij niet vervaarlijke vonken en luide knallen willen hebben, maar ons er op toeleggen, waar zeker niet minder bekoring in ligt, met gevoelige instrumenten zwakke werkingen op te sporen, dan blijkt het, dat wij niet veel kunnen doen, of er ontstaan electrische ladingen. Vele merkwaardige proeven kunnen met den gewonen goudblad-electroscoop worden genomen, en zijn de dunne metaalreepjes daarvan te zwaar, om ten gevolge van de ladingen die wij voortbrengen merkbaar opgeheven te worden, dan kunnen wij ons van andere instrumenten, electrometers van deze of gene constructie bedienen, waarin een licht bewegelijk voorwerp aan de electrische

---

[1]) Voordracht, gehouden bij de herdenking van het 150-jarig bestaan van de Hollandsche Maatschappij der Wetenschappen. 7 Juni 1902.

krachten die het ondervindt, gehoorzaamt, of die ook wel, zooals de capillair-electrometer, op een geheel ander beginsel berusten dan de goudblad-electroscoop. Aldus met geschikte hulpmiddelen toegerust, overtuigen wij ons ervan dat, zoodra twee lichamen langs elkander worden gewreven, — een veertje over een stuk metaal, een potlood over het papier, het water in eene buis langs den buiswand, — die lichamen steeds geëlectriseerd of electrisch geladen worden. De physiologen hebben aangetoond, dat elke hartslag vergezeld gaat van snel veranderlijke electrische ladingen, die zich over het geheele lichaam uitstrekken, en Prof. EINT-HOVEN kan ons, als hij deze ladingen met zijne instrumenten onderzoekt, zeggen of het hart normaal werkt of niet.

Veelal is het natuurlijk moeilijk, ons van den oorsprong en de verdeeling der ladingen in bijzonderheden rekenschap te geven. Maar, hoe het hiermede gesteld zij, dit staat vast, dat in alle gevallen het ontstaan eener positieve lading op de eene plaats onafscheidelijk verbonden is met het ontstaan eener negatieve lading ergens anders. Die woorden „positief" en „negatief" dienen ons om het dualisme uit te drukken, waarmede wij kennis maken als wij bevinden dat eene gewreven staaf glas en eene gewreven lakstang in zeker opzicht tegengestelde eigenschappen hebben: de eene trekt aan wat de andere afstoot, en de twee electriciteiten heffen elkander op, wanneer zij aan een zelfde voorwerp worden medegedeeld. Met deze tweeledigheid in de werkingen heeft elke theorie rekening te houden, en van oudsher heeft zij het denkbeeld doen rijzen, dat ook in de nieuwste opvattingen is blijven bestaan, dat er bij het electriseeren zoo iets als eene scheiding van twee tegengestelde dingen plaats heeft, dingen die reeds te voren aanwezig waren, maar elkander toen neutraliseerden.

Worden twee voorwerpen langs elkander gewreven, dan komt de positieve lading op het eene en de negatieve op het andere te voorschijn. Er zijn intusschen ook gevallen, waarin hetzelfde lichaam aan den eenen kant eene positieve en aan den anderen kant eene negatieve lading vertoont. Sedert eeuwen kent men de merkwaardige eigenschappen van het tourmalijn, dat de Hollandsche kooplieden uit Ceylon medebrachten, en dat zij „aschtrekker" noemden, omdat het, in de asch van een turfvuur gelegd, deze aan bepaalde punten van zijn oppervlak vasthield. Het is naderhand gebleken, dat het tourmalijn deze werking vertoont, telkens wanneer de temperatuur stijgt of daalt. Wij noemen dit tegenwoordig „pyro-electriciteit" en kennen het verschijnsel bij vele mineralen, evenals de later ontdekte „piezo-electriciteit", waaronder verstaan wordt, dat electrische „polen", plaatsen met positieve en negatieve ladingen, ontstaan, wanneer men een kristal in bepaalde richting samendrukt. Waar die polen liggen, staat in nauw verband met den vorm der kristallen.

Ik heb het eerst van electrische ladingen gesproken, ofschoon een ander verschijnsel, de electrische stroom, tegenwoordig veel meer op den voorgrond staat. Men kan wel zeggen, dat men dezen nauwelijks kende toen onze Maatschappij werd opgericht. Het is aan de natuurkundigen der laatste 100 jaren te danken, dat wij nu den stroom geheel in onze macht hebben, dat wij hem naar willekeur kunnen voortbrengen, hetzij sterk of zwak, aanhoudend of vluchtig, onveranderlijk of wisselend van richting. Ik mag er wel dadelijk bijvoegen, en kom er straks nog op terug, dat de waarnemingen over electrische stroomen van des te meer beteekenis werden voor ons theoretisch inzicht, naarmate zij tot sneller veranderende stroomen werden uitgebreid.

De galvanometers, waarmede wij stroomen waarnemen en meten, wedijveren met de electrometers van straks in gevoeligheid. Wij kunnen door den uitslag, dien het magneetnaaldje van zulk een instrument verkrijgt, eene electriciteitsbeweging bespeuren, waardoor een platinadraad van 0,1 mm dikte, gesteld dat al de ontwikkelde warmte erin bleef, in een millioen jaren 1° in temperatuur zou stijgen. Merkbare stroomen verkrijgen wij door twee draden van verschillende metalen, of zelfs twee draden van eenzelfde metaal, die niet volkomen aan elkander gelijk zijn, in een glas water te steken, of door eene nietige verwarming der aanrakingsplaats van twee geleiders. Met behulp van de stroomen, die men op deze laatste wijze opwekt, of met behulp van de verandering, die verwarming van een metaal in zijn geleidingsvermogen brengt, kan men de zonnestralen, die de maan naar ons terugkaatst en de warmtestraling van een stuk ijs waarnemen.

Niet minder dan bij de electrische ladingen treft het ons bij de stroomen hoe zij door tal van oorzaken ontstaan kunnen. Wat belangrijkheid voor de toepassing betreft, staan echter onder alle de inductiestroomen, zooals zij bijv. door de beweging van draadwindingen in de nabijheid van magneetpolen verkregen worden, bovenaan. Nu ik daarover spreek, willen wij een oogenblik denken aan de hoog ontwikkelde electrotechniek van onze dagen met hare dynamo's, transformatoren en motoren, en aan de natuurkundige onderzoekingen waarvan zij de vrucht is, onderzoekingen, die wij te meer waardeeren, omdat zij door stille werkers in het laboratorium of de studeerkamer, niet om winst of voordeel, maar in den dienst der zuivere wetenschap verricht werden. Ik denk aan mannen als OERSTED, AMPÈRE, FARADAY, WILHELM WEBER, die van het electromagnetisme, dat model van exacte wetenschap, zooals men het nu wel mag noemen, de grondslagen hebben gelegd.

Naarmate men met de verschijnselen meer vertrouwd werd, is veel van het geheimzinnige en wonderbaarlijke van voorheen verdwenen. En dit is zeker wel in de eerste plaats te danken aan de groote wet van 't behoud van arbeidsvermogen, die op dit deel der natuurkunde, gelijk op alle andere, een nieuw licht heeft geworpen, en aan de beschouwingen over den samenhang aller natuurverschijnselen een vasten bodem heeft gegeven. Ons schijnt die wet tegenwoordig bijna van zelf te spreken. Niemand verwacht dat een accumulator altijd door en zonder op zijn tijd weder geladen te worden, een stroom zal leveren, en ieder gevoelt dat de dynamo, die voor het laden zal dienen, door eene uitwendige kracht moet worden gedreven. Kortom, men beseft dat wij een electrischen stroom ten slotte niet voor niets kunnen hebben, en dat hij alleen daarom allerlei arbeid kan doen, omdat er door iets anders, dat hem heeft voortgebracht, evenveel arbeid gedaan is.

Toch, hoe eenvoudig dit alles klinke, het spreekt in werkelijkheid niet van zelf, wat reeds daaruit blijkt, dat het eenige en soms veel moeite kost, iemand te leeren, de wet van 't behoud van arbeidsvermogen juist op te vatten en het bedrag van het arbeidsvermogen in elk geval naar behooren aan te geven. De waarheid is dat groote natuurkundigen van vroeger tijden aan de wet als algemeene natuurwet niet gedacht hebben, en in ernst naar een perpetuum mobile hebben gezocht, pogingen die eerst ijdel zijn gebleken, toen het experimenteele onderzoek bij tal van verschijnselen zoowel de gevolgen als de oorzaken nauwkeurig had gemeten.

Neemt bijv. het geval van een galvanisch element, dat in een metaaldraad een stroom voortbrengt. De arbeid, dien het doet, bestaat hierin, dat het in de geleiding eene hoeveelheid warmte ontwikkelt, waarvan men de grootte door meting kan vaststellen. Aan den anderen kant hebben in het element zekere scheikundige werkingen plaats, en ook van deze kan het bedrag, bijv. de hoeveelheid zink, die in het zwavelzuur oplost, worden bepaald.

De twee uitkomsten moeten nu in dier voege met elkander overeenstemmen, dat de hoeveelheid warmte, die in de keten te voorschijn komt, even groot is als die, welke dezelfde chemische werkingen voortbrengen, als zij gebeuren zonder van een stroom vergezeld te gaan.

Van de overtuiging dat dit zoo is, was men een 70-tal jaren geleden nog ver verwijderd. Men kende bijv. een galvanisch element, waarin, terwijl het een stroom geeft, kaliumnitraat uit kali en salpeterzuur gevormd wordt, en men wist dat die scheikundige verbinding met eene aanmerkelijke warmteontwikkeling gepaard gaat. Dit belette een physicus als FARADAY niet, te ontkennen dat deze werking iets met het ontstaan van den stroom te maken heeft; voor hem lag de oorzaak der electriciteitsbeweging hierin, dat in het element water ontleed wordt. Ofschoon sommigen anders redeneerden en bijv. MOSER in 1838 opmerkte: „es müsse doch auffallen, dass ein Strom so starke Temperaturerhöhungen bewirke, während er selbst einer Trennung von Wasserstoff und Sauerstoff sein Entstehen verdankt, wobei eher von Kälte als von Wärme die Rede seyn könne", duurde het toch nog vele jaren eer men de zaak goed begreep.

In 1857 stelde de tegenwoordige Secretaris onzer Maatschappij, de waardige opvolger van VAN MARUM, zoowel door zijne eigen metingen over de cel van DANIELL als door eene discussie der bepalingen van anderen, klaar in het licht, dat dit element juist zooveel arbeid kan verrichten, als men met het oog op de scheikundige werkingen, waarvan het de zetel is, mag verwachten, en hij bevestigde daardoor de beginselen, die 10 jaren te voren door HELMHOLTZ waren uiteengezet en die WILLIAM THOMSON op den electrischen stroom had toegepast. Ik had gelegenheid van het onderzoek van Prof. BOSSCHA over dit onderwerp, en andere die er mede in verband staan, opnieuw te genieten, toen wij door de uitgave zijner Geschriften iets trachtten bij te dragen tot de viering van den 18en November, een dag, die zeker in de geschiedenis onzer Maatschappij als een heugelijke feestdag in herinnering zal blijven.

Niet alleen zijn de electrische verschijnselen in volle harmonie met de wet van het arbeidsvermogen; zij leveren er wegens hunne groote verscheidenheid de meest veelzijdige bevestiging van. Evenzeer als de stroom door velerlei oorzaken kan ontstaan, heeft hij ook zeer verschillende uitwerkingen, waarbij nog komt dat men die nu eens dicht bij de plaats waar hij wordt voortgebracht, dan eens op een afstand daarvan waarneemt. Ik behoef U er nauwelijks op te wijzen hoe, bij het overbrengen van een telegrafisch of telefonisch bericht, eenig arbeidsvermogen op verren afstand wordt overgedragen, en hoe dit bij eene electrische installatie als die van den Niagara-waterval op groote schaal plaats heeft.

Intusschen, met de erkenning der geldigheid van de wet van 't behoud van arbeidsvermogen is nog slechts een eerste stap gedaan; een onderzoek naar den bijzonderen aard der verschillende werkingen, naar het mechanisme der verschijnselen — zoo kan men het wel noemen — moet er op volgen.

Twee vragen doen zich hierbij voor, waarvan de eerste tot op zekere hoogte zeer bevredigend is beantwoord, de tweede nog aan vele geslachten van natuurkundigen werk zal geven.

Vooreerst, hoe worden de werkingen van het eene lichaam, een geëlectriseerd voorwerp, een stroomgeleider, een magneet, op het andere overgedragen, en dan, hoe is de toestand van zulk een lichaam, waarvan eene werking uitgaat?

Wat de wijze betreft, waarop de invloed van het eene voorwerp het andere bereikt, zal ik op den voorgrond stellen, dat er altijd eene stof, die zich tusschen de lichamen bevindt, eene *middenstof* of een *medium*, in het spel is. Ik zal niet de theorieën, die de middenstof buiten beschouwing lieten, stellen tegenover de meening der natuurkundigen, die hunne aandacht van het begin af op het medium vestigen. In eene historische behandeling van deze laatste opvatting der natuurverschijnselen zou eene eereplaats toekomen aan CHRISTIAAN HUYGENS; zij zou verder, wat de electrische werkingen betreft, de denkbeelden hebben te schilderen, waardoor FARADAY zich bij zijne onderzoekingen liet leiden, de ontwikkeling dezer denkbeelden in de theorie van CLERK MAXWELL, en eindelijk de door HEINRICH HERTZ gegeven experimenteele bevestiging. In mijne korte schets moge het voldoende zijn, bij het beroemde werk van HERTZ eenigen tijd te verwijlen, en te doen uitkomen, hoe hij de electrische en magnetische krachten zich als het ware zag losmaken van de voorwerpen, waardoor zij worden uitgeoefend, om dan in het omringende medium een tijd-lang een zelfstandig bestaan te hebben en vervolgens te worden opgevangen door het lichaam, dat de werking ondervindt.

HERTZ werkte met snel wisselende stroomen en ik mag U mis-schien even er op wijzen, waarom juist deze voor het beoogde doel bij uitstek geschikt zijn.

Gesteld, wij bevonden ons op een ver uitgestrekten horizonta-len veerkrachtigen vloer, waarop hier of daar lasten konden wor-den geplaatst of stooten konden worden gegeven, en wij wilden, gewapend met toestellen, zooals zij voor de studie der aardschud-dingen dienen, nagaan, hoe zich de vormveranderingen in den vloer van de eene plaats naar de andere voortplanten.

Het is duidelijk dat, wanneer de vloer op ééne plek blijvend belast is, daar rondom eene doorbuiging zal bestaan, die men mis-schien zal bemerken, maar die ons, als zij er eenmaal is, over de voortplanting weinig zal kunnen leeren. In dit opzicht zal men verder kunnen komen, als men, in plaats van een blijvenden last aan te brengen, een plotselingen stoot geeft. Men zal dien op een bepaald oogenblik voelen, en als men de waarneming op verschil-lende plaatsen kan doen, zal men kunnen opmerken, dat de schok op de eene plaats eerder is dan op de andere. Men zal daaruit, zooals men het in 't geval van aardbevingen feitelijk doet, tot de snelheid van voortplanting kunnen besluiten.

Ook is het duidelijk dat de proefnemer wel zou doen, het niet bij één schok te laten, maar de proef te herhalen door eenige stoo-ten op elkander te laten volgen, en dat hij er, om de discussie zij-ner waarnemingen gemakkelijker te maken, een voordeel in zou zien, die opeenvolging regelmatig, met even lange tusschenpoo-zen, te doen plaats hebben. Het zou dan, als men het geheele vlak overzag, in het oog vallen dat twee neerdrukkingen die *na* elkan-der in een zelfde punt zijn teweeggebracht, van dit centrum uit *achter* elkander voortloopen. Zij liggen op een afstand van elkan-der, dien men de golflengte noemt en waarvan de grootte bepaald wordt door den tijdsduur tusschen twee op elkander volgende stooten; naarmate die langer is, heeft de eerste stoot op den twee-den een grooteren voorsprong. Ook de voortplantingssnelheid komt hierbij te pas; hoe grooter zij is, des te verder zal de eerste stoot reeds op zijn weg zijn gevorderd, als de tweede wordt gegeven.

Iets dergelijks als van den vloer in dit voorbeeld geldt van den aether rondom lichamen, waarin electromagnetische verschijnselen plaats hebben. Met aether wordt, zooals ik U nauwelijks behoef te herinneren, het medium bedoeld, dat wij overhouden, wanneer wij alle vaste en vloeibare en gasvormige lichamen uit eene ruimte verwijderen, het medium dat boven het kwik in eene barometerbuis aanwezig is, en dat de geheele hemelruimte vult. Het is deze middenstof waarin wij eigenlijk werken, wanneer wij onze proeven in lucht nemen, want er is geen twijfel aan dat rondom ons in de lucht de aether bestaat en dat deze bij de electrische en magnetische verschijnselen de hoofdrol speelt, zoodat wij de tegenwoordige electriciteitsleer wel de natuurkunde van den aether kunnen noemen.

Het was er bij de proeven van HERTZ om te doen, de golflengte te meten, d.w.z. waar te nemen, hoe ver evenwichtsverstoringen, die achtereenvolgens worden opgewekt, in den aether van elkander verwijderd zijn. Met het oog op de in eene zaal van het laboratorium beschikbare ruimte mocht de golflengte niet te groot zijn, en daartoe was het, daar men grond had, eene aanzienlijke voortplantingssnelheid te verwachten, noodig dat de wisselingen uiterst snel op elkander volgden. Met de gewone wisselstroomen, zooals zij voor de electrische verlichting dienen, is hier niets te beginnen; bij 100 wisselingen in de seconde zou de golflengte nog 3000 kilometer zijn.

Het beginsel, waarnaar veel snellere electrische trillingen kunnen worden voortgebracht, is eenvoudig genoeg. Slingers, snaren, stemvorken brengen wij in trilling door ze uit hun evenwichtsstand te verplaatsen en dan los te laten. Wanneer wij op overeenkomstige wijze in eene metalen staaf het electrisch evenwicht verbreken door plotseling aan het eene einde eene positieve en aan het andere einde eene negatieve lading te geven, en vervolgens den geleider aan zichzelf overlaten, ontstaan er heen- en weergaande electrische stroomen. De ladingen vereenigen zich niet aanstonds zoo, dat zij elkander neutraliseeren, maar zij vliegen door elkander heen, zoodat waar eerst de positieve lading was, een oogenblik later de negatieve is gekomen. Dan komt een tegengestelde stroom, totdat, misschien na een achttal heen- en weergangen, de beweging is uitgeput .De snelheid van heen- en weergang is des te grooter, naarmate de staaf korter is.

Ik mag U niet met bijzonderheden bezig houden; genoeg, dat in het opwekken der trillingen in staven van eenige decimeters lengte, en in het verzinnen van hulpmiddelen om de zich in den aether voortplantende golven te bespieden, de verdienste van het werk van HERTZ uit een experimenteel oogpunt gelegen is. Toen hij eenmaal in dit alles geslaagd was, kon hij bewijzen, dat werkelijk eene golfsgewijze uitbreiding in den aether bestaat en kon hij aantoonen, dat de lengte der golven in overeenstemming was met de voortplantingssnelheid van 300 millioen meter per seconde, die de theorie reeds uit metingen over andere electrische verschijnselen had afgeleid.

Geen wonder dat de proeven van HERTZ, waarvan de eerste in 1887 werden genomen, het uitgangspunt van eene lange rij van onderzoekingen waren. Gij weet ook dat in latere jaren de electrische trillingen werden dienstbaar gemaakt aan de telegraphie zonder draad, die misschien sommigen van U eenigen tijd geleden te Scheveningen in werking hebben gezien.

De theoretische beteekenis lag voor een groot deel in de waarde van de voortplantingssnelheid. Die 300 millioen meter, die ik zoo even noemde, geven ons ook juist den weg aan, dien het licht in ééne seconde doorloopt, en dit, gevoegd bij andere overwegingen, had reeds MAXWELL tot het denkbeeld gebracht, dat het licht niet anders zou zijn dan eene opeenvolging van electrische trillingen, wel te verstaan met de kleine golflengte van een tweeduizendste millimeter, die men uit optische proeven heeft afgeleid, en met het daaraan beantwoordende trillingsgetal van honderden billioenen in de seconde. In de proeven van HERTZ vond deze theorie eene welkome bevestiging, die, zoo mogelijk, nog krachtiger werd, toen men er in slaagde, electrische golven met steeds kleinere golflengte, en dus meer en meer op het licht gelijkende, te voorschijn te roepen. De golflengte bedroeg bij de eerste proeven van HERTZ eenige meters; later is hij tot 6 dm gekomen en LEBEDEV heeft het tot ongeveer 6 mm gebracht. Maar deze natuurkundige gebruikte dan ook een merkwaardigen electrischen „vibrator."

Een paar platinadraadjes, ter lengte van eenige millimeters; daarin kon de electriciteit 50 000 millioen maal in de seconde heen en weergaan. Hoe ongeloofelijk het ook klinke, deze trillingen hebben nog eene waarneembare uitwerking, waardoor de geoefende proefnemer hare voortplanting kan onderzoeken en kan bewijzen dat zij daarbij, alsmede wat de terugkaatsing en de breking betreft, volkomen dezelfde wetten volgen als de lichtstralen. Zoo kan niemand meer aan de juistheid van MAXWELL's stoutmoedig denkbeeld twijfelen, en is de uitkomst waarover de tegenwoordige electriciteitsleer zich misschien het meest verheugt deze, dat zij de geheele optica in zich heeft opgenomen.

Welke voorstelling heeft men zich nu te vormen van den toestand der lichamen die op hunne omgeving electrische en magnetische krachten uitoefenen? Om tot een bevredigend beeld hiervan te geraken, heeft men een voor de hand liggenden en wel beproefden gedachtengang gevolgd, denzelfden, die tot de atomistische en molekulaire theorieën geleid heeft. Wij beschouwen de ons omringende lichamen als samengesteld uit uiterst kleine, ieder op zichzelf onzichtbare deeltjes. Aan deze kennen wij, niet alle, maar eenige van de eigenschappen toe, die wij bij zichtbare voorwerpen opmerken, en wij beproeven dan door doelmatige onderstellingen over die kleine lichaampjes rekenschap te geven van hetgeen de groote lichamen ons te zien geven. Natuurlijk vinden wij dan voor deze weder de eigenschappen terug, die wij aan de deeltjes hebben toegeschreven, maar, als onze poging gelukt, zien wij ook de andere verschijnselen der rechtstreeks waarneembare wereld als gevolgen uit onze onderstellingen voortvloeien.

De electrische en magnetische werkingen zijn op het eerste gezicht een ware chaos. Er zijn zelfstandigheden die de electriciteit geleiden, en andere die haar den doorgang weigeren, stoffen die een magneet aantrekt en stoffen die hij afstoot, lichamen die wij blijvend en andere die wij slechts tijdelijk kunnen magnetiseeren. Geëlectriseerde lichamen trekken elkander aan of stooten elkander af, hetzelfde doen twee magneetpolen; stroomgeleiders werken op elkander en op magneten. IJzer wordt door een stroom magnetisch gemaakt en brengt op zijne beurt, als zijn magnetisme verandert, een stroom voort. Stroomen verhitten, vervluchtigen, ontleden de lichamen waardoor zij geleid worden; electrische ontladingen geven in gasvormige lichamen grillige en raadselachtige lichtverschijnselen.

In dit alles trachten wij orde en klaarheid te brengen, wij pogen het te *verklaren*, door de hypothese van kleine electrisch geladen deeltjes, *electronen*, zooals men ze noemt. Lichaampjes, met geene andere eigenschappen bedeeld, dan deze, dat zij door tusschenkomst van den aether dergelijke krachten op elkander uitoefenen als wij bij geëlectriseerde voorwerpen deels rechtstreeks waarnemen, deels op goede gronden mogen onderstellen.

Met het dualisme waarop ik U wees houden wij rekening door tweeërlei electronen, met positieve en negatieve ladingen, aan te nemen. Wij schrijven hun het vermogen toe, in den omringenden aether zekere veranderingen op te wekken, die, wanneer het electroon stilstaat, van denzelfden aard zijn als de rondom een geladen lichaam bestaande, terwijl er, als het zich beweegt, nog zoo iets bijkomt als wij ons in de omgeving van bewogen electriciteit, van een stroom, moeten verbeelden. Verder stellen wij ons voor dat een tweede electroon, in den aldus gewijzigden aether geplaatst, daarvan eene kracht ondervindt, die door den toestand van den aether, door de lading van het electroon en zijne bewegingssnelheid bepaald wordt. Wij drukken dit alles niet, zooals ik het hier deed, in ietwat vage bewoordingen, maar in den nauwkeurigen en scherp belijnden vorm van wiskundige formules uit, en maken het ons verder gemakkelijk door in onze redeneeringen over onnoemelijke aantallen electronen te beschikken. Elk vast, vloeibaar of gasvormig lichaam is vol van zulke deeltjes, onder dien verstande dat er, zoo lang het lichaam in zijn natuurlijken toestand verkeert, even veel positieve als negatieve lading is. Het electriseeren bestaat in eene scheiding, hetzij dat bij de wrijving van twee voorwerpen het eene eene overmaat van positieve en dus het andere noodzakelijk eene overmaat van negatieve electronen verkrijgt, hetzij dat, zooals in het tourmalijn, elk afzonderlijk molekuul aan zijne uiteinden tegengestelde ladingen heeft.

In hoeverre nu deze theorie aan het doel waarvoor zij werd opgesteld beantwoordt, kan ik U bezwaarlijk uiteenzetten. Om er toch iets van te zeggen, veroorloof ik mij Uwe aandacht nader te bepalen bij een enkel verschijnsel, dat bijzonder eenvoudig is. De vraag ligt voor de hand, of het niet mogelijk is, de electronen in vrijen toestand, ik bedoel ontdaan van den band waarin de andere deeltjes der lichamen hen bekneld houden, te verkrijgen. Dat is werkelijk gelukt; althans men kan ze laten voortvliegen in eene ruimte die niet veel anders meer dan aether bevat. Men bedient zich daartoe van de bekende glazen buizen of bollen, waarin zich tegenover elkander twee metaalplaatjes bevinden, gehecht aan de uiteinden van platinadraden die, vastgesmolten in den glaswand, naar buiten uitsteken. Wordt in zulk eene buis de lucht ver verdund en drijft men dan eene electrische ontlading van het eene plaatje naar het andere, dan ontstaan onder geschikte omstandigheden de zoogenaamde *kathodestralen*, stroomen van negatieve electronen, die van een der metaalschijfjes in rechte lijnen voortvliegen. Dit is tegenwoordig een der het best bekende electrische verschijnselen. Men weet de afwijkingen van den rechtlijnigen loop te verklaren, die door electrische of magnetische krachten, van buiten op de buis werkende, worden veroorzaakt; men kent — ook door rechtstreeksche meting — de snelheid der electronen, soms een tiende der snelheid van het licht, en men heeft zich een oordeel kunnen vormen over de grootte van hunne massa en hunne electrische lading. De massa is ongeveer een duizendste van de massa van een waterstofatoom, de lading zoo groot dat wij ongetwijfeld met een milligram dezer electronen eene onweerswolk zouden kunnen laden. Toch doen zij, zooals zij daar voortvliegen, geen kwaad, want de buis zal er wel op verre na geen milligram van bevatten, en dan zijn er ook nog positieve electronen genoeg hier of daar in de buis of op den wand. Wat de negatieve deeltjes der kathodestralen nog doen kunnen, hebben zij aan hunne groote snelheid te danken. Daarmede tegen den glaswand stootende, maken zij dien lichtgevend, en brengen zij ook, wat Gij belangrijker zult vinden, de RÖNTGEN-stralen voort. Hoogstwaarschijnlijk mogen wij in deze eene voortplanting van kortstondige electromagnetische evenwichtsverstoringen in den aether zien, eenigszins overeenkomende met eene onregelmatige opeenvolging van korte, scherp afgebroken tikjes, die men aan den vloer van straks zou geven. Duurt elk stootje maar kort genoeg, dan verklaart de theorie waarom de stralen van RÖNTGEN in zooveel meerdere mate dan de lichtstralen allerlei lichamen kunnen doordringen.

Andere stralen, die eveneens in de laatste jaren ontdekt werden, hebben menige eigenschap met de RÖNTGEN-stralen gemeen. Het uranium, het thorium en eenige andere metalen, en verschillende verbindingen dezer stoffen, zenden — vanzelf, zou men haast zeggen — stralen uit, die eveneens een groot doordringingsvermogen hebben en een indruk op eene photographische plaat kunnen teweeg brengen. Toch komen bij nadere beschouwing vele van deze stralen niet met de RÖNTGEN-stralen maar met de kathodestralen overeen; zij bestaan in voortvliegende electronen, voor welker snelheid men zelfs in sommige gevallen ruim twee derde van de snelheid van het licht heeft gevonden, de grootste snelheid waarmede zich ooit, voor zoover men weet, een lichaam beweegt. Prof. BECQUEREL, die ons op het laatste Natuur- en Geneeskundig Congres de werking van deze het eerst door hem waargenomen stralen liet zien, vond het dan ook geraden, zijn lichaam tegen dit snelvuur van projectielen te beschutten door het preparaat, als hij het in zijn zak droeg, in een looden kokertje op te sluiten. Daarin blijven de electronen steken.

Vraagt men nu hoe het met de electronen gesteld is, die in verschillende zelfstandigheden liggen opgesloten, dan betreedt men een onafzienbaar gebied van verschijnselen; van de groote verscheidenheid daarvan moge U de vluchtige beschouwing van eene enkele stof, waarvoor ik het ijzer kies, een denkbeeld geven.

Vooreerst hebben wij hier met een geleider der electriciteit te doen en moeten wij dus wel aannemen dat het metaal vrij bewegelijke electronen bevat; met behulp van deze vormt men zich een beeld, niet alleen van den electrischen stroom in het ijzer, maar ook van de wijze waarop het de warmte geleidt, en maakt men het zich duidelijk waarom het metaal juist zoowel de electriciteit als de warmte goed geleiden kan. Naast die vrije deeltjes moeten er echter nog andere zijn. Wij kunnen het ijzer magnetiseeren en de toestand waarin het dan komt moet hierdoor gekenmerkt zijn, dat om of in elk molekuul electrische ladingen in kringen rondloopen. Zoo iets moet in een staalmagneet onophoudelijk en onveranderlijk plaats hebben, terwijl in een trillend telefoonplaatje de kringvormige bewegingen voortdurend van richting wisselen, daarbij de overgebrachte geluidstrillingen getrouw, tot in de fijnste bijzonderheden toe, volgende.

Waarom nu juist het ijzer meer dan eenig ander metaal magnetische eigenschappen vertoont, moet op eene of andere wijze die nog in het duister ligt van den bouw en de gesteldheid der ijzeratomen afhangen.

Zooveel is zeker dat de atomen, wanneer zij in eene scheikundige verbinding worden opgenomen, menigmaal dezen bijzonderen aard behouden. Vele ijzerzouten kunnen gemagnetiseerd worden, zoodat dan ook hier elk ijzerdeeltje zijn electriciteitswervel heeft.

In die ijzerzouten ziet de electronentheorie nu bovendien nog iets geheel anders, en wel iets dat zij met elk ander zout gemeen hebben. In eene oplossing van een metaalzout hebben de metaalatomen positieve ladingen, zijn er, zooals men het kan uitdrukken, positieve electronen aan vastgehecht, en daardoor komt het dat, zoodra een electrische stroom door de oplossing geleid wordt, en dus de positieve electronen naar de eene poolplaat worden gedreven, de ijzerdeeltjes worden medegenomen en op die plaat worden afgezet. Merkwaardig is het hierbij, dat de ladingen der atomen van de verschillende metalen niet allerlei ongelijke grootte hebben, maar óf gelijk zijn, óf in eenvoudige verhoudingen, als van de getallen 1 en 2, tot elkander staan. Het is alsof onze electronen alle even groote ladingen hebben, ware in de natuur aanwezige electriciteitseenheden, en alsof het eene metaalatoom aan één, het andere aan twee van die electronen is vastgelegd.

Ten slotte kunnen zich nu de ijzeratomen nog in eene geheel nieuwe phase vertoonen. Wij laten tusschen twee draden van het metaal eene electrische vonk overspringen en vangen het licht dat deze uitstraalt in een spectroscoop op. Tal van lichtlijnen van verschillende kleur trekken dan onze aandacht, een bewijs dat de lichtgevende ijzerdeeltjes in de vonk zeer verschillende trillingen, ieder met haar eigen trillingsgetal en dus vergelijkbaar met de verschillende tonen van een geluidgevend lichaam, te gelijk in den aether uitzenden. Die trillingen moeten wel, evenals de golven van HERTZ, door heen en weergaande electrische ladingen, ditmaal in de ijzeratomen, worden opgewekt, en zoo komt men tot het groote vraagstuk: Hoe moeten de atomen gebouwd en hoe moeten hunne ladingen verdeeld zijn, opdat juist de waargenomen trillingen en geene andere zullen worden voortgebracht? Een probleem, dat eenige overeenkomst heeft met den eisch om de geaardheid van een verborgen geluidgevend lichaam op te sporen, als men de hoogte van al de tonen die het ons laat hooren, bepaald heeft.

Dat het vraagstuk uiterst moeilijk is, behoef ik wel niet te zeggen. Om de oplossing voor te bereiden geloof ik, dat wij niet beter kunnen doen dan het ijzerspectrum aan Prof. ZEEMAN te overhandigen en hem te verzoeken voor al die lijnen te willen vaststellen hoe de trillingssnelheid door uitwendige magnetische krachten wordt gewijzigd en hoe elke lijn door zulke krachten in drie of meer andere gesplitst wordt. Wij mogen hopen dat de onderzoekingen van hem en de andere natuurkundigen die dit 5 jaar geleden door hem ontsloten terrein bewerken ons in verloop van tijd veel over den bouw der stof zullen leeren.

Voorspellingen over nog te behalen uitkomsten zijn altijd gewaagd. Wie zal zeggen hoe men zich naderhand de toestanden in den aether en den aard der electrische ladingen zal voorstellen? Maar wat ook het lot onzer tegenwoordige theorieën moge zijn, er is geene reden waarom wij niet, veel dieper dan ons nu gegeven is, zouden kunnen doordringen in den aard van het ijzer, het verschil tusschen de eene scheikundige grondstof en de andere, den bouw van atomen en molekulen, de rangschikking der deeltjes in de kristallen, het wezen der molekulaire krachten, en de straling van licht en warmte.

Ziet de Hollandsche Maatschappij der Wetenschappen heden terug op het tijdperk dat achter ons ligt, dan kan zij met voldoening denken aan menig onderzoek dat door haren, soms met ongekenden spoed verleenden steun werd mogelijk gemaakt. Moge ook hare toekomstige werkzaamheid in hooge mate strekken tot bevordering van den bloei der wetenschap in ons vaderland!

DE ELECTRISCHE STROOM,
OUDE EN NIEUWE DENKBEELDEN[1])

De vereerende mij voor deze feestelijke bijeenkomst gegeven opdracht zal ik het best kunnen vervullen door uwe aandacht voor een onderwerp van eenigszins algemeene strekking te verzoeken. Ik heb gemeend dat eenige beschouwingen over de verschijnselen van den electrischen stroom niet misplaatst zouden zijn; inderdaad zal, naar ik vertrouw, wat ik u daarbij van nieuwe uitkomsten en nieuwe gezichtspunten zal kunnen zeggen, wel geschikt zijn om het gevoel van vreugde en voldoening op te wekken, dat bij een dag als deze past.

Natuurlijk moet ik mij zeer beperken en ik zal dan ook hoofdzakelijk vragen van fundamenteelen aard bespreken, die met het oog op ons inzicht in den aard en de bijzonderheden der electriciteitsbeweging van belang zijn.

Een gewichtige vraag is al aanstonds deze, of men zich moet voorstellen dat in een electrischen stroom werkelijk het een of het ander, iets materiëels of substantiëels, of hoe men het noemen wil, in beweging verkeert. Het zal blijken dat men deze vraag tot op zekere hoogte, en wel in bevestigenden zin kan beantwoorden, wat ik nu reeds vermeld, omdat wij, eenigszins op het besluit vooruitloopende, ons zonder bezwaar kunnen bedienen van de termen die van oudsher bij de natuurkundigen in gebruik zijn en waartoe men wel niet zou zijn gekomen als men, van een electrischen stroom sprekende, niet aan iets stroomends, iets dat in voortgaande beweging is, gedacht had. Dat wij die termen niet te zeer preciseeren, dat er voorloopig wat vaags in de wijze van uitdrukken blijft, zal eer een voordeel dan een nadeel zijn. Dit voorop ge-

---

[1]) Voordracht in het Bataafsch genootschap der proefondervindelijke wijsbegeerte te Rotterdam, 20 September 1919.

steld hebbende, behoef ik mij verder niet te verontschuldigen als ik van positieve en negatieve electriciteit spreek, of ook van electriciteit zonder meer, waarmee dan de positieve bedoeld is; een voorwerp krijgt een positieve of negatieve lading, als er door een geleiddraad electriciteit aan wordt toegevoerd of onttrokken. Stroomgeneratoren van velerlei aard, galvanische elementen, electriseermachines, dynamo's maken het ons mogelijk, de electriciteit in beweging te brengen. Wij zeggen dat in die toestellen en werktuigen electromotorische krachten werkzaam zijn; in onze schematische figuren duiden wij deze aan door een E bij de plaats waar in een geleiding een stroomgenerator is opgenomen. De pijl bij de letter zal de richting aanwijzen, waarin de positieve electriciteit wordt voortgedreven. Allicht werkt dan op de negatieve electriciteit een kracht in de tegengestelde richting. Trouwens, wij weten dat het in menig opzicht op hetzelfde neerkomt of in een geleider de positieve electriciteit naar rechts dan wel de negatieve naar links gaat. Men kan zich voorstellen dat ook wel eens het een en het ander tegelijk plaats heeft. Maar in elk geval kennen wij naar het gewone spraakgebruik aan een stroom de richting toe, waarin de positieve electriciteit zich beweegt, of een richting tegengesteld aan die waarin de negatieve electriciteit stroomt.

Laat ik nu beginnen met te wijzen op een belangrijk punt van verschil tusschen de oude en de nieuwe electriciteitstheorie. Terwijl men tot een halve eeuw geleden slechts stroomen in geleidende lichamen kende, heeft MAXWELL ons vertrouwd gemaakt met het denkbeeld dat ook in niet-geleiders, in diëlectrica, zooals hij ze noemt, bewegingen der electriciteit kunnen plaats hebben. Door de invoering van dit begrip was het hem mogelijk, zijn geheele theorie op te bouwen op het postulaat, dat de electriciteit zich altijd beweegt in gesloten kringen en wel als een onsamendrukbare vloeistof, zoodat door elke doorsnede evenveel gaat en nergens een opeenhooping plaats heeft, een grondstelling, die in de moderne electriciteitsleer en in de geheele electrotechniek op den voorgrond is blijven staan.

Dat de electriciteit in een kring rondloopt, als de polen van een stroomgenerator door een metaaldraad met elkaar worden verbonden, zag men natuurlijk ook vroeger in. Maar de zaak is anders als die polen (Fig. 1) zijn verbonden met twee op zekeren afstand van elkaar staande geleiders A en B, waarvan dan de eene

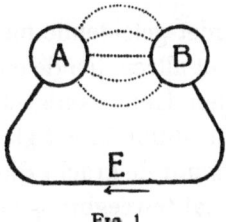

Fig. 1

een positieve en de andere een negatieve lading aanneemt. De stroom strekte zich dan, meende men, alleen van B door den generator heen tot A uit. Daarbij kunnen de „stroomeinden" A en B zoo ver van elkaar geplaatst zijn, als men maar wil, maar ook wanneer zij dicht bij elkaar staan, zooals het geval is als de polen met de bekleedselen van een condensator (Fig. 2) worden verbonden, is er een, zij het dan ook kleine, lacune in den stroomkring.

Volgens MAXWELL is in werkelijkheid van een lacune geen sprake, daar bij het laden van den condensator een verande-ring, die hij diëlectrische verplaatsing noemt, in het diëlectricum ontstaat. Men kan zich voorstellen dat dit medium, even-goed als de geleiders, met electriciteit doortrokken is, met dit onderscheid ech-ter, dat terwijl de electriciteit in een gelei-der zich over willekeurig groote afstanden

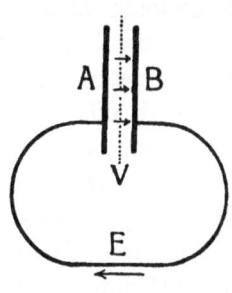

Fig. 2

kan verplaatsen, zij in een diëlectricum aan een evenwichtsstand is gebonden, waarheen zij na een verplaatsing door een kracht wordt teruggedreven, die men gevoegelijk diëlectrische veerkracht kan noemen. De electromotorische kracht in den generator brengt dan een bepaalde met haar grootte evenredige opschuiving teweeg, zoodat door een vlak V dat men tusschen de bekleedselen kan aanbrengen, evenveel electriciteit naar rechts gaat, als in de richting van B naar A door elke doorsnede van den draad stroomt, evenveel dus als de lading van den condensator bedraagt.

Iets dergelijks kan van het geval waarop Fig. 1 betrekking heeft, gezegd worden. Ook hier opschuiven van de electriciteit in het medium; alleen niet meer zooals in den condensator langs evenwijdige lijnen van links naar rechts, maar langs zekere gebo-gen banen, de electrische krachtlijnen, die loodrecht op het opper-vlak van A uitgaande en loodrecht op het oppervlak van B eindi-gende, de twee geleiders met elkaar verbinden en waarvan er en-kele door stippellijnen zijn voorgesteld, en wel geschiedt het opschuiven in elk punt tot het bedrag dat door de daar opgewekte diëlectrische veerkracht is toegelaten.

Zoo speelt in de theorie van MAXWELL het niet-geleidende medium een geheel andere rol dan vroeger, toen het alleen diende om de tegengestelde ladingen uit elkander te houden. Het arbeidsvermogen van den geladen condensator is in het medium, in het glas van een Leidsche flesch bv., te zoeken; hier schuilt de kracht die, zoodra zij de kans schoon ziet, een ontlading zal teweegbrengen. Heeft men na de lading de verbinding met de electriciteitsbron opgeheven en zijn de platen behoorlijk geïsoleerd, dan is de ontlading, juist omdat er geen rondloopen in een kring mogelijk is, uitgesloten. Maar zoodra men een sluitdraad aanbrengt, zoodat men weer het bovenbedoelde geval van Fig. 2 krijgt, maar nu zonder electromotorische kracht in den verbindingsweg, dan herneemt de diëlectrische veerkracht haar recht; een beweging der electriciteit door het vlak V heen naar links, gepaard met een stroom in den draad in de richting van A naar B, herstelt den oorspronkelijken toestand.

Ieder weet dat bij niet te grooten weerstand van den sluitdraad de ontlading oscilleerend is en ook van dit merkwaardige ververschijnsel geeft de theorie van MAXWELL een even eenvoudige als aanschouwelijke voorstelling; men moet alleen in het oog houden dat bij de electriciteitsbeweging even goed als bij de beweging van materie een zekere traagheid of inertie in het spel is. Ik behoef u er nauwelijks aan te herinneren dat die inertie in het bijzonder bij de verschijnselen van de zelfinductie aan den dag komt; deze doen ons zien dat de electriciteit onder den invloed van een voortdrijvende kracht niet oogenblikkelijk, maar slechts geleidelijk in beweging geraakt en dat, als de beweging eenmaal aan den gang is, een kracht gedurende zekeren tijd moet werken om haar uit te putten en vervolgens om te keeren. Bij den condensator zal de electriciteit, onder de werking van de kracht die haar naar den evenwichtsstand drijft, aanvankelijk in steeds sterker beweging komen en op het oogenblik waarop alle eerst door het vlak verschoven electriciteit is teruggekeerd en dus de condensator eigenlijk ontladen is, zal de stroom eerst recht tot ontwikkeling zijn gekomen. Hoe vervolgens een nieuwe lading van den condensator, tegengesteld aan die waarvan wij uitgingen, ontstaat, is duidelijk.

Is er in het geheel geen weerstand, dan zal de beweging waardoor het stelsel over den evenwichtsstand heen is geschoten, juist dan, maar ook niet eerder, door de diëlectrische veerkracht zijn uitgeput, als de nieuwe lading tot de hoogte van de oorspronkelijke is gestegen. Wat er tot dat oogenblik toe gebeurd is, stemt volkomen overeen met de beweging van een slinger van den eenen uitersten stand naar den anderen, en wij kunnen nu een teruggaande beweging en, als alle weerstand ontbreekt, een eindelooze opeenvolging van schommelingen verwachten; wisselstroomen in den geleiddraad en heen- en weergangen der electriciteit, ware electrische trillingen, in het diëlectricum.

Electrische schommelingen zijn ook mogelijk als de krachtlijnen zich over grooter afstand uitstrekken. Wij keeren bv. nog eens tot het geval van Fig. 1 terug en stellen ons voor hoe hier door de wisselwerking van de diëlectrische veerkracht die in het diëlectricum schuilt en van de inertie die bij de rondloopende stroomen in het spel is, de ladingen telkens en telkens weer omkeeren. Of wel, wij brengen, den verbindingsdraad strekkende, de condensatorplaten hoe langer hoe verder van elkaar, zoodat tenslotte alles in een plat vlak ligt, en maken er dan een vibrator van HERTZ van, zoo wij willen een enkelen staafvormigen geleider AB, zooals Fig. 3 te zien geeft.

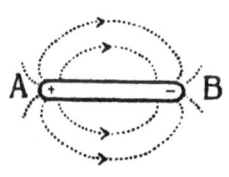

Fig. 3

Hoe wij daarin nu de electriciteit in de richting van de lengte aan het schommelen zullen brengen, laat ik in het midden; wij hebben vandaag fantasie genoeg om daarop iets te verzinnen. Is eenmaal de beweging aan den gang, dan hebben wij op een bepaald oogenblik zoo iets als de figuur te zien geeft; in A een positieve en in B een negatieve lading, beide met elkaar verbonden door de krachtlijnen, een toestand echter, die weldra voor den tegengestelden plaats maakt. Natuurlijk zal in dit, evenals in andere gevallen, de weerstand in het metaal, die tot een warmteontwikkeling aanleiding geeft, de trillingen uitputten, waarbij nu nog een snelle afneming wegens de golfsgewijze voortplanting naar alle zijden komt.

Wij zijn nu niet ver van de electromagnetische golven, waarmede men in de draadlooze telegraphie werkt; inderdaad, van

een vibrator van HERTZ tot een antenne is geen groote stap. Naar
den anderen kant, naar dien van steeds sneller trillingen gaande,
komen wij eerst tot de kortste golven, van zooiets als een centimeter, die men met electromagnetische hulpmiddelen heeft kunnen voortbrengen, vervolgens tot de trillingen van de donkere
warmtestralen, het licht en de ultraviolette stralen, en eindelijk
tot die van de Röntgenstralen, waarvan men in de laatste jaren
den aard heeft kunnen vaststellen en thans de golflengte en dus
het aantal trillingen kan bepalen. Al deze gevallen moeten wij nu
in het gebied der electrische stroomen opnemen. Dat wij daarbij
den samenhang met heel gewone gevallen niet verliezen, blijkt bv.
hieruit dat, zooals HAGEN en RUBENS hebben aangetoond, het
terugkaatsend vermogen van metalen spiegels voor ultraroode
stralen van tamelijk groote golflengte uit het geleidingsvermogen
van het metaal, zooals proeven met constante stroomen het doen
kennen, kan worden berekend. De trillingen in het metaal, waarin
de stralen tot zekere kleine diepte doordringen, zijn klaarblijkelijk
niet anders dan geleidingsstroomen. Weliswaar moet hierbij worden opgemerkt dat bij nog sneller wisselende trillingen in het metaal andere factoren, die wij niet geheel kennen, in het spel
komen.

Behalve de verplaatsingsstroomen in diëlectrica en de geleidingsstroomen, tot welke laatste wij alle electrische ontladingen,
vonken en dergelijke rekenen, moeten nog twee andere vormen
van electriciteitsbeweging vermeld worden, de convectiestroomen

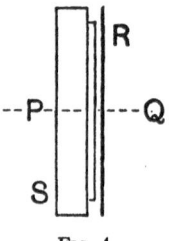
FIG. 4

en de Röntgenstroomen. Van convectie spreekt
men als de electriciteit niet door een lichaam
heen stroomt, zich ten opzichte daarvan bewegende, maar met het lichaam mee voortgaat.
Bv. een schijf van eboniet S (Fig. 4), om de as
PQ draaibaar, is aan den eenen kant van een
metalen bekleedsel voorzien; daar tegenover
staat een vaste geleidende schijf R, die met het
bekleedsel een condensator uitmaakt; dit laatste, ten einde op het
bekleedsel een aanmerkelijke lading te kunnen opeenhoopen.
Draait de schijf rond, dan heeft men wegens het meevoeren van
de lading cirkelvormige electrische stroomen, waarvan de richting
met die der wenteling overeenstemt als de schijf een positieve

lading heeft, maar tegengesteld aan de wenteling wordt gerekend als de lading negatief is.

Om een voorbeeld van een Röntgenstroom te hebben, laten wij het metalen bekleedsel van de schijf eboniet weg en plaatsen (Fig. 5) die tusschen twee stilstaande condensatorplaten A en B. Zijn deze op de aangegeven wijze geladen, dan is er in het eboniet een diëlectrische verplaatsing. Aan de eene zijde komt daardoor wat meer, aan de andere wat minder electriciteit, zoodat men, al is er geen electriciteit van buiten toegevoerd of naar buiten weggestroomd, in zekeren zin van ladingen der zijvlakken kan spreken. Het blijkt nu, dat ook het meevoeren van deze ladingen bij het ronddraaien van de schijf een electrischen stroom constitueert, en dit is de Röntgenstroom. Dat deze, wegens het tegengestelde teeken der ladingen, aan de twee zijvlakken tegengestelde richting heeft, behoeft nauwelijks gezegd te worden.

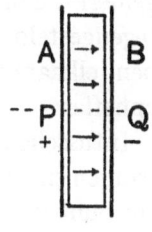

FIG. 5

· Van bijzonder belang voor de ontwikkeling der moderne electriciteitsleer is nu het feit geweest, dat al die nieuwe electrische stroomen, evengoed als de sinds lang bekende geleidingsstroomen en naar dezelfde regels als deze, krachten op magneetpolen uitoefenen. Dat hieromtrent niet de minste twijfel meer bestaat, hebben wij te danken aan een lange reeks experimenteele onderzoekingen van een groot aantal natuurkundigen, beginnende met de klassieke proef waardoor ROWLAND in 1876 de magnetische werking van een convectiestroom aantoonde. Ik zal er niet veel van zeggen. Alleen dit, dat de werkingen die moesten worden waargenomen, meestal zeer zwak waren. Als bv. de in fig. 4 voorgestelde schijf eboniet of liever het metalen bekleedsel daarvan, een straal van 10 cm heeft en 1 cm van de vaststaande plaat R is verwijderd, dan zal bij lading van den condensator tot een potentiaalverschil van 4000 volt, de lading van de bewegelijke schijf nog slechts 3 honderdmillioenste deel zijn van de hoeveelheid electriciteit die in een stroom van 1 ampère per seconde door een doorsnede van den geleiddraad vloeit. De magnetische werking van den convectiestroom wordt bepaald door de hoeveelheid electriciteit, die per seconde door een vast vlak gaat, bv. door de boven PQ liggende helft van het vlak der teekening. Het blijkt dat zelfs wanneer het aantal omwentelingen tot 100 in de seconde wordt opgevoerd, die hoeveelheid nog maar 3 millioenste is van de electriciteitshoeveelheid die ik zooeven voor een stroom van 1 ampère noemde. Bedenkt men nu dat men den convectiestroom niet in windingen om een magneetnaald kan leiden, en zich er toe bepalen moet, een gevoelig astatisch naaldenstelsel in geschikten stand dicht bij de wentelende plaat op te hangen, dan gevoelt men dat de proef niet gemakkelijk was. In het geval van den Röntgenstroom is de zaak nog moeilijker, omdat, zooals bij Fig. 5 werd opgemerkt, aan weerszijden van de wentelende plaat stroomen van tegengestelde richting bestaan, die, daar zij dicht bij elkaar loopen, elkaars werkingen op een magneetpool voor een groot deel opheffen.

Intusschen, men is er in geslaagd, alle moeilijkheden te overwinnen en wij zijn nu zoover dat wij in alle gevallen, zoodra wij in elk punt de richting en de sterkte van de electriciteitsbeweging, van welken aard die ook zijn moge, kennen, overal de richting en de grootte der op een magneetpool werkende kracht kunnen aangeven. Korter gezegd, wij kunnen voor elke bekende electriciteitsbeweging het magnetische veld dat er bij behoort, berekenen.

Daarmee is dan tevens bereikt, dat wij een oordeel krijgen omtrent de inertie waarmee men bij de beschouwde strooming te doen heeft. Zij hangt samen met de grootte van de energie die aan de electriciteitsbeweging eigen is en deze energie wordt nu juist door het magnetische veld bepaald. Men heeft goede gronden om zich voor te stellen dat zij over de uitgestrektheid van dit veld verdeeld is, zoodat zij in elk punt een bepaald bedrag per volumeeenheid heeft. Dat bedrag is evenredig aan de tweede macht der sterkte van het veld en kan in elk geval, als men de noodige eenheden heeft gekozen, door een bepaald getal worden voorgesteld.

Heeft men, bv. in het geval van een stroom in een draadklos, door rekening te houden met alle deelen van het magnetisch veld het geheele bedrag van het magnetische arbeidsvermogen opgemaakt, dan is daarmee bekend, welken arbeid een electromotorische kracht moet verrichten om de electriciteitsbeweging op te wekken, en evenzoo welken arbeid die beweging, eenmaal bestaande, verrichten kan voor zij is uitgeput: de verschijnselen der zelfinductie kunnen worden berekend.

Het zal nu goed zijn, een bijzonder geval wat nader te bezien. Stel dat, zooals Fig. 6 moet ophelderen, een bol die aan zijn oppervlak van een gelijkmatig verdeelde positieve lading voorzien is, zich met een standvastige snelheid naar rechts beweegt, en laten wij aannemen dat de aether stil blijft staan, zoodat de bol daar doorheen gaat. Hij neemt daarbij het electrische veld dat hem omringt, mee, d.w.z. er is voortdurend een naar alle kanten van hem af gerichte diëlectrische verplaatsing. Is zijn snelheid, zooals wij zullen onderstellen, veel kleiner dan de voortplantingssnelheid van het licht, dan is het electrische veld vrijwel zooals het zou zijn als het lichaam stilstond; de electrische krachtlijnen zijn rechte lijnen, langs het verlengde der stralen loopende. Om de figuur niet te overladen heb ik deze lijnen, die men zich gemakkelijk kan voorstellen, weggelaten. De lijnen die men ziet moeten den loop van den electrischen stroom aanwijzen. Dat deze stroomlijnen zoo geheel anders loopen dan de electrische kracht-

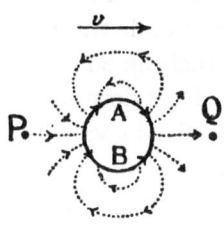

FIG. 6

lijnen, komt daar vandaan, dat zij de richting van den verplaatsingsstroom moeten aangeven, die geheel iets anders is dan de op zeker oogenblik bestaande verplaatsing zelf; hij wordt door de verandering bepaald, die de verplaatsing van oogenblik tot oogenblik ondergaat. Daaruit volgt bv. dat de middelste rechte stroomlijnen zoowel links als rechts van den bol naar rechts moeten wijzen. In een bepaald punt Q van den aether aan den rechterkant heeft men een naar rechts gerichte diëlectrische verplaatsing, die grooter wordt omdat de bol tot dat punt nadert, in P daarentegen een diëlectrische verplaatsing, die naar links is gericht en kleiner wordt omdat de bol zich van P verwijdert. Het een zoowel als het ander, een aangroeien van een naar rechtsgerichte, zoowel als het afnemen van een naar links gerichte diëlectrische verplaatsing, vereischt een beweging der electriciteit naar de rechterzijde. Men ziet verder dat de diëlectrische verplaatsingsstroomen buiten den bol tot kringen gesloten worden door stroomen die in het oppervlak loopen. In punten zooals A en B, waar de beweging van het lichaam langs het oppervlak gericht is, bestaat een zuivere convectiestroom; de lading gaat met den bol naar rechts. In andere punten van het oppervlak wordt de convectiestroom samengesteld

136 DE ELECTRISCHE STROOM

met een diëlectrischen verplaatsingsstroom. Dat deze laatste er is, wordt duidelijk als men bv. een punt aan de linkerzijde in het oog vat, dat eerst binnen en een oogenblik later buiten den bol ligt, waar dus eerst geen en later wel een diëlectrische verplaatsing bestaat.

Den loop van de stroomen kennende, kan men nu het magnetische veld berekenen. Het blijkt dat een magnetische noordpool, in een willekeurig punt geplaatst, een kracht zou ondervinden, loodrecht op het vlak door dat punt en de rechte lijn PQ gebracht, en dus gericht volgens een cirkel waarvan het vlak loodrecht op PQ staat en het middelpunt op die lijn ligt. Zulke cirkels, die weer alleen in de ruimte buiten den bol voorkomen, zijn de magnetische krachtlijnen.

Daar de sterkte der stroomen zoowel met de lading e als met de snelheid v van den bol evenredig is, geldt hetzelfde van de sterkte van het magnetische veld. Daaruit volgt dat de magnetische energie evenredig is met de tweede macht van e en met die van v; het geheele bedrag ervan kan worden voorgesteld door de uitdrukking

$$\frac{e^2}{12\pi c^2 R} v^2$$

waarin R de straal van den bol en c de voortplantingssnelheid van het licht is. Natuurlijk hangt de 12π in den noemer samen met de keus van de eenheden, maar gij zult niet verlangen dat ik u hiervan verder rekenschap geef.

Stelt men

$$\frac{e^2}{6\pi c^2 R} = m,$$

dan kan men voor het magnetische arbeidsvermogen, dus voor de energie die het gevolg is van de beweging van den bol met zijn lading, schrijven

$$\frac{1}{2} m v^2,$$

wat u onmiddellijk aan de uit de elementaire mechanica welbekende uitdrukking voor de kinetische energie van een lichaam met de massa m herinnert. Inderdaad speelt nu het magnetische arbeidsvermogen dezelfde rol als de kinetische energie en de grootheid m dezelfde rol als een gewone massa. Om den geladen bol in beweging te brengen en het daarbij onvermijdelijke magnetische veld te doen ontstaan, moeten wij denzelfden arbeid verrichten als wanneer een massa *m* in beweging moest worden gebracht. Men noemt daarom *m* de electromagnetische massa.

Ik moet u nu verzoeken, in gedachten, alle pijlen in de figuur, behalve dien welke de snelheid *v* voorstelt, om te keeren en de figuur dan te beschouwen als de voorstelling van een electron, een van die uiterst kleine geladen deeltjes, die in de kathodestralen en de β-stralen van radio-actieve lichamen met groote snelheid voortvliegen en geacht kunnen worden, wat lading en grootte betreft, alle aan elkaar gelijk te zijn. De omkeering der pijlen is noodig omdat de electronen negatieve ladingen hebben. Verder onderscheiden zij zich in één opzicht zeer van het geladen voorwerp waaraan wij eerst gedacht hebben. Ook bij den kleinsten metalen bol dien wij nog zouden kunnen hanteeren, zelfs als wij zijn lading zoo hoog mogelijk opvoeren, verzinkt de electromagnetische massa in het niet tegenover de materieele massa die de bol, ook in ongeladen toestand, bezit. De electronen echter kunnen nooit zonder lading zijn en er zijn goede gronden om aan te nemen dat bij hen de electromagnetische massa althans een aanmerkelijk deel van de geheele massa uitmaakt. Het meest verleidelijk is de hypothese, en wij zullen ons daarbij aansluiten, dat zij in het geheel geen materieele massa hebben, zoodat de totale massa, waarover wij door hun beweging te bestudeeren iets kunnen te weten komen, van uitsluitend electromagnetischen aard is. Zij is gelijk aan het 1850ste deel van de massa van het kleinste bekende atoom, dat van de waterstof.

De lading, zooals ik reeds zeide bij alle electronen even groot, kan als een natuurlijke eenheid van electriciteitshoeveelheid beschouwd worden. Wat eindelijk de afmetingen betreft, kunnen wij den straal op ongeveer een tienbillioenste van een centimeter stellen, dat is ongeveer honderdduizend maal kleiner dan de afmetingen der atomen.

Ondanks die kleine afmetingen van een electron strekt zijn veld zich strikt genomen tot op oneindigen afstand uit; het is tengevolge hiervan, dat het electron op andere, ook ver verwijderde deeltjes kan werken. Intusschen neemt de sterkte van het veld naar buiten toe snel af en is verreweg het grootste deel van het arbeidsvermogen te vinden binnen een afstand van het middelpunt, die een matig veelvoud van den straal is. Als wij het over de massa van het electron hebben, behoeven wij slechts aan de naaste omgeving te denken. Zoo kunnen wij, waar het pas geeft, wel eens het electron als een stoffelijk punt behandelen, waarin de massa is opeengehoopt. Laat ik er bijvoegen dat nu ook aan het zich bewegende electron, even goed als aan een materieel deeltje een hoeveelheid van beweging kan worden toegeschreven, waarvoor het product *mv* van de massa en de snelheid de maat oplevert.

Kleine electrisch geladen deeltjes, en daaronder ook de electronen die ik getracht heb te beschrijven, spelen een voorname rol in het beeld dat wij ons tegenwoordig van menige electriciteits-beweging vormen, een beeld dat veel meer in bijzonderheden treedt dan de oude electriciteitstheorie, die zich over haar ééne of twee electrische vloeistoffen zoo min mogelijk uitliet. Wij gaan ook veel verder dan de theorie van MAXWELL in haar eerste jaren, toen de nadruk die op de beteekenis der niet-geleidende middenstoffen gelegd werd, veelal het mechanisme van de electriciteitsbeweging in de geleiders eenigszins uit het oog deed verliezen.

Intusschen is er één groep van geleiders, die der electrolyten, omtrent welker constitutie en eigenschappen men zich al spoedig bepaalde voorstellingen heeft gevormd; de nauwe samenhang tusschen de electriciteitsbeweging in deze zelfstandigheden en scheikundige werkingen gaf daartoe aanleiding. Dat het geleidingsvermogen van zoutoplossingen en zuren moet worden toegeschreven aan de aanwezigheid van vrije ionen, positief of negatief geladen atomen of atoomgroepen, die zich onder de werking van een electrische kracht tusschen de molekulen van het oplossingsmiddel door naar tegengestelde zijden verplaatsen, dat elke invloed die de positieve ionen naar den eenen kant en de negatieve naar den anderen kant drijft, en zelfs elke bewegingsoorzaak die niet beide in dezelfde mate naar dezelfde zijde doet gaan, een electromotorische kracht oplevert, dit alles behoeft nauwelijks in herinnering gebracht te worden. Minder algemeen bekend is het misschien, dat men, door ook rekening te houden met de warmtebeweging, waarin de ionen evenals de molekulen van het oplossingsmiddel deelen, tot een veelomvattende theorie, een van de mooiste hoofdstukken der natuurkunde gekomen is. Ik zal er een enkelen greep uit doen.

Wij verbeelden ons in een cilinderglas AB (Fig. 7) een oplossing van chloorwaterstof in water, beneden meer geconcentreerd dan boven, onder dien verstande echter, dat zelfs de oplossing in de benedenste laag nog zeer verdund mag heeten. Dan zijn dé waterstof- en de chlooratomen geheel vrij van elkaar, zoodat zij onafhankelijk van elkaar naar boven diffundeeren. Zij doen dat niet met dezelfde snelheid; de waterstof gaat het vlugst, zeker wel omdat haar atomen, kleiner dan die van het chloor zijnde, gemakkelijker hun weg te midden van de watermolekulen kunnen vinden. Zoo ontstaat er in korten tijd, boven een overmaat van waterstof en beneden een overmaat van chloor.

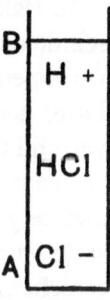

FIG. 7

Wij moeten nu bedenken dat de atomen ionen zijn. Elk chloordeeltje heeft een negatieve lading, gelijk aan onze natuurlijke electriciteitseenheid, de lading van een electron; elk waterstofdeeltje een even groote positieve lading. Te gelijk met de zooeven voorspelde overmaat van waterstof bij B en van chloor bij A, ontstaan dus aan den top en den voet der vloeistofkolom tegengestelde ladingen. Let men op de teekens daarvan, dan ziet men dat, door de krachten die van deze ladingen uitgaan, overal in de vloeistof positieve deeltjes naar beneden en negatieve naar boven worden gedreven. De diffusie naar boven wordt op deze wijze voor de waterstof vertraagd en voor het chloor versneld, en er komt bij het toenemen der ladingen in A en B een oogenblik waarop het aanvankelijke verschil in diffusiesnelheid is verdwenen. Van dan af gaan de tweeërlei ionen in gelijke mate naar boven, zoodat men kan zeggen dat de chloorwaterstof in haar geheel diffundeert en dit blijft verder zoo, juist omdat de ladingen bij A en B niet meer toenemen.

Daar men uit proeven over den doorgang der electriciteit door electrolyten voor elke soort van ionen de snelheid heeft kunnen afleiden, waarmee zij zich, voortgedreven door een kracht van bepaalde grootte, door het water heen verschuiven, kan men al het opgenoemde in bijzonderheden berekenen en de uitkomsten met die der proeven vergelijken. Wel is het zooeven beschreven voorspel allicht te vluchtig om door de waarneming te worden gevolgd en zijn de hoeveelheden vrije waterstof en chloor aan de uiteinden te klein om door chemische middelen te worden aangetoond, maar men kan zoowel de snelheid waarmeer in den eindtoestand de diffusie plaats heeft, als de dan bestaande ladingen of liever het daaraan beantwoordende potentiaalverschil meten.

In 1888 heeft NERNST op deze wijze de diffusiesnelheid voor verschillende electrolyten berekend en uitkomsten gekregen, die op verrassende wijze met de gemeten snelheden overeenstemmen. Later heeft PLANCK een theorie ontwikkeld voor het potentiaalverschil tusschen twee electrolytische oplossingen van willekeurige, voor beide verschillende samenstelling en willekeurige, mits niet te groote concentraties. Er kunnen ketens worden samengesteld waarin de electriciteitsbeweging geheel door de werkingen tusschen de vloeistoffen die er in voorkomen, bepaald wordt. Door de meting van de electromotorische kracht van zulke ketens zijn de uitkomsten van PLANCK schitterend bevestigd.

Laat ik niet verzuimen hierbij te voegen dat de door NERNST en PLANCK gevolgde gedachtengang zich nauw aansluit aan VAN 'T HOFF's theorie van verdunde oplossingen en van den osmotischen druk.

Toen men beproefde, zich van de electriciteitsbeweging in metalen nader rekenschap te geven, heeft men eerst nog wel eens aangenomen dat ook in deze lichamen, evenals in electrolyten, zoowel positief als negatief geladen bewegelijke deeltjes zouden voorkomen, maar meer en meer is men tot de opvatting gekomen, dat de eenige bewegelijke deeltjes in het metaal negatief geladen electronen zijn en dat de positieve ladingen vast aan de metaalatomen zijn gebonden. Wij zullen nu twee proeven leeren kennen, die met deze quaestie in verband staan, waarvan echter tot nog toe alleen de eerste is genomen. Het zijn de proeven die in het volgende schema met A_1 en A_2 zijn aangeduid.

A_1 Electrische stroom door beweging	B_1 Magnetisatie door beweging.
A_2 Beweging door stroom.	B_2 Beweging door magnetisatie.

Het verschijnsel dat bij A_1 is waargenomen, kan door een eenvoudige redeneering worden opgehelderd. Stel, wij hebben een met water gevulde cirkelvormige, in zich zelf terugkeerende buis R (Fig. 8). Wat zal er gebeuren als daaraan plotseling een draaiende beweging om het middelpunt M in de richting van den pijl wordt gegeven, welke beweging vervolgens met onveranderde snelheid voortduurt? Tengevolge van de wrijving tusschen den buiswand en de vloeistof zal na eenigen tijd het water met de buis meedraaien, dus ten opzichte van het glas weer, evenals oorspronkelijk, in rust zijn. Maar vóór aldus de vloeistof met de volle snelheid van den wand wordt meegesleept, zal er eenige tijd verloopen. De eerste oogenblikken blijft het water bij de buis achter, en tenslotte zal het, in vergelijking met den oorspronkelijken stand ten opzichte van den wand, in een richting tegengesteld aan den pijl, iets verschoven zijn. Een waterdeeltje, dat zich eerst bij het punt P van den wand bevond, zal bv. in Q zijn gekomen.

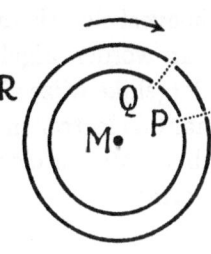

FIG. 8

Door een berekening die wij gemakkelijk zouden kunnen uitvoeren als wij er den tijd voor wilden nemen, kan men vinden hoe groot de afstand PQ is; hij is evenredig met de snelheid die aan de buis wordt gegeven, en omgekeerd evenredig met de grootte der wrijving tusschen den wand en het water; het laat zich hooren dat, naarmate die wrijving grooter is, de vloeistof in korter tijd wordt meegesleept en dus minder achterblijft.

Het tegenovergestelde van dit achterblijven heeft plaats als, nadat eerst alles een standvastige snelheid heeft gekregen, de buis plotseling tot stilstand wordt gebracht. Dan zal ook het water tot rust komen, maar niet oogenblikkelijk; het schiet eerst nog wat door, en wel over denzelfden afstand waarover het straks was achtergebleven. Het gaat dus in de buis weer van Q naar P terug. Men kan verschijnselen die met de nu beschrevene overeenkomen, gemakkelijk waarnemen bij een glas water dat men met de hand in een draaiende beweging brengt.

De overgang tot de proef A_1 is nu gemakkelijk. In plaats van de buis nemen we een cirkelvormigen metalen draadring; in plaats van het water komen de vrije electronen. Houdt men in het oog dat bij een gemeenschappelijke beweging van den draad en de electronen geen stroom bestaat, maar dat er een stroom is zoodra de electronen zich ten opzichte van het metaal bewegen, dan ziet men in dat het achterblijven der electronen bij het in beweging brengen van den draad zich als een kortstondige electrische stroom moet openbaren en wel zal deze, daar negatieve lading van P naar

Q gaat, de richting van den pijl hebben. Een even sterke electriciteitsbeweging in tegengestelde richting is er als, nadat de eerste stroom is afgeloopen, de draad plotseling tot rust wordt gebracht.

Om de sterkte van den stroom te beoordeelen moet men nagaan hoeveel electriciteit door een doorsnede van den draad vloeit; dit kan worden afgeleid uit de grootte van den afstand PQ, die op dergelijke wijze als bij de buis met water kan worden berekend, het aantal electronen dat de draad per lengte-eenheid bevat en de lading van een electron. De uitkomst kan worden gebracht in den vorm:

$$\frac{mvl}{er}.$$

FIG. 9

Daarin stellen e en m de lading en de massa van een electron voor; l is de lengte van den draad, v de snelheid die er aan wordt gegeven en r de electrische geleidingsweerstand. Het blijkt verder gemakkelijk dat dezelfde formule geldt als men de proef niet met een enkele winding, maar met een draadklos neemt. Verbindt men, teneinde den stroom waar te nemen, de uiteinden F en G van den klos (Fig. 9) met een galvanometer, dan moet men onder r in den noemer de som der weerstanden van den klos en den galvanometer verstaan.

De berekening leert nu dat het verwachte effect zeer gemakkelijk zou zijn waar te nemen als de massa m gelijk aan die van een waterstofatoom was. Daar zij echter veel kleiner is, zijn de stroomen zeer zwak.

Intusschen is het eenige jaren geleden de Amerikaansche natuurkundigen TOLMAN en STEWART gelukt, de proef met goed gevolg te nemen. Zij maakten daartoe gebruik van een platten klos met horizontale windingen, die om zijn verticale as kon draaien. De lengte van den draad was 466 meter, de gemiddelde middellijn der windingen 25 cm en de snelheid kon tot 5000 wentelingen in de minuut worden opgevoerd. Daarna kon de klos door een reminrichting in een onderdeel van een seconde tot stilstand worden gebracht en het was de hierdoor opgewekte stroom die werd waargenomen. Hij had de verwachte richting, en dat ook de sterkte met de theorie overeenstemt, kan hieruit blijken, dat TOLMAN en

STEWART uit de uitslagen van den galvanometer voor de verhouding tusschen de massa van een waterstofatoom en die van een electron getallen afleidden, die tusschen 1790 en 2160 schommelen, en waarvan het gemiddelde 1990 is. Zooals gezegd werd, is het verhoudingsgetal 1850.

De overeenstemming is bevredigend te achten als men de vele bronnen van fouten die opgespoord en onschadelijk gemaakt moesten worden, in aanmerking neemt. Ik vermeld er een van. Tengevolge der centrifugaalkracht zette de klos zich een weinig uit, om zich dan bij het stilzetten weer samen te trekken. De inductiestroom die door het aardmagnetisme in de windingen, als zij kleiner worden, wordt opgewekt, was van dezelfde orde van grootte als de stroom die moest worden aangetoond.

Fig. 9 kan ook dienen tot toelichting van de proef A_2, die men als den tegenhanger van A_1 kan beschouwen. De bedoeling is nu, dat men in de spiraal door de uiteinden F en G met een stroomgenerator te verbinden, een stroom doet ontstaan. De electronen loopen dan bv. in de richting van den pijl in de windingen rond; zij hebben, kan men zeggen, een draaiende beweging om de as FG en daar zij hiertoe gedwongen worden door het metaal, dat zij niet kunnen verlaten, moet op het oogenblik dat de stroom begint, de spiraal een draaiïng in tegengestelden zin aannemen. Men kan het eenigszins vergelijken met het bekende terugspringen van een vuurwapen. Zelfs kan men zeggen dat de draaiïng van het metaal gelijk is aan die van de electronen, als men maar niet de hoeksnelheid, maar een andere geschikte maat in het oog vat. Men heeft die in hetgeen de mechanica het moment der hoeveelheid van beweging noemt, een grootheid, die men voor de electronen vindt als men voor elk daarvan de hoeveelheid van beweging mv met den afstand tot de draaiïngsas, d.w.z. met den straal der windingen, vermenigvuldigt. Onnoodig te zeggen, dat de hoeksnelheid van de spiraal die aan het gelijke en tegengestelde moment van hoeveelheid van beweging beantwoordt, wegens de groote massa zeer klein zal zijn.

Is door een of anderen weerstand de beweging van de spiraal uitgeput, dan blijft hij verder stilstaan zoolang de stroom er in rondloopt, maar doet men den stroom ophouden, dan wordt de spoel opnieuw, maar nu in tegengestelde richting als straks, in beweging gebracht.

Deze verschijnselen zijn nog niet waargenomen, maar wel hebben EINSTEIN en W. J. DE HAAS de overeenkomstige proef genomen met een staafje ijzer dat gemagnetiseerd en ontmagnetiseerd werd. Dit is de proef B_2 van ons schema. Het staafje, een dun cilindertje, was, zooals Fig. 10 doet zien, aan een fijnen draad D opgehangen en kon in de richting van zijn lengte gemagnetiseerd worden; daartoe was het omringd door een spoel waardoor een stroom werd geleid. Het gelukte nu werkelijk, als de noodige voorzorgen werden genomen en geschikte kunstgrepen werden gebezigd, de draaiïngen waar te nemen waarvan het magnetiseeren en ontmagnetiseeren vergezeld gaat.

FIG. 10

Dat deze proef in den grond der zaak op hetzelfde neerkomt als A_2, wordt duidelijk als men zich AMPÈRE's theorie van het magnetisme herinnert. Deze verklaart de eigenschappen van een gemagnetiseerd lichaam uit het bestaan van electrische stroomen die in kleine kringen om de molekulen loopen. Als het staafje gemagnetiseerd is, heeft het dus veel van de spiraal van Fig. 9 en wij zullen ons voorstellen dat ook nu weer negatieve electronen in het spel zijn. De richting van de door EINSTEIN en DE HAAS waargenomen draaiïngen bevestigt deze opvatting, en dat ook de grootte van het effect daarmee in overeenstemming is, blijkt hieruit, dat zij uit de proeven voor de verhouding e/m tusschen de lading van een electron en zijn massa een getal vinden, dat van de goede orde van grootte is.

Ik mag misschien met een enkel woord ophelderen hoe men tot e/m kan komen. Ook de spiraal van Fig. 9 heeft, als er een stroom in loopt, een zeker magnetisch moment en men vindt dit op dergelijke wijze als het moment der hoeveelheid van beweging van de electronen; alleen moet men voor elk daarvan niet het product mv, maar het product ev nemen. Afgezien van een standvastigen, van de keus der eenheden afhankelijken getallenfactor staan de twee momenten tot elkaar als de massa m en de lading e en ditzelfde geldt nu in alle gevallen waar een magnetisch moment aan het rondloopen van electronen te danken is. EINSTEIN en DE HAAS leiden het moment der hoeveelheid van beweging uit de waargenomen draaiïng af; het magnetisch moment kan eveneens bepaald worden; geen wonder dus dat zij de verhouding e/m leeren kennen.

DE HAAS heeft later de proef met dezelfde uitkomst herhaald. Daarbij was de draad waardoor de magnetiseerende stroom geleid werd, op den ijzeren cilinder gewikkeld, zoodat hij met dezen meedraaide. De waargenomen bewegingen waren dus nu aan een combinatie der effecten B_2 en A_2 te wijten, maar het laatste is zoo veel zwakker dan het eerste, dat men het bestaan er van niet uit de uitkomsten kan afleiden.

Ik moet nu nog iets zeggen van een proef B_1, die de tegenhanger van B_2 is en met A_1 overeenkomt. Bij deze laatste hadden wij met kortstondige stroomen, nu eens in de eene, dan weer in de andere richting te doen, die bij het in beweging brengen of stilzetten van den klos ontstaan. Men zou nu dergelijke stroomen door inductie kunnen opwekken, nl. met behulp van een magnetisch veld met verticale krachtlijnen. Het ontstaan van dat veld geeft een kortstondigen stroom in de eene, het verdwijnen ervan een stroom in de tegengestelde richting, juist zooals door het ontstaan of verdwijnen van de draaiende beweging kan worden veroorzaakt. Men kan dit kort uitdrukken door te zeggen dat de wentelende beweging aequivalent is aan een zeker magnetisch veld van geschikte richting en sterkte, en wel moet men, om deze laatste te vinden, de hoeksnelheid met

$$\frac{2cm}{e}$$

vermenigvuldigen. Nadere theoretische overweging leert nu dat deze stelling algemeen geldt, zoolang alleen de beweging van negatieve electronen in het spel is; steeds zal dan een hoeksnelheid dezelfde uitwerking hebben als de op de gezegde wijze bepaalde uitwendige magnetische krachten.

Hieruit volgt dat, zooals ik bij B_1 heb aangegeven, een staaf ijzer gemagnetiseerd moet worden als men hem om zijn lengte-as ronddraait; immers, een magnetisch veld in de richting van de lengte zou een magnetisatie teweegbrengen. BARNETT heeft deze proef genomen, en mijn indruk is wel dat hij daarbij inderdaad de verwachte werking heeft waargenomen. Ik behoef u niet te zeggen hoe moeilijk het is, een uiterst zwakke magnetisatie aan te toonen, die door zeer snelle wenteling in een ijzeren staaf wordt opgewekt.

Ofschoon een herhaling en zoo mogelijk verfijning van de beschreven proeven zeer wenschelijk is, geven zij een krachtigen steun aan de opvatting dat de electriciteitsbeweging in metalen een beweging van de electronen is. Mocht men aan de bewijskracht twijfelen, dan kan er op gewezen worden, dat die opvatting in overeenstemming is met de hypothese omtrent den bouw der atomen, die eenige jaren geleden door RUTHERFORD werd uitgesproken en die gebleken is, buitengewoon vruchtbaar te zijn. Volgens RUTHERFORD bestaat een atoom uit een positief geladen kern, die

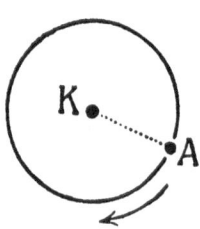

bijna de geheele massa bezit, en een of meer electronen, die onder den invloed van de door de kern uitgeoefende aantrekking als planeten om de zon daaromheen loopen. Hun aantal is bij elk atoom weer anders; bij waterstof is er slechts een, zoodat het atoom van dit gas er uitziet zooals Fig. 11 te zien geeft. Bij helium zijn er 2 electronen, bij natrium 11, enz., bij zwaardere metalen kunnen er wel 80 of meer zijn.

FIG. 11

Dat men met deze denkbeelden op den goeden weg is, bewijzen vooral de uitkomsten die zij in de theorie der spectra hebben opgeleverd, te beginnen met de mooie en verrassende verklaring die BOHR van het waterstofspectrum heeft gegeven. Men moet zich nu tot taak stellen, en vele jaren zal men daaraan werk hebben, op dezen grondslag de physische en chemische eigenschappen der elementen te verklaren en ook rekenschap te geven van de wijze waarop molekulen en uitgebreide vaste lichamen worden opgebouwd. Daarbij zal het zeker geraden zijn, zoo mogelijk geen aantrekkende krachten van anderen aard aan te nemen, maar alles terug te brengen tot de werkingen die het gevolg van de electrische ladingen zijn. Dat men het daarmede een eind kan brengen, blijkt uit het in Fig. 12 afgebeelde model van het waterstofmolekuul; twee kernen K_1 en K_2 met positieve ladingen en groote massa's en twee electronen A en B die in een cirkel om de verbindingslijn van K_1 en K_2 rondloopen. Dank zij deze beweging kan het stelsel in stand blijven.

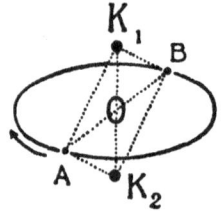

FIG. 12

Men kan zich nu verbeelden dat ook meer samengestelde molekulen en zelfs geheele lichamen op dergelijke wijze zijn opge-

bouwd, dat bv. in een metaal de kernen der atomen in vaste standen bij elkaar worden gehouden door tusschenkomst van de electronen, die op deze of gene wijze rondloopen; dit laatste is noodig,
want evengoed als in het zonnestelsel zijn zekere bewegingen als
noodzakelijk voor het voortbestaan van het stelsel te beschouwen.
Men heeft zelfs aanleiding gevonden, aan die „constitueerende"
bewegingen geheel bepaalde intensiteit, waaraan nooit iets veranderd wordt, toe te schrijven.

Als nu dit de constitutie van het metaal is, dan is het duidelijk,
dat men voor de electriciteitsgeleiding aan de positieve kernen
niets heeft; die hebben nu eenmaal hun plaatsen en vormen den
vasten onderbouw van het metaal. Maar zelfs over de electronen
kan men niet geheel beschikken, daar aan de constitueerende bewegingen niets te veranderen valt. Het is echter mogelijk dat van
de electronen, waarvan het aantal, per atoom gerekend, zeer groot
kan zijn, een gedeelte, misschien een betrekkelijk klein gedeelte,
voor de bewaring van den samenhang gemist kan worden. Deze
zouden zich dan te midden van al het overige kunnen bewegen en
voor de electriciteitsgeleiding kunnen zorgen.

Deze vrije electronen zouden nu ook, evenals de ionen in een
electrolyt, een van de temperatuur afhankelijke warmtebeweging
hebben; wij moeten het wel aannemen om te begrijpen hoe het
komt, dat zij bij hooge temperaturen uit het metaal ontwijken,
een verschijnsel dat in de gloeilampdetectoren en gloeilampver-
sterkers waarmee men tegenwoordig in de draadlooze telegraphie
werkt, een toepassing heeft gevonden.

Maar laat ik in deze bespiegelingen niet verder gaan. Laat ik liever, om te doen zien hoeveel raadselachtigs en geheimzinnigs er nog
is, nog een hoogst merkwaardige proef van KAMERLINGH ONNES
vermelden. Hij heeft in zijn kryogene laboratorium aangetoond dat
bij verschillende metalen, als men ze tot weinige graden boven het
absolute nulpunt afkoelt, het geleidingsvermogen plotseling in
hooge mate stijgt, zoodat de weerstand minder dan een duizend
millioenste wordt van wat hij bij $0°$ C was. Het metaal komt, zooals ONNES zegt, in den „suprageleidenden" toestand. Het is gelukt
in een in zich zelf gesloten draadklosje van lood, dat in vloeibaar
helium werd afgekoeld, een stroom te doen ontstaan, en te bewijzen dat die uren, en zelfs dagen, kon rondloopen voor hij was uitgeput.

Ik hoop er in geslaagd te zijn, u een denkbeeld te geven van de inspanning en het werken der natuurkundigen op het besproken gebied en van de uitkomsten die zij er mee bereikt hebben. Ik heb ook gelegenheid gehad te zinspelen op een en ander, zooals de ontdekking van den aard der Röntgenstralen en de theorie der spectra, dat slechts los met mijn onderwerp samenhing. Vergunt mij dit thans nog voor een oogenblik geheel te verlaten.

Een van de stoute voorspellingen waartoe EINSTEIN in zijn nieuwe theorie der zwaartekracht is gekomen, is deze, dat een lichtstraal in zijn loop eenigen invloed van de zwaartekracht zou ondervinden. Een straal die in horizontale richting deze zaal binnenkomt, zou bij het doorloopen daarvan een weinig naar beneden gekromd worden en wel evenveel als met de baan van een projectiel, dat zich met de snelheid van het licht voortbewoog, het geval zou zijn. Ieder kan berekenen dat er geen denken aan kan zijn, dit verschijnsel aan het oppervlak van de aarde waar te nemen. Maar wel moet het zich bij lichtstralen die dicht langs het oppervlak van de zon gaan, op merkbare wijze doen gevoelen. De stralen van een ster, die dicht bij den zonsrand gezien wordt, moeten bij het strijken langs de zon zoo gebogen worden, dat de ster iets verder van de zon af wordt waargenomen dan hij in werkelijkheid staat. Daar deze verplaatsing tot 1,7 seconde zou kunnen stijgen, zou zij voor de waarneming toegankelijk zijn.

Bij de totale zonsverduistering van den 29^{en} Mei van dit jaar hebben vele waarnemers hun aandacht op dit punt gevestigd. Dezer dagen kon EDDINGTON, de leider van een der Engelsche waarnemings-expedities, op de vergadering der British Association meedeelen, dat bij vergelijking van de verkregen photogrammen met die welke op een anderen tijd van het jaar van hetzelfde deel van den hemel zijn genomen, inderdaad een kleine verschuiving der sterren in de genoemde richting kon worden geconstateerd. Alleen is zij iets kleiner dan EINSTEIN voorspeld had, een verschil dat, naar wij hopen, zal worden opgehelderd.

Ik heb mij veroorloofd U deze mededeeling te doen omdat de vaststelling van een invloed der zwaartekracht op de voortplanting van het licht zeker tot de allerbelangrijkste en merkwaardigste ontdekkingen mag worden gerekend.

DE DOOR PROF. RÖNTGEN ONTDEKTE STRALEN [1]

Toen de Redactie van *De Gids* mij uitnoodigde, een opstel te leveren over de „X-stralen", waarvan Prof. RÖNTGEN te Würzburg in het laatst van het afgeloopen jaar het bestaan heeft aangetoond, heb ik geen oogenblik geaarzeld, mij daartoe bereid te verklaren. Dat de nieuwe verschijnselen, die thans de hoofden der physici vervullen, ook buiten hunnen kring in hooge mate belangstelling zouden wekken, daarvan kon ik mij verzekerd houden; inderdaad is over geene natuurkundige ontdekking der laatste jaren, noch over de proeven van HERTZ, noch over de opsporing van het argon en het helium, in weinige maanden zooveel gesproken en geschreven als over de onzichtbare stralen van RÖNTGEN. Toch zou ik bezwaar hebben gemaakt, er op deze plaats iets over te zeggen, zoo het onderwerp mij niet toescheen zich bij uitstek tot eene eenvoudige, voor een ieder verstaanbare behandeling te leenen. Hoewel voor de ontdekking de hulpmiddelen van een goed uitgerust laboratorium noodig zijn geweest, kunnen de gebezigde toestellen, in hoofdzaak althans, zeer goed in korte trekken en zonder de hulp van figuren worden beschreven.

Waar het op aan kwam was eene gesloten, met een zeer verdund gas gevulde, glazen buis, zoo ingericht, dat men er krachtige electrische ontladingen door kon laten gaan; voorts, om die buis, een koker van zwart karton, die aan elk lichtstraaltje den weg naar buiten afsneed; eindelijk, in de omringende donkere ruimte, een blad papier met eene fluoresceerende stof bedekt, d.w.z. met eene stof die de eigenschap heeft, bij bestraling met licht, zelf tijdelijk lichtgevend te worden. Zij werd dit ook nu, bij elke electrische ontlading, ofschoon er geen spoor van licht op viel; iets anders dan licht, maar toch iets dat van den ontladingstoestel uitging, bestond dus klaarblijkelijk in de omgeving daarvan. De door

---

[1] De Gids, **60**, 510, 1896.

RÖNTGEN gekozen naam „X-stralen" doelt op de rechtlijnige voortplanting, zooals die uit de „schaduwen" blijkt, die verschillende
voorwerpen op het fluoresceerende scherm werpen. Al aanstonds
moge ook vermeld worden, dat de stralen eene dergelijke photographische werking uitoefenen als lichtstralen, dat zij op gevoelige platen „beelden" te voorschijn roepen, die op de gewone wijze
kunnen worden ontwikkeld.

Dit alles is in weinige woorden te zeggen en welke waarnemingen tot nog toe verder verricht zijn, zou ook spoedig genoeg ver-
haald kunnen worden. Ik stel mij echter voor dat de lezer ook iets
zal wenschen te vernemen van hetgeen er *in* de ontladingsbuis
gebeurt. In deze verschijnselen, die helaas nog bijna even zoo vele
raadselen zijn, ligt in elk geval de oorsprong der X-stralen. Door er
eenige bladzijden aan te wijden zal ik tevens gelegenheid hebben,
ook aan sommige voorgangers van RÖNTGEN de eer te geven, die
hun toekomt.

Natuurlijk kan hier geen sprake zijn van een uitvoerig overzicht
over de ontladingsverschijnselen, te beginnen met de nietige vonk-
jes die men uit eene gewreven pijp lak kan trekken en te eindigen
met de buizen die de X-stralen opleveren. Slechts enkele hoofd-
punten wensch ik aan te stippen, daarbij gebruik makende van
eenige gangbare benamingen en ook van eene bepaalde, trouwens,
voorzoover zij hier te pas komt, zeer eenvoudige theorie der electriciteit.

Er zijn, zooals men weet, twee verschillende en in menig opzicht aan elkander tegengestelde electrische toestanden. Wrijft men
met eene glazen staaf langs een stuk metaal, dat niet onmiddellijk
in de hand wordt gehouden, maar aan een „isoleerenden" steel,
van glas of lak, is bevestigd, dan worden beide „geëlectriseerd" of
„geladen", maar niet op dezelfde wijze. Een derde, eveneens ge-
electriseerd voorwerp wordt, zoo het door het glas wordt aangetrokken, door het metaal afgestooten, en omgekeerd. De grond-
steen van alle electriciteitstheorie is nu het feit dat de twee toestanden, de „positieve" van het glas, en de „negatieve" van het
metaal, *gelijktijdig* ontstaan; al spoedig brengt dit tot het denkbeeld dat een zeker iets van het eene voorwerp naar het andere is
overgegaan. In het beeld dat BENJAMIN FRANKLIN van de verschijnselen heeft ontworpen, is dat „iets" eene stof, de „electrische

stof", of de „electriciteit", waarvan elk lichaam in zijn natuurlijken of gewonen toestand eene bepaalde hoeveelheid bevat. Een gedeelte dezer stof zou bij 't wrijven overgaan van het metaal naar het glas; de positieve lading zou in eene overmaat boven de normale hoeveelheid, en de negatieve lading in een tekort bestaan.

Men kan zich even goed verbeelden, men heeft hier toch alleen met een *beeld* te doen, dat de menschelijke geest zich van de buitenwereld vormt, dat een overgang plaats heeft in omgekeerde richting, van het glas naar het metaal, dat dus eigenlijk de lichamen, die naar 't gewone spraakgebruik positief heeten, minder electriciteit hebben dan in den normalen toestand. Eindelijk kan men ook, en van deze opvatting zal ik mij hier bedienen, *twee* stoffen met tegengestelde eigenschappen, de positieve en de negatieve electriciteit, onderstellen; in den natuurlijken toestand is ieder lichaam met evenveel van de eene als van de andere stof voorzien, maar de wrijving brengt eene wijziging in deze verdeeling; zij bezorgt aan het glas meer positieve dan negatieve, maar aan het metaal meer negatieve dan positieve electriciteit.

Ziedaar reeds een paar electriciteitstheoriën die elk nog in velerlei schakeering nader kunnen worden uitgewerkt. Al deze opvattingen hebben echter één trek met elkander gemeen, een trek, dien men het scherpst doet uitkomen, als men de electriciteit of de electriciteiten kort en goed met den naam van „stof" bestempelt, dezen namelijk dat nooit electriciteit wordt voortgebracht, maar dat zij alleen wordt verplaatst en dat daardoor het electrisch evenwicht wordt verbroken. Dit geschiedt ieder oogenblik en door de meest uiteenloopende oorzaken, wanneer met een veertje over een blad papier wordt gestreken, een stuk ijzer op den vochtigen grond ligt, een magneet in de nabijheid van een koperdraad wordt verplaatst, een kwartskristal wordt samengeperst of de aanrakingsplaats van twee lichamen wordt verwarmd. Hier in 't klein; in 't groot, wanneer de kracht van een waterval een werktuig in beweging brengt, dat een machtigen electrischen stroom opwekt. Op verheven schaal in de natuur, als de wolken van het onweder zich samenpakken.

Dat de mensch de electrische verschijnselen wetenschappelijk kan onderzoeken en aan de vervulling zijner behoeften kan dienstbaar maken, is grootendeels te danken aan de werktuigen, waardoor de electriciteit verplaatst kan worden, evenals water door

eene pomp in beweging wordt gebracht. „Electriciteitspompen"
nu zijn er velerlei; alle electriseermachines, galvanische elementen, dynamo's, inductieklossen kunnen zoo genoemd worden. Zij
hebben alle twee *polen*, twee metaalstukken meestal, waarvan het
eene eene positieve en het andere eene negatieve lading verkrijgt;
de beteekenis van het werktuig ligt juist hierin dat het positieve
electriciteit drijft van de eene naar de andere pool. De polen zelve
kunnen dan ook met niets beter vergeleken worden dan met twee
bakken, zoo met eene pomp verbonden, dat water uit den eenen
bak gezogen en in den anderen geperst wordt. Men heeft zich nu
slechts voor te stellen dat de bakken alleen door een dunnen tus-
schenwand van elkander zijn gescheiden en dat deze onder den
druk van het aan de eene zijde opgestuwde water bezwijkt, om
een beeld te verkrijgen van de electrische vonk tusschen twee
metalen bollen die door geleiddraden met de polen van eene electriseermachine zijn verbonden. Zoolang de aandrang van positieve
electriciteit naar den eenen en van negatieve electriciteit naar den
anderen bol niet al te groot is, kan de lucht tusschen de geleiders
weerstand bieden aan de neiging der electriciteit om van het eene
lichaam naar het andere over te gaan, maar eindelijk heeft onder
warmte- en lichtontwikkeling en met knetterend geluid de ver-
effening van de positieve lading van den eenen en de negatieve
van den anderen bol plaats.

Twee belangrijke vragen rijzen nu aanstonds. De ruimte tusschen de bollen bevat niet ééne enkele stof, maar *twee* stoffen,
vooreerst de lucht, en in de tweede plaats de ether, waarvan de
lichtverschijnselen het bestaan hebben geopenbaard. De lucht, uit
tallooze van elkander gescheiden deeltjes, molekulen, bestaande, waarvan men weet dat zij met snelheden van eenige honderden meters in de seconde heen en weer vliegen, daarbij onophoudelijk tegen elkander botsende. De ether, die misschien ook eene
moleculaire structuur heeft, maar even goed een „continuum"
kan zijn. Wat is het nu, de lucht of de ether, die eerst den doorgang aan de electriciteit belet, en welke stof is, als eindelijk de ontlading plaats heeft, het meest daarbij betrokken? Om dit uit te
maken was het noodig de lucht weg te nemen, of althans te verdunnen, en te zien wat er dan van de ontlading wordt. Zoo heeft
men het antwoord op de zooeven gestelde vragen gevonden en

bovendien tal van andere verrassende en merkwaardige uitkomsten verkregen. De kennis die men van de electrische ontladingsverschijnselen bezit, is dan ook voor een groot deel aan de verbetering der luchtpompen te danken.

Langen tijd had men niet anders dan de welbekende zuigerluchtpomp, waarmede men de lucht in een vat tot zoo iets als een 500ste van de oorspronkelijke hoeveelheid kan verdunnen. Veel verder kan men het brengen met de kwikluchtpomp, die het eerst, in 1857, door GEISSLER te Bonn werd geconstrueerd, en die, vooral door latere verbeteringen, een bewonderenswaardig werktuig is geworden, een onmisbaar hulpmiddel in het laboratorium en in de fabrieken van electrische gloeilampjes. De inrichting is in beginsel zeer eenvoudig. Een glazen bol is vastgesmolten aan het boveneinde eener verticale buis, eveneens van glas, door welke men op de eene of andere wijze eene hoeveelheid kwik beurtelings kan doen rijzen en dalen. De bol kan in gemeenschap worden gesteld met de ruimte, uit welke men de lucht wenscht te verwijderen; bovendien kan aan het boveneinde een weg worden geopend naar de buitenlucht. In het oorspronkelijke werktuig van GEISSLER dient een enkele glaskraan met geschikte doorboringen voor het een zoowel als voor het ander. Men laat, terwijl de weg naar de buitenlucht is geopend, het kwik den bol geheel vullen; nadat aldus alle lucht uit den bol naar buiten is gedreven, sluit men dezen weg af, en maakt nu, terwijl het kwik daalt, gemeenschap tusschen de pomp en het ledig te pompen vat, zoodat de lucht uit dit laatste zich verspreidt over de ruimte boven het dalende kwik. Deze bewerkingen worden een groot aantal malen herhaald.

Al spoedig bleken moeilijkheden te bestaan, die men bij de zuigerluchtpomp, omdat daar veel grooter gebreken zijn, niet had opgemerkt, maar die men op voortreffelijke wijze heeft kunnen overwinnen. Om de luchtledige ruimte van allen waterdamp te bevrijden werd aan de kwikluchtpomp een bolletje verbonden met watervrij phosphorzuur, eene zelfstandigheid die den waterdamp gretig tot zich neemt. Maar ook andere stoffen dan water bleken dampen af te geven, met name het vet dat, in hoe kleine hoeveelheden dan ook, tot dichting der kraan en van verschillende verbindingsplaatsen noodig was. Men heeft daarom alle kranen weggelaten en andere hulpmiddelen verzonnen, waardoor men de lucht kan dwingen, juist daarheen te gaan, waar men haar hebben

wil. Als verder het glazen vat dat men wil leegpompen aan eene
glazen buis is vastgesmolten, die aan den anderen kant op dezelfde
wijze met de luchtpomp is verbonden, heeft men eene volkomen
luchtdichte sluiting, en is het „vacuum" met niet anders dan glas,
kwik en phosphorzuur in aanraking. Voegt men nu hier nog bij dat
het luchtlaagje dat aan de glaswanden kleeft, door verwarming
daarvan gedurende het evacueeren kan worden losgemaakt, dat
ook electrische ontladingen dit kunnen bevorderen, en eindelijk
dat men zich, om goede uitkomsten te verkrijgen, moet getroosten,
de bewerking uren of zelfs dagen lang voort te zetten, dan heeft
men een voldoend denkbeeld van het werken met eene kwikluchtpomp verkregen. Bij de verdunning, die ten slotte onder gunstige
omstandigheden bereikt kan worden, is misschien nog maar het
millioenste deel der oorspronkelijke hoeveelheid lucht in het vat
aanwezig.

Is het vat dat met de kwikluchtpomp verbonden is voor proeven over de electrische ontlading bestemd, dan zijn daaraan vooraf een paar metaaldraden aangebracht, de „electroden", die met
de polen der electriseermachine of van den inductor zullen verbonden worden. Platinadraden kunnen door eene kleine opening in
den glaswand halverwege naar binnen worden gestoken en vervolgens worden vastgesmolten; d.w.z., men kan door verhitting het
glas zoo langs den omtrek van den draad laten samenvloeien, dat
de opening geheel is afgesloten.

De „vacuumbuis" kan gedurende de proeven over de ontlading
met de kwikluchtpomp verbonden blijven, of wel eerst daarvan
worden gescheiden. Dit geschiedt door de verbindingsbuis op eene
plek, die vooraf door uitrekking verengd is, met eene kleine vlam
te verhitten. De buitenlucht knijpt den week geworden glaswand
dicht en eene kleine beweging is voldoende om de verlangde scheiding tot stand te brengen. Op deze wijze zijn de welbekende
GEISSLER'sche buizen vervaardigd, die in groote verscheidenheid
van vorm en grootte voorkomen, en waarvan vele ware kunststuk-
ken van glasblazerswerk zijn.

Het eerst valt nu bij deze buizen de gemakkelijkheid in het oog,
waarmede zij de electrische ontlading doorlaten. Geeft men aan de
electriciteit de keus tusschen een weg door de gewone lucht, over
twee bollen, die b.v. op een afstand van een halven centimeter van
elkander staan, en den weg door eene GEISSLER'sche buis, waarbij

de electroden eenige decimeters van elkander zijn verwijderd, dan geeft zij aan den laatsten weg de voorkeur. De lucht blijkt dus een *beletsel* te zijn en men is geneigd te verwachten dat bij voortgezette verdunning de overgang van electriciteit steeds gemakkelijker zal plaats hebben, dat dus eene ruimte zonder eenige lucht, alleen met den ether gevuld, — op welken wij geen vat hebben, daar hij door het glas heengaat, — een voortreffelijke geleider der electriciteit zou zijn. Toch is dat niet het geval. De gewone GEISS-LER'sche buizen zijn nl. volstrekt niet zoo ver ledig gepompt als men het met al de boven beschreven voorzorgen kan doen. Bij hoogere graden van verdunning wordt de doorgang der electriciteit weder meer bemoeilijkt, en eindelijk zal eerder eene vonk van eenige centimeters in lucht van de gewone dichtheid ontstaan dan eene ontlading in eene vacuumbuis waarin de electroden vrij wat minder van elkander verwijderd zijn. Zelfs heeft men buizen gemaakt, die weigeren de ontlading van zeer krachtige inductieklossen door te laten. Met het oog op deze verschijnselen mag men gerustelijk aannemen dat de ontlading altijd met medewerking van het gas geschiedt. Mocht men het bezwaar maken dat de hoeveelheid lucht in de buizen zoo klein is, dan bedenke men dat „klein" slechts een relatief begrip is. Schat men het aantal luchtmolekulen in een kubieken millimeter aanwezig, eene schatting die door het onderzoek naar de eigenschappen der gassen mogelijk is geworden, dan komt men voor de beste vacuumbuizen tot duizenden millioenen.

Op de rol die het gas speelt zal ik later terugkomen. Voor het oogenblik zijn van meer belang de lichtverschijnselen, die de ontlading vergezellen, en die bij verdunning der lucht zeer ingrijpende veranderingen ondergaan hebben. Tegelijk met de lengte van den weg tusschen de electroden is ook de breedte van het lichtgevende gas toegenomen; inderdaad kan het licht de doorsnede van buizen van eenige centimeters middellijn geheel vullen. Beschouwt men nu eene lichtende GEISSLER'sche buis, dan wordt men getroffen door een zeer opmerkelijk onderscheid tusschen de omgeving der positieve pool of „anode" en die der negatieve pool of „kathode". Trouwens, zoodanig verschil kan men ook bij de gewone dichtheid der lucht zeer goed opmerken. Bij de electriseermachine van HOLTZ en vele andere komen twee stel metalen spitsen voor, die naar eene wentelende glazen schijf gekeerd zijn. Is de machine in werking, dan gaat van het eene stel spitsen positieve en van het andere negatieve electriciteit op de schijf over, en in het donker ziet men aan beide eene lichtontwikkeling. Terwijl echter het positieve licht de gedaante heeft van lange violette pluimen, bestaan aan de negatieve spitsen niet anders dan kleine lichtstipjes. Dit negatieve „glimlicht" verdient hier des te meer vermeld te worden, omdat daarin, zooals zal blijken, de kiem ligt van de X-stralen.

In eene gewone GEISSLER'sche buis heeft men zoowel positief als negatief licht; deze verschijnselen beslaan echter zeer ongelijke gedeelten van de inwendige ruimte. Wel is het glimlicht veel uitgestrekter dan aan de spitsen der electriseermachine, maar het bepaalt zich tot een lichtend laagje van eenige millimeters of misschien een centimeter dikte, dat de kathode overtrekt. Het positieve licht daarentegen strekt zich van de anode af door bijna de geheele lengte der buis uit, al bedraagt die ook vele decimeters en al is de buis in grillige vormen gebogen en nu eens verengd, dan weder verwijd; het eindigt eerst dicht bij de kathode, waar het door eene donkere ruimte van het glimlicht is gescheiden. Het is dan ook het positieve licht, dat langen tijd het meest de aandacht heeft getrokken. Door zijne, met den aard van het gas wisselende kleurenpracht, en zijne zoo raadselachtige, afwisselende lichte en donkere lagen biedt het een aantrekkelijk schouwspel, waarvan de schoonheid nog verhoogd kan worden, als men de buis plaatselijk verengt of verwijdt en haar met fluoresceerende vloeistoffen omringt, of wel eene buis bezigt, die geheel of ten deele uit eene fluoresceerende glassoort is vervaardigd.

Door de gewichtige proeven van HITTORF te Münster werd in 1868 een nieuw tijdperk in het onderzoek der ontlading geopend. Hij werkte het eerst met veel hoogere verdunningen dan in de gewone GEISSLER'sche buizen voorkomen en zag nu hoe het glimlicht zich al verder en verder van de kathode af uitbreidt, terwijl het positieve licht op den achtergrond treedt. Wel is waar wordt bij steeds verder gedreven verdunning het kathodelicht hoe langer hoe zwakker, maar al is het zelf nauwelijks meer zichtbaar, het behoudt altijd de eigenschap, overal waar het met den glaswand in aanraking komt, dezen met groene kleur helder te doen fluoresceeren; uit de plaatsing en den omvang der lichtplek op het glas kan dus een besluit omtrent de uitgebreidheid van het glimlicht worden getrokken.

Hoogst merkwaardig is nu het door HITTORF ontdekte feit dat bij hooge verdunningen de ontwikkeling van het negatieve licht onafhankelijk wordt van de plaats waar zich de anode bevindt. Men kan in gedachte van elk punt der kathode uit eene rechte lijn trekken, die loodrecht op haar oppervlak staat; deze lijnen zullen alle binnen eene zekere ruimte liggen, die aan den eenen kant door de kathode, aan den anderen kant door den glaswand begrensd wordt. Welnu, het is ten naaste bij deze ruimte, die door het glimlicht wordt ingenomen. Wordt b.v. als kathode eene schijf van aluminium gebezigd, die in loodrechten stand op het uiteinde van een ingesmolten draad is bevestigd, dan ontwikkelt zich aan de voorzijde der schijf een *cilinder* van glimlicht, die zich, wanneer de kathode aan 't eene einde eener lange buis is aangebracht, over de volle lengte kan uitstrekken. Het kan zijn, nl. wanneer de anode aan 't andere einde der buis is geplaatst, dat de glimlichtcilinder nu ook werkelijk de anode bereikt, maar zelfs dan behoeft hij er volstrekt niet geheel door opgevangen te worden, maar kan voor een deel den glaswand treffen. Toen HITTORF als anode een zijdelingschen draad bezigde, in 't midden van de lengte der buis geplaatst en zoo omgebogen dat hij over eenigen afstand langs de as der buis liep, werd deze draad door den glimlichtcilinder omspoeld zonder hierop naar 't scheen eenigen invloed te hebben.

Een andermaal werd een op de zooeven genoemde wijze geplaatste en omgebogen draad als kathode gebruikt. Hij was met uitzondering van het eindvlak in een glasbuisje opgesloten, zoodat het glimlicht zich alleen aan dat vlakje ontwikkelen kon. Van daar af strekte het zich uit tot aan het einde van de buis, waarheen de omgebogen draad gekeerd was, en dat zelfs, wanneer de anode aan 't andere einde was; een bewijs dat het glimlicht, in zijne uitbreiding van de negatieve electrode af, zich zelfs van de anode kan verwijderen.

Bij eene buis als de laatstgenoemde is het nu ook zeer in het oog vallend, welk een belangrijk verschil er is tusschen het positieve en het negatieve licht. Het eerste zoekt wel degelijk de negatieve electrode op, zooals aanstonds blijkt, wanneer men de twee polen met elkander verwisselt.

Het positieve licht kan zich, voor zoover men weet, in eene gebo-

gen of geknikte buis even ver uitbreiden als in eene rechte buis
van overigens denzelfden aard. Het negatieve licht daarentegen,
beperkt als het is tot de bovengenoemde ruimte, kan nooit een
hoek omslaan. Men ziet dit duidelijk in eene buis die den vorm
eener V heeft, met de electroden aan de hoogste punten. Het glimlicht blijft in het eene been en kan aan het benedeneinde niet
anders doen dan het glas, waarmede het in aanraking komt, tot
fluorescentie brengen.

Al deze verschijnselen wekken het vermoeden op dat het glimlicht zich van de kathode af in rechte lijnen voortplant, en hebben
aanleiding gegeven tot de benaming „kathodestralen", een term,
waarmede zich, om nog één argument aan te voeren, ieder zal kunnen vereenigen, die heeft waargenomen, hoe verschillende voorwerpen, metaalplaatjes bv., in de buis op den weg van het glimlicht geplaatst eene donkere schaduw op den fluoresceerenden
glaswand werpen.

Overigens heeft de naam „kathodestralen" nog iets vóór boven
dien van „glimlicht". Er werd reeds vermeld dat bij hooge verdunningen dit laatste hoe langer hoe flauwer wordt. Men doet dan ook
't best zich voor te stellen dat, bij de ongestoorde ontwikkeling
van kathodestralen, van de ruimte die zij innemen volstrekt geen
„licht" uitgaat. Dit ontstaat eerst, als een bijkomend verschijnsel,
wanneer de stralen onderschept worden, hetzij door den glaswand,
hetzij door de lucht zelve, die zich nog in de buis bevindt. Trouwens, ook alles wat in het positieve licht der GEISSLER'sche buizen
het oog boeit, is slechts een gevolg van de voor ons onzichtbare
electriciteitsbeweging.

Op de bijeenkomst der British Association in 1879 liet CROOKES,
aan wien men reeds den bekenden radiometer te danken had, eene
reeks schoone proeven over kathodestralen zien. Door den titel
zijner voordracht: „On radiant matter" gaf hij uitdrukking aan
eene bepaalde hypothese over het wezen der stralen. Volgens
CROOKES worden uiterst kleine deeltjes met eene negatieve electrische lading, hetzij zij die reeds hadden, of eerst aan het oppervlak
der kathode verkregen hebben, door deze laatste met groote snelheid afgestooten; zij vliegen in rechte lijnen voort, en door het
bombardement dezer kleine projectielen tegen den glaswand worden trillingen opgewekt, die in het oog van den waarnemer den

indruk van licht teweeg brengen; dit is de fluorescentie van het glas.

Deze opvatting vindt een krachtigen steun in de mechanische werking der kathodestralen op voorwerpen, waardoor zij worden opgevangen. In een zijner vacuumbollen had CROOKES een licht molentje opgesloten, een kruis van aluminium, dat met een glazen hoedje op eene stift rustte, op de wijze van eene kompasnaald. De horizontale armen droegen aan het uiteinde als wiekjes kleine verticaal geplaatste micaplaatjes; deze werden, als het kruis ronddraaide, elk op zijn beurt zijdelings door de kathodestralen getroffen, die van eene in eene zijbuis geplaatste electrode uitgingen. Zoodra de inductor in werking werd gebracht, kwam het molentje in snelle wenteling.

Ook een „reactierad", vergelijkbaar met de bekende toestellen die door het uitstroomen van water of stoom aan 't draaien gebracht worden, of wel met de „draaiende zonnen" der vuurwerkmakers, werd door CROOKES geconstrueerd. De wieken van het molentje bestonden nu uit aluminium, zoodat zij zelf als kathoden konden dienen, wanneer de metalen naald die het kruis, ditmaal met een metalen hoedje, droeg, met de eene pool der inductieklos werd verbonden. Daar elk wiekje aan den eenen kant met eene isoleerende stof was bekleed, konden alleen aan de andere zijde kathodestralen ontstaan; terwijl nu hier, altijd volgens de opvatting van CROOKES, de kleine projectielen werden weggestooten, moest het wiekje zelf eene kracht in tegengestelde richting ondervinden. Dat die kracht werkelijk bestond, bleek uit de snelle wenteling van het molentje.

De theorie van CROOKES is niet zonder tegenspraak gebleven. Voor het oogenblik zal ik haar hier laten rusten, om bij het verdere experimenteele onderzoek te blijven.

Een belangrijken stap deed in 1893 LENARD te Bonn. De kathodestralen zouden natuurlijk veel toegankelijker worden, zoo men ze *buiten* de vacuumbuis kon brengen, en hiertoe was de weg geopend, nadat HERTZ had waargenomen dat zeer dun goud- of aluminiumblad, op den weg der stralen geplaatst, deze doorlaat. LENARD voorzag nu zijne buis van een venstertje van aluminium, en inderdaad, de stralen kwamen daar doorheen in de lucht te voorschijn. Dat de proef niet gemakkelijk was zal men licht gevoelen. Het venstertje moet zeer dun zijn, zal het de kathodestralen doorlaten; het moet zeer klein zijn, om bij de geringe dikte aan den druk der buitenlucht weerstand te kunnen bieden. LENARD sloot zijne buis aan het eene einde met eene metaalplaat, waarin eene ronde opening was van 1,7 mm. middellijn; het op den rand daarvan vastgekleefde aluminiumblad was slechts $^1/_{400}$ mm. dik. Het doel werd nu werkelijk bereikt, al drongen dan ook de stralen niet ver in de lucht door. Tot op een afstand van een drietal centimeters was, indien het licht der ontladingsbuis zorgvuldig werd afgesloten, eene zwakke blauwe lichtschemering in de lucht zichtbaar, die LENARD vergelijkt met hetgeen men te zien krijgt als men door eene spleet licht laat vallen in eene troebele vloeistof, bv. in melk. De lucht is klaarblijkelijk tegenover de kathodestralen troebel, en terwijl zij deze tegenhoudt en verstrooit wordt zij zelf lichtgevend, zooals dit boven reeds van de lucht in de buis werd opgemerkt. Beter nog dan door de waarneming van het lichten der lucht kon van de uitbreiding der stralen een denkbeeld worden verkregen, door in de nabijheid van het venstertje een scherm te plaatsen, dat met eene gemakkelijk fluoresceerende stof was bedekt. Het licht hiervan overstemde dat der lucht en kon nog tot op een afstand van 8 centimeter worden gezien. Een ander hulpmiddel was de photographische werking der stralen.

LENARD heeft uitvoerig de doorschijnendheid van allerlei stoffen onderzocht. Merkwaardig is het groote verschil dat er in dit opzicht tusschen de kathodestralen en het licht bestaat. Eene kwartsplaat van $^1/_2$ millimeter dikte wierp eene donkere schaduw, terwijl van een dun aluminiumblaadje, voor licht ondoorschijnend, de schaduw nauwelijks te bespeuren was. Aan de verhandeling van LENARD is de reproductie eener photographie toegevoegd, waaruit dit blijkt; zij is genomen, terwijl de gevoelige plaat was opgesloten in eene kleine ruimte, geheel door metalen wanden begrensd; de wand trouwens, die naar het venstertje gekeerd was, bestond uit aluminium ter dikte van $^1/_{250}$ millimeter. Terwijl de mate van doorschijnendheid tegenover de lichtstralen zeer van den aard der lichamen afhangt, is het LENARD gebleken dat de kathodestralen alleen of bijna alleen vragen naar de hoeveelheid stof, uit te drukken door de massa of het gewicht ervan, die zij op hun weg ontmoeten. Wordt een lichaam vervangen door een ander, waarvan de dichtheid twee maal zoo groot is, dan moet de dikte der laag worden gehalveerd om dezelfde doorschijnendheid te verkrijgen. Het bleek ook dat het venstertje uit dun glas, in plaats van uit aluminium, kon worden vervaardigd.

Van alle vroegere onderzoekers is LENARD het dichtst bij de ontdekking der X-stralen gekomen. Het was echter voor RÖNTGEN weggelegd, zijn naam te verbinden aan stralen die van den glaswand der vacuumbuis uitgaan, zonder venstertje, en al is de dikte misschien een millimeter ; en die de stralen van LENARD in het vermogen om lucht en andere lichamen te doordringen verre overtreffen.

Hoe de proeven genomen werden, is reeds vermeld. Ongetwijfeld werd er opzettelijk naar werkingen in de omgeving der buis gezocht en zeker is een zeer geoefend oog noodig geweest om het eerste spoor te vinden. RÖNTGEN bezigde eerst een scherm met bariumplatinocyanuur, dat zelfs tot op een afstand van 2 meter nog fluoresceerde, en kwam daarna tot de photographie met de X-stralen, waardoor de verschijnselen veel rustiger kunnen worden bestudeerd en het voordeel verkregen wordt dat men zwakke stralen nog kan waarnemen door den duur der pose, al is het tot een uur of langer, te verlengen. Daar overigens de photographiën op de gewone wijze worden behandeld zijn de plekken, waar de gevoelige plaat het meest door de stralen wordt getroffen, later in het „positief" het lichtst.

Wat nu de doorschijnendheid betreft vond RÖNTGEN het volgende. Papier laat zooveel stralen door dat achter een ingebonden boek van 1000 bladzijden of achter een dubbel whistspel duidelijke fluorescentie te zien was. Hout en eboniet zijn nog bij eene dikte van verscheidene centimeters doorschijnend. Water, zwavelkoolstof en verschillende andere vloeistoffen werden onderzocht, nadat zij in bakjes met micawanden waren gegoten, en bleken zeer doorschijnend te zijn. Bijzonder verrassend is het vermogen der stralen om tamelijk dikke metaalplaatjes te doordringen; aluminium laat de X-stralen evenals de kathodestralen meer dan eenig ander metaal door en kon zelfs verscheidene millimeters dik zijn. Het minst doorschijnend zijn platina en lood; het eerste metaal ongeveer 200, het laatste ongeveer 70 maal minder dan aluminium. Lood liet bij 1,5 millimeter dikte zoo goed als niets door en deelt aan loodhoudend glas en loodverf de eigenschap mede, vrij veel van de stralen op te slorpen.

Men ziet niets, wanneer men de stralen in het oog opvangt, al houdt men dit dicht bij de ontladingsbuis, en bespeurt evenmin eenig lichtverschijnsel op den weg der stralen door de lucht, zooals dat bij de kathodestralen, die dan ook sterker worden opgeslorpt, het geval is.

De voortplanting geschiedt langs rechte lijnen en de stralen wijken daar zelfs niet van af wanneer zij uit de eene stof in de andere overgaan. Terwijl alle soorten van licht en ook verschillende andere sedert lang bekende „onzichtbare" stralen, zooals de donkere warmtestralen, bij den doorgang door een prisma van richting veranderen, is daarvan bij de X-stralen niets bespeurd, ofschoon het met prisma's van water, zwavelkoolstof, eboniet en aluminium beproefd is. Ook eene regelmatige terugkaatsing, zooals het licht door een spiegel ondergaat, is niet waargenomen; wel bij sommige metaalplaten eene zoogenaamde diffuse terugkaatsing, iets dergelijks als wanneer licht op een blad papier valt.

Het photographeeren met de stralen van RÖNTGEN onderscheidt zich in twee opzichten van het photographeeren met licht. Vooreerst kan men, al wil men niet, zooals bij de eerste proeven, de ontladingsbuis zelf in een voor licht ondoordringbaar omhulsel opsluiten, de gevoelige plaat in zwart papier wikkelen of in een gesloten châssis laten, daar toch de X-stralen papier en hout doordringen. Men kan dan in het volle daglicht werken en zelfs, zooals dat herhaaldelijk geschied is, door eene plaat eboniet of een aluminiumblad heen photographeeren.

In de tweede plaats kunnen geene lenzen worden gebruikt, daar de stralen niet door het glas gebroken worden en dus niet tot „beelden" kunnen worden geconcentreerd. Al de vervaardigde photographieën geven schaduwbeelden te zien, en zijn ongetwijfeld voor het meerendeel gemaakt, terwijl het voorwerp op kleinen afstand van de gevoelige plaat werd gehouden. Bij een eenigszins grooten afstand worden wegens de uitgebreidheid der stralenbron de schaduwen niet scherp, tenzij men dit euvel verhelpt door slechts stralen, die eene niet te groote opening doorlaat, te gebruiken.

De belangrijke toepassingen die deze photographieën reeds gevonden hebben, berusten hierop dat men de schaduwen van ondoorschijnende voorwerpen kan te zien krijgen, al zijn zij omsloten door stoffen die het licht niet doorlaten; het is voldoende dat deze stoffen voor de X-stralen min of meer doorschijnend zijn.

Tot de meest verrassende photographieën die reeds spoedig door den ontdekker zijn verkregen, behooren die van eene kompasnaald, in een metalen omhulsel besloten, waarop men zeer scherp ook de deelstrepen der roos ziet, van een metaaldraad, tusschen twee houten schijven voor het oog verborgen, en bovenal van eene hand, waarop de donkere schaduwen der beenderen duidelijk zichtbaar zijn temidden van de lichtere schaduwen der zachte deelen. Trouwens, deze beelden zijn reeds zoo algemeen bekend geworden dat er niets meer van behoeft gezegd te worden.

Evenmin is het noodig hier te gewagen van de tallooze herhalingen der proeven op groote en kleine schaal. Het zij mij vergund, alleen nog over het wezen van het verschijnsel iets te zeggen, al kan dan ook niet anders worden gedaan dan een paar onderstellingen vermelden, tusschen welke vermoedelijk het verder onderzoek zal hebben te beslissen.

Vooreerst staat het wel vast dat de X-stralen iets anders zijn dan de stralen van LENARD. Reeds hun grooter doordringingsvermogen wijst hier op en er is, zooals straks zal blijken, nog een tweede verschil.

Met dat al ontstaan de stralen van RÖNTGEN, evenals die van LENARD, op eene of andere wijze uit de kathodestralen *in* de buis; het is namelijk gebleken dat zij altijd uitgaan van dat gedeelte van den glaswand dat door de kathodestralen wordt getroffen en tot fluorescentie wordt gebracht. Men komt er dus toe, voor men in bespiegelingen over den aard der X-stralen treedt, nog eens weder tot de kathodestralen in de buis terug te keeren.

Had CROOKES gelijk toen hij deze voor stralende materie verklaarde? Vele natuurkundigen betwijfelen dit en willen liever in de kathodestralen trillingen zien, die zich van de kathode uit in den ether voortplanten, iets dergelijks dus als een lichtbundel, al moeten natuurlijk de trillingen van anderen aard zijn dan die van het licht. De voorstanders van deze meening beroepen zich, wat de draaiende molentjes van CROOKES betreft, op het feit dat volgens de lichttheorie een lichtbundel op elk voorwerp waardoor hij onderschept wordt een druk uitoefent en dus ook, wat daarmede in nauw verband staat, een lichaam dat naar ééne zijde lichtstralen uitzendt zelf eene kracht in tegengestelde richting ondervindt. Eene dergelijke, misschien sterkere werking zouden ook de trillingen der kathodestralen, als er trillingen zijn, kunnen hebben.

LENARD heeft verder proeven genomen, waarbij de ontladingsbuis door het aluminiumvenstertje gescheiden was van eene ruimte die eveneens met eene kwikluchtpomp was verbonden. Terwijl
nu die ruimte geëvacueerd werd, zag hij de kathodestralen er al
verder en verder in doordringen, ten slotte tot op een afstand van
meer dan een meter, en dit verschijnsel bleef bestaan, al was een
zoo volkomen luchtledig bereikt, dat in de genoemde ruimte zelf
geene electrische ontladingen meer konden plaats hebben. De kathodestralen kunnen zich dus *voortplanten* in eene ruimte waarin
zij niet meer kunnen *ontstaan*, hoogstwaarschijnlijk ook nog in den
ether, wanneer die van alle luchtmolekulen bevrijd is. Derhalve,
meent LENARD, moeten zij verschijnselen in den ether zijn; zij
moeten in eene trilling of eene evenwichtsverstoring van dezen of
genen aard bestaan, die zich in den ether voortplant.

Het is hier de plaats niet om de verschillende meeningen nauw-
gezet tegen elkander af te wegen. Toch kan ik de verklaring niet
weerhouden dat de opvatting van CROOKES mij toeschijnt, de
meest aannemelijke te zijn. Tegen de zoo even genoemde opmerking van LENARD kan men aanvoeren dat kleine projectielen, die
door het aluminiumvenster heen gedrongen zijn, zich zeer goed in
eene ruimte zullen kunnen voortbewegen, die alleen ether bevat.
Dat men echter werkelijk met zulke projectielen te doen heeft,
daarvoor pleiten twee feiten.

Het eerste is de in vergelijking met het licht kleine snelheid der
kathodestralen. J. J. THOMSON te Cambridge heeft door vernuftige proeven bewezen dat twee punten van den buiswand, waarvan
het eene 10 centimeter verder van de kathode verwijderd was dan
het andere, niet gelijktijdig begonnen te fluoresceeren. De plek die
het verst van de kathode lag deed dit iets later dan de andere; het
tijdsverschil bedroeg ongeveer een tweemillioenste seconde. Terwijl deze proeven de meeningen rechtvaardigen, dat de kathode
werkelijk het punt van uitgang der stralen is, bewijzen zij tevens
dat per seconde een weg van 200 000 meter wordt afgelegd. Deze
snelheid nu is, voor trillingen, zeer klein. Het licht doorloopt in
ééne seconde een afstand van 300 000 000 meter, en in hetgeen wij
van den ether weten, is niets, dat op de mogelijkheid van trillingen met eene kleinere voortplantingssnelheid wijst.

Het tweede feit waarop zooeven gedoeld werd is de eigenaardige
invloed van magnetische krachten op den loop der kathodestra-

len. De rechtlijnige voortplanting houdt op, zoodra eene magneet-pool in de nabijheid eener buis van CROOKES wordt gebracht. De gebogen lijn die de stralen dan volgen stemt volkomen overeen met de baan, in welke zich onder dezelfde omstandigheden nega-tief geladen deeltjes, die van de kathode uitgaan, zouden voortbe-wegen. Voor de trillingstheorie daarentegen is de werking van een magneet tot nog toe een onopgelost raadsel.

De stralen van LENARD zijn even goed als de kathodestralen in de buis gevoelig voor magnetische invloeden; zij zijn dus hoogst-waarschijnlijk van geheel denzelfden aard en moeten in de theorie die mij het meest waarschijnlijk voorkomt, eveneens als een stroom van negatief geladen deeltjes beschouwd worden, hetzij dat de deeltjes in de buis door het venstertje heen zijn gevlogen, hetzij, wat minder eenvoudig is, dat door hun stooten tegen het aluminium andere deeltjes uit het metaal naar buiten worden ge-dreven. Wie het eerste wil aannemen dient zich tevens voor te stellen dat de projectielen kleiner zijn dan luchtmolekulen in hun geheel, daar toch het venster voor deze laatste ondoordringbaar is. Men heeft trouwens vele gronden om aan te nemen dat de moleku-len van alle lichamen veel kleinere deeltjes bevatten, zoogenaam-de „ionen", die met electrische ladingen zijn toegerust; deze ionen, en niet de molekulen zelf, zouden bij de kathodestralen in het spel kunnen zijn. Ook de ontwikkeling der stralen in de buis is met deze opvatting in overeenstemming. Een molekuul kan in lucht van de gewone dichtheid gemiddeld slechts over een afstand van $1/_{10\,000}$ millimeter voortvliegen zonder tegen een ander deeltje te botsen; daaruit volgt dat, na verdunning tot $1/_{10\,000}$ van de oor-spronkelijke dichtheid, de vrije weg ongeveer 1 millimeter zal be-dragen. Aangezien zich nu bij deze verdunning kathodestralen van veel grootere lengte kunnen ontwikkelen, moet men zich klei-nere projectielen verbeelden, die verder tusschen de molekulen kunnen doordringen en misschien zelfs door een molekuul, tus-schen de atomen waaruit het is opgebouwd heen, kunnen gaan.

Beschouwingen als de medegedeelde, hoe geschikt misschien om eenig licht te ontsteken over den aard van de kathodestralen en de stralen van LENARD, laten de vraag naar het wezen der X-stralen onbeslist. De voortplantingssnelheid is nog niet bekend en eene werking van een magneet bestaat hier niet; sterke magnetische krachten zelfs brengen de X-stralen niet van den rechten weg af.

Derhalve vallen de argumenten die bij de kathodestralen ten gunste van de theorie van CROOKES pleiten hier weg. Wel blijft het· denkbaar dat kleine deeltjes door het glas heenvliegen, of daaruit worden weggestooten, — waarbij dan de ongevoeligheid voor magnetische invloeden zou moeten verklaard worden uit het gemis eener electrische lading of uit eene zeer groote snelheid —, maar de verschijnselen verbieden het ook geenszins, in de stralen van RÖNTGEN de voortplanting eener golfbeweging van bijzondere soort te zien, zooals die van verschillende zijden vermoed wordt.

De hypothesen die reeds werden voorgeslagen hebben dit nut, dat zij den weg kunnen wijzen tot beslissende proefnemingen. Dat deze niet lang zullen uitblijven en dat wellicht na eenige maanden het raadsel in hoofdzaak zal zijn opgelost, mag men met 't oog op de hulpmiddelen der hedendaagsche natuurkunde met grond ver- wachten.

Het zou onbillijk zijn, dit opstel te eindigen zonder nog een enkel woord te zeggen over de onderzoekingen van GOLDSTEIN te Berlijn. Meer dan iemand anders heeft hij de lichtverschijnselen in de ontladingsbuizen in bijzonderheden bestudeerd. Reeds vóór LENARD heeft hij aangetoond dat de kathodestralen photogra- phisch werkzaam zijn en in 1886 heeft hij bewezen dat in eene vacuumbuis, naast de kathodestralen, stralen kunnen worden voortgebracht, waarop een magneet niet werkt. De bijzonder- heden van deze ontdekking moesten hier, evenals hetgeen GOLD- STEIN verder gevonden heeft, achterwege blijven; zijne uitkom- sten zullen echter van groote waarde blijken, als het tijdstip is aangebroken, dat wij thans zien naderen, waarop de ontladings- verschijnselen en de X-stralen ons een nieuwen blik zullen vergun- nen in het wezen van de molekulen en den aether.

HET LICHT EN DE BOUW DER MATERIE [1])

Onder de hulpmiddelen die de natuurkunde den medici en bio-
logen verschaft heeft, mag het mikroskoop bovenaan worden gesteld; elke verbetering hiervan heeft een oogst van nieuwe ontdekkingen ten gevolge gehad, en door de grens waartoe het vermogen van het mikroskoop kan worden opgevoerd, wordt in menig biologisch onderzoek het bereikbare aangegeven. Het zal
daarom, naar ik hoop, aan het doel dezer vergadering beantwoorden, wanneer ik u verzoek, uwe aandacht te mogen bepalen bij de
laatste uitbreidingen van het veld van mikroskopisch onderzoek;
eenige opmerkingen over de beteekenis van optische verschijnselen voor ons inzicht in den bouw der materie zullen zich daarbij
als van zelf aansluiten.

Wanneer er van het moderne mikroskoop gesproken wordt,
denken wij aanstonds aan ABBE en aan zijne toepassing van de
theorie der lichttrillingen op de beeldvorming bij de mikroskopische waarneming. De denkbeelden die daarbij te pas kwamen zijn
voor een deel van CHRISTIAAN HUYGENS, voor een deel ook van
latere natuurkundigen, met name van FRESNEL afkomstig. Wat
aan de lichttheorie van HUYGENS door zijne opvolgers moest worden toegevoegd, was het inzicht dat men niet, zooals hij zich voorstelde, met de voortplanting van enkele stooten of onsamenhan-
gende evenwichtsverstoringen te doen heeft, maar met een regelmatige opeenvolging van trillingen, waarvan het aantal per seconde de kleur bepaalt; het bedraagt voor het roode licht ongeveer 400 biljoen, voor het violette ongeveer 750 biljoen per seconde. Met het aantal trillingen hangt de golflengte van het licht
samen, de afstand waarover men langs den straal moet voortgaan
om denzelfden trillingstoestand weer terug te vinden, een afstand

[1]) Rede, uitgesproken op 4 April 1907 bij de opening van het 11de Nederlandsch
Natuur- en Geneeskundig Congres te Leiden. Verhandelingen, 11, 6, 1907.
De Gids, 71, 1907.

dien men kan vergelijken met dien tusschen twee golfbergen op een waterspiegel, en die voor de zooeven genoemde lichtsoorten ongeveer 0,8 en 0,4 mikron, d.w.z. 0,8 en 0,4 van een duizendste millimeter is. FRESNEL toonde aan dat juist deze golflengte in menig geval beslissend is voor hetgeen men waarneemt.

Tot de verschijnselen die hij met voorliefde behandelde, behooren die, welke zich voordoen, wanneer het licht nauwe openingen doordringt of door een beletsel van kleine afmetingen in zijn ongestoorde voortplanting wordt belemmerd. In deze gevallen is het gedaan met de rechtlijnige voortplanting die bij de alledaagsche verschijnselen zoo zeer in het oog valt; achter de nauwe openingen breidt het licht zich ook uit in richtingen die van het verlengde der invallende stralen afwijken, en een klein ondoorschijnend voorwerpje wordt door de lichtgolven omspoeld op een dergelijke wijze als de watergolven een paal kunnen omspoelen. Het zijn nu zulke buigings- of diffractieverschijnselen, waarmee men, zooals ABBE en ook HELMHOLTZ aanwees, bij de mikroskopische waarneming te doen heeft.

Ofschoon er bij HUYGENS nog van geen buigingsverschijnselen sprake is, kunnen wij toch zijn naam in één opzicht aan de tegenwoordige theorie van het mikroskoop en ook aan sommige andere vragen die ik zal aanroeren verbinden. In zijn „Traité de la lumière" vindt men het beginsel uiteengezet, waarvan men zich nog altijd in deze theorieën bedient, en dat hierop neerkomt dat de lichttrillingen zich van elk punt uit, dat zij getroffen hebben, naar alle zijden voortplanten, dat dus elk dergelijk punt als een nieuw middelpunt van trilling kan worden aangemerkt; daardoor wordt het begrijpelijk dat van de verschillende punten van een opening het licht ook naar die plaatsen komt, die bij rechtlijnige voortplanting in het donker zouden blijven, en dat de trillingen, na in de punten aan weerszijden van een ondoorschijnend beletsel gekomen te zijn, van daar uit de ruimte achter dit beletsel kunnen bereiken.

De toepassing van dit alles op de beeldvorming in het mikroskoop leidde tot merkwaardige gevolgtrekkingen, die ten volle door de waarnemingen werden bevestigd. Van volkomen scherpe beelden, in dien zin dat het van een bepaald punt van het voorwerp afkomstige licht in één enkel punt van het beeldvlak zou worden tezamengebracht, is geen sprake. Integendeel, de trillingen die van een lichtgevend punt uitgaan, worden over een zekere uitgestrektheid verspreid; het punt wordt niet als een punt, maar als een klein lichtschijfje afgebeeld. Het gevolg is, dat twee lichtpunten die op zeer kleinen afstand van elkaar liggen, in het beeld ineenvloeien, zoodat men ze niet meer kan onderscheiden, en dat in het algemeen zeer fijne details van het voorwerp in het beeld verloren gaan. Zoo stelt de aard van het licht zelf een grens aan het oplossend vermogen van het mikroskoop, en wel is het bepaaldelijk de golflengte waardoor die grens bepaald wordt. Zijn overigens alle omstandigheden zoo gunstig mogelijk, dan kan men zeggen dat punten waarvan de afstand eenige golflengten bedraagt, duidelijk van elkaar kunnen worden onderscheiden, en dat voorwerpen van een dergelijke grootte werkelijk kunnen worden *afgebeeld*, in hun waren vorm worden gezien. Daarentegen is aan een nauwkeurige afbeelding van voorwerpjes of structuren met afmetingen gelijk aan een onderdeel van de golflengte niet te denken. Gelukkig dat, zooals ik reeds zeide, de golflengte zoo klein is. Zij bedraagt voor de stralen die in het zonlicht of daglicht met de grootste sterkte voorkomen, ongeveer 550 millioenste millimeter, en wanneer wij over de grenzen van het oplossend vermogen van een mikroskoop spreken, hebben wij dus in elk geval aan afmetingen iets beneden een mikron te denken. Dat een afbeelding van veel kleinere lichaampjes niet te verwachten is, ziet men trouwens onmiddellijk in als men bedenkt, dat wij een voorwerp alleen kunnen zien door de wijziging die het in den voortgang der lichttrillingen brengt; er kan dus van de waarneming niet veel terecht komen, wanneer de golven het voorwerp al te zeer omspoelen.

Middelen waardoor het oplossend vermogen kan worden vergroot, en die dan ook met goed gevolg zijn toegepast, zijn nu van zelf aangewezen. Een daarvan is het gebruik der zoogenaamde immersiesystemen, waarbij de ruimte tusschen het voorwerp en het objectief van het mikroskoop met water of een andere, sterker lichtbrekende vloeistof gevuld is. Het blijkt dat, ofschoon het voorwerp door het dekglaasje van die vloeistof is gescheiden, de zaak vrij wel op hetzelfde neerkomt alsof het *in* de vloeistof lag, en men heeft niet meer met de golflengte in de lucht, maar met die in de vloeistof te rekenen. Als men weet dat deze in water $^3/_4$ van de golflengte in de lucht is, en bv. in cederolie $^2/_3$ daarvan, kan men nagaan hoeveel men het met een immersiesysteem verder kan brengen dan met een droog systeem.

Een tweede middel bestaat in het gebruik van ultra-violette stralen, die zich, zooals u bekend is, door een kleinere golflengte van de lichtstralen onderscheiden; zij maken wel is waar geen indruk op ons netvlies, maar men kan de beelden die er door gevormd worden met behulp der photographie vastleggen. De moeilijkheden aan het gebruik van deze stralen verbonden, zijn in de laatste jaren door KÖHLER, een der wetenschappenlijke medewerkers der stichting ZEISS, bijgestaan door VON ROHR, overwonnen. Ik zal van zijn langdurigen en moeilijken arbeid alleen zeggen dat een geheel nieuw mikroskoop moest worden gebouwd. De lenzen bestaan niet uit glas, dat de ultraviolette stralen te weinig doorlaat, maar uit bergkristal, en die waarop het 't meest aankomt uit het amorphe kwarts dat door smelting in den electrischen oven wordt verkregen. Wat het licht betreft, als ik het nog zoo mag noemen, dit wordt geleverd door krachtige electrische vonken tusschen twee draden van het metaal cadmium; de daarvan uitgaande stralen worden door een spectraalinrichting ontleed en alleen die, welke één tamelijke scherpe lijn in het ultraviolet geven, voor de verlichting van het voorwerp gebezigd.

De golflengte van dit licht bedraagt 275 millioenste millimeter, juist de helft van het getal dat ik zoo even voor het zonlicht opgaf. De hierop gegronde verwachting dat het oplossend vermogen ongeveer verdubbeld zou zijn, wordt door de uitkomst inderdaad bevestigd.

De stralen waarmee KÖHLER werkt, hebben nog lang niet de kleinste golflengte die men kent. Er zijn er wel met een golflengte van ongeveer 100 millioenste millimeter, en kon men die gebruiken, dan zou men het dus nog bijna driemaal verder kunnen brengen. Ongelukkigerwijze is er weinig uitzicht, lenzen te vervaardigen, die voor deze stralen nog tamelijk doorschijnend zijn, en schijnt het wel dat, wat het werkelijke *afbeelden* van voorwerpen betreft, de uiterste grens bereikt is.

Van het mikroskoop voor ultraviolet licht kunnen wij overgaan tot de ultramikroskopie, de velen uwer welbekende waarnemingsmethode die men aan SIEDENTOPF en ZSIGMONDY te danken heeft, en aan welker ontwikkeling ook de Fransche natuurkundigen COTTON en MOUTON een belangrijk aandeel hebben gehad. Het gronddenkbeeld hierbij is, dat wij een voorwerpje dat te klein is om *afgebeeld* te worden, wat wij nu maar niet meer verlangen, toch nog wel kunnen *zien*; als er maar licht genoeg van uitgaat, zullen wij het als een diffractieschijfje kunnen waarnemen.

Nieuw of ongewoon is dit trouwens niet. De vaste sterren zijn te ver verwijderd om in ons oog of in een kijker zoo afgebeeld te worden, dat wij hunne deelen kunnen onderscheiden; wij zien ze als „lichtstippen", d.w.z. als kleine lichtvlekjes, waarvan de grootte, afgezien van de onvolkomenheid der lenzenstelsels, door de buiging bepaald wordt. Evenzoo worden kleine deeltjes in een vast lichaam of een vloeistoflaag, die onder het mikroskoop geplaatst zijn, zichtbaar, wanneer zij door een krachtigen lichtbundel worden beschenen en maar groot genoeg zijn om overeenkomstig het beginsel van HUYGENS het licht zoo sterk te verstrooien, dat elk deeltje op zich zelf reeds een voldoenden lichtindruk kan teweegbrengen. Wordt er voor gezorgd, bv. door geschikte zijdelingsche verlichting, dat de invallende stralen niet rechtstreeks in het instrument vallen, dan ziet men de deeltjes als heldere stippen op een donkeren achtergrond, zoo iets als een sterrenhemel in het klein. De vergelijking gaat ook in zoo ver op dat de afstand der naast elkaar liggende deeltjes niet al te klein moet zijn; ligt die te ver beneden de golflengte, dan kunnen de deeltjes van den zwerm niet afzonderlijk worden gezien en krijgt men alleen een zekere gelijkmatige verlichting van het veld. Het is er mee als met het oplossen van een sterrenhoop.

Wat het licht der afzonderlijke deeltjes betreft, het laat zich hooren dat dit van hunne grootte afhangt en bovendien van hunne optische eigenschappen; hoe meer zij in dit opzicht van de stof waarin zij verspreid zijn, verschillen, des te meer verstrooien zij de invallende stralen. Van daar dat stoffen die zeer kleine metaaldeeltjes bevatten, bijzonder geschikt zijn voor het ultramikroskopisch onderzoek.

SIEDENTOPF en ZSIGMONDY hebben dan ook hunne nieuwe methode het allereerst toegepast op glas dat door een kleine hoeveelheid goud, misschien een tienduizendste van de geheele massa, gekleurd is. Kent men de hoeveelheid goudchloride, die bij de bereiding aan de glasmassa is toegevoegd, en *telt* men de met het ultramikroskoop in een zeker volume van het glas waargenomen lichtstippen, dan kan de massa van elk gouddeeltje en dus ook, met behulp van het soortelijk gewicht van het metaal, de grootte der deeltjes worden gevonden. De kleinste deeltjes, die men trouwens alleen met sterk zonlicht op een mooien zomerdag te zien kan krijgen, bleken op deze wijze afmetingen van 3 tot 6 millioenste millimeter te hebben. Daar de golflengte van de door Köhler gebezigde ultraviolette stralen 275 millioenste millimeter bedraagt, is het wel duidelijk dat aan een afbeelding dezer goud-deeltjes niet te denken valt, dat zij werkelijk ultramikroskopisch zijn. Trouwens, sommige gekleurde glazen hebben ongetwijfeld hun kleur aan nog kleinere deeltjes te danken, waarbij ook het ultramikroskoop ons in den steek laat.

Ter vergelijking kan dienen dat de bloedlichaampjes van den mensch een middellijn van ongeveer 8 mikron hebben, meer dan het duizendvoud van die der goudkorreltjes in het gekleurde glas.

De onderzoekingen met het ultramikroskoop hebben reeds veel licht verspreid over de structuur der in menig opzicht zoo merk-waardige colloidale stoffen, waarvan de scheikundige eigenschap-pen vooral door van Bemmelen onderzocht zijn. Hoogst verras-send is het, dat allerlei vroeger onoplosbaar geachte zelfstandig-heden, zooals goud, zilver, ferrioxydhydraat in zoogenaamd col-loidale oplossing kunnen worden verkregen, en men had reeds lang gemeend dat zulke oplossingen zich van de gewone onder-scheiden doordat de stoffen er in veel grootere deeltjes in aan-wezig zijn; inderdaad was de opvatting verdedigd, dat er een ge-leidelijke overgang zou zijn van de oplossingen in den gebruike-lijken zin van het woord, tot vloeistoffen waarin vaste zelfstandig-heden in fijn verdeelden toestand zweven. Het is nu werkelijk gelukt, in menige colloidale oplossing de kleine deeltjes met het ultramikroskoop te onderscheiden.

Dat de nieuwe wijze van waarnemen veel belooft voor de ken-nis van die colloiden, welke, zooals de eiwitstoffen, een voorname beteekenis hebben voor de levensverschijnselen, behoeft niet ge-zegd te worden; eenige stappen in deze richting zijn ook reeds ge-daan. De mogelijkheid bestaat verder dat het bestaan van mi-kroben, klein genoeg om zich voor de gewone mikroskopische waarneming schuil te houden, op deze wijze aan het licht kan worden gebracht, al zullen die dan niet naar hun vorm van elkaar kunnen worden onderscheiden. Ik geloof niet dat men reeds iets nieuws van dezen aard heeft gevonden, maar wel hebben Cotton en Mouton de mikrobe van de longziekte van het rund, in welker

cultures het mikroskoop niet meer dan een vrij onduidelijke kor-
reling laat zien, in hun ultramikroskoop als afzonderlijke lichtstipjes waargenomen.

Vloeistoffen die ultramikroskopische deeltjes bevatten, vertoonen een verschijnsel dat nog een oogenblik onze aandacht verdient. Ik bedoel de sedert lang bekende BROWN'sche beweging
van zwevende deeltjes, die bij de zeer kleine lichaampjes waarover
wij nu spreken, bijzonder in het oog valt. Het is een onophoudelijk onregelmatig heen en weer krioelen, vergelijkbaar, zooals
ZSIGMONDY zegt, met het dansen van een muggenzwerm in den
zonneschijn, en uit natuurkundig oogpunt merkwaardig, omdat
het den schijn heeft dat men hier een onmiddellijk gevolg ziet van
de snelle, onregelmatige, nu her- dan derwaarts gerichte beweging
die men sedert lang aan de molekulen, de kleine deeltjes waaruit
wij ons alle lichamen opgebouwd denken, toeschrijft. Toevallige
schokken of stooten aan de vloeistof gegeven, stroomingen door
kleine temperatuurverschillen teweeggebracht, en in het algemeen uitwendige invloeden, kunnen — dit staat wel vast — de
oorzaak van het verschijnsel niet zijn. Wij moeten daarom aannemen dat de zwevende lichaampjes door krachten in het object
zelf, dus door krachten die van het omringende water uitgaan,
worden heen en weer geworpen, en zoodra wij weten dat de watermolekulen snelheden van honderden meters in de sekonde hebben,
ligt het voor de hand aan de stooten te denken, die zij op de in hun
midden geplaatste vreemde deeltjes uitoefenen. Men zal zich er
niet over verwonderen dat men op deze wijze in een colloidale
goudoplossing zoo iets als de muggenzwerm waarvan ZSIGMONDY
spreekt, te zien krijgt. Ook is het begrijpelijk dat een gouddeeltje,
omdat het veel grooter dan de watermolekulen is, zich veel langzamer dan deze verplaatst, zoodat men het op zijn weg kan volgen, wat bij de molekulen zelf, ook al kon men ze afzonderlijk
zien, ondoenlijk zou blijken; die gaan daartoe veel te snel.

Ik moet erbij voegen dat er bij nadere uitwerking dezer verklaring belangrijke moeilijkheden blijven bestaan. Onoverkomelijk acht ik die echter niet, en er kan op worden gewezen dat
het nauwelijks denkbaar is, dat in een vloeistof waarvan de
kleine deeltjes in rust waren, zwevende lichaampjes onophoudelijk zouden heen en weer gaan.

Vergeleken met de watermolekulen zijn de gouddeeltjes van SIEDENTOPF en ZSIGMONDY van reusachtige grootte, en ook wanneer wij de allerkleinste ultramikroskopisch zichtbare lichaampjes vergelijken met de molekulen van zelfstandigheden die veel meer samengesteld zijn dan water, blijft er nog een groote afstand. Van het *zien* der afzonderlijke molekulen zijn wij dus nog steeds ver af en wij kunnen niet verwachten dat het ons ooit zal gelukken. De hoeveelheid licht die door één molekuul verspreid wordt, is te gering om een indruk op ons netvlies te maken, en bovendien liggen de molekulen te dicht bijeen om van elkaar gescheiden gezien te worden.

De vraag is intusschen of niet het door al de molekulen te zamen verstrooide licht zichtbaar zal zijn, en of dus niet elk lichaam waar een lichtbundel door schijnt, ook dan wanneer het geheel vrij van stofjes is, iets dergelijks moet vertoonen als wij in de lucht van deze zaal zouden zien, wanneer er een bundel zonnestralen in viel, dien wij zich dan op al het zwevende stof zouden zien afteekenen. LOBRY de BRUYN en WOLFF hebben uit hunne proeven het besluit getrokken, dat inderdaad stoffen met hoog molekulair gewicht door de werking hunner molekulen het licht verstrooien, en de theorie verklaart dat *elke* stof dit in meerdere of mindere mate moet doen. Het naar alle zijden geworpen licht moet bij genoegzame dikte van de laag waarvan het uitgaat merkbaar worden, en de verzwakking van de stralen die het noodzakelijk gevolg van de verstrooiing is, moet zich doen gevoelen als men maar ver genoeg langs den bundel voortgaat.

Het meest interessante geval is dat van de atmospheer. Zal volkomen zuivere lucht, waarin niet het minste stofdeeltje of waterdruppeltje zweeft, alleen wegens de molekulaire structuur op de wijze van een fijnen nevel ondoorschijnend worden? RAYLEIGH heeft door een berekening de vraag beantwoord en ik kan u zijn gedachtengang, eenigszins naar moderne opvattingen gewijzigd, in weinig woorden aangeven. Van den invloed van een uit molekulen samengesteld lichaam op een lichtbundel geven wij ons rekenschap door ons voor te stellen, dat in elk molekuul, zelfs in elk atoom, nog veel kleinere deeltjes aanwezig zijn, die door het licht aan het meetrillen worden gebracht. Laat ik er bijvoegen dat de krachten die in een lichtstraal werken van electrischen aard zijn, en dat wij daarom, om te begrijpen dat de lichttrillingen vat op die kleine deeltjes hebben, aan deze electrische ladingen toekennen. Het zijn de electronen, waarmee wij tegenwoordig zoo veel te doen hebben.

Naar het beginsel van HUYGENS wordt elk electron, zoodra het aan het meetrillen geraakt is, zelf het middelpunt van nieuwe lichtgolven en hierin ligt de oorzaak van de verstrooiing waarover wij spreken.

Hoeveel die nu bedraagt, hangt niet zoozeer van de afmetingen der molekulen en hunne massa af, als wel van wat er binnen in elk molekuul gebeurt, en hiervan kan men een denkbeeld krijgen wanneer men het brekend vermogen van het lichaam meet, dat op zijn beurt door de mate van het meetrillen bepaald wordt. Kent men den brekingsindex, de golflengte en het aantal molekulen per cm^3, dan kan worden berekend hoeveel van het invallende licht naar alle kanten verstrooid wordt, en hoeveel een lichtbundel die zich over zekeren afstand voortplant wordt verzwakt. Voor geel licht en voor lucht van de gewone dichtheid vindt men, met behulp van wat wij van het aantal molekulen weten, dat de sterkte van een lichtbundel na het doorloopen van ongeveer 100 km tot de helft is verminderd.

Op de afstanden waarop wij gewoonlijk zien kan dus zuivere lucht wel doorschijnend genoemd worden, maar op grootere afstanden zooals die in den dampkring werkelijk voorkomen, is de verstrooiing volstrekt niet te verwaarloozen. De stralen van een ster in het zenith zouden volgens de berekening die ik u schetste, als zij het oppervlak der aarde bereiken, ongeveer 6% van hun sterkte verloren hebben. Wij kunnen dit vergelijken met de uitkomst, die men uit de waarneming der lichtsterkte bij verschillende hoogten van een hemellichaam heeft afgeleid; men heeft daaruit tot een vermindering van ongeveer 20% besloten.

Een *bewijs* voor de molekulaire structuur der lucht is hiermede niet gegeven, daar men altijd de verspreiding van het licht aan zwevende stofdeeltjes zou kunnen toeschrijven. Wij moeten er tevreden mee zijn, dat de molekulaire theorie door de waarnemingen niet weersproken wordt. Onze uitkomst, dat wij het derde gedeelte der waargenomen verstrooiing aan de luchtmolekulen zelf kunnen toeschrijven, is misschien zoo bevredigend als kon worden verwacht.

Ik moet er nog op wijzen dat naar de theorie van RAYLEIGH

de verstrooiing, die hetzij door de luchtmolekulen zelf, of door kleine zwevende deeltjes wordt teweeggebracht, des te meer moet bedragen naarmate de golflengte kleiner is. In de meerdere verspreiding der blauwe stralen mogen wij de oorzaak van de blauwe kleur van den hemel zien, en volgens RAYLEIGH zou dus ook wanneer de lucht volkomen zuiver was, de hemel zich nog blauw, zij het dan ook zeer donker, aan ons voordoen. Wij zouden de lucht nog werkelijk *zien* en wel zou de zichtbaarheid hierop berusten dat hij uit molekulen is samengesteld. Inderdaad volgt uit de formule waarmee de aangevoerde getallen gevonden zijn, dat de verstrooiing bij een gegeven brekingsindex des te kleiner is naarmate de molekulen dichter bijeen liggen, en het medium dus fijnkorreliger is; in een volkomen homogeen en doorloopend medium zou de verstrooiing geheel ontbreken.

Zooals de lucht naar onze opvatting nu eenmaal is, moet hij op afstanden van eenige duizenden kilometers als een dichte mist werken, en zou het er wanneer hij zich van de aarde tot de zon uitstrekte treurig uitzien. Wij waren dan waarschijnlijk in zware duisternis en zouden zeker de zon niet zien. De voor zoover wij weten volkomen doorschijnendheid van den aether die de hemelruimte vult, pleit er zeer voor aan *dit* medium geen korrelige structuur toe te kennen, waar dan ook vele physici het wel over eens zijn.

Dat er nu bij zelfstandigheden als water, glas, kwarts en kalkspaath geen denken aan is, den molekulairen bouw door een verstrooiing der lichttrillingen zichtbaar te maken, behoef ik nauwelijk te zeggen. Maar, het is u wel bekend hoe de bestudeering der lichtverschijnselen ons langs indirecten weg veel over dien bouw en de eigenschappen der kleine deeltjes kan leeren. Uit de voortplantingssnelheid der stralen trachten wij tot gevolgtrekkingen te geraken over de in de molekulen aanwezige, tot meetrillen gebrachte electronen en over de rangschikking der molekulen in kristallen en organische weefsels. Verder leidt ons de richringsverandering die in menige stof de trillingen bij hun voortplanting ondergaan, tot de voorstellingen waarop de tot zoo groote ontwikkeling gekomen stereochemie is opgetrokken. Weer in andere gevallen vestigen wij de aandacht op de opslorping van het licht in niet geheel doorschijnende stoffen; ook zoo komen wij tot eenig besluit over de trillende deeltjes in de molekulen en atomen. En het verst brengen wij het in dit opzicht wanneer wij de deeltjes niet door licht dat er van buiten op valt tot mee-trillen brengen, maar ze, door het lichaam op deze of gene wijze lichtgevend te doen worden, tot zelfstandige middelpunten van trilling maken.

Uit het vele dat wij dan uit het onderzoek van het spectrum kunnen afleiden wil ik nu maar een enkelen greep doen.

Wanneer een lichaam dat lichttrillingen van een bepaalde snelheid van opeenvolging uitzendt, en dus op een bepaalde plaats in het spectrum een lichte lijn geeft, tot den waarnemer nadert, wordt het aantal trillingen dat per seconde de spleet van den spectroskoop bereikt vergroot; de spectraallijn gaat een weinig naar den kant van het violet. Omgekeerd heeft een verplaatsing der lichtbron van den waarnemer af een verschuiving der lijn naar de zijde van het rood tengevolge. Dit zijn de verschuivingen der spectraallijnen, die men in menig geval in het spectrum van hemellichamen heeft waargenomen en waaruit men de snelheid van hunne beweging in de richting der gezichtslijn afleidt.

Dergelijken invloed van een verplaatsing der lichtbron op het waargenomen trillingsgetal heeft men met goed gevolg ook in het geval van zich bewegende molekulen of atomen trachten op te sporen. Bij de electrische ontlading door verdunde gassen ont-staan onder geschikte omstandigheden de zoogenaamde kanaal-stralen, die men goeden grond heeft, voor zwermen van positief geladen atomen te houden, die zich met aanmerkelijke snelheid, alle in dezelfde richting bewegen. Van de ruimte waarin zij dit doen, gaat een zwakke lichtstraling uit. Prof. STARK te Hannover heeft het spectrum van de in verschillende richtingen uitgezon-den stralen onderzocht en bevonden dat de lijnen des te meer naar den kant van het violet staan, naarmate de richting van het uitgezonden licht een kleineren hoek met de richting van de kanaalstralen zelf maakt. De grootte der verschuiving komt goed overeen met de snelheid die men op andere gronden aan de voort-vliegende atomen meende te moeten toeschrijven, en zoo is het bewezen dat het werkelijk deze atomen zijn, die als trillingsmid-delpunten werken. Ook is STARK tot het voor de theorie der uit-straling belangrijke besluit gekomen dat bij vele elementen het lijnenspectrum uitsluitend door een bepaald soort van trillende deeltjes wordt voorgebracht, nl. door deeltjes die in hun geheel een positieve electrische lading hebben.

Op een ander en zeer algemeen geval waarin eveneens het door STARK gebezigde beginsel toepassing vindt, heeft ettelijke jaren geleden MICHELSON opmerkzaam gemaakt. Een onregelmatige beweging der molekulen in alle richtingen, zooals wij ons die straks in het water voorstelden, bestaat ook in gassen; in een lichtgevend gas verbeelden wij ons dus tal van heen en weer-vliegende trillingsmiddelpunten. Wordt nu het uitgestraalde licht met een spectroskoop onderzocht, en is het van dien aard dat, zoo de molekulen stilstonden, een volkomen scherpe spectraallijn zou worden verkregen, dan zal wegens de beweging der molekulen in verschillende richtingen het licht van sommige iets meer naar den kant van het violet, dat van andere iets naar de zijde van het rood terecht komen; de spectraallijn krijgt een zekere breedte. MICHELSON heeft bewezen, dat dit werkelijk het geval is. Hij heeft naar een vernuftig bedachte indirecte methode de breedte gemeten en gevonden dat het bedrag daarvan overeenstemt met de verwachting waartoe onze voorstelling omtrent de snelheid der molekulaire beweging ons aanleiding geeft. SCHÖNROCK, die in den laatsten tijd de beschouwingen en berekeningen van MICHEL-SON met meerdere nauwkeurigheid heeft herhaald, is tot hetzelfde besluit gekomen, en wij mogen nu wel zeggen dat de beweging der molekulen op dezelfde wijze waarneembaar wordt als de verplaat-sing der sterren in de richting van de gezichtslijn.

Voorbeelden als dit zijn wel geschikt om te doen zien dat, al zijn dan de kleinste deeltjes der materie onzichtbaar, grootheden die op de afzonderlijke molekulen betrekking hebben toch niet zoo ontoegankelijk voor ons zijn als het wel eens wordt voorge-steld. De merkwaardigste toelichting van deze bewering kan ik misschien aan de theorie der warmtestraling ontleenen. Verbeel-den wij ons dat deze zaal volkomen door ondoorschijnende licha-men was afgesloten, en dat de wanden en alle aanwezige voor-werpen dezelfde temperatuur hadden; dan zou de lucht, of liever de aether, in alle richtingen doorkruist worden door warmtestra-len van zeer verschillende golflengte, waaronder echter stralen van één bepaalde golflengte de overhand zouden hebben. Men kan het vergelijken met een verward gedruisch waarin één toonhoogte domineert. Wij kunnen nu een kleinen kubus in het oog vatten,

waarvan de ribben de lengte van die het meest voorkomende go l-
ven hebben, en op de hoeveelheid arbeidsvermogen letten, die wegens de straling in zulk een „kubieke golflengte" aanwezig is. Wie
de onderzoekingen over de warmtestraling van de laatste jaren
gevolgd heeft, kan er nauwelijks aan twijfelen dat dit arbeidsvermogen van dezelfde orde van grootte is als het arbeidsvermogen
van beweging van één enkel gasmolekuul bij de beschouwde temperatuur. Nu is een golflengte een zeer goed waarneembare grootheid en men heeft dus het in een kubieke golflengte bevatte arbeidsvermogen werkelijk kunnen meten, waardoor dan tevens
dat van een molekuul bekend is geworden. Inderdaad is dit een
van de beste wegen om de grootte van molekulen en atomen te
weten te komen.

De beschouwingen die ik mij veroorloofd heb u voor te dragen,
zijn een pleidooi geworden voor de molekulaire en atomistische
theorieën waarvan de physici zich zoo menigmaal bedienen om
zich een levendige en heldere voorstelling van de verschijnselen en
hun onderlingen samenhang te vormen.

Met opzet heb ik mij daarbij niet beroepen op de behoefte van
onzen geest om in de bedoelde kleinste deeltjes der materie een
eindpunt voor onze analyse der verschijnselen te vinden. Men
doet geloof ik wel, met het verwijzen naar een dergelijke behoefte
voorzichtig te zijn. Immers, de ervaring leert dat vele theorieën
waarin men zich de materie als continu verspreid voorstelt, ons
goed voldoen, dat menige physicus aan zulk een opvatting beslist
de voorkeur geeft en molekulaire beschouwingen liefst vermijdt,
en dat velen er, zooals wij reeds zagen, vrede mee hebben den
aether als een continuum op te vatten. Dit neemt niet weg, dat
wanneer in andere gevallen de atomistiek meer dan iets anders
geschikt wordt bevonden, ons een klaar inzicht te geven, dit niet
alleen aan den aard der dingen buiten ons, maar ook aan de gesteldheid van onzen geest moet liggen, zooals in het algemeen het
begrijpen van een verschijnsel der natuur een zekere verwantschap
tusschen deze en den geest onderstelt.

Hoe men hierover moge denken, de beste verdediging der atomistiek is ten slotte in haar vruchtbaarheid en doelmatigheid te
vinden.

Zeker, er zijn op zuiver natuurkundig gebied nog tal van moeilijkheden, die ik, gij zult het wel willen gelooven, niet onvermeld heb gelaten ten einde alles op zijn mooist voor te stellen, maar alleen omdat ik ze inderdaad bij deze gelegenheid bezwaarlijk kon uiteenzetten. Intusschen, hoe ernstig zij ook mogen zijn, het is onloochenbaar dat wij tegenover eenige verschijnselen die ik nu besproken heb, en vele andere die ik daarbij had kunnen voegen, zonder molekulairtheorie zoo goed als machteloos zouden staan. Wie over het doen en laten der physici een oordeel wil vellen, zal zich dan ook niet kunnen onttrekken aan de verplichting om van zulke verschijnselen kennis te nemen, zich daarin min of meer te verdiepen, en een beschouwingswijze niet af te keuren zonder zich ook eens de vraag te stellen, hoe men dan wèl had moeten te werk gaan.

Vergeten wij bij de beoordeeling ook niet dat wij overtuigd zijn van de realiteit van heel wat dingen, die wij niet zoo rechtstreeks waarnemen als een steen of een stuk ijzer, en tot wier bestaan wij besluiten, wel is waar op grond van waarneming, maar van een waarneming aangevuld door een kortere of langere reeks van redeneeringen. Niemand twijfelt er aan dat de lichtstipjes bij de ultramikroskopische waarneming even zoovele gouddeeltjes vertegenwoordigen, dat de halo's om zon en maan te wijten zijn aan fijne ijskristallen hoog in den dampkring, dat de scheikundige elementen onzer aarde op de zon en de verst verwijderde hemellichamen worden teruggevonden, en dat een ster, die blijkens de heen en weergaande beweging der spectraallijnen beurtelings tot ons nadert en van ons weggaat, een kring om een ander lichaam beschrijft; het komt bij niemand op er den sterrekundige hard over te vallen, dat hij de massa van dat misschien onzichtbare lichaam uit zijn waarnemingen afleidt. Wel beschouwd, gaan wij in onze onderstellingen over molekulen en atomen slechts in dezelfde richting een stap verder en behoeven wij van de realiteit dier deeltjes niet zoo heel veel minder verzekerd te zijn dan van die van de ijsnaaldjes in de atmospheer.

Iets anders dat overweging verdient is de rijke, alle beschrijving te boven gaande organisatie der materie. In een kubieken centimeter der ons omringende lucht liggen zooveel molekulen, dat hun aantal met een twintigtal cijfers zou moeten worden geschreven. Terwijl zij zich rusteloos door elkaar bewegen, telkens en telkens weer tegen elkaar botsende, worden hunne electronen door de tallooze elkaar doorkruisende licht- en warmtestralen in beweging gebracht en zenden zij op hunne beurt naar alle zijden hunne golven uit. Niet minder, allicht nog wat meer ingewikkeld zou het beeld zijn, dat een milligram van een eiwitstof ons te zien zou geven, en zoo wordt het, ik wil niet zeggen begrijpelijk maar iets minder wonderbaarlijk, dat uiterst kleine hoeveelheden materie de dragers kunnen zijn van eene tot in fijne bijzonderheden gaande erfelijkheid.

Ook wanneer wij het wagen, onze gedachten te laten gaan over den samenhang tusschen de stoffelijke en de geestelijke verschijnselen, houden wij de fijne organisatie der materie in het oog. Het is ver van mij, geestelijke werkingen tot processen in de materie te willen terugbrengen; het ongelijksoortige kan men niet uit elkaar afleiden. Maar wel kan men de opvatting voorstaan, dat aan elken toestand en elke werkzaamheid van onzen geest een bepaalde gesteldheid en een bepaalde verandering der hersenen beantwoordt. Zal zulk een korrespondentie tot in de kleinste bijzonderheden toe bestaan, dan moet, — dit is duidelijk — het aantal elementen waaruit de hersensubstantie is opgebouwd ontzettend groot zijn. Hoe groot het moet zijn, kunnen wij niet zeggen, maar wanneer wij weten dat een milligram materie een aantal atomen bevat, veel grooter dan het gezamenlijke aantal letters in alle boeken der Leidsche Universiteitsbibliotheek, en aan den rijkdom van gedachten denken, die in de rangschikking dier letters ligt opgesloten, dan gevoelen wij eenigszins dat werkelijk de materieele veranderingen in de hersenen genoeg verscheidenheid kunnen bieden om de afspiegeling te zijn van een hooge en ingewikkelde geesteswerkzaamheid.

Maar ik zou gevaar loopen, de grenzen der physica te overschrijden, wat niet in mijne bedoeling ligt, en door u niet kan worden gewenscht. De natuurkundige, en dit geldt van ons allen, moet er zich toe beperken, op zijne wijze in het boek der wereld te lezen. Zonder zich te laten terneerdrukken door het besef, dat de diepe zin hem verborgen blijft, gevoelt hij zich in zijne pogingen gesterkt door de overtuiging dat zich binnen de grenzen van het bereikbare, naarmate hij verder gaat, uitgestrekte en onverwachte vergezichten voor hem zullen openen.

UITKOMSTEN DER SPECTROSCOPIE EN THEORIE DER ATOMEN [1])

De bestudeering der lichtverschijnselen en de daarmede hand in hand gaande verbetering en verfijning der optische instrumenten hebben in hooge en van eeuw tot eeuw toenemende mate tot de uitbreiding onzer natuurkennis bijgedragen. Uit de *richtingen* waarin de stralen het oog bereiken, trekken wij besluiten omtrent plaats, vorm en grootte der waargenomen voorwerpen, en veelal geeft de *aard* der stralen, die zich bij eerste beschouwing in de kleurgewaarwording openbaart, ons belangrijke aanwijzingen over de lichtbron waarvan zij uitgaan. Ik heb gemeend aan de bedoeling waarmede de Redactie deze bijdrage van mij verlangde, te kunnen beantwoorden door tot onderwerp te kiezen eenige uitkomsten van onderzoekingen, waarbij de bijzondere gesteldheid van het licht op den voorgrond stond, en zekere merkwaardige en ver reikende bespiegelingen van den laatsten tijd, waardoor men getracht heeft, van die gesteldheid rekenschap te geven.

Op gevaar af, een en ander te zeggen, dat algemeen bekend kan worden geacht, veroorloof ik mij, van een eenvoudige proef uit te gaan. Een „Geisslersche buis", cilindrisch van vorm, maar in het midden over zekere lengte vernauwd, is met een verdund gas gevuld. Twee aan de uiteinden ingesmolten platinadraden maken het mogelijk, een electrische ontlading door het gas te leiden en het daardoor lichtgevend te maken, het sterkst in het verengde gedeelte, dat tot een „lichtlijn" wordt. Om nu de uitstraling te onderzoeken bedienen wij ons van een hulpmiddel dat veel fijner onderscheiding toelaat dan bij de waarneming der kleur zonder meer mogelijk zou zijn en dat ons in staat stelt, met zekerheid te zeggen, *welk* gas in de buis aanwezig is. Wij beschouwen de lichtlijn niet rechtstreeks, maar door een driehoekig glazen

---

[1]) De Gids, **83**, II, 278, 1919.

prisma, dat wij op dezelfde hoogte als de lichtlijn en, evenals deze, verticaal plaatsen; zoowel bij het intreden aan een der zijvlakken als bij het uittreden aan een tweede vlak heeft dan een plotselinge verandering van de richting der stralen plaats. Onderging nu het licht in zijn geheel deze „brekingen" in dezelfde mate, dan zou men, de uittredende stralen in het oog opvangende, de lichtlijn zien als te voren, met dit onderscheid alleen, dat zij een eind naar rechts of links verschoven is. In werkelijkheid is de zaak anders; men ziet bijv., wanneer de buis waterstof bevat, *drie* lijnen, die in verschillende mate verschoven zijn, één rood, één groenachtig blauw en één blauw-violet, een bewijs, dat het oorspronkelijke licht uit drie bestanddeelen was samengesteld, die door het glas, het eene meer, het andere minder, gebroken worden. Elke van de drie lichtsoorten op zichzelf is werkelijk „enkelvoudig": er valt niets meer aan te ontleden. Ook blijft de aard ervan, die zich in de breekbaarheid afspiegelt, onveranderd, langs welken weg en door welke lichamen heen men de stralen ook laat loopen. Het kan zijn dat het licht, voor het op het prisma valt, door een of andere niet geheel doorschijnende middenstof is gegaan en dat daarbij door een verschillende verzwakking der drie bestanddeelen de kleur van het geheel is gewijzigd, zooals de kleur van het licht der ondergaande zon bij het doorloopen van een langen weg in den dampkring wordt veranderd; op de plaats waar, na den doorgang door het prisma, de drie lijnen gezien worden, heeft dit evenmin invloed als op de kleur van elk daarvan op zich zelf. Aan elke lijn kan alleen de sterkte of intensiteit worden gewijzigd. Te zamen vormen zij het „spectrum", waaraan men de waterstof kan herkennen. Heeft men met andere gassen te doen, dan krijgt men, naar gelang van den aard daarvan, een grooter of kleiner aantal spectraallijnen, telkens in anderen onderlingen stand, te zien.

Wat de dieper liggende oorzaak der verschillende breekbaarheid van de eene en de andere enkelvoudige lichtsoort is, weet men sedert lang. Trillende bewegingen, van de lichtbron uitgaande en zich in het luchtledige met een snelheid van 300 millioen meter in de seconde voortplantende, zijn het, die, als zij het netvlies bereiken, de gewaarwording van licht teweeg brengen; het kleurverschil en de ongelijke breekbaarheid zijn hieraan toe te schrijven, dat het aantal trillingen per seconde, het „trillingsgetal", zooals wij kortheidshalve zullen zeggen, nu eens kleiner dan eens

grooter is. Zoo worden de lijnen van het waterstofspectrum vergelijkbaar met de verschillende tonen die een of ander geluidgevend
lichaam kan voortbrengen.

Men kan het aantal trillingen uit de lengte der „lichtgolven"
afleiden. Het woord doet denken aan de evenwichtsverstoringen
die zich over een watervlak kunnen uitbreiden en die als een ruw
model van de lichtbeweging kunnen dienen. De met elkaar afwisselende verheffingen en dalingen van den vloeistofspiegel loopen langs een reeks van met elkaar evenwijdige, laten wij zeggen
rechte lijnen, en het is een lijn loodrecht daarop, die met een lichtstraal overeenkomt. Terwijl wij nu den indruk krijgen, dat langs
zulk een lijn de golfbergen en dalen met een bepaalde snelheid
voortloopen, gaat in werkelijkheid elk waterdeeltje in verticale
richting heen en weer, onder dien verstande, dat de in de voortplantingsrichting op elkaar volgende deeltjes niet gelijktijdig hun
hoogste of hun laagste standen bereiken. Wij kunnen het opmerken als wij kleine voorwerpjes op het water laten drijven. De golven schuiven, kan men zeggen, daaronder voort; een voorwerpje
is hoog, telkens wanneer een berg, en laag, telkens wanneer een
dal passeert.

Een belangrijk verband tusschen de voortplantingssnelheid,
het trillingsgetal en de „golflengte", d.w.z. den afstand tusschen
twee op elkaar volgende verheffingen, ligt nu voor de hand. Stel
bijv. dat de voortplantingssnelheid 40 cm per seconde bedraagt;
dan zullen in één seconde op een bepaald punt de golfbergen
voorbijgaan, die zich bevinden op een gebied van 40 cm lengte.
Men vindt het aantal daarvan als men 40 cm door den afstand
van twee op elkaar volgende golfbergen deelt; is die afstand, de
golflengte, 8 cm, dan bedraagt het 5. Dit is nu tevens het aantal
trillingen, volle heen- en weergangen, in de seconde. De regel waartoe men door deze redeneering komt, nl. dat men, om het trillingsgetal te vinden, het getal dat de voortplantingssnelheid aangeeft, door de golflengte moet deelen, is ook op het licht van toepassing. Al kunnen wij daarbij de golven niet rechtstreeks waarnemen, wij kunnen ons met eenige verbeeldingskracht voorstellen
dat langs een lichtstraal evenwichtsverstoringen in tegengestelde
richtingen met elkaar afwisselen en dat die alle met de reeds genoemde snelheid verder gaan, zoodat de toestand die op een bepaald tijdstip in zeker punt van den straal bestaat, een oogenblik

later iets verder is gekomen. De golflengte is de afstand waarover men langs den straal moet voortgaan om weer denzelfden toestand terug te vinden.

Hoe nu die afstand kan worden gemeten, moet hier onbesproken blijven; de vermelding van eenige getallen moge volstaan. Men is gewoon, de golflengten der lichtstralen in een door Angström ingevoerde en naar hem genoemde eenheid uit te drukken, die het honderdmillioenste deel van een centimeter is. In deze maat, waarvan wij ons in het vervolg, ook zonder het er telkens bij te voegen, steeds zullen bedienen, bedraagt de golflengte der drie waterstoflijnen, die men door de teekens $H\alpha$, $H\beta$ en $H\gamma$ aanduidt, 6565,0; 4862,9; 4342,0. De daaraan beantwoordende trillingsgetallen zijn 547, 617 en 691 billioen. Men ziet dat het roode licht de grootste golflengte en het kleinste trillingsgetal heeft; het komt met lagere tonen, het groene en violette licht met hoogere tonen overeen.

Met de kennis dezer getallen is nu ook dit gewonnen, dat de ligging van een spectraallijn en de afstand tusschen twee lijnen kunnen worden aangegeven op een wijze, die onafhankelijk is van de bijzonderheden der experimenteele inrichting, van den aard van het glas bijv., waaruit het prisma bestaat. Wij geven voor elke lijn de golflengte op en meten den afstand van twee lijnen door het verschil hunner golflengten. Tevens wordt het nu duidelijk, dat hetgeen bij de voortplanting van een enkelvoudigen lichtstraal onveranderd blijft, juist het aantal trillingen is. Evenals het geluid van een kerkklok tot op den grootsten afstand, waarop het verneembaar is, het trommelvlies van elken waarnemer evenveel malen in de seconde doet heen en weergaan, zoo zal de lichtgevende waterstof op een of ander hemellichaam stralen uitzenden, die, als zij de aarde, misschien na jaren tijds en met groote verzwakking bereiken, toch nog hetzelfde trillingsgetal hebben als bij hun oorsprong.

De drie waterstoflijnen liggen zóó ver uiteen, dat betrekkelijk ruwe hulpmiddelen voldoende zijn om ze van elkaar te scheiden. Wil men lijnen die veel dichter bij elkaar staan, afzonderlijk zien, dan moeten de stralen van een fijne lichtlijn uitgaan; het verengde gedeelte der Geisslersche buis is dan veel te breed. Wel zullen, als het twee lichtsoorten uitzendt, die, hoe weinig dan ook, in golflengte en dus in breekbaarheid verschillen, twee beelden ge-

vormd worden, die iets ten opzichte van elkaar zijn verschoven, maar de verschuiving is allicht veel kleiner dan de
breedte der beelden, zoodat deze voor een groot deel over elkaar
vallen.

Een goede „spectroscoop" is dan ook vrij wat ingewikkelder
dan de primitieve inrichting waarmede wij begonnen. De lichtstralen worden door een fijne spleet met zuiver rechte en gladde
randen in het instrument toegelaten en een stelsel van lenzen
zorgt ervoor, dat in elke enkelvoudige lichtsoort een scherp beeld
van die spleet gevormd wordt. Om deze beelden, en dat zijn nu de
spectraallijnen, zoo smal mogelijk te houden en dus het ineenvloeien van naburige lijnen zooveel mogelijk te voorkomen, moeten de lichtbundels in het instrument een voldoende breedte
hebben, wat niet te kleine afmetingen van het prisma en van de
andere deelen vereischt. Ik voeg er nog bij, dat men, om een meerdere uiteenspreiding der kleuren te verkrijgen, twee of drie prisma's kan bezigen, die achtereenvolgens door de stralen worden
doorloopen, dat men de prisma's door andere hulpmiddelen, nl.
metaalspiegels waarop een groot aantal fijne groeven zijn aangebracht, kan vervangen en dat in vele gevallen de spectra niet
visueel worden waargenomen, maar door de photographie worden
vastgelegd.

In de groote en kostbare spectroscopen, waarover men tegenwoordig beschikt, vertoonen de spectra van vele elementen een
verrassenden rijkdom aan lijnen, soms vele honderden in getal,
terwijl onder de gunstigste omstandigheden nog lijnen die op een
afstand van zooiets als $^1/_6$ Ångström-eenheid van elkaar liggen,
kunnen worden onderscheiden. Menige lijn, waaraan men met
een klein instrument niets bijzonders kan opmerken, is aldus gebleken, dubbel of drievoudig te zijn. In de meting van den afstand
van dicht bij elkander liggende lijnen kan men ongeveer 0,01 eenheid van Ångström bereiken.

Nu een spleet is aangebracht, behoeft de lichtbron zelf niet
smal te zijn; wij kunnen er bijv. een vlam voor nemen. Plaatst
men voor de spleet een gasvlam, die uit zich zelf niet of nauwelijks licht geeft, maar door een of ander metaalzout gekleurd is,
dan vertoonen zich in het spectrum lijnen die karakteristiek zijn
voor het in het zout aanwezige metaal, dat ongetwijfeld in damp-
vorm in de vlam aanwezig is. Ook in het spectrum van een elec-

trische vonk die men tusschen twee metaaldraden laat over-springen, ziet men de aan het metaal eigen lijnen.

In het algemeen geven lichtgevende gassen en dampen „lijnen-spectra". Daarentegen krijgt men, als men in de spleet het licht van een verhit vast lichaam, bijv. de stralen van een gloeilamp, laat vallen, een „doorloopend" of „continu" spectrum, d.w.z. een onafgebroken aaneenschakeling van beelden van de spleet in tallooze lichtsoorten. Aan de grenzen van het spectrum, het uiterste rood en het uiterste violet, is de golflengte ongeveer 8000 en 4000.

Een derde type van spectra zijn die met donkere lijnen op een lichten grond. Zij ontstaan wanneer licht dat op zich zelf een doorloopend spectrum zou geven, door gassen of dampen gegaan is, die zelf bepaalde enkelvoudige lichtsoorten kunnen uitzenden. Zulke stoffen hebben de eigenschap, *juist diezelfde* lichtsoorten te absorbeeren, wat het wegnemen van sommige beelden van de spleet en dus het ontstaan van donkere lijnen tengevolge heeft. Hoe volkomen dit parallelisme tusschen uitstraling en opslorping is, blijkt bijv. als men voor de spleet van den spectroscoop een met keukenzout (chloornatrium) geel gekleurde vlam plaatst. In het spectrum daarvan komen twee lijnen, de „natriumlijnen" voor, zóó dicht bijeen, dat een vrij groot oplossend vermogen noodig is om ze te scheiden. Hunne golflengten zijn 5890,0 en 5896,0. Laat men nu, terwijl de vlam op haar plaats blijft, een sterken bundel wit licht door de vlam heen in de spleet vallen, dan neemt men in het doorloopende spectrum van dien bundel twee donkere lijnen waar, die volkomen dezelfde door de getallen 5890,0 en 5896,0 bepaalde standen hebben. Wij kunnen uit dit merkwaardige samenvallen van „emissie-" en „absorptielijnen" aanstonds het besluit trekken, dat de laatste evengoed als de eerste voor het herkennen van bepaalde elementen kunnen dienen.

De grondslagen van onze tegenwoordige kennis der spectra werden, nu bijna 60 jaar geleden, gelegd door BUNSEN en KIRCH-HOFF, die de ligging der lijnen voor vele elementen bepaalden en het eerst den spectroscoop als hulpmiddel voor scheikundig onderzoek bezigden. Op hunne uitkomsten hebben vele anderen voortgebouwd en door de nieuwe methode van onderzoek, de-„spectraalanalyse", is men tal van vroeger onbekende scheikundige elementen op het spoor gekomen.

KIRCHHOFF stelde ook in het bijzonder de beteekenis der donkere lijnen in het licht en maakte een grondige studie van het zonnespectrum met zijn talrijke lijnen van dezen aard, die hij zorgvuldig in teekening bracht. Hij slaagde erin, de coïncidentie van vele ervan met lijnen die wij in het laboratorium kunnen voortbrengen aan te toonen en trok daaruit het besluit, dat dezelfde scheikundige elementen die bij onze proeven in het spel zijn, ook op de zon moeten worden gevonden. Inderdaad, zoodra men in het spectrum der zon de straks genoemde twee lijnen die wij met een natriumvlam deden ontstaan, had teruggevonden, kon men er redelijkerwijs niet aan twijfelen, dat het ontbreken in het zonlicht van de daaraan beantwoordende lichtstralen moet worden toegeschreven aan een absorptie die door natrium, in den dampkring der zon aanwezig, op het van de diepere lagen afkomstige licht wordt uitgeoefend.

Zoo maakte KIRCHHOFF een begin met de scheikunde der hemellichamen, die na hem tot vaste sterren en nevelvlekken is uitgebreid en waarvan de allerbelangrijkste uitkomst de wetenschap is, dat overal in het ons toegankelijke heelal dezelfde materie voorkomt.

Ik moet mij ervan onthouden, bij dit alles langer stil te staan, maar een enkel woord moge nog gezegd worden over hetgeen men de „topographische spectroscopie" zou kunnen noemen. Heeft men met een hemellichaam te doen, dat zich, zooals de zon, met een zekere uitgebreidheid aan ons vertoont, dan behoeft men het onderzoek niet te beperken tot de samenstelling van het uitgezonden licht in zijn geheel genomen. Men kan het licht dat van een bepaald, scherp omschreven deel van het oppervlak afkomstig is, ontleden en dus te weten komen hoe de plaatselijke gesteldheid, voor zoover die zich in de lichtstraling openbaart, van punt tot punt verandert. Het middel daartoe is eenvoudig genoeg. Men ontwerpt met een lens een beeld van de zon en plaatst de spleet van den spectroscoop juist in het vlak van dat beeld, zoodat slechts een smalle strook van dit laatste werkzaam is. Daar het binnen die strook vallende licht afkomstig is van een overeenkomstig deel van het zonsoppervlak, en het licht van het oppervlak daaromheen buiten de spleet valt, krijgt men op deze wijze werkelijk het spectrum voor een bepaald deel der zon, waarbij nog kan worden opgemerkt, dat zelfs de lichtbewegingen die door de verschillende punten der spleet worden opgevangen, niet met elkaar worden vermengd. Immers, het spectrum is een aaneenschakeling van beelden der spleet en in elk daarvan vindt men in de richting der spleet op elkaar volgende de stralen die door het eene en het andere punt van de opening zijn binnengedrongen.

Met behulp van vernuftig bedachte toestellen is men er nu in geslaagd, een aanschouwelijke voorstelling te krijgen van de verdeeling over het zonsoppervlak van licht van een bepaalde golflengte, stel van de golflengte 5000. Te dien einde richt men het zoo in, dat het spectrum gephotographeerd wordt en plaatst vlak voor de gevoelige plaat een tweede nauwe spleet, in zoodanigen stand, dat alleen het beeld dat in de lichtsoort 5000 van de eerste spleet en dus van het zooeven genoemde strookvormige deel der zonneschijf wordt ontworpen, de photographische plaat kan bereiken. Laat men dan, door geschikte bewegingen, de eerste spleet het beeld der zon, waarin zij geplaatst is, doorloopen, en zorgt men er voor dat de tweede spleet op geheel overeenkomstige wijze over de gevoelige plaat wordt verschoven, terwijl de stand der spleten op elk oogenblik zoo is, dat alleen het licht van de golflengte 5000 in de tweede valt, dan krijgt men ten slotte een photographie van de zon, uitsluitend met die ééne lichtsoort gemaakt, hetzelfde wat men bij rechtstreeks photographeeren zou kunnen bereiken als het mogelijk was door een absorbeerende zelfstandigheid alle lichtsoorten behalve de uitgekozene terug te houden. Het is duidelijk dat dergelijke beelden, voor vele lichtsoorten en op vele tijdstippen opgenomen, ons belangrijke gegevens zullen verschaffen over de verdeeling der scheikundige elementen over de zon en over de veranderingen die aan haar oppervlak plaats hebben.

Observatoria die in de hier geschetste richting werken, zijn dat van Deslandres te Meudon nabij Parijs en het onder leiding van Hale staande „Solar Observatory" op Mount Wilson in Californië. Ook Nederland kan zich thans verheugen in het bezit van een dergelijke voor het onderzoek der zon bestemde inrichting, die Prof. Julius met de uiterste zorg te Utrecht heeft tot stand gebracht. Hij kan gelijktijdig de beelden van de zon, voortgebracht door het licht van twee, zoo men wil weinig van elkaar afwijkende golflengten, photographeeren.

Onder de uitkomsten van astrophysisch onderzoek verdienen, naar het mij voorkomt, vooral die, welke op de *beweging* der hemellichamen betrekking hebben, de algemeene belangstelling. Zij berusten op een grondstelling die in 1842 door DOPPLER werd uitgesproken en waarvan men de juistheid kan inzien met behulp van een redeneering, die zich aansluit aan onze beschouwing over het verband tusschen de golflengte en het trillingsgetal. Alleen verdient het nu de voorkeur in plaats van dit laatste den tijdsduur van een heen- en weergang in te voeren; deze „periode" of „trillingstijd" staat overigens in nauw verband met het trillingsgetal, daar hij het zooveelste deel van een seconde bedraagt als door dat getal wordt aangewezen. Verder zullen wij ook op de mededeeling van de trillingen aan den aether en op hun voortplanting door dit medium de aandacht vestigen, zonder ons echter in bijzonderheden dienaangaande te verdiepen. Wij kunnen ons bedienen van het voor de hand liggende beeld, dat de trillende deeltjes in de lichtbron afwisselend gerichte „stooten" aan bewegelijke deeltjes in den aether geven, welke stooten zich op steeds grooter wordenden afstand doen gevoelen. Letten wij, wat aan de duidelijkheid ten goede komt, alleen op de stooten in één richting, dan kunnen wij zeggen dat het interval tusschen de oogenblikken waarop twee achtereenvolgende stooten aan den aether worden gegeven door de bewegingen in de lichtbron bepaald wordt; wij noemen het den „werkelijken" trillingstijd.

Aan den anderen kant zal al wat er in den spectroscoop plaats heeft, de loop der stralen in het prisma en de plaats waar de photographische plaat bereikt wordt, afhankelijk zijn van de snelheid waarmede de stooten in een punt van den aether in de spleet van het instrument op elkaar volgen. Wat de plaats betreft, waar een spectraallijn zich afteekent, komt het uitsluitend aan op het tijdsverloop tusschen de oogenblikken waarop twee op elkaar volgende stooten de spleet bereiken; dit moge daarom de „effectieve" trillingstijd heeten.

Het is onmiddellijk duidelijk dat de effectieve periode gelijk zal zijn aan de werkelijke als de opeenvolgende stooten alle denzelfden tijd noodig hebben om den weg van de lichtbron naar de spleet te doorloopen. De zaak wordt anders indien die tijd allengs korter wordt. Dan zal de tweede stoot spoediger aankomen dan het geval zou zijn geweest als hij evenveel tijd als de eerste had noodig gehad. Als wij, daar zij bij het licht niet voorkomen, ge-vallen waarin de tweede stoot nog vóór den eersten zou aanko-men, uitsluiten, kunnen wij zeggen, dat het interval tusschen de oogenblikken van aankomst, de effectieve periode, zooveel kor-ter is dan dat tusschen de oogenblikken van vertrek, de werke-lijke periode, als het verschil bedraagt tusschen de voor de voort-planting van den eersten en van den tweeden stoot vereischte tij-den.

Het gestelde geval doet zich voor als, terwijl de waarnemer met zijn instrument stil staat, de lichtbron zich met zekere snelheid naar hem toe beweegt. Het verschil tusschen de wegen die door den eersten en den tweeden stoot moeten worden afgelegd, is dan de afstand waarover de lichtbron gedurende den werkelijken tril-lingstijd voortgaat. Als wij, om de gedachten te bepalen, aanne-men dat de snelheid van de lichtbron het duizendste deel van de lichtsnelheid is, kunnen wij besluiten dat het licht voor dien af-stand een duizendste van den werkelijken trillingstijd behoeft. Zooveel zal de voortplantingstijd voor den tweeden stoot korter zijn dan voor den eersten; zooveel zal ook de effectieve trillings-tijd korter zijn dan de werkelijke. De effectieve periode zal $^{999}/_{1000}$ van de werkelijke zijn en aan deze verkleining zal een bepaalde verschuiving van de spectraallijn naar den kant van het violet beantwoorden.

Even eenvoudig is de berekening wanneer de lichtbron stil staat en de waarnemer zich daar naar toe beweegt, stel weer met een duizendste van de lichtsnelheid. Men vindt ook dan dat de effectieve periode korter is dan de werkelijke; alleen is nu het verschil gelijk aan een duizendste van de effectieve periode. Deze wordt $^{1000}/_{1001}$ van de werkelijke periode.

Tusschen de twee gevonden breuken bestaat geen noemens-waard verschil en wij mogen daarom bij snelheden der lichamen, die niet grooter zijn dan de hier door ons ondersteldе, in beide ge-vallen denzelfden regel toepassen. Het komt op hetzelfde neer of de door het licht te doorloopen weg door een verplaatsing van de lichtbron of van den waarnemer allengs verkort wordt. Dit zoo zijnde, gevoelt men dat ook het geval dat *beide* zich bewegen on-der den regel zal kunnen worden begrepen; het komt alleen op de „betrekkelijke" snelheid aan. Zelfs behoeven wij niet te onder-stellen dat de bewegingen juist in de richting der verbindingslijn

plaats hebben. Zij kunnen ook wel een hoek daarmede maken en
het kan ook zijn dat, als het licht den waarnemer niet rechtstreeks bereikt, maar na terugkaatsing door een spiegel of diffuse
terugkaatsing door een ongepolijst oppervlak — men denke aan
een door de zon beschenen planeet — de verkorting van den weg
het gevolg is van een beweging van het reflecteerende lichaam.

Dat eindelijk verlenging van den af te leggen weg tot dergelijke
beschouwingen aanleiding geeft als een verkorting, zal geen toelichting behoeven; de spectraallijn wordt in dit geval naar den
kant van het rood verschoven.

Daar wij ons er aan gewend hebben, de plaats van een lijn door
de golflengte te bepalen, is het goed ook een „effectieve" golflengte in te voeren, die op dezelfde wijze aan den effectieven trillingstijd beantwoordt als de werkelijke golflengte aan den werkelijken trillingstijd; het is niet anders dan de golflengte der
stralen, die, als de spectroscoop stilstond, in de spleet zouden
moeten vallen om daar een periode gelijk aan de effectieve te
weeg te brengen. Daar de golflengte in dezelfde verhouding verandert als de trillingstijd, kan men nu den algemeenen regel als
volgt formuleeren. Meet men de „snelheid van nadering of verwijdering" van lichtbron en waarnemer ten opzichte van elkaar
door de verandering die de door de stralen te doorloopen weg per
seconde ondergaat, dan bepaalt de breuk die aangeeft welk
gedeelte die snelheid van de lichtsnelheid is, ook met welk gedeelte van haar bedrag de golflengte verandert. Is de snelheid
van nadering of verwijdering bijv. 3 kilometer per seconde, d.i.
het honderdduizendste van de lichtsnelheid, dan verschuift in
het gele deel van het spectrum, waar men golflengten van 6000
eenheden van ÅNGSTRÖM vindt, een spectraallijn over een afstand 0,06. Zooals aanstonds zal blijken, heeft men nog vrij wat
geringer verplaatsingen kunnen aantoonen en meten. Natuurlijk
zal men uiterst kleine verplaatsingen slechts bij zeer fijne lijnen
kunnen constateeren. De methode is overigens niet tot emissie-
lijnen beperkt; donkere lijnen bieden dezelfde verschijnselen, onder dien verstande dat de beweging van het absorbeerende gas
nu dezelfde rol speelt als bij lichte lijnen de beweging van de
lichtbron.

Wat het meten der verschuivingen betreft, moge nog een algemeen gebruikt hulpmiddel vermeld worden. Men laat in de

spleet, tegelijk met het te onderzoeken licht, de stralen van een geschikte „aardsche" lichtbron vallen, zoodat nevens het te onderzoeken spectrum een „vergelijkingsspectrum" wordt gevormd. Men heeft dan op de photographische plaat slechts de afstanden van nabijgelegen lijnen te meten.

Een voorbeeld kan nu doen zien tot welke nauwkeurigheid men het bij deze spectroscopische snelheidsbepaling onder gunstige omstandigheden kan brengen. CAMPBELL vond in Augustus 1896 voor de ster α Tauri een verwijderingssnelheid ten opzichte van zijn waarnemingsplaats (het Lick-observatorium) van 26,27 km (kilometer) per seconde, een getal, dat door zorgvuldige metingen op een groot aantal lijnen verkregen was. Om er de snelheid ten opzichte van de zon uit af te leiden moet men rekening houden met de snelheid der aarde in haar jaarlijksche beweging, en met de snelheid van het observatorium wegens de aswenteling der aarde. Met het oog op het eerste moet bij het opgegeven getal worden opgeteld 29,12 en met het oog op de aswenteling nog eens 0,13; men komt dus tot 55,52 km per seconde. Een paar jaar later, in Januari 1898, wees de verschuiving der spectraallijnen een verwijderingssnelheid 78,80 aan, veel grooter dus dan de 26,27 van vroeger. Dit was echter hieraan te wijten, dat in Januari de jaarlijksche beweging der aarde naar de tegengestelde zijde gericht is als in Augustus; om met die beweging rekening te houden moest men nu het getal met 23,60 verminderen, terwijl ook de correctie wegens de aswenteling, die nu 0,04 bedroeg, het tegengestelde teeken had als bij de waarneming van 1896. De einduitkomst werd nu 55,16 km per seconde. Als gemiddelde van een negental uitkomsten, in de jaren van 1896 tot 1907 verkregen, werd gevonden 54,95 km per seconde, in welk getal wel geen grooter fout dan een paar tiende km zal zijn.

Evenals in dit geval heeft men voor vele andere vaste sterren door de verschuiving der spectraallijnen de snelheid kunnen bepalen, waarmede zij tot het zonnestelsel naderen, of zich daarvan verwijderen. De uitkomsten vormen belangrijke bijdragen tot onze kennis van het sterrenstelsel, van te meer waarde, omdat men uit de langzame veranderingen die hun standen aan den hemel ondergaan, alleen de eigen beweging der sterren loodrecht op de gezichtslijn, maar juist niet de beweging volgens die lijn, die zich in het spectrum verraadt, kan afleiden.

Men heeft met behulp van de spectroscopische methode ook de aswenteling der zon, de bewegingen op haar oppervlak en de beweging van planeten bestudeerd. Het merkwaardigst van al is echter wel de ontdekking der „spectroscopische dubbelsterren". Het aantal van deze lichamen is reeds tot eenige honderden gestegen, maar hier zal een enkel voorbeeld genoeg zijn.

Het bleek in 1899 dat de spectraallijnen van CAPELLA zich afwisselend verdubbelen en weer enkel worden, dat feitelijk twee stelsels van lijnen, in tegengestelde richting heen en weergaan en daarbij telkens over elkaar schuiven. Dit is hieraan toe te schrijven, dat de ster *dubbel* is; de twee lichamen waaruit zij bestaat, loopen om elkaar of liever om hun gemeenschappelijk zwaartepunt heen, zoodat het eene tot ons nadert als het andere zich van ons verwijdert. Het gevolg moet wel zijn dat de lijnen van het eene en die van het andere lichaam heen en weer schommelen, maar zoo, dat zij steeds in tegengestelden zin verschoven zijn. Uit de meting der verplaatsingen kan men tal van bijzonderheden over vorm en grootte der banen, alsmede over den stand van het vlak waarin zij liggen afleiden. Ter vereenvoudiging nemen wij aan dat de banen cirkelvormig zijn en dat wij ons in het vlak daarvan bevinden. De verschuiving der lijnen leert ons dan onmiddellijk de snelheid kennen, waarmede de lichamen rondloopen. De periode, in welke de lijnen heen en weer gaan, 104 dagen in dit geval, is de omloopstijd, en vermenigvuldiging daarvan met de snelheden geeft ons de omtrekken der cirkels. Van deze besluiten wij tot de stralen der banen en dus tot den afstand der lichamen. Eindelijk kan naar de bekende wetten der algemeene aantrekkingskracht worden uitgemaakt hoe groot de lichamen moeten zijn om elkaar te dwingen in cirkels van de gevonden grootte met de eveneens bekende snelheid rond te loopen; men kan dus de massa's, in verhouding bijv. tot die van de zon, berekenen. Dit alles, terwijl men wegens den onmetelijken afstand de lichamen in den telescoop niet van elkaar kan scheiden, en het stelsel als een enkele ster waarneemt.

Terwijl men zich met het onderzoek der spectra bezig hield, moest al spoedig een vraag van fundamenteele beteekenis rijzen. Zou het niet mogelijk zijn, uit de onderlinge ligging der spectraallijnen, de „structuur" van het spectrum, eenig besluit te

trekken aangaande die van de atomen die het licht uitstralen, of
wel, met behulp van geschikte onderstellingen over die kleine
deeltjes, zoo mogelijk gesteund door ervaringen op ander gebied,
van de bijzonderheden der spectra rekenschap te geven? Het is
een dergelijke vraag als men zich met betrekking tot de door geluidgevende lichamen voortgebrachte tonen kan stellen; alleen is
zij nu veel moeilijker te beantwoorden. Terwijl de eigenschappen
van snaren en stemvorken rechtstreeks kunnen worden waargenomen, kan men over de atomen alleen door redeneering en bespiegeling iets te weten komen.

Wat een geluidgevend lichaam karakteriseert is niet zoozeer de
hoogte van elken toon afzonderlijk als wel de *verhoudingen* tusschen de trillingsgetallen van den „grondtoon" en de „boventonen" die het, op verschillende wijzen trillende, kan geven. In niet
te moeilijke gevallen kunnen die verhoudingen ook theoretisch
worden vastgesteld, niet alleen wanneer zij, zooals bij snaren en
orgelpijpen, door geheele getallen worden gegeven, maar ook,
wanneer, zooals bij trillende platen, de berekening ingewikkelder
en de uitkomst minder eenvoudig wordt.

Naar analogie hiermede heeft men nu ook bij de spectraallijnen
op de verhoudingen tusschen de trillingsgetallen te letten; daardoor zal moeten blijken, in hoeverre de lijnen vergelijkbaar zijn
met reeksen van tonen, zooals zoo even bedoeld werden. Bij de
beoordeeling hiervan, stel voor het waterstofspectrum, waartoe
wij ons in hoofdzaak zullen bepalen, is het van belang, dat de tot
nog toe genoemde lijnen $H\alpha$, $H\beta$ en $H\gamma$ niet de eenige zijn. Behalve
de daaraan beantwoordende stralen gaan van het lichtende gas
nog andere uit, met sneller opeenvolging van trillingen, en wel
met zoo groot trillingsgetal, dat zij geen indruk op het netvlies
kunnen maken en dus niet als „licht" kunnen worden waargenomen.

Wel kunnen deze „ultraviolette" stralen, aldus genoemd omdat de golflengte nog kleiner is dan die van het violette licht, op
een photographische plaat werken. Neemt men de voorzorg alle
glas in de toestellen door kwarts te vervangen, — dit laat nl. de
nieuwe stralen door, terwijl het glas ze absorbeert —, dan krijgt
men in een photographie van het spectrum behalve de lijnen $H\alpha$,
$H\beta$, $H\gamma$ nog een elftal andere te zien. In de eerste kolom der volgende tabel vindt men de golflengten van al de 14 lijnen.

Golflengte der waterstoflijnen.

Waargenomen	Berekend
6565,0	6565,0
4862,9	4863,0
4342,0	4342,0
4103,1	4103,1
3971,4	3971,4
3890,3	3890,4
3836,8	3836,7
3799,2	3799,2
3771,9	3771,9
3751,3	3751,4
3735,3	3735,7
3722,8	3723,2
3712,9	3713,2
3704,8	3705,1

Bij aandachtige beschouwing blijken deze getallen niet gunstig voor de opvatting dat er een eenigszins diepgaande overeenstemming met de verschijnselen bij snaren en dergelijke trillende lichamen zou zijn. De verschillen waarmede de golflengte van de eene lijn tot de andere afneemt, worden nl., naarmate men in de rij voortgaat, al kleiner en kleiner; zij dalen van vele honderden tot 12,5; 9,9; 8,1. Iets dergelijks valt op te merken als men de verschillen der trillingsgetallen beschouwt, welke getallen, in billioenen uitgedrukt, voor de eerste drie lijnen zijn 457, 617 en 691, voor de laatste drie 805,8; 808,0 en 809,8. Men ziet ook hieraan dat de stappen van de eene lijn tot de andere steeds kleiner worden, en wel in die mate dat men den indruk krijgt, dat men, zoo voortgaande, nooit over een zekere grens heen zal kunnen komen. Dit is in scherpe tegenstelling met de onbegrensde toeneming van het trillingsgetal, die de theorie der geluidgevende lichamen voor de boventonen aanwijst, en moet ons er op voorbereiden, dat de theorie van het atoom er geheel anders zal uitzien.

Wil men een duidelijke voorstelling krijgen van de onderlinge ligging der spectraallijnen, dan behoeft men slechts, van links naar rechts gaande, een reeks van verticale lijnen te trekken, waarvan de afstanden evenredig zijn met de verschillen der in de tabel aangegeven golflengten. Beziet men de aldus verkregen figuur, dan kan men er niet aan twijfelen, dat de lijnen werkelijk *bij elkander behooren* en dat zich in hunne ligging een zekere *regelmaat* afspiegelt.

Het is in 1885 BALMER gelukt, door een wiskundige formule uit te drukken van welken aard die regelmaat is. Wat hij gevonden heeft, kan men als volgt weergeven. Berekent men de 14 verschillen

$$\frac{1}{4}-\frac{1}{9},\quad \frac{1}{4}-\frac{1}{16},\quad \frac{1}{4}-\frac{1}{25},\quad \ldots \ldots \quad \frac{1}{4}-\frac{1}{256},$$

waarbij, zooals men ziet, in den noemer van de tweede breuk de tweede macht der getallen 3, 4, 5 . . . . 16 staat, en deelt men de gevonden waarden op het getal 911,81, dan vindt men juist de 14 golflengten. Inderdaad vallen de aldus berekende getallen, die in de tweede kolom der tabel zijn opgenomen, zoo goed als volkomen met de getallen der eerste kolom samen. Er is in de geheele natuurkunde nauwelijks een tweede voorbeeld van een zoo nauwkeurige overeenstemming en wij mogen het nu wel als vastgesteld beschouwen, dat de wet van het waterstofspectrum deze is, dat de golflengten omgekeerd evenredig en dus de trillingsgetallen rechtstreeks evenredig met de verschillen $1/4 - 1/9$, $1/4 - 1/16$, enz. zijn. Zet men de reeks daarvan nog verder voort dan tot den 14den term, dus met $1/4 - 1/289$, $1/4 - 1/324$, enz., dan nadert men hoe langer hoe meer tot $1/4$. Dit, gedeeld op 911,81 geeft 3647,2 en hiermede zou dan de grens zijn aangegeven, beneden welke de golflengten niet kunnen dalen.

Het heeft lang geduurd voor men erin slaagde den regel van BALMER uit bepaalde voorstellingen omtrent den bouw van het atoom en de uitstraling van het licht af te leiden. Eerst in 1913 heeft BOHR door zijne theorie van het waterstofspectrum het raadsel opgelost. Zijn verklaring is zoo verrassend en vernuftig, en ondanks de moeilijkheden die nog overblijven, zoo bevredigend, dat zij wel verdient in hoofdtrekken besproken te worden. Vooraf moet echter iets worden gezegd van twee gronddenkbeelden die hij in zijne theorie opneemt, en die van RUTHERFORD en PLANCK afkomstig zijn.

Aan den eersten dezer natuurkundigen ontleent BOHR zijne hypothese over de structuur der atomen, aan den tweeden een onderstelling die in de leer van de warmtestraling van veel nut is gebleken.

Nadat het reeds lang — men denke slechts aan de oude electrochemische theorie van BERZELIUS — natuur- en scheikundigen voor den geest had gestaan, dat er een nauwe samenhang moest zijn tusschen electrische en scheikundige werkingen, leidden in de eerste helft der vorige eeuw FARADAY's onderzoekingen over de ontleding door den electrischen stroom ertoe, dit denkbeeld scherper te omlijnen. Men kwam tot het inzicht, dat de kleinste deeltjes der stoffen die voor deze ontleding vatbaar zijn, van electrische ladingen, positieve of negatieve, voorzien zijn. Allengs werd deze opvatting tot alle stoffen zonder onderscheid uitgebreid, en zij vond een krachtigen steun in zekere verschijnselen, waarbij geladen deeltjes in het spel zijn, vrij van de banden waarin zij gewoonlijk zijn gevangen en wegens de snelheid waarmee zij zich voortbewegen die vrijheid eenigen tijd behoudende.

Daar zijn vooreerst de „kathodestralen", stroomen van negatief geladen deeltjes, die in een ontladingsbuis bij genoegzame verdunning van het gas van de negatieve electrode af in rechte lijnen voortvliegen; het zijn de deeltjes, die in een Röntgen-buis door hun stoot tegen een metaalplaatje de Röntgen-stralen doen ontstaan. Verder de door radio-actieve zelfstandigheden uitgezonden β-stralen; ook deze bestaan in negatieve deeltjes die zich met aanmerkelijke snelheid, tot negen tiende en meer van de lichtsnelheid, bewegen. Deze laatste bewering, evenals menige andere die nog zal volgen, zal de lezer, naar ik hoop, zonder verdere toelichting willen aannemen.

De negatief geladen deeltjes, de „electronen", zooals zij tegenwoordig genoemd worden, zijn altijd van denzelfden aard; tusschen twee ervan bestaat in geen enkel opzicht eenig verschil. Hun massa is ongeveer het 1850ste deel van een waterstofatoom; in het gram als eenheid uitgedrukt, bedraagt zij $0,898 \times 10^{-27}$. De electrische lading is zoo groot dat twee electronen op een afstand van 1 centimeter elkaar afstooten met een kracht die 431×10^{19} maal kleiner is dan het gewicht van een gram.

De lading van alle andere deeltjes, van de positieve, zoowel als de negatieve, is óf gelijk aan die van het electron, óf een veelvoud daarvan; vandaar dat men, zooals wij ook hier gemakshalve zullen doen, de lading van het electron als een natuurlijke electriciteitseenheid kan bezigen. Rekening houdende met het teeken, stellen wij haar dus door — 1 voor.

In een keukenzoutoplossing hebben de natriumatomen een

lading + 1, de chlooratomen een lading — 1; in oplossingen van koper- of zinksulfaat zijn de metaalatomen met de lading + 2 bedeeld.

Tal van verschijnselen hebben verder doen zien dat de positieve en de negatieve electriciteit geenszins dezelfde rol in de natuur spelen. De positieve is meer dan de negatieve aan de materie gebonden; de massa van positieve deeltjes is nooit zoo klein als die der electronen, maar gelijk of zoo goed als gelijk aan de massa van een atoom. Bij de zoogenaamde „kanaalstralen" heeft men met positief geladen atomen van het in de ontladingsbuis aanwezige gas te doen, en bij de α-stralen van radio-actieve stoffen met heliumatomen die een lading + 2 dragen.

De hypothese van RUTHERFORD kan nu in weinig woorden worden weergegeven. Volgens hem bestaat elk atoom, van welk element het ook zij, uit een *kern* met positieve lading, waarvan de massa verreweg het grootste deel der massa van het atoom uitmaakt, en een grooter of kleiner aantal *electronen*, die, als planeten om de zon, om de kern rondloopen. Zij worden bij de kern gehouden door de electrische aantrekking die zij daarvan ondervinden.

Daar in den natuurlijken toestand het atoom in zijn geheel genomen ongeladen is, d.w.z. evenveel positieve als negatieve lading bevat, moet de lading van de kern zooveel eenheden bedragen als er electronen zijn. Dit aantal is het zoogenaamde „atoomnummer", waardoor het eene element zich van het andere onderscheidt, en waarvan het „atoomgewicht", dat de massa bepaalt, wel onderscheiden moet worden, al nemen in de rij der elementen beide tegelijk toe of af. Het atoomnummer is uit den aard der zaak een geheel getal; het atoomgewicht is dat hoogstens tennaaste bij. Het atoomnummer is bijv. 1 voor waterstof, 2 voor helium, 3 voor lithium, 11 voor natrium, 17 voor chloor, 30 voor zink, 78 voor platina, en 82 voor lood.

Een atoom wordt negatief geladen als het, bij de electronen die het in den natuurlijken toestand bezit, nog een of meer andere krijgt, die dan mede om de kern gaan loopen. Een positieve lading krijgt het als het een of meer electronen verliest. De α-deeltjes zijn eigenlijk *kernen* van heliumatomen.

Terwijl RUTHERFORD met zijn atoommodel zich aansloot bij opvattingen waartoe men door een geleidelijke ontwikkeling was gekomen, verlangt PLANCK met zijn hypothese der *energiequanta* van ons, dat wij met veel, dat voorgoed scheen vast te staan, zullen breken, en zullen aannemen wat vroegere natuurkundigen voor ongerijmd zouden hebben gehouden. Tot den op het eerste gezicht uiterst gewaagden stap dien hij in de stralingstheorie deed, zou hij dan ook niet hebben besloten, en hij zou geen instemming daarmede hebben gevonden als er niet een vraag was geweest, waar, zooals hoe langer hoe meer was gebleken, de oude, klassieke theorieën machteloos tegenover stonden. Dit onhandelbare probleem was dat van de *intensiteit* der stralen van verschillende golflengten, die bij bepaalde temperatuur door een lichaam worden uitgezonden.

Ziehier, in groote trekken, wat een natuurkundige van de oude school van het vraagstuk zou zeggen. In het stralende lichaam, een stuk metaal bijv., komen deeltjes voor, die elk een bepaalden evenwichtsstand hebben, waarheen zij, zoodra zij er op een of andere wijze uit zijn gebracht, door zekere krachten worden teruggedreven. Onder den invloed daarvan kunnen zij met een bepaalde snelheid heen en weer trillen. Terwijl zij dat doen hebben zij tweeërlei arbeidsvermogen of energie; arbeidsvermogen van beweging, kinetische energie, wegens hun snelheid, arbeidsvermogen van plaats, potentieele energie, omdat zij zich op zekeren afstand van den evenwichtsstand bevinden en aan de genoemde kracht onderworpen zijn. Van beide deelen der energie kunnen wij op elk oogenblik het bedrag aangeven; bij numerieke berekeningen bedienen wij ons daarbij van de gebruikelijke energie-eenheid, de „erg", het arbeidsvermogen nl. dat vereischt is om een gewicht van een gram tot een hoogte van $1/_{981}$ centimeter op te heffen. De kinetische energie wordt bepaald door het halve product van de massa en de tweede macht der snelheid, de potentieele hangt van den afstand tot den evenwichtsstand en de grootte der naar dezen drijvende kracht af. Beide veranderen gedurende de trilling, en wel in tegengestelden zin, de eene afnemende naarmate de andere grooter wordt, zoodat, afgezien van de vermindering door de uitstraling, die echter gedurende één trilling allicht slechts weinig zal bedragen, de totale energie onveranderd blijft.

Om nu de sterkte der straling te berekenen moet men twee vraagstukken behandelen, voor welker oplossing gangbare theorieën de noodige middelen bieden. Men beschouwt vooreerst de van de temperatuur afhankelijke warmtebeweging, waaraan alle in het metaal aanwezige deeltjes deelnemen, en berekent de energie die de trillende deeltjes, de „vibratoren", daardoor krijgen. In de tweede plaats gaat men na hoeveel energie de vibratoren bij een bekende sterkte van trilling uitstralen. Door de uitkomsten op vibratoren met verschillend trillingsgetal toe te passen leert men de intensiteit der stralen van grooter en kleiner golflengte kennen.

Dit alles klinkt zeer aannemelijk, maar ongelukkigerwijze stuit men bij verdere uitwerking op een ernstige moeilijkheid. Wat de korte golven betreft, komt men, oordeelende naar de intensiteit die bij hooge temperaturen wordt waargenomen, voor lage temperaturen tot een veel te groote sterkte.

De zaak is deze, dat volgens de klassieke theorie de energie die de vibratoren, zoowel de snel als de langzamer trillende, bij de warmtebeweging krijgen, evenredig met de absolute temperatuur, d.w.z. met de temperatuur, gerekend van af — 273° C zou zijn. Bij den overgang van de gewone kamertemperatuur, stel 18° C, tot 1200° C, d.i. witgloeihitte, stijgt de absolute temperatuur van 291° tot 1473°, dus vrij wel in reden van 1 tot 5. De energie der vibratoren zou dus bij 18° slechts vijf maal kleiner zijn dan bij 1200°. Wil men nu hieruit afleiden hoe het met de sterkte der straling gesteld is, dan moet men nog in het oog houden, dat stralen die uit het binnenste van het lichaam komen, door een terugkaatsing aan het oppervlak kunnen verhinderd worden uit te treden, maar zelfs bij een lichaam waarbij in dit opzicht de omstandigheden zoo ongunstig voor het uitstralen zijn als bij een gepolijste zilverplaat, leert nadere berekening dat bij afkoeling van 1200° tot 18° de uitstraling van geel licht zeker niet 50 maal zwakker kan worden. Zij neemt echter stellig in veel hooger mate af, want ons oog is zoo gevoelig, dat wij, als er bij 18° een uitstraling, 500 maal zwakker dan bij witgloeihitte, was, de plaat in het donker moesten zien lichten.

PLANCK redt zich uit de moeilijkheid door, wat betreft de wisselwerking tusschen de vibratoren en de andere deeltjes van het metaal of misschien de deeltjes van een omringend gas, laten wij kortheidshalve zeggen de „moleculen", de wetten der oude mechanica over boord te werpen en aan te nemen dat de verdeeling der energie tusschen moleculen en vibratoren door *andere* regels bepaald wordt. Hij doet geen poging, die regels in bijzonderheden te formuleeren; de noodzakelijkheid daarvan ontgaat hij door zich van een beschouwingswijze te bedienen, waartoe het groote aantal der deeltjes en de onregelmatige en grillige aard der warmtebeweging aanleiding geven. Hoe ook de uitwisseling van energie tusschen een vibrator en een molecuul moge plaats heb-· ben, door zoo iets als „botsingen" of op andere wijze, men moet zich wel voorstellen dat de eene vibrator het in dit opzicht beter kan treffen dan de andere, dat hier veel toeval in het spel is. Dit overwegende komt men tot het denkbeeld, dat de energieverdeeling het gevolg van een soort „loterij" is, en dat men uitkomsten zal kunnen krijgen, die voldoende met de werkelijkheid overeenstemmen, door voor elk molecuul en elken vibrator een briefje te trekken, dat het bedrag der toebedeelde energie aangeeft. Natuurlijk moeten de regels voor de loterij met eenig overleg worden gekozen en moet in elk geval met de energiehoeveelheid die in het geheel beschikbaar is, rekening worden gehouden. Wat de moleculen betreft, wordt ondersteld dat zij de energie in elke willekeurig gekozen hoeveelheid, ook met bedragen zoo klein als men wil, kunnen opnemen of afstaan. Dit beantwoordt aan de opvattingen der gewone mechanica, en neemt men hetzelfde ook voor de vibratoren aan, dan vindt men dat het arbeidsvermogen zich tusschen een groot aantal moleculen en een groot aantal vibratoren steeds in dezelfde verhouding verdeelt, onverschillig hoe groot het geheele bedrag is. Men komt dus tot een vaste verhouding tusschen de gemiddelde energie van een molecuul en de gemiddelde energie van een vibrator, op welk gemiddelde het alleen aankomt. Daar men weet dat, gemiddeld genomen, de energie van een molecuul evenredig met de absolute temperatuur is, moet hetzelfde ook van een vibrator gelden, juist de conclusie die gebleken is, onaannemelijk te zijn.

In afwijking van de opvattingen der vroegere natuurkunde onderstelt nu PLANCK dat de vibratoren de energie *niet* in willekeurig kleine hoeveelheden, maar slechts in *hoeveelheden van een bepaalde grootte*, in volle „quanta", waarvan het bedrag voor elken vibrator kan worden vastgesteld, kunnen ontvangen of afgeven. Men ziet gemakkelijk in hoe hij hiermede zijn doel kan bereiken en de moeilijkheid waarvoor wij stonden, kan overwinnen. Bij de loterij waarvan gesproken werd, zullen nl., als de geheele hoeveelheid klein is, den vibrator ook slechts kleine hoeveelheden energie worden aangeboden. Weigert hij minder dan een vol quantum aan te nemen, dan is er alle kans dat hij ten slotte niets krijgt. Die kans is des te grooter naarmate de vibrator meer eischt, en men zal dus, door het quantum groot genoeg te kiezen, kunnen bewerken dat de vibratoren zoo goed als stilstaan. Daar, in het geval bijv., van de straks beschouwde zilverplaat van 18° C, het stilstaan bereikt moest worden voor de vibratoren die *licht* kunnen uitstralen en niet voor langzamer trillende — de plaat zendt nog altijd onzichtbare warmtestralen van groote golflengte uit — is het ook begrijpelijk, dat het quantum des te grooter moet gesteld worden, naarmate het trillingsgetal hooger is. Door wiskundige uitwerking der theorie, waarvan in deze vluchtige uiteenzetting alleen de algemeene gedachtengang kon worden weergegeven, heeft Planck aangetoond dat het quantum evenredig met het trillingsgetal moet zijn. Men vindt het, in ergen uitgedrukt, als men dat getal vermenigvuldigt met een constante, die volgens de beste gegevens waarover wij thans beschikken, de waarde $0,655 \times 10^{-26}$ heeft. Men kan dit de „constante van Planck" noemen.

Van de daardoor in grootte bepaalde quanta kan nu de vibrator er één of twee of drie, enz. ontvangen. Stelt men zich voor dat hij, als hij er één heeft gekregen, tijd heeft om dat geheel door uitstraling te verliezen, zonder dat een nieuwe wisselwerking met een molecuul tusschen beide komt, dan kan men zeggen dat het licht met een vol energiequantum tegelijk, aan het trillingsgetal beantwoordende, wordt voortgebracht, al is daarmede niet gezegd dat het quantum op een of andere wijze als een ondeelbaar iets in een kleine ruimte opeengehoopt blijft. Het is zeer goed mogelijk dat de vibrator een millioen, steeds zwakker wordende trillingen uitvoert voor zijn beweging is uitgeput. Dan wordt het quantum over even zoo veel golven verdeeld, die zich bovendien in steeds grooter wordende bollen uitbreiden.

Is de opvatting dat het licht telkens in een hoeveelheid van één quantum ontstaat, juist, dan kan men voor elke lichtsoort de hoeveelheid energie die voor het voortbrengen er van op zijn minst noodig is, vinden door het trillingsgetal met de constante van Planck te vermenigvuldigen. Maar dan kan men ook het omgekeerde vraagstuk oplossen. Weet men op een of andere wijze hoeveel energie aan de uitstraling besteed is, dan zal men het trillingsgetal vinden als men de hoeveelheid energie door de constante van PLANCK deelt. Deze op het eerste gezicht vrij zonderlinge manier om een trillingsgetal te bepalen moest hier vermeld worden, omdat het in de theorie van BOHR zoo gedaan wordt.

Wat de vibratoren betreft, dient nog te worden opgemerkt — ook dit met het oog op de theorie van BOHR — dat het gemiddelde van alle waarden die de kinetische energie in den loop van een trilling aanneemt, van nul af tot de grootste waarde toe, even groot blijkt te zijn als het overeenkomstige gemiddelde van de potentieele energie. Gemiddeld genomen is er dus evenveel van beide energievormen en kan de kinetische energie van een vibrator van PLANCK een grootte hebben, die men vindt door het trillingsgetal met de *halve* constante van PLANCK te vermenigvuldigen, of wel een veelvoud van het zoo bepaalde bedrag zijn.

Wel zelden heeft een gewaagde onderstelling zoo goed gevolg gehad als de hypothese der quanta; zij heeft haar intrede op menig gebied der natuurkunde gedaan en geheel andere verschijnselen dan die waarvoor zij werd verzonnen, hebben een berekening der constante van PLANCK mogelijk gemaakt. Van de bevestigingen der onderstelling moge er nog een vermeld worden, omdat die op ons onderwerp, de uitstraling van licht, betrekking heeft.

Wanneer men door een met kwikdamp gevulde ruimte electronen met genoegzame snelheid voortdrijft, zooals men kan doen door er een electrische kracht van bepaalde richting op te laten werken, kan het gebeuren, dat de electronen door hun stooten tegen de kwikatomen aanleiding geven tot de uitzending van ultraviolette stralen van de golflengte 2536. Voor die stralen heeft het energiequantum een bepaalde grootte en FRANCK en HERTZ hebben nu gevonden dat de uitstraling eerst dan plaats heeft, als de snelheid der electronen zoo hoog is opgevoerd, dat hun kinetische energie minstens gelijk aan dat quantum is geworden. Men ziet dat dit pleit voor het ontstaan der stralen met een vol quantum tegelijk. Moet dat op zijn minst worden besteed, dan zal ook de energie die een electron heeft en die het aan een kwikatoom kan meedeelen, noodzakelijk die hoogte bereikt moeten hebben.

Met de voorafgaande, misschien reeds al te breedvoerige beschouwingen zijn nu alle gegevens bijeengebracht, die voor een uiteenzetting van de theorie van BOHR noodig zijn.

Van alle atomen is dat van de waterstof het eenvoudigste. Zooals door het atoomnummer 1 wordt aangegeven, bestaat het uit
een kern met de lading $+ 1$ en een enkel daaromheen loopend
electron. Dit laatste heeft, zooals reeds gezegd werd, een massa,
die ongeveer het 1850ste deel der massa van het atoom is. Daaruit
volgt dat de massa der kern ongeveer 1849 maal zoo groot als die
van het electron is en dit geeft ons het recht, om bij eerste benadering de kern als een stilstaand centrum te beschouwen, evenals
men bij de beschouwing der beweging van een planeet vooreerst
van de geringe beweging der zon mag afzien. Daar de door de kern
op het electron uitgeoefende electrische aantrekking evenals de
algemeene aantrekkingskracht omgekeerd evenredig is met de
tweede macht van den afstand, gaat de vergelijking met de pla-
netenbeweging ook wat den vorm der banen betreft op; het electron kan in een ellips en onder bijzondere omstandigheden in een
cirkel rondloopen. Gelukkig is voor ons doel de beschouwing van
dit laatste geval voldoende.

Volgens de regels der mechanica kan een cirkel met willekeurig
gekozen straal worden beschreven, als het electron maar juist de
daarvoor passende snelheid heeft. Is bijv. de straal een honderdmillioenste centimeter, dan moet de snelheid 169×10^6 cm per
seconde bedragen; de kinetische energie is dan $0,114 \times 10^{-10}$ erg,
en het aantal omloopen per seconde 253×10^{13}. Zal de straal van
den cirkel een andere grootte hebben, dan vindt men de daarbij
behoorende getallen door den regel, dat de snelheid omgekeerd
evenredig met den vierkantswortel uit den straal, en dus de kinetische energie omgekeerd evenredig met den straal zelf moet zijn.
Dit alles kan worden afgeleid uit hetgeen in de elementaire mechanica over de beweging in een cirkel wordt geleerd, als men,
wat de getalwaarden betreft, gebruik maakt van wat reeds over
de massa van het electron en over de grootte der kracht tusschen
twee eenheidsladingen gezegd is.

De *eerste* nieuwe onderstelling die Bohr maakt is nu, dat, ofschoon volgens de wetten der mechanica de straal van de cirkelbaan elke willekeurige grootte zou kunnen hebben, in werkelijkheid alleen enkele cirkels met geheel bepaalde stralen kunnen
worden doorloopen. De bewegingen moeten nl. voldoen aan zekere voorwaarde, die zich aansluit aan die waardoor in de theorie
van Planck de waarden werden aangewezen, die de trillingsener-

gie van een vibrator kan hebben. Wij drukten die het laatst zoo uit, dat de gemiddelde kinetische energie gelijk zou zijn aan de waarde, of een veelvoud ervan, die men krijgt als men de halve constante van PLANCK met het trillingsgetal vermenigvuldigt. Bij het in een cirkel rondloopende electron is de snelheid en dus ook de kinetische energie voortdurend even groot, zoodat wij het woord „gemiddelde" wel kunnen weglaten, en met het aantal trillingen komt nu het aantal omloopen in de seconde overeen. Wij blijven dus zoo veel mogelijk met de door PLANCK ingevoerde voorwaarde in overeenstemming als wij vaststellen: alleen die bewegingen van het electron worden mogelijk geacht, of „toegelaten", bij welke de kinetische energie gelijk is aan het product van de halve constante van PLANCK met het aantal omloopen in de seconde, of wel aan een veelvoud van dat product. Dit is BOHR's „quantavoorwaarde".

Bij de reeds genoemde beweging in een cirkel met een straal van een honderdmillioensten centimeter is het product van de halve constante van PLANCK met het aantal omloopen per seconde $0,829 \times 10^{-11}$, terwijl de kinetische energie $0,114 \times 10^{-10}$ bedraagt; die beweging voldoet dus niet aan de voorwaarde. Wel behoort, zooals men nu gemakkelijk kan narekenen, de beweging in een cirkel met een straal van $0,532 \times 10^{-8}$ cm en een kinetische energie van $0,214 \times 10^{-10}$ erg tot de geoorloofde bewegingen. De kinetische energie is gelijk aan éénmaal het meermalen genoemde product. Ook de bewegingen in cirkels, waarvan de stralen 4, 9, 16 enz. maal de zooeven aangegeven lengte hebben, zijn mogelijk; bij deze is de kinetische energie het dubbel, drievoud, viervoud enz. van dat product, dat zelf telkens weer een andere waarde heeft. Men ziet dat de stralen der cirkels bij de mogelijke bewegingen, die men als de eerste, tweede, derde, enz. kan onderscheiden, tot elkander staan als de tweede machten van 1, 2, 3, enz. De waarden der kinetische energie zijn omgekeerd evenredig met die tweede machten.

Daar staat tegenover, dat, als men naar een grooteren cirkel overgaat, de potentieele energie, wegens de vergrooting van den afstand tot het aantrekkende centrum, toeneemt en wel is het hier zoo mee gesteld — al weer een uitkomst van betrekkelijk elementaire mechanica — dat die vermeerdering der potentieele energie juist twee maal zoo groot is als de vermindering der kinetische.

Het gevolg is dat de totale energie toeneemt met hetzelfde bedrag, waarmede de kinetische kleiner wordt.

Tot nog toe was van eenigerlei uitstraling geen sprake; volgens Bohr zou het electron in een der toegelaten cirkels ten eeuwigen dage kunnen rondloopen zonder aan energie te verliezen. Maar — en dit is zijn *tweede* essentieele hypothese — nu en dan kan, door oorzaken en op een wijze waarvan wij niets kunnen zeggen, het electron van bewegingswijze veranderen, zoo nl. dat, terwijl het eerst in zekeren cirkel rondliep, het na de „katastrophe", alsof er niets gebeurd was, een cirkel met kleineren straal volgt. Het is zulk een „sprong" van de eene bewegingswijze tot een andere met kleinere energie, die van een uitstraling vergezeld gaat, en wel wordt daaraan juist de door het atoom verloren energie besteed. Daar nu wordt aangenomen (*derde* hypothese), dat de stralen juist met één energiequantum worden voortgebracht, vindt men het trillingsgetal van de straling als men de vermindering der energie van het atoom door de constante van Planck deelt.

Wij zullen de berekening geheel uitvoeren voor den overgang van de derde beweging tot de tweede. Bij de eerste daarvan is de kinetische energie $0,238 \times 10^{-11}$ erg, bij de laatste $0,535 \times 10^{-11}$; het verschil bedraagt $0,297 \times 10^{-11}$ erg. Dit is ook het arbeidsvermogen dat bij den overgang voor de uitstraling beschikbaar wordt. Men kan het zoo opvatten, dat het electron, als een dalend gewicht tot het aantrekkende voorwerp naderende, $0,594 \times 10^{-11}$ erg aan arbeidsvermogen van plaats verliest. Het kan dus een daaraan gelijken arbeid verrichten en hiervan dient nu de eene helft om het electron de grootere snelheid te geven, die het op de tweede cirkelbaan heeft, en de andere helft om het licht voort te brengen. Deelt men $0,297 \times 10^{-11}$ door de constante van Planck $0,655 \times 10^{-26}$, dan vindt men voor het aantal trillingen per seconde 453×10^{12}. Deeling van den weg, dien het licht in de seconde aflegt, 300×10^8 cm, door het trillingsgetal geeft voor de golflengte $0,661 \times 10^{-4}$ cm, of 6610 Ångström-eenheid, terwijl de golflengte van de lijn $H\alpha$ van het waterstofspectrum 6565 is.

Een werkelijk treffende overeenstemming, want de gegevens waarvan men bij de berekening van het eerste getal gebruik heeft gemaakt, de lading en de massa van het electron en de constante van Planck, zijn niet zoo nauwkeurig bekend, dat men een nauwer samenvallen had mogen verwachten.

Dit is de uitkomst waarheen ons een lange en naar ik vrees, niet altijd mooie en gemakkelijke weg geleid heeft. Zij is, dunkt mij, de genomen moeite wel waard. Men zal het toegeven als men bedenkt dat hier voor de eerste maal het aantal trillingen van een lichtstraal uit andere gegevens, aan zeer uiteenloopende verschijnselen ontleend, is afgeleid. Trouwens, de voldoening die de nieuwe theorie ons geeft, zal nog toenemen als wij, nu met snelleren tred, BOHR en de natuurkundigen die zich weldra bij hem hebben aangesloten, nog wat verder volgen.

Terwijl de eerste lijn van het waterstofspectrum haar oorsprong heeft in het overgaan van het electron van den derden bewegingstoestand tot den tweeden, heeft men bij de volgende lijnen met dergelijke overgangen te doen, telkens naar den tweeden cirkel, maar van af den vierden, den vijfden enz. Nu staan de waarden der kinetische energie bij de verschillende cirkelbewegingen, te beginnen met de tweede, tot elkander als $^1/_4$, $^1/_9$, $^1/_{16}$, $^1/_{25}$, enz. De verschillen die in dit opzicht tusschen de tweede beweging aan den eenen kant, en de derde, vierde, vijfde, enz. aan den anderen kant bestaan, verhouden zich dus als $^1/_4$—$^1/_9$, $^1/_4$—$^1/_{16}$, $^1/_4$—$^1/_{25}$, enz.

Hetzelfde geldt van de hoeveelheden energie die bij de zooeven bedoelde sprongen voor de uitstraling beschikbaar komen, en ook van de naar BOHR's derde hypothese met deze hoeveelheden evenredige trillingsgetallen. Zoo wordt de „wet" van het waterstofspectrum teruggevonden, die BALMER aan het licht heeft gebracht.

Dat die wet betrekkelijk gemakkelijk kon worden afgeleid is aan de eenvoudige constitutie van het waterstofatoom te danken. Bij andere elementen moet men zich nog wel iets dergelijks voorstellen: uitsluiting van alle bewegingen in het atoom, die niet aan zekere quanta-voorwaarden, min of meer op die van BOHR gelijkende, voldoen, en uitstraling tengevolge van het overspringen van het stelsel van den eenen bewegingstoestand naar den anderen, met toepassing van BOHR's derde hypothese ter bepaling van het trillingsgetal; maar naar mate het atoomnummer en dus het aantal rondloopende electronen stijgt, wordt de wiskundige behandeling steeds moeilijker. Er is bijv. al niet meer aan te denken, de beweging der drie electronen van het lithiumatoom exact te berekenen. Toch mag men, naar het schijnt, verwachten dat ook meer ingewikkelde spectra op de aangegeven wijze verklaard zullen kunnen worden, omdat aan den eenen kant de theoretische opvattingen in beginsel hetzelfde blijven en aan den anderen kant de spectra van andere elementen, hoe veel samengestelder zij ook mogen zijn, nog altijd, wat de onderlinge ligging der lijnen betreft, menigen trek met het waterstofspectrum gemeen hebben.

Men kent enkele spectra, waarbij deze overeenstemming vrij ver gaat, en één, waarvan, met wijziging alleen van de getalwaarden, geheel hetzelfde kan gezegd worden als van de waterstoflijnen. Het wordt onder bepaalde omstandigheden door helium voortgebracht.

De kernlading is bij dit element + 2 en er zijn in den normalen toestand 2 electronen, waarvan het atoom er echter wel eens één kan hebben verloren. Is dit het geval, dan kunnen de stralen waarvan thans sprake is, worden uitgezonden. Daar men nu weer met een enkel electron te doen heeft, levert de berekening der bewegingen geen bezwaar op. Alles gaat als bij de waterstof, met dit onderscheid alleen, dat de door de kern uitgeoefende aantrekking tweemaal sterker is geworden. De veranderingen die dientengevolge aan de getalwaarden moeten worden aangebracht, zijn gemakkelijk aan te geven en men vindt ten slotte viermaal zoo groote trillingsgetallen, zoodat aan elke lijn die volgens de theorie van het waterstofspectrum mogelijk is, een lijn in het heliumspectrum met vier maal kleinere golflengte zou moeten beantwoorden. Dit komt ook vrijwel uit, maar toch niet volkomen. De waargenomen heliumlijnen vallen bijna, doch niet geheel samen met de op de gezegde wijze „voorspelde" standen. Van deze kleine afwijkingen kan men rekenschap geven door in aanmerking te nemen, dat niet, zooals tot nog toe werd aangenomen, terwijl het electron in een cirkel rondloopt, de kern stilstaat, maar dat zij eveneens een kring, zij het ook een veel kleineren, beschrijft. Daar de massa van de heliumkern viermaal zoo groot is als die van de waterstofkern, is de beweging van de kern bij de waterstof van meer beteekenis dan bij het helium en hierin ligt de oorzaak van de bedoelde kleine verschillen. Uit het bedrag daarvan heeft men afgeleid dat de massa van het electron het 1843ste deel van die van het waterstofatoom moet zijn, terwijl wij vroeger voor het verhoudingsgetal de waarde 1850 hebben opgegeven. Het getal 1843 is nu zeker wel het nauwkeurigste.

Door de bewegelijkheid der kern in aanmerking te nemen had men het oorspronkelijke vraagstuk reeds eenigszins uitgebreid. Tot nog veel ingewikkelder bewegingen komt men, als men onderstelt dat de lichtgevende atomen zich in een „electrisch veld" bevinden, d.w.z. in een ruimte waarin positieve deeltjes door zekere kracht bijv. naar links en negatieve naar rechts worden gedreven. Men kan ook in dit geval de bewegingen geheel bepalen en voor de „mogelijke" bewegingen aannemelijke quanta-voorwaarden opstellen. Deze worden weliswaar veel minder eenvoudig dan die waarvan wij ons in de theorie van het waterstofspectrum bediend hebben, maar sluiten zich daarbij goed aan en de keus had moeilijk anders gedaan kunnen worden.

EPSTEIN heeft op deze wijze een zeer bevredigende verklaring gegeven van de eenige jaren geleden door STARK ontdekte splitsing der spectraallijnen door den invloed van een electrisch veld waarin het lichtende gas zich bevindt. Dit eerst hoogst raadselachtige verschijnsel blijkt nu het gevolg te zijn van de grootere verscheidenheid van mogelijke bewegingen, die het bestaan van het veld medebrengt. Als bijv., behalve de vroeger besproken derde cirkelbeweging, de beweging 3 zullen wij zeggen, nog een beweging 3' mogelijk was, die er, ook in energie, een weinig van verschilt, dan zou men niet alleen den overgang van 3 naar de beweging 2, maar ook den overgang van 3' naar 2 kunnen hebben. De energie die aan de uitstraling besteed wordt, en het uit die energie afgeleide trillingsgetal, zouden in de beide gevallen niet hetzelfde zijn. In plaats van één lijn zou men er twee, op zekeren afstand van elkaar krijgen.

Hoe voortreffelijk de theorie van EPSTEIN de waarnemingen van STARK weergeeft, kan uit eenige getallen blijken. Bij zekere veldsterkte werd de vierde lijn van het waterstofspectrum in een groot aantal componenten gesplitst, die symmetrisch aan weerszijden van de oorspronkelijke lijn lagen. De gemeten afstanden tot de oorspronkelijke lijn waren voor eenige dier componenten

37,5; 33,4; 30,4; 28,6; 24,2; 19,6; 14,4; 9,6; 5,2;

terwijl de berekening van EPSTEIN de getallen

38,1; 33,4; 30,9; 28,6; 23,8; 19,1; 14,3; 9,5; 4,8

oplevert. Voor de overige in deze lijst niet opgenomen componenten is de overeenstemming even goed.

Ook bij afwezigheid van een electrisch veld kan een splitsing der spectraallijnen voorkomen, louter ten gevolge van de groote snelheden waarmede zich de electronen in het atoom bewegen. Volgens de relativiteitstheorie van Einstein, tot welker ontwikkeling het onderzoek naar een eventueelen invloed van de beweging der aarde op optische en electromagnetische verschijnselen geleid heeft, moeten nl. in de regels der mechanica zekere wijzigingen worden aangebracht. Die wijzigingen doen zich gevoelen zoodra de in het spel komende snelheden niet meer onmerkbaar klein in vergelijking met de lichtsnelheid zijn. Zij vergrooten weer de verscheidenheid der in het atoom mogelijke bewegingen en dientengevolge de verscheidenheid in de trillingsgetallen der uitgezonden stralen. Aan Sommerfeld heeft men deze „relativiteitstheorie" der spectraallijnen te danken. Hij weet bijv. nauwkeurig de afstanden te berekenen tusschen de componenten van verschillende heliumlijnen, die men met een spectroscoop van groot oplossend vermogen als meervoudige lijnen waarneemt.

Niet minder merkwaardig is het werk van Sommerfeld over de Röntgen-stralen. Dat deze van denzelfden aard als de lichtstralen zijn en zich alleen door een veel kleinere golflengte (van 12 tot 0,07 eenheden van Ångström) daarvan onderscheiden, is door de onderzoekingen der laatste jaren vastgesteld en men heeft, nadat men een middel had gevonden om de golflengten te meten, in korten tijd aangetoond dat men bij de Röntgen-stralen veelal even goed als bij de lichtstralen met lijnenspectra te doen had. Deze spectra zijn kenmerkend voor het metaal dat de stralen uitzendt en wil men er een theorie voor opstellen, overeenkomende met die van het waterstofspectrum, dan moet men atomen met hooge atoomnummers beschouwen, d.w.z. kernen met groote electrische ladingen en door vele electronen omringd. Van een volkomen strenge behandeling der bewegingen kan dan, zooals reeds gezegd werd, geen sprake meer zijn, maar met behulp van eenige vereenvoudigingen is Sommerfeld er toch in geslaagd, de structuur der Röntgen-spectra voor een groot deel te ontwarren.

Dat nu dit alles een krachtigen steun geeft aan de hypothese van Rutherford en Bohr over de constitutie der atomen, behoeft nauwelijks gezegd te worden. Trouwens, men is er reeds toe gekomen, zich op goede gronden en met goed gevolg een voorstelling te vormen van de wijze waarop de electronen rondom de kern zijn gerangschikt, en men heeft met de verklaring van de bijzondere scheikundige eigenschappen der verschillende elementen uit die rangschikking een veelbelovend begin gemaakt. Het blijkt wel dat de scheikundige werkingen, evenals de optische verschijnselen voor rekening van de electronen komen, terwijl de kern bij de radio-actieve werkingen in het spel is; de α- en β-deeltjes worden ongetwijfeld door dit centrale deel van het atoom uitgestooten.

Geen theorie kan worden ontwikkeld zonder nieuwe vragen te doen rijzen, die tot verder onderzoek prikkelen. Op dezen regel maakt hetgeen in het voorgaande van de atomen en hun uitstraling gezegd werd geen uitzondering; het stelt ons voor menig raadsel, voor menige moeilijkheid, die vooralsnog onoverkomelijk schijnt. In de eerste plaats blijft ons de physische beteekenis der energiequanta verborgen. Dat de vibrator van PLANCK de energie alleen bij volle quanta kan opnemen, dat die quanta juist evenredig met het trillingsgetal zijn en dat de electronen in het atoom gebonden zijn aan de quanta-voorwaarden, die wij hun wel moeten opleggen, kunnen wij aan niets anders, waarmee wij meer vertrouwd zijn, vastknoopen. Wij zien zelfs niet hoe de door ons geoorloofde bewegingen kunnen blijven bestaan. Naar algemeene beginselen der electriciteitsleer moet een rondloopend electron electromagnetische golven uitzenden, even zeker als van een lichaam, dat met voldoende snelheid in de lucht een cirkel beschrijft, geluidstrillingen uitgaan. Willen wij echter niet de beweging zich door het energieverlies zien uitputten en het atoom, tot welks wezen zij behoort, te gronde zien gaan, dan moeten wij het electron de uitzending van golven verbieden. De uitstraling zal dus beperkt blijven tot de plotselinge veranderingen die in den bewegingstoestand plaats hebben. De electronen van de waterstof in de Geisslersche buis zullen, als zij met rust gelaten worden, in den tweeden cirkel rondloopen, totdat een of andere botsing hen, onder mededeeling van arbeidsvermogen, op een cirkel met grooteren straal, den derden, of misschien den tienden of den zestienden brengt. In zijn nieuwe baan rondloopende is het electron dan voorbereid tot de geheimzinnige katastrophe waardoor het tot den tweeden cirkel zal terugkeeren. Hoe die overgang precies gebeurt en wat er aanleiding toe geeft, weten wij niet te zeggen en wij zien in het geheel niet waarom het trillingsgetal juist zoo groot zal worden, dat de voor de lichtvorming gebruikte energie het aan dat getal beantwoordende quantum is. Zelfs begrijpen wij niet waarom het vrij gekomen arbeidsvermogen den vorm van trillingen aanneemt, want de heen en weergaande deeltjes, de „vibratoren", die vroegere theorieën in de lichtbronnen zagen, en die ook in dit opstel herhaaldelijk ter verduidelijking hebben gediend, ontbreken geheel in het beeld der verschijnselen, dat BOHR ons voor oogen stelt. Zoo is er veel dat duister blijft en waarover misschien eerst een latere generatie van natuurkundigen licht zal ontsteken. Toch, ondanks allen twijfel en bedenking, doen de verkregen uitkomsten ons vertrouwen, op den goeden weg te zijn.

NIEUWE RICHTINGEN IN DE NATUURKUNDE [1])

Er is een tijd geweest, en die ligt nog niet ver achter ons, toen de weg voor de verdere ontwikkeling der natuurkunde vast afgebakend scheen; in de beginselen der mechanica meende men een grondslag te hebben, zóó betrouwbaar, dat men er met gerustheid al hooger en hooger op zou kunnen voortbouwen. In den laatsten tijd is dat anders geworden en is men aan veel dat vroeger zeker scheen, gaan twijfelen. Daarom heb ik, toen ik van het bestuur van ons genootschap de vereerende uitnoodiging tot het houden dezer voordracht ontving, gemeend misschien aan de bedoeling te kunnen beantwoorden door u in korte trekken te schetsen hoe diepgaande omwenteling in de laatste jaren, bij velen althans, in het physisch denken heeft plaats gehad. Twee nieuwe opvattingen, zóózeer van de gangbare beschouwingswijzen afwijkende, dat ongetwijfeld de natuurkundigen van een vorige generatie er op het eerste gezicht bedenkelijk het hoofd over zouden hebben geschud, komen daarbij op den voorgrond. Ik bedoel het zoogenaamde *relativiteitsbeginsel* en de *theorie der energiequanta*.

Bij het eerste is de hypothese van den lichtaether ten nauwste betrokken. Dat in den loop der tijden de voorstellingen omtrent dit de geheele ruimte vullende medium, den drager van het licht en de electromagnetische werkingen, belangrijke wijziging hebben ondergaan, zal u bekend zijn. In het algemeen gesproken zijn die voorstellingen hoe langer hoe kleurloozer geworden. Geen natuurkundige spreekt meer van den aether als een „zeer ijle" en „zeer veerkrachtige" middenstof, en maar weinigen zullen er bevrediging in vinden, hem uit atomen samen te stellen. Wij zijn er aan gewend geraakt, den aether niet meer als een soort materie, niet zoo heel veel verschillend van de tast- en weegbare te beschou-

---

[1]) Voordracht voor het Genootschap ter bevordering van Genees-, Heel- en Verloskunde, 22 October 1913. Nederl. Tijdschrift voor Geneeskunde **57**, 2172, 1913.

wen, maar hem tegenover de materie te stellen als iets dat, terwijl het alle werkingen der materie overbrengt, zelf daar grootelijks van verschilt. Hij doordringt alles en alle pogingen om hem op te sluiten, samen te persen of in beweging te brengen, hebben gefaald. Ja, sedert FRESNEL zien wij in, dat de aberratie van het licht en wat daarmee samenhangt slechts begrepen kan worden zoo wij ons den aether als onbewegelijk voorstellen. In dien zin, dat van een strooming van het eene deel van dit medium ten opzichte van het andere nooit sprake kan zijn en dat de hemellichamen er doorheen gaan zonder het in het minst van zijn plaats te brengen, een zienswijze die, consequent volgehouden, er toe leidt, ook de kleinste deeltjes der materie, atomen en electronen als volkomen doordringbaar voor den aether te beschouwen.

Deze theorie van den *stilstaanden* aether doet dadelijk een vraag rijzen, aan welker beantwoording vele jaren is gewerkt. Als het waar is, dat de aarde haar jaarlijksche beweging om de zon volbrengt, zonder den aether mee te sleepen, moet die zich met een snelheid van 30000 meter per seconde ten opzichte van de aarde bewegen. Zulk een aether*wind* moet door onze laboratoria en door al onze toestellen waaien en de vraag is, zullen wij dat kunnen bemerken? Zoowel bij electromagnetische als bij optische verschijnselen zou men dat verwachten. Om bij de laatste te blijven, als ik in een bepaald punt lichtgolven voortbreng, dan zullen die, terwijl zij zich uitbreiden, door den aetherwind worden meegevoerd, evenals golfkringen door stroomend water of de geluidsgolven door een luchtstroom, met welk laatste verschijnsel men bij de bepaling van de voortplantingssnelheid van het geluid in de open lucht wel degelijk rekening moet houden. Wel moet nu worden opgemerkt dat men zich van dat meesleepen niet te veel moet voorstellen, want die snelheid van den aetherwind van 30000 meter per seconde is maar een 10000ste van de lichtsnelheid, en men gevoelt wel, dat het op de verhouding van beide aankomt. Maar daar staat tegenover, dat men uiterst kleine veranderingen in den tijd dien het licht noodig heeft, om een bepaalden weg af te leggen, kan waarnemen. Alles overwegende, had men alle reden om de zaak op de proef te stellen.

De uitkomst is geweest, dat nooit een uitwerking van den aetherwind is waargenomen. Hoe men bij optische en ook electro-

magnetische proeven de instrumenten wendt en draait, zoodat de
aetherwind er nu eens in de eene en dan in de andere richting
doorheen gaat, het maakt nooit eenig verschil in de uitkomst der
proef. Althans zoo generaliseeren wij nu, misschien niet zonder
eenige goedgeloovigheid, na al de mislukte pogingen. Terwijl de
natuurkundigen een 20-tal jaren geleden nog ernstig nieuwe plannen beraamden, om den aetherwind te ontdekken, zijn wij nu
vooraf van het ijdele dier pogingen overtuigd, zoozeer dat wanneer er nog een enkele maal een verslag van een experimenteel
onderzoek in deze richting verschijnt, wij beginnen met te zien,
of de uitkomst wel behoorlijk negatief is geweest.

Van de onwerkzaamheid van den aetherwind heeft nu de
theorie over het geheel vrij bevredigend en zonder bijzondere
moeite rekenschap kunnen geven. Het was voldoende, de grondbeginselen der electromagnetische lichttheorie, zooals zij in de
electronentheorie aangevuld zijn, consequent toe te passen. Intusschen zijn er enkele verschijnselen, die nieuwe hypothesen
noodig hebben gemaakt, en op één daarvan veroorloof ik mij in
het bijzonder uw aandacht te vestigen.

Aan de proef, die ik op het oog heb, ligt een gedachte ten grondslag, die men aan MAXWELL te danken heeft, en die zoo eenvoudig
is, dat zij met een alledaagsch voorbeeld kan worden opgehelderd.
Ook is de berekening van het te verwachten effect niet moeilijker
dan de oplossing van vraagstukken die in gewone leerboeken der
algebra voorkomen. Laat ik het zóó inkleeden. Twee personen
staan op een afstand van een bepaald aantal meters van elkaar
en een hond zal met bepaalde snelheid van den eersten naar den
tweeden, en dan weer naar den eersten terug loopen. Wij berekenen den tijd die daarvoor noodig is. Vervolgens wijzigen wij het
vraagstuk in zoover, dat de twee personen achter elkaar op denzelfden afstand dien zij zooeven van elkaar hadden, voortgaan,
wel te verstaan minder vlug dan de hond; weer loopt de hond
tusschen hen heen en weer. Wij vinden nu daarvoor een iets lan-
geren tijd dan in het eerste geval. Eindelijk nemen wij een derde
geval. De twee wandelaars loopen met dezelfde snelheid als zooeven en op denzelfden afstand van elkaar, maar nu zoo dat hun
verbindingslijn loodrecht op de bewegingsrichting staat; zij loopen bijv. aan weerskanten van een weg. De hond zal weer tus-

schen hen heen en weergaan, en wel bepaaldelijk in rechte lijnen, en niet bij geval in de zoogenaamde vervolglijn. Dat de tijd ook nu langer is dan in geval I is aanstonds duidelijk, omdat hij den weg schuin moet oversteken. Maar, waar het op aankomt is dit, dat in geval III de tijd iets korter blijkt te zijn dan in geval II.

Nu de toepassing op het licht. In plaats van den eersten wandelaar komt een lichtbron; wat heen en weer gaat, zal een lichtstraal zijn en den tweeden wandelaar vervangen wij door een spiegel die het licht naar de bron terugkaatst. Lichtbron en spiegel zijn bijv. op een metalen staaf geplaatst, op, zoo zou men zeggen, „onveranderlijken" afstand van elkaar. Zij bewegen zich beide en wel met dezelfde snelheid, daar zij in de voortgaande beweging der aarde om de zon deelen. Wij hebben geval II als de verbindingslijn de richting der aardbeweging heeft, en geval III als zij loodrecht daarop staat. Het verschil van den in beide gevallen vereischten tijd zou met behulp van een interferentie-verschijnsel zichtbaar gemaakt kunnen worden. Dit hebben MICHELSON en anderen beproefd, maar alweer zonder gevolg.

Na deze uitkomst kon men er een oogenblik aan denken, den aether toch maar wel met de aarde te laten meegaan, zoodat men geheel van den aetherwind af was. Het zou dan zijn, als wanneer de geheele weg met de wandelaars meeging, wat natuurlijk op hetzelfde zou neerkomen als geval I. De gemeenschappelijke snelheid kan geen invloed hebben, daar ook de hond die zou hebben *bij* de snelheid, waarmee hij *over* den weg voortloopt. Zoo zou ook het licht, als de aether met de aarde meeging, behalve de snelheid, waarmee het zich *in* den aether voortplant, ook nog de snelheid van de aarde hebben, en dan viel alle moeilijkheid weg. Maar *deze* uitweg is ons door de aberratieverschijnselen onverbiddelijk afgesneden. Wij mogen ons werkelijk niet anders voorstellen, dan dat de aether stilstaat, en dat de lichtgolven, zoodra zij de lichtbron of den spiegel verlaten hebben, voortgaan met de eens voor al vaststaande voortplantingssnelheid, geheel onafhankelijk van de beweging van lichtbron en spiegel.

Er is ten slotte maar één verklaring gevonden, en wel een, die op het eerste gezicht nog al vreemd zal schijnen, nl. deze, dat ten gevolge van de beweging van een lichaam door den aether heen de afmetingen in de bewegingsrichting een weinig verkort worden, terwijl de afmetingen loodrecht daarop onveranderd blijven; dat dus bij de proef van MICHELSON de lichtbron en de spiegel, die op eenzelfden steenen zerk waren opgesteld, in geval II iets dichter bij elkaar hebben gestaan dan in geval III. Afdoende is die verklaring zeker; het is duidelijk, dat het verschil tusschen de twee tijden in het geval van de wandelaars kan wegvallen als zij in geval II op kleiner afstand van elkaar loopen dan in geval III. Ook is de hypothese niet onnatuurlijk en onaannemelijk; als de molekulaire werkingen door den aether worden overgebracht, kan het heel wel zijn, dat zij bij de beweging door den aether heen zoo veranderen, dat dit juist de gewenschte verkorting ten gevolge heeft. Eindelijk kan niemand zeggen, dat de contractiehypothese veeleischend is. De afmetingen in de bewegingsrichting moeten

$$p = \frac{1}{\sqrt{1 - v^2/c^2}}$$

maal kleiner worden, waarin v de snelheid van de aarde en c die van het licht is. Daar $v/c = 0,0001$ bedraagt, is dit uiterst weinig van de eenheid verschillend. Voor een meterstaaf zou de verandering een 200ste van een mikron bedragen, voor een middellijn van de aarde nog geen 7 cm.

Gij verlangt niet, dat ik het voor en tegen verder tegen elkaar afweeg; ik kan u verklaren, dat de contractiehypothese tegenwoordig, zij het ook met eenige verschillende nuanceering in de opvatting, door alle natuurkundigen wordt aangenomen. Voor de aanhangers der theorie van den stilstaanden aether, en op dit standpunt blijven wij vooreerst nog, beteekent zij, zooals ik reeds zeide, dat de aetherwind de molekulaire krachten wijzigt. Daar wij vanmiddag toch tegen eenig generaliseeren geen bezwaar maken, wil ik er bijvoegen, dat die verandering zich ook op andere wijze kan doen gevoelen. Het kan bijv. zeer goed zijn, dat een door een veer gedreven en door een veer geregeld uurwerk, zoo het in zijn geheel zich door den aether heen verschuift, anders loopt dan wanneer het in den aether stilstond.

En nu verzoek ik u de volgende denkbeeldige proef te beschouwen. In de figuur stellen PQ en RS twee gelijke, evenwijdig aan elkaar geplaatste meetstaven voor, waarmede de waarnemers A en B experimenteeren. De waarnemer A en *zijn* staaf PQ zijn in den aether in rust, B daarentegen en de staaf *RS* bewegen zich daar doorheen volgens de lengte der staaf, in de richting van de pijl. De staven zijn geteekend, zooals zij staan als de een de ander juist passeert, beter gezegd als de middens op een lijn loodrecht op de bewegingsrichting van *RS* liggen. Dat zij „gelijk" zijn, beteekent dat wij, als wij ze stil naast elkaar hadden liggen, geenerlei verschil zouden kunnen zien. *Nu* echter zal de waarnemer *A* de staaf *RS* *p*-maal korter zien (als *v* de snelheid daarvan is) dan zijn eigen staaf *PQ*. Stel, om de gedachten te bepalen, dat hij met een camera die hij op het midden *D* van zijn staaf zet, op het oogenblik waarop de figuur betrekking heeft, een momentopname van *RS* maakt, eenvoudigheidshalve met een camera zonder lens, alleen met een gaatje dat voor een oogenblik wordt geopend. Het beeld dat hij dan van de voortvliegende staaf *RS* krijgt, zal korter zijn dan het beeld dat hij op dezelfde wijze krijgt van een even ver verwijderde staaf, gelijk aan *PQ* en evenals deze in den aether stilliggende. Ik heb mij voorgesteld dat dit de staaf *P'Q'* is, zoodat *A* zijn camera moet omkeeren.

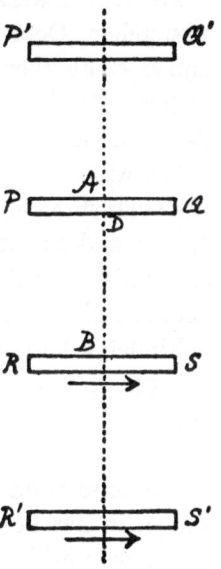

Wij zullen nu verder aannemen, dat de twee waarnemers van uurwerken voorzien zijn, geheel gelijk aan elkaar en voor zoover zij aan *A* behooren, in den aether stilstaande, terwijl de uurwerken van *B* zich met hem en de staaf *RS* door den aether bewegen. Tengevolge van den aetherwind zullen de uurwerken van *B* langzamer loopen dan die van *A* en wel juist *p*-maal langzamer. Natuurlijk zal *A*, om dit te zien, met de uiterste, met een transcendente nauwkeurigheid moeten te werk gaan. Stel dat hij een van zijn eigen klokken vlak bij zich heeft en daarmede een op een afstand geplaatst uurwerk, dat hij misschien met een kijker in het oog houdt, wil vergelijken, hetzij dat een uurwerk van hem zelf is, of een klok van *B*. Hij kan daartoe dat verwijderde uurwerk voor een oogenblik verlichten met een lichtbundel dien hij zelf uitzendt. Op zijn eigen klok kan hij den tijd van uitzending aflezen en ook den tijd, waarop hij de wijzerplaat van de andere klok ziet, waarop het licht dus weer bij hem terug is. Tusschen die twee oogenblikken ligt een zeker interval, omdat het licht tijd noodig heeft om heen en weer te gaan, en klaarblijkelijk zal het gemiddelde van de twee aflezingen den stand van de klok bij A aangeven, op het oogenblik waarop de wijzerplaat van de verwijderde klok verlicht en die klok afgelezen werd.

Zoo kan A werkelijk gelijktijdige standen van twee uurwerken vaststellen. Doet hij dit, zooals reeds gezegd werd, met een van zijn eigen klokken, die vlak bij hem staat, en met een klok van B, en herhaalt hij de bewerking na eenigen tijd, dan zal hij bevinden dat de klok van B iets achter loopt bij zijn eigen klok.

Wij willen nog opmerken dat A ook, bij het eene uiteinde van zijn staaf staande, een op dat uiteinde geplaatste klok met een die op het andere uiteinde is opgesteld, kan vergelijken en dat hij zal vinden dat *deze* klokken even snel loopen; hij kan ze eens voor al gelijkzetten.

Eindelijk kan hij met behulp van een klok aan het eene einde van zijn staaf en een spiegel aan het andere, naar welken hij een lichtsein laat heen en weer gaan, de snelheid van het licht meten.

Wij hebben nu geheel beschreven, hoe het met de klokken en staven in het beschouwde systeem gesteld is. Als wij dat alles toegegeven hebben, zooals wel ieder physicus tegenwoordig doet, kunnen wij ook zeggen, wat de waarnemer B zien zal. Om dat uit te maken behoeft men van niets anders gebruik te maken dan dat het licht in den aether, dien wij ons als stilstaand ten opzichte van A blijven voorstellen, zich altijd met de bekende geheel bepaalde snelheid voortplant, onafhankelijk van de beweging der uitzendende of getroffen voorwerpen.

Men komt nu tot de merkwaardige gevolgtrekking dat er een volkomen reciprociteit bestaat. Aan zijn eigen staaf en klokken zal B juist hetzelfde opmerken als A aan de zijne, en van de voorwerpen van A zal hij hetzelfde zeggen als deze van de voorwerpen van B.

Vooreerst ziet nl. B de meetstaaf van A, die langs hem heen vliegt, p-maal korter dan zijn eigen staaf. Hij kan de vergelijking op dezelfde wijze als straks A uitvoeren. Richt hij een camera die op het midden van RS staat, eerst op de staaf PQ en dan op een staaf $R'S'$, die op denzelfden afstand staat, maar in de beweging van RS deelt, dan wordt in het eerste geval een korter beeld verkregen dan in het tweede.

Verder ziet B, als hij ook bij de vergelijking der klokken dezelfde methode als A toepast, met oogenblikkelijke verlichting van zijn standpunt uit van een verwijderde klok, de uurwerken van A weer p-maal langzamer loopen dan zijn eigen uurwerken.

Deze beweringen zullen u ongetwijfeld verrassen; men zou niet verwachten dat van twee uurwerken het eerste door den waarnemer A en het tweede door den waarnemer B voor het snelst loopende kan worden gehouden. Intusschen blijkt de juistheid van het gezegde uit zeer eenvoudige berekeningen. De verklaring van de paradoxaal klinkende stellingen ligt hierin, dat bij de onbegrensde nauwkeurigheid die wij aan de waarnemingen toeschreven, steeds de tijd dien het licht voor zijn voortplanting behoeft, in aanmerking moet worden genomen.

Van veel belang is het nu verder dat B — wij mogen het wel aannemen — onbewust zal zijn van zijn beweging door den aether heen en dus geen reden zal hebben om te denken, dat er met zijn meetstaaf en zijn klokken iets niet in den haak is. Zoo hij nu, daarop vertrouwende, de lichtsnelheid meet door een lichtsein langs zijn staaf heen en weer te zenden, zal hij dezelfde uitkomst krijgen als straks de waarnemer A. Dit is een voorbeeld van een proef die de zich bewegende waarnemer met denzelfden uitslag als de stilstaande waarnemer kan nemen. Wij mogen de stelling generaliseeren en kunnen verzekerd zijn, dat alle waarnemingen, van welken aard ook, die B, stel in een volledig uitgerust door den aether heen voortvliegend laboratorium kan doen, hetzelfde zullen opleveren als overeenkomstige waarnemingen, die A in een stilstaand laboratorium doen zou. Juist ten gevolge van de veranderingen, die de aetherwind in de meetstaven, de uurwerken en andere instrumenten brengt, zal die wind geen enkele waarneembare uitwerking hebben.

Wij zijn hiermede heel dicht bij het relativiteitsbeginsel van EINSTEIN gekomen, maar hebben het toch nog niet geheel bereikt. Om er toe te geraken moeten wij in onze afwijking van de overgeleverde voorstellingen nog een stap verder gaan. Wij hebben nog altijd van den aether gesproken en ons bepaaldelijk voorgesteld, dat de eene waarnemer met zijn toestellen stil zou staan ten opzichte van den aether. Bij EINSTEIN daarentegen is de aether in die mate tot een schim geworden van wat hij vroeger was, dat het zelfs geen zin meer heeft te zeggen, dat een lichaam zich ten opzichte van dat medium al of niet zou bewegen. In verband daarmede vermijden EINSTEIN en zijn volgelingen dan ook het woord „aether" en vervangen het door „vacuum". Maar dit is een quaestie van woorden. Waar het op aankomt is dit, dat terwijl volgens de aethertheorie onze waarnemers van straks zouden kunnen twisten over de vraag, wie van beiden zich door den aether heen beweegt en wie niet, die vraag naar de opvatting van EINSTEIN volkomen zinledig zou zijn. Volgens hem kan er nooit sprake zijn van beweging ten opzichte van den aether, maar alleen van de relatieve beweging van het eene lichaam met betrekking tot het andere.

Gaat men nu in dezen gedachtengang verder, dan komt men inderdaad tot wijzigingen in de fundamenteele voorstellingen. De begrippen van ruimte en tijd kan men niet meer, zooals men altijd gedaan heeft, scherp uit elkaar houden, maar zij vloeien ineen. Het sprekendst komt dit uit in de omstandigheid dat het woord „gelijktijdigheid" voor gebeurtenissen die niet op dezelfde plaats voorvallen, zijn absolute beteekenis verliest; het kan slechts gebruikt worden, zoo men tevens aangeeft met betrekking tot welk coördinatenstelsel de verschijnselen beschreven zullen worden. Men kan het al opmerken bij de besproken klokken. Er werd gezegd, hoe A twee zijner klokken, aan de uiteinden van zijn staaf opgesteld, kan gelijkzetten. Voor hem zullen de wijzers van die twee dan het nulpunt van de wijzerplaat gelijktijdig bereiken. Maar als nu B, die op *zijn* klok vertrouwt, de uurwerken van A daarmede vergelijkt, zal hij vinden, dat het nulpunt van de verdeeling *niet* op hetzelfde oogenblik bereikt wordt. De theorie van den stilstaanden aether interpreteert dit door te zeggen, dat de klokken van A, die in den aether rusten, den „waren" tijd aanwijzen en dat B in een illusie verkeert, als hij op zijn uurwerk vertrouwt. EINSTEIN daarentegen wijst deze interpretatie af. De klokken van B zijn voor hem even goed als die van A en er kan nooit een reden zijn om aan het eene stel de voorkeur te geven boven het andere; een „ware" tijd is er niet.

Gaarne wil ik nu nog enkele gevolgtrekkingen vermelden, die in meer of minder nauw verband met het relativiteitsbeginsel staan, waarbij ik echter niet mag verzwijgen, dat zij evenzoo in de theorie van den stilstaanden aether gelden. Zoo men wil, kan men daaraan vasthouden en ik voor mij vind daarin wel eenige bevrediging, daar men dan tot niet zoo radicale veranderingen gedwongen wordt en bijv. van een waren tijd en ware gelijktijdigheid kan blijven spreken.

Nu die gevolgtrekkingen. Alle krachtwerkingen met inbegrip van de zwaartekracht en van de molekulaire krachten planten zich met de snelheid van het licht voort. De energie van een zich bewegend lichaam is niet meer evenredig met de tweede macht van de snelheid, maar hangt op meer ingewikkelde wijze van de snelheid af. Zij zou oneindig groot worden als de snelheid van het licht bereikt werd, waaruit volgt dat dit laatste een onmogelijkheid is. Verder, de massa van een lichaam, die wij beoordeelen naar de kracht, noodig om het met zekere versnelling in beweging te brengen, is niet meer, zooals men altijd gemeend heeft, een voor het lichaam karakteristieke constante; zij neemt toe als het lichaam een grootere energie verkrijgt, als wij het bijv. verwarmen of in een inwendige holte een electrisch of magnetisch veld opwekken. Wel te verstaan zijn al deze veranderingen, in welker mogelijkheid de moderne natuurkundigen zich met voorliefde verdiepen, uiterst gering, en onwaarneembaar zoolang men niet met snelheden grooter dan die van de aarde werkt.

Ik zou te onvolledig zijn, zoo ik zweeg van EINSTEIN's bespiegelingen over de zwaartekracht. Intusschen laat de tijd niet toe, zijn uitgangspunt aan te geven en den loop zijner bespiegelingen te volgen. Ik bepaal mij tot de herinnering aan het feit, dat alle lichamen even snel vallen, waaruit men, zooals gij weet, afleidt, dat het gewicht evenredig is met de massa. Beschouwt men dit als een strikt geldige wet, waarvan ook niet de minste afwijking bestaat, dan moet men besluiten dat, als vermeerdering van het inwendige arbeidsvermogen van een lichaam de massa vergroot, ook het gewicht daardoor toeneemt. Alles wat energie heeft moet ook *daarom* gewicht hebben. EINSTEIN heeft niet geschroomd dit aan te nemen en bijv. aan een lichtbundel gewicht toe te kennen. Planten de stralen zich eerst in horizontale richting voort, dan zullen zij door de zwaartekracht een weinig naar beneden gekromd worden. En konden wij lichtstralen in een holte met volkomen spiegelende wanden vangen, waarin zij aanhoudend heenen weerloopen, dan zou het omhulsel daardoor iets grooter gewicht krijgen. Ten gevolge van de kromming der stralen zouden de drukkingen die zij bij de terugkaatsingen op den wand der holte uitoefenen, een benedenwaarts gerichte resultante opleveren.

Gij verwacht wel reeds, dat deze effecten uiterst klein zouden zijn. Inderdaad zou het gewicht van een kubieken meter sterk zonlicht niet meer dan ongeveer één tienmillioenste milligram bedragen. Toch is de mogelijkheid niet uitgesloten, een van EINSTEIN's conclusies op de proef te stellen. Wanneer nl. een lichtstraal die van een ster tot ons komt, dicht langs het oppervlak der zon strijkt, zal hij onder den invloed van de aantrekking der zon een kromming ondergaan, die een schijnbare standverandering der ster tengevolge heeft. Ongetwijfeld zullen de sterrekundigen de eerstvolgende totale zonsverduistering gebruiken om te trachten dit op te sporen, wat trouwens nog moeilijk genoeg zal zijn, daar de maximale standverandering, die men kan verwachten 0,83" is, nauwelijks het 2000ste gedeelte van de middellijn der zon.

Mocht nu die standverandering blijken te bestaan, dan zal men EINSTEIN's voorspelling als een der schitterendste, die ooit gedaan zijn, mogen beschouwen. De zwaartekracht zal dan niet langer een op zich zelf staande werking zonder eenigen samenhang met andere verschijnselen zijn. Mocht echter de waarneming EINSTEIN's theorie weerleggen, dan zal men het vernuft, waarmede hij alle denkbare mogelijkheden weet op te sporen, er niet minder om bewonderen.

Ik moet hier bijvoegen, dat EINSTEIN nog een stap verder is gegaan. Houdt men bij de gravitatie of algemeene aantrekkingskracht vast aan het beginsel der gelijkheid van werking en terugwerking, dan moet men aannemen, dat een lichaam, dat wegens een vergroote inwendige energie sterker door een ander wordt aangetrokken, daarop ook een grootere aantrekking *uitoefent*. De energie moet niet alleen aangetrokken worden, maar ook aantrekken. Twee lichtstralen bijv., die op eenigen afstand van elkaar zich in dezelfde richting voortplanten, zouden iets naar elkaar toe gekromd moeten worden.

EINSTEIN heeft eenige maanden geleden een uitvoerige mathematische theorie der zwaartekracht ontwikkeld, waarin rekenschap wordt gegeven van den invloed, dien de inwendige energie en in het algemeen de physische toestand van een stelsel, zoowel op de aantrekking die het uitoefent, als op die welke het ondervindt, heeft.

Terwijl ons in het relativiteitsbeginsel een nieuwe grondstelling van verre strekking wordt aangeboden, heeft het onderzoek der laatste jaren ertoe geleid een wet waarop men vroeger meende te kunnen staat maken, niet meer als algemeen geldig te erkennen. Dit is de wet van de „aequipartitie der energie", die ons leerde dat bij de warmtebeweging elk deeltje dat erin betrokken is, gemiddeld hetzelfde bedrag aan arbeidsvermogen van beweging of kinetische energie verkrijgt. MAXWELL had dit het eerst uit de grondstellingen der gastheorie afgeleid, en aangetoond dat indien twee gassen van verschillende molekuul-grootte op dezelfde temperatuur worden gehouden, de molekulen van grooter massa zich in zoodanige mate langzamer bewegen dan de kleinere, dat hun kinetische energie dezelfde wordt, waarvoor bijv. noodig is, dat de zuurstofmolekulen, 16 maal grooter massa dan de waterstofmolekulen hebbende, zich met 4 maal kleinere snelheid bewegen. Uit deze uitkomst had MAXWELL de wet van AVOGADRO afgeleid. Na hem werd de wet der aequipartitie op steeds ruimer gebied toegepast. Zij ligt bijv. ten grondslag aan de toestandsvergelijking van VAN DER WAALS en aan VAN 'T HOFF's theorie van den osmotischen druk. Men ging zoo ver die universeele kinetische energie waarvan ik sprak, aan den eenen kant aan de electronen in een metaal, met een 1700 maal kleinere massa dan die van een waterstofatoom, toe te schrijven, aan den anderen kant aan de in een emulsie zwevende deeltjes. Het is wel aan geen twijfel onderhevig, dat deze juist de door de wet bepaalde mate van warmtebeweging hebben, waarvan wij in de welbekende BROWN'sche beweging een flauwe afspiegeling te zien krijgen.

Eigenlijk moet de stelling der aequipartitie, die uit de gewone wetten der mechanica met noodzakelijkheid volgt, nog iets nader gepreciseerd worden. Een eenatomig molekuul heeft, zooals men zegt, drie „graden van vrijheid", het kan nl. in drie onderling loodrechte richtingen heen en weergaan, en alle andere bewegingen kunnen volgens die richtingen worden ontbonden. Een gewone draadslinger daarentegen heeft twee graden van vrijheid en een slinger waarvan de beweging tot één verticaal vlak beperkt is, nog maar één. Bij andere schommelende lichamen zal het aantal graden van vrijheid grooter zijn, zoodra nl. die lichamen op ver- schillende wijzen kunnen trillen, zooals een snaar doet bij zijn grondtoon en zijn verschillende boventonen. In het algemeen, hoe ingewikkelder de bouw van een lichaam of een deeltje is, voor hoe grooter verscheidenheid van beweging het vatbaar is, des te meer vrijheidsgraden schrijven wij er aan toe.

De wet der aequipartitie luidt nu zóó: bij een gegeven tempe- ratuur is de gemiddelde kinetische energie voor elken vrijheids- graad even groot. Zoo wij dit bedenken, dus voor elken vrijheids- graad één energie-aandeel om zoo te zeggen in rekening brengen, zullen wij de geheele kinetische energie van een lichaam goed be- rekenen. Soms komt daarbij nog een zeker arbeidsvermogen van plaats. Bij een lichaam, dat om een evenwichtsstand kan trillen, is volgens een bekende stelling het gemiddelde bedrag aan poten- tieele energie gelijk aan dat der kinetische energie. Hebben wij dus een slinger die slechts in één vlak kan heen en weergaan, in een gas van bepaalde temperatuur opgehangen, dan zal hij in het ge- heel door de stooten der omliggende molekulen *twee* aandeelen van de bij die temperatuur behoorende grootte verkrijgen.

Tegen de algemeene geldigheid der wet van de aequipartitie kunnen nu echter belangrijke en naar het wel schijnt, onoverko- melijke bezwaren worden aangevoerd deels op grond van feiten die men reeds lang kende, doch die in den laatsten tijd meer op den voorgrond zijn gebracht, deels op grond van nieuwe proef- ondervindelijke gegevens.

Het eerste bezwaar ontleenen wij aan de verschijnselen der licht- en warmtestraling voor zoover die niet van chemische of electrische werkingen afhangen, maar enkel door de temperatuur bepaald worden.

Het alledaagsche verschijnsel dat een lichaam bij gestadige verwarming eerst alleen donkere warmtestralen uitzendt, bij welke zich dan van zekere temperatuur af roode lichtstralen en vervolgens bij verdere verhitting, lichtstralen van kleinere golf- lengten voegen, zoodat het lichaam bij ongeveer 1200° C wit- gloeiend is geworden, is nog altijd niet voldoende verklaard. Men kan zich voorstellen, dat in het lichaam deeltjes aanwezig zijn, die door de warmtebeweging in trilling rondom hun evenwichtsstanden geraken, en dat die trilling bij temperatuurverhooging steeds heviger wordt, maar bij nadere overweging stuit men op groote moeilijkheden. Neem als voorbeeld een gepolijste zilverplaat van 100° C. Die plaat zal donkere warmtestralen uitzenden en er moeten dus deeltjes in aanwezig zijn, die met de frequentie van die donkere stralen kunnen heen en weergaan en die wij gevoegelijk langzame vibratoren kunnen noemen. Maar de plaat bevat ongetwijfeld ook snellere vibratoren, zulke wier trillingstijd bijv. aan het gele licht beantwoordt. Wij kunnen dat vooreerst afleiden uit het feit, dat de plaat bij verdere verhitting werkelijk geel licht gaat uitstralen; dan bevat hij dus snelle vibratoren en men ziet bezwaarlijk in, waarom die bij 100° C zouden ontbreken. Nog overtuigender is de overweging, dat het zilver bij deze laatste temperatuur geel licht wel kan *absorbeeren*; het moet dus deeltjes bevatten, die door de trillingen van het gele licht in beweging worden gebracht en naar het algemeene beginsel van het medetrillen kunnen dat slechts vibatoren zijn, welker eigen frequentie met die van het gele licht overeenkomt.

Maar, als de zilverplaat van 100° C zulke snelle vibratoren bevatte, dan zouden die volgens de wet der aequipartitie zoo sterk in beweging moeten zijn, dat de plaat merkbaar geel licht uitzond. Nadere berekening leert, dat het uitgezonden licht slechts 35 maal zwakker zou zijn, dan de gele straling die in de emissie van een witgloeiend lichaam aanwezig is. Men zou dus zonder eenigen twijfel de zilverplaat in het donker moeten zien.

Daar nu hiervan geen sprake is, en wij wel verzekerd kunnen zijn dat de uitstraling door het zilver van gele stralen bij 100°, zoo zij al bestaat, niet het duizendste gedeelte is van wat zoo even werd berekend, blijkt ons, hoe ver wij van de wet der aequipartitie en daarmede van de gewone grondslagen der mechanica, waarvan zij een noodzakelijk gevolg is, moeten afwijken.

Het vraagstuk heeft een in menig opzicht zeer bevredigende oplossing gevonden in de stralingstheorie van PLANCK, die tot een nieuwe verdeelingswet der energie voor vibratoren heeft geleid. Ik geef u eerst die verdeelingswet aan, om daarna iets te zeggen van de redeneeringen waardoor zij werd gevonden.

Het eerste is het gemakkelijkst, wanneer wij voor elken vibrator een bepaalde temperatuur, die wij zijn „karakteristieke" temperatuur noemen, invoeren. Volgens de theorie van PLANCK is de energie die een vibrator gemiddeld bij een temperatuur ver boven zijn karakteristieke temperatuur verkrijgt, de door de aequipartitie-wet bepaalde. Maar bij lagere temperaturen komen afwijkingen van die wet te voorschijn, die hoe langer hoe aanmerkelijker worden. Is de temperatuur gelijk aan tienmaal de karakteristieke (wij rekenen hier met *absolute* temperaturen) dan zal de gemiddelde energie van den vibrator het 0.95 zijn van wat de aequipartitie-wet verlangt, en bij temperaturen gelijk aan de karakteristieke, de helft, het vijfde of eindelijk het tiende gedeelte daarvan, wordt de breuk 0.58; 0.31; 0.034 en 0.00045.

Wat echter de hoogte dezer karakteristieke temperatuur betreft, deze is volgens PLANCK's theorie evenredig met het trillingsgetal van den vibrator en kan met behulp van een constanten factor, welks waarde PLANCK uit de waarnemingen heeft afgeleid, voor elken vibrator worden aangegeven. Zoo vindt men, dat voor vibratoren die aan het gele licht beantwoorden, de karakteristieke temperatuur ongeveer 24000° is, zoodat wij bij 100° C dus bij 373 absoluut, eerst op het 65ste daarvan zijn. Voor de langzame vibratoren die aan de donkere warmtestralen beantwoorden, is de karakteristieke temperatuur aanmerkelijk lager, zoodat wij er bij 100° C veel minder ver van verwijderd zijn dan zoo even. Het is dus begrijpelijk, dat de zilverplaat het gele licht niet, donkere stralen daarentegen wel uitzendt.

Zoo geeft PLANCK's verdeelingswet rekenschap van de stralingsverschijnselen. Zij is verder op een ander gebied zeer vruchtbaar gebleken nl. op dat der soortelijke warmte, zooals door de onderzoekingen van EINSTEIN, NERNST, LINDEMANN en DEBIJE is bewezen.

Daar de atomen van een vast lichaam (wij denken voorloopig aan een scheikundig element) door wederkeerige krachten aan vaste evenwichtsstanden zijn gebonden, om welke zij heen en weer kunnen trillen, vereischt de wet der aequipartitie, dat elk atoom, evenals de straks genoemde slinger, voor ieder van zijn drie bewegingsrichtingen twee energie-aandeelen krijgt, één voor de kinetische en één voor de potentieele energie, in het geheel dus zes energie-aandeelen. Dit is voor alle atomen, onverschillig of wij met het eene of met het andere element te doen hebben, evenveel en dit beantwoordt aan de klassieke wet van DULONG en PETIT, volgens welke bij gelijk aantal atomen de soortelijke warmte van alle elementen in den vasten toestand even groot is. Ook het bedrag der soortelijke warmte is met die zes energie-aandeelen in zeer bevredigende overeenstemming.

Bij lagere temperaturen komen nu echter belangrijke afwijkingen van de wet van DULONG en PETIT voor. De soortelijke warmte wordt, zooals vooral de onderzoekingen van NERNST en zijn medewerkers geleerd hebben, steeds kleiner, zoodat zij bij nadering tot het absolute nulpunt nul wordt. Dit kan nu werkelijk met behulp van de verdeelingswet van PLANCK begrepen worden, zooals een enkel voorbeeld moge doen zien.

De soortelijke warmte van NaCl (klipzout) neemt bij daling der temperatuur in die mate af, dat zij bij 25° abs. nog maar het 18de is van wat zij bij 15° C was. Men kan nu hiervan door de verdeelingswet van PLANCK rekenschap geven, zoo men voor de karakteristieke temperatuur ongeveer 280° aanneemt. Maar, zooals gezegd werd, de karakteristieke temperatuur kan met behulp van een constanten factor dien PLANCK eens voor al heeft aangegeven, uit het trillingsgetal der vibratoren worden gevonden en men kan dus ook omgekeerd uit de karakteristieke temperatuur tot dat trillingsgetal besluiten. Het blijkt nu, dat het getal, dat men op deze wijze voor het chloornatrium vindt, vrij wel beantwoordt aan de ligging van den absorptieband dien deze zelfstandigheid in het ultraroode spectrum geeft. Zooals bekend is, kan uit de ligging van zulk een band het trillingsgetal worden gevonden; met behulp der constante van PLANCK kan dus de karakteristieke temperatuur er uit worden afgeleid.

Het is zeker hoogst merkwaardig, dat op deze wijze een verband is gelegd tusschen twee zulke uiteenloopende dingen als de ligging van een absorptieband en de soortelijke warmte.

Bij chloorkalium ligt de absorptieband een weinig, en bij broomkalium nog meer naar den kant der groote golflengten dan bij het chloornatrium; de vibratoren in deze lichamen trillen minder snel en in overeenstemming daarmede is dan ook gebleken, dat hun soortelijke warmte bij daling der temperatuur minder snel afneemt dan die van het chloornatrium.

Dat bij den diamant de soortelijke warmte bij temperatuurver-
laging in bijzonder sterke mate afneemt, moet in het licht der
nieuwe theorie hieraan worden toegeschreven, dat de atomen van
dit kristal zeer snelle vibratoren zijn, wat ongetwijfeld samenhangt met de groote intensiteit der krachten, die de deeltjes in
hun evenwichtsstanden vasthouden, aan welke groote intensiteit
men ook het hooge smeltpunt van den diamant kan toeschrijven.

Zoo kan thans aan de juistheid van PLANCK's verdeelingswet
redelijkerwijze niet worden getwijfeld. Hoe staat het nu met de
afleiding daarvan? Die berust bij PLANCK op de beroemde hypothese der energiequanta of energie-elementen, een onderstelling,
die, wat het denkbeeld in het algemeen betreft, wel onvermijdelijk schijnt, al kan zij nog op verschillende wijze worden ingekleed
en uitgewerkt. In haar eersten vorm was zij bij PLANCK zeer eenvoudig. Er werd aangenomen, dat een vibrator de energie niet
anders dan met afgepaste hoeveelheden van een bepaald bedrag
kan ontvangen of afgeven, en dus, wanneer hij eenmaal in een
toestand met de energie nul is geweest, nooit anders dan een veelvoud van die bepaalde hoeveelheid, van het energiequantum,
zou kunnen hebben. Verder werd ondersteld, dat het energiequantum niet voor alle vibratoren even groot is, maar des te
grooter naarmate het trillingsgetal klimt; het energiequantum
werd evenredig aan het trillingsgetal gesteld.

Wil men nu hieruit afleiden, hoe zich bij een gegeven temperatuur de energie over verschillende lichamen zal verdeelen, bijv.
over twee systemen van verschillende vibratoren, of over een dergelijke systeem en een gas, dan kan men niet op dezelfde rechtstreeksche manier te werk gaan als bijv. bij de behandeling der
botsingen in een gasmengsel. Want daar de gewone, de klassieke
mechanica tot de wet der aequipartitie leidt, moeten de vibratoren *niet* aan de wetten der mechanica gehoorzamen en het is nog
niet gelukt, de nieuwe regels te vinden, die daarvoor in de plaats
moeten komen.

Men moet zich dus met een kunstgreep behelpen. Die bestaat
hierin, dat men, zonder zich over het mechanisme der werkingen
het hoofd te breken, de vraag stelt, welke verdeeling als de meest
„waarschijnlijke" is te beschouwen. Dat zulk een handelwijze
doelmatig kan zijn, gevoelt men, als men zich eenvoudige voor-

beelden uit de gastheorie herinnert. Hoe zich bijv. de molekulen van een gas over de twee helften der beschikbare ruimte verdeelen, kan worden uitgemaakt als men zich voorstelt, dat het voor elk molekuul op zich zelf door het „lot" of het „toeval" bepaald wordt, in welke helft het ligt. Ook in andere gevallen verdienen zulke waarschijnlijkheidsbeschouwingen aanbeveling, al moet worden erkend, dat zij nooit dezelfde bevrediging geven als dieper gaande methoden; en ook, dat zij iets hypothetisch hebben, daar men eerst moet vaststellen, naar welken maatstaf men de waarschijnlijkheden zal afmeten en dan moet onderstellen, dat de toestand, die naar den gekozen maatstaf de meest waarschijnlijke is te achten, in werkelijkheid ontstaan zal.

Hoe dit zij, men kan nu de verdeeling der energie over twee stelsels van verschillende vibratoren, die met elkaar in wisselwerking staan, bepalen, door als volgt te werk te gaan. In een trommel doen wij briefjes, waarop staat aangegeven 0, 1, 2, 3 enz. energiequanta en dan trekken wij een briefje, eerst voor den eersten vibrator, dan voor den tweeden en zoo vervolgens, waarbij wij, om de kansen niet te veranderen, elk getrokken briefje weer in de bus doen. Zoekt men nu de meest waarschijnlijke uitkomst van deze loterij, daarbij bedenkende, dat een energiequantum voor een vibrator van de eene soort niet hetzelfde beteekent als voor een van de tweede soort (omdat de grootte van het quantum evenredig is met het trillingsgetal) en dat de totale energie een bepaald, voorgeschreven bedrag moet hebben, dan komt men werkelijk tot PLANCK's verdeelingswet.

Men kan iets dergelijks ook voor een stelsel vibratoren en de molekulen van een gasmassa doen en het zoo eenigszins begrijpelijk maken, dat diamant bij 100° abs. met helium in aanraking kan zijn, zonder dat zijn atomen door het bombardement der gasdeeltjes merkbaar in trilling worden gebracht, wat naar de regels der mechanica geheel onbegrijpelijk is.

Dat bij matigen energievoorraad de snelle vibratoren minder ruim bedeeld worden dan de langzame, begrijpt men misschien het best, als men bedenkt, dat zij groote energiequanta verlangen, en dat, wie bij een verdeeling groote aandeelen verlangt, en de kleine versmaadt, gevaar kan loopen, ten slotte weinig te krijgen.

Ik sprak reeds van de verschillende wijzen, waarop de hypothese der quanta kon worden uitgewerkt. Zoo heeft PLANCK zich later voorgesteld, dat de vibratoren, die bij de straling in het spel zijn, de energie weliswaar slechts bij volle quanta kunnen uitstralen, maar wel geleidelijk, bij zeer kleine hoeveelheden kunnen opnemen. Het gevolg is, dat zij een energiehoeveelheid tusschen 0 en 1 quantum liggende, niet kunnen kwijt raken en PLANCK vindt dan ook, dat zulke vibratoren bij het absolute nulpunt nog een arbeidsvermogen van gemiddeld een half quantum zouden hebben. Dit uitbreidende is men gekomen tot de hypothese, dat bij dat nulpunt de deeltjes der lichamen niet zouden stilstaan, dat er een „nulpuntsenergie" zou zijn, een onderstelling, die KAMERLINGH ONNES en KEESOM zelfs op gassen toegepast hebben. Hier valt het wel bijzonder in het oog, hoe groot de behoefte aan een nieuwe mechanica is.

Maar ik mag uw geduld niet langer op de proef stellen. Ik vertrouw u te hebben doen zien, hoe de natuurkunde, in tegenstelling met de rust van een kwart eeuw geleden, in een ware Sturm- und Drangperiode verkeert. Daardoor wordt, naar wij hopen, een nieuwe ontwikkeling voorbereid. Zullen ook niet alle opgeworpen denkbeelden kunnen standhouden, vele daarvan zullen ongetwijfeld van groote en blijvende waarde zijn.

DE LICHTAETHER EN HET RELATIVITEITSBEGINSEL [1])

De voorstelling van een de geheele wereldruimte vullende middenstof, die werkingen en invloeden van allerlei aard van het eene lichaam naar het andere overbrengt, is zeker wel zoo oud als de natuurkunde zelf, en sedert lang is de naam „aether" ervoor in gebruik. Van „lichtaether" spreken wij veelal omdat dit universeele medium het voertuig voor de lichtstralen is, en omdat de opvattingen over zijn aard en eigenschappen voor een groot deel door het onderzoek der lichtverschijnselen bepaald zijn geworden. Hoe nu in den loop der eeuwen deze opvattingen diepgaande wijzigingen ondergaan hebben, kwam mij voor van genoegzaam algemeen belang te zijn om de stof te leveren voor de korte voordracht die ik de eer zal hebben, in deze vergadering te houden.

Voor eenigen tijd lezende in de laatste vellen der nieuwe uitgave van HUYGENS' „Dioptrique", werd ik getroffen door een plaats waar hij in welsprekende woorden zijn bewondering uitdrukt voor de inrichting van het gezichtsorgaan, een inrichting waarin wij, zoo zegt hij, zeker het werk van een verheven intelligentie mogen zien. Hij licht dit in bijzonderheden toe en gaat dan voort: „Mais si nous regardons plus avant a la premiere idee ou invention de la vue, qu'y a-t-il de plus remarquable que d'avoir conceu qu'il y auroit une partie de nostre corps sur laquelle les objects eloignez, par l'entremise d'une matiere impalpable respandue partout feroient une subtile et tres legere impression qui avertiroit l'ame de leur figure, leur situation, leur distance, leur repos et mouvement en les distinguant outre cela par la difference des couleurs. D'avoir reconnu qu'il ne faloit pas a cela un mouvement de cette matiere interposee qui la fist changer de place mais un petit et vif tremoussement, qui lui seroit imprime successivement dans toute son estendue depuis le soleil et les

[1]) Voordracht in de Koninklijke Akademie van Wetenschappen, 24 April 1915. Jaarboek K.A.W. 1915.

etoiles ou depuis quelque feu ici bas et qui, se refleschissant con-
tre la surface des corps seroit continuée de la jusques a cette partie si sensible qui est en nous. Cet ouvrage surpasse de beaucoup
celui du sens de l'ouie qui est produit par un semblable ebransle-
ment de l'air."

Deze en andere dergelijke uitspraken die men bij HUYGENS
vindt, doen ons zien, dat, hoe „fijn" hij zich de lichttrillingen ook
voorstelde, er toch voor hem nauwelijks een wezenlijk, een quali-
tatief verschil tusschen den aether en de gewone, zichtbare en
tastbare, de „ponderabele" materie bestond. Op hetzelfde standpunt hebben zich vele latere onderzoekers geplaatst, en herhaaldelijk zijn vragen gesteld als deze: welke dichtheid en welke mate
van veerkracht heeft de aether, is hij al of niet uit atomen samengesteld, welk verschil is er tusschen den aether in de ponderabele
lichamen en den vrijen aether daarbuiten, enz.? Later, toen men
den aether ook bij de electromagnetische werkingen een rol liet
spelen, vond men nieuwe aanleiding tot bespiegelingen over zijn
structuur en over den aard der spannings- en bewegingstoestan-
den die erin kunnen bestaan.

Ik zal U met deze beschouwingen niet bezighouden. Zij zijn in
de natuurkunde onzer dagen op den achtergrond getreden omdat
men steeds helderder heeft leeren inzien dat de aether toch wel
iets geheel anders dan de ponderabele materie moet zijn, en dat
men niet te snel wat bij deze ter sprake komt, op het universeele
medium moet overdragen. Een zienswijze, die eerst in den laatsten tijd algemeen is geworden, maar waarvan de oorsprong bij
FRESNEL, den tweeden grondlegger der undulatietheorie van het
licht, is te vinden.

Hij was het die, nu een eeuw geleden, aantoonde dat de richting der lichttrillingen loodrecht op de voortplantingsrichting
staat, en dat dus de aether bezwaarlijk, zooals men wel gedaan
had, een „fluïdum" kan worden genoemd. Verder werd hij — en
dit is van nog grooter fundamenteele beteekenis — door zijn beschouwingen over de astronomische aberratie tot de onderstelling
gebracht, dat de hemellichamen bij hun beweging den aether *niet*
medesleepen. Men moet het zich zoo voorstellen, dat bijv. de geheele aarde den aether vrij en ongehinderd kan doorlaten, een
doordringbaarheid die *volkomen* moet zijn, en waarvoor dus de
doordringbaarheid voor de lucht van een of ander weefsel, hoe ijl

en los het ook zij, maar een zeer gebrekkig analogon kan geven.

Het zijn de denkbeelden van FRESNEL, waaraan zich de opvattingen van onze dagen, die in het zoogenaamde „relativiteitsbeginsel" haar hoogtepunt bereiken, aansluiten. Maar voor ik daarvan spreek, moet ik U eraan herinneren, dat in den tusschentijd de undulatietheorie een nieuwen vorm heeft aangenomen; wij hebben in het licht een electromagnetisch verschijnsel leeren zien. De wegbereider was hier FARADAY, de groote onderzoeker, die meer dan iemand anders de fundamenteele feiten aan het licht heeft gebracht, waarop de nieuwe electriciteitsleer en tevens onze geheele electrotechniek berust.

FARADAY, in wiens werken, merkwaardig genoeg, geen enkele algebraïsche formule voorkomt, had het geluk in CLERK MAXWELL een opvolger te vinden, die aan de nieuwe theorie der electrische verschijnselen, in welke steeds het medium op den voorgrond staat, de scherpe omlijning en de precisie wist te geven, die alleen door mathematische inkleeding kan worden bereikt, en haar aldus in staat stelde met gelijke wapenen te wedijveren met de oude theorie, waarin van het medium nauwelijks gesproken werd, en waaraan mannen als AMPÈRE, GAUSS en WILH. WEBER hun krachten gewijd hadden.

Hoe nu MAXWELL's theorie haar voorgangster zoo goed als geheel heeft verdrongen, daarover kan ik hier niet uitweiden. Maar wel moet ik U op één allermerkwaardigste gevolgtrekking die hij uit zijn vergelijkingen afleidde, wijzen. Hij bevond dat in den aether electromagnetische golven zich op dezelfde wijze en met dezelfde snelheid als het licht kunnen voortplanten, een besluit dat later door de proeven van HERTZ werd bevestigd. Het verder onderzoek heeft doen zien dat er een lange reeks van electromagnetische golvingen bestaat, welker verschillen in eigenschappen en werking alleen door een verschil in golflengte bepaald worden, en in welke de golven van het licht en de nauw daarmee verwante stralende warmte een plaats vinden. Aan het eene einde staan de electromagnetische golven waarmede men bij de draadlooze telegraphie werkt, met een lengte van eenige kilometers, aan het andere einde de Röntgenstralen, waarvan de golflengte zoo iets als een honderdmillioenste van een millimeter bedraagt.

Neemt men nu verder in aanmerking dat ook stationaire werkingen, zooals wij die bij electrisch geladen lichamen, standvastige stroomen en magneten aantreffen, aan toestanden in het medium moeten worden toegeschreven, dan gevoelt men hoe uitgestrekt het gebied van verschijnselen is geworden, waarmee thans de theorie van den rustenden aether rekening moet houden.

De aarde kan, zoo leerde ons FRESNEL, den aether niet meesleepen. Als dus, zooals wij voor een oogenblik willen aannemen, de aether met betrekking tot de zon in rust is, dan moet de aarde zich met de snelheid van haar jaarlijksche beweging, d.w.z. met een snelheid van 30000 meter per seconde er door heen verplaatsen. Even goed kan men zeggen dat de aether zich met die snelheid ten opzichte van de aarde beweegt. Maar dan moet door onze laboratoria met al hun instrumenten heen een *aetherwind* met die waarlijk niet geringe snelheid waaien. Zal die nu niet een invloed op allerlei optische en electromagnetische verschijnselen hebben?

Ziedaar de vraag waarmede zich de natuurkundigen een halve eeuw of langer hebben bezig gehouden en waarop zij langs zeer verschillende wegen een antwoord hebben trachten te vinden.

Men zou natuurlijk een invloed van den aetherwind kunnen vaststellen, zoo men één keer op de zich bewegende aarde en een ander maal op een stilstaande planeet kon experimenteeren. Nu dat niet mogelijk is kan men zich helpen door de toestellen waarmee men werkt, over zekeren hoek te *draaien*; dan verandert nl. de richting van den aetherwind ten opzichte van de instrumenten en men mag verwachten dat het effect van dien stroom, zoo het bestaat, van de richting zal afhangen. Ook kunnen wij, zonder de toestellen te draaien, de proef na eenige uren herhalen; de aswenteling der aarde heeft dan voor de vereischte draaiing gezorgd. Eindelijk, het is volstrekt niet zeker dat de aether, zooals wij gemakshalve ondersteld hebben, ten opzichte van de zon in rust is. Het zou wel eens kunnen zijn, dat hij op zeker oogenblik juist met betrekking tot de aarde stilstaat. Mocht dat vandaag zoo zijn, dan kunnen wij over drie maanden of een half jaar de waarnemingen herhalen; dan zal de aetherwind er zeker zijn.

Men moet nu verder niet verwachten dat wegens de groote snelheid waarvan wij spraken, de beslissende proeven met ruwe en weinig gevoelige hulpmiddelen zullen kunnen worden genomen.

De snelheid van den aetherwind is nl. maar het tienduizendste van de lichtsnelheid en men behoeft niet diep in de theorie door te dringen om te gevoelen dat het niet op de absolute grootte van de snelheid, maar alleen op deze verhouding aankomt.

Welnu, de uitkomst is altijd dezelfde geweest; hoe men zich ook heeft ingespannen, men heeft nooit iets van den aetherwind kunnen bemerken. Laat ik het nog iets nauwkeuriger uitdrukken. Te dien einde verbeeld ik mij twee naast elkaar geplaatste laboratoria, die wij als het *eerste* en het *tweede* van elkaar onderscheiden. In het eerste is een waarnemer A, in het tweede een waarnemer B, beiden voorzien van de noodige instrumenten en wel van geheel gelijke instrumenten, waarmee bedoeld wordt dat, zoo dezelfde waarnemer de toestellen van A en van B in handen had, hij nooit eenig verschil daartusschen zou kunnen bemerken. Stel nu dat het tweede laboratorium zich met al wat er in is, in de richting van links naar rechts bijv., ten opzichte van het eerste beweegt. Dan is er in beide zeker niet dezelfde aetherwind, en toch zal, daaraan twijfelt tegenwoordig niemand meer, A in zijn laboratorium volkomen dezelfde proeven met dezelfde uitkomsten kunnen doen als B in het zijne.

Van dit fundamenteele feit, want zoo mogen wij het nu wel noemen, heeft de theorie van den stilstaanden aether, aangevuld en gewijzigd voor zoo ver MAXWELL's electriciteitsleer het noodig maakte, vrij bevredigend rekenschap kunnen geven. Alleen bleken enkele bijkomstige onderstellingen noodig te zijn. Men moet nl. aannemen dat de meetwerktuigen zekere, zij het dan ook uiterst geringe veranderingen ondergaan, zoodra zij zich door den aether heen voortbewegen, en wel *alleen* ten gevolge van die beweging. Een meetstaaf zal, als hij in de richting van zijn lengte voortgaat, iets korter worden dan wanneer hij in den aether stil ligt; een uurwerk zal ten gevolge van de verplaatsing iets langzamer gaan loopen. Men kan trouwens deze veranderingen begrijpelijk maken door zich voor te stellen dat al de in het inwendige der meetwerktuigen werkende krachten door den aether van het eene molekuul op het andere worden overgebracht en dat hun grootte en wijze van werken bij een voortschuiven door den aether heen iets worden gewijzigd.

Men ondervindt zelfs geen noemenswaardige moeilijkheid als men rekenschap wil geven van een merkwaardige reciprociteit die in het geval der zooeven beschouwde waarnemers A en B bestaat. Dat het eerste laboratorium zich ten opzichte van het tweede met dezelfde snelheid, natuurlijk in tegengestelde richting, beweegt als het tweede ten opzichte van het eerste, behoeft nauwelijks gezegd te worden. Maar er is meer. Wij kunnen ons voorstellen dat de wanden van de laboratoria doorzichtig zijn, of zelfs dat de twee ruimten elkaar doordringen, zoodat de eene waarnemer met al zijn instrumenten tusschen den anderen en diens toestellen door voortvliegt. Hebben nu beiden meetstaven, stel met hun lengte in de richting der onderstelde beweging liggende, dan zal A de staven van B, die zich voor hem bewegen, iets korter zien dan zijn eigen staven, die voor hem in rust zijn. Maar even goed zal B de staven van A, die hij zich ziet verplaatsen, korter zien dan zijn eigen staven, die hij stil ziet liggen. Evenzoo ziet elke waarnemer zijn eigen klokken iets sneller loopen dan die van den anderen waarnemer.

Hoe nu het paradoxale dat in deze uitspraken gelegen is — men ziet niet aanstonds hoe het mogelijk is dat van twee uurwerken A het eene en B het andere het snelst ziet loopen — kan worden opgehelderd, moet ik laten rusten. Ik moet mij er toe bepalen, U te verzekeren dat daarvoor, als men zich van de theorie van den stilstaanden aether bedient, volstrekt geen nieuwe, gewaagde onderstellingen noodig zijn.

Het is nu ten gevolge der in het licht gestelde reciprociteit dat, terwijl noch A noch B, ieder in zijn eigen laboratorium werkende, zullen kunnen uitmaken hoe het met den aetherwind gesteld is, zij ook tezamen, zoo zij met elkaar van gedachten kunnen wisselen, tot geen beslissing daarover zullen kunnen komen.

Zoo ver had men het gebracht, of liever zoo ver had men het kunnen brengen — want er ontbrak nog wel wat aan — toen EINSTEIN in 1905 de stelling uitsprak, die thans als het relativiteitsbeginsel bekend is en van groote beteekenis voor de geheele natuurkunde is geworden. Hij stelt op den voorgrond dat niet alleen de vraag hoe een stelsel zich ten opzichte van den aether beweegt, niet kan worden beantwoord, maar *dat die vraag in het geheel geen zin heeft.* Aan den aether wordt in die mate alle substantialiteit ontzegd, dat men van rust of beweging ten opzichte van hem zelfs niet kan spreken. Hij is dus waarlijk tot een schim ge-

worden van wat hij eens was; EINSTEIN en zijn volgelingen vermijden dan ook zelfs het gebruik van het woord en spreken liever
van „vacuum" of „ruimte".

De tegenstelling tusschen de opvattingen van EINSTEIN en de
vroegere komt het scherpst uit als wij op de rol letten, die het
tijdsbegrip daarbij speelt. Wij kunnen ons voorstellen dat de twee
meermalen genoemde personen A en B, ieder met zijn eigen instrumenten, *dezelfde* verschijnselen waarnemen. Dat dan, wanneer
zij met iets oogenblikkelijks te doen hebben, de tijd waarop A het
ziet gebeuren, een andere kan zijn dan de tijd waarop het voor
B plaats heeft, behoeft ons niet te verwonderen, daar zij de tijden
niet op hetzelfde uurwerk aflezen. Vreemder is het, dat zelfs wat
de *gelijktijdigheid* van verschillende gebeurtenissen betreft, in
den regel geen overeenstemming zal bestaan. Twee verschijnselen
die op verschillende plaatsen gebeuren en volgens A's waarnemingen gelijktijdig zijn, behoeven het volgens de uurwerken van
B niet te zijn.

In de aethertheorie kan men hiervan zeggen dat de „ware" tijd
en de „ware" gelijktijdigheid alleen worden aangewezen door uurwerken die geen voortgaande beweging ten opzichte van den aether hebben, en dat de aanwijzing van klokken in een bewegelijk
laboratorium minder vertrouwen verdient omdat de beweging
door den aether heen het „gelijkzetten" dier klokken bemoeilijkt. Maar deze zienswijze wordt door EINSTEIN principieel ver-
worpen. Volgens hem kan er nooit reden zijn om aan de uitkomsten van een der waarnemers A en B boven die van den anderen
de voorkeur te geven. De tijd van den een is in elk opzicht even
goed als die van den ander, en wanneer zij over de gelijktijdigheid
van twee verschijnselen verschillend oordeelen, moeten wij aan
beide uitspraken volmaakt dezelfde waarde toekennen. Er is geen
„ware" tijd, en „gelijktijdigheid" is geen absoluut begrip; in elk
bijzonder geval moet door een afspraak worden vastgesteld wat
men er onder wil verstaan.

Kenmerkend voor de nieuwe opvattingen is verder dat de begrippen van ruimte en tijd niet scherp uit elkander worden gehouden. Als men weet met welke snelheid B zich ten opzichte van
A beweegt, kan men de vraag stellen, uit een door A waargenomen tijd dien waarop B hetzelfde ziet gebeuren, af te leiden. Het
blijkt dat dit eerst dan mogelijk is, als men ook de plaats kent,

waar het beschouwde verschijnsel zich voordoet, welke plaats door het opgeven van zekere meetkundige grootheden moet worden vastgesteld. Men ziet hieruit dat de tijd van B als elementen niet alleen den tijd van A, maar ook ruimtegrootheden bevat, wat natuurlijk niet het geval zou kunnen zijn, als ruimte en tijd steeds geheel van elkaar gescheiden bleven.

De ervaring der laatste tien jaren heeft geleerd dat vele natuurkundigen met dit alles volkomen vrede hebben. Maar wie, laat ik maar zeggen wat ouderwetsch is, gevoelt wel eenig bezwaar. Op den weg dien een lichtstraal van de zon naar de aarde volgt, bestaan ontegenzeggelijk golven van bepaalde lengte, evenwichtsverstoringen die een bekend aantal malen in de seconde van richting wisselen en waaraan het arbeidsvermogen dat de aarde van de zon ontvangt, gebonden is. Menigeen zal zich gaarne, zooals HUYGENS het deed, een „drager" van dat alles voorstellen. En, al wil men niet over woorden twisten, men zal allicht met „ruimte" niet anders dan zuiver meetkundige begrippen willen verbinden en „vacuum" al te ledig vinden. Waarom zouden wij niet, als wij maar niet beweren er veel van te kunnen zeggen, van een aether blijven spreken? Zoo wij daartoe geneigd zijn, behoeven wij ons niet aanstonds uit het veld te laten slaan door de tegenwerping dat die aether iets geheel door ons gefingeerds zou zijn. Ook „ijzer" is slechts een benaming voor den drager van het complex van zekere eigenschappen en verschijnselen.

Wat verder de begrippen van ruimte en tijd betreft, zonder in het wezen daarvan diep door te dringen, kunnen wij, dunkt mij, wel zeggen dat ieder die met volkomen duidelijkheid heeft, en dat er in dit opzicht tusschen den een en den ander geen aanmerkelijk verschil bestaat. Ook staat het, geloof ik, vast dat de beide begrippen niet geheel gelijksoortig zijn en dat wij ze scherp van elkaar onderscheiden. Er is, zoo ik mij niet bedrieg, meer overeenkomst tusschen een rij van punten naast en een rij van punten boven elkaar, dan tusschen een rij van punten en een reeks van op elkaar volgende oogenblikken. Inderdaad, al willen wij, zooals in een wiskundige beschouwing veelal doelmatig is, den tijd als een vierde coördinaat naast de drie ruimtecoördinaten invoeren, *geheel* gelijkwaardig aan de drie andere wordt die nieuwe coördinaat toch niet. Het blijkt reeds hieruit dat een stoffelijk punt wel op twee verschillende oogenblikken dezelfde plaats op een lijn kan innemen, maar niet op hetzelfde oogenblik op twee verschillende plaatsen kan zijn.

Alles wèl overwegende kan men, naar het mij voorkomt, tot het besluit komen, dat men het essentieele van het relativiteitsbeginsel kan aanvaarden zonder met de oude opvattingen omtrent ruimte en tijd te breken.

Wij moeten bij de beoordeeling van deze vragen niet uit het oog verliezen dat het er in onze theorieën alleen om te doen is, ons van de buitenwereld *beelden* te vormen, die den onderlingen samenhang der verschijnselen en de regels naar welke zij plaats hebben goed doen uitkomen, zoodat wij met behulp dier beelden gemakkelijk onzen weg te midden der verschijnselen kunnen vinden. Van een „juistheid" van het ontworpen tafereel in nog anderen zin kan geen sprake zijn, en als twee beelden ons in het zooeven genoemde opzicht in gelijke mate voldoen, zijn wij vrij in onze keus en kunnen ons zelfs, zoo wij willen, nu eens van het eene en dan van het andere bedienen.

Nu is het zeker dat wij bij het weergeven der verschijnselen niet allen op dezelfde wijze te werk gaan. De een is met een sobere voorstelling zonder overbodig bijwerk tevreden, een ander verlangt meer kleur en levendigheid. Maar voor ieder zijn de fundamenteele voorstellingen van ruimte en tijd, ik bedoel de gangbare voorstellingen waarvan zooeven gesproken werd, het doek, kan men zeggen, waarop de schets van de buitenwereld wordt ontworpen.

Hebben nu de twee waarnemers A en B, om nog eens tot hen terug te keeren, dezelfde verschijnselen bestudeerd, dan kunnen wij die op twee wijzen in teekening brengen. In het eene geval ontleenen wij de trekken van het tafereel aan de uitkomsten waartoe A is gekomen. Wij brengen de aanwijzing van zijne uurwerken tot dekking met onze fundamenteele tijdsvoorstelling; „gelijktijdig" wordt wat het voor A is en wij zien de wijzers van zijne klokken op hetzelfde oogenblik in denzelfden stand. In het tweede geval daarentegen sluiten wij ons op dezelfde wijze bij de waarnemingen van B aan.

Men ziet dat wij, de zaak zoo beschouwende, ons geheel aan de gewone opvattingen over ruimte en tijd houden, en toch het relativiteitsbeginsel kunnen handhaven. Het komt hierop neer dat de twee beelden ons in gelijke mate bevredigen en dat er geen reden is om het eene boven het andere te verkiezen.

Er is nu ook niets tegen, de voorstelling die wij ons van de verschijnselen vormen, met een aether te versieren, of, zoo men wil, te ontsieren, waarbij het dan voor de hand ligt, ten einde alles zoo eenvoudig mogelijk te houden, dien aether in het eene geval ten opzichte van het laboratorium van A en in het andere geval met betrekking tot dat van B te laten stilstaan. Zelfs kunnen wij een stap verder gaan en, als wij meenen daardoor tot een helderder inzicht te kunnen komen, ons aan bespiegelingen over de structuur en den toestand van den aether wagen. Het relativiteitsbeginsel behoeft dat niet uit te sluiten. Zoo wij tegenwoordig weinig geneigd zijn, dezen vroeger veel betreden weg in te slaan, dan is het veeleer omdat wij na de pogingen die men reeds gedaan heeft, geringe hoop hebben, dat hij ons tot iets dat werkelijk eenvoudig en bevredigend is zal leiden.

Aan het einde van de beschouwingen die ik mij veroorloofd heb U voor te dragen, mag ik een opmerking niet achterwege laten, die in deze dagen wel uitdrukkelijk mag worden gemaakt. De ontwikkeling die ik U, zij het dan ook zeer onvolledig, geschetst heb, is de vrucht geweest van de inspanning van onderzoekers van verschillenden landaard, van een vreedzamen wedstrijd, waarbij nu eens het eene, dan weer het andere volk een voorsprong heeft gehad. Kon ik in meer bijzonderheden treden, dan zou ik nog menigen anderen naam kunnen noemen. Ik zou U er op kunnen wijzen hoe POINCARÉ in zijn studie over de dynamica van het electron ongeveer gelijktijdig met EINSTEIN menig denkbeeld dat voor diens theorie kenmerkend is, heeft uitgesproken, en trouwens wat hij „le postulat de relativité" noemde, heeft geformuleerd. Ik zou ook kunnen gewagen van de belangrijke rol die MINKOWSKI en V. LAUE in de ontwikkeling der relativiteitstheorie hebben gespeeld en had er sprake kunnen zijn van onderzoekingen van jongere natuurkundigen die zich in dezelfde richting als EINSTEIN bewegen, dan had ik de verdiensten van een Belgisch vakgenoot, Dr. DE DONDER in het licht kunnen stellen.

Trouwens, elk hoofdstuk der wetenschap biedt ons hetzelfde schouwspel van in elkaar grijpende onderzoekingen en samengevlochten denkbeelden. Wij kunnen aan de verschijnselen der radio-activiteit niet denken, zonder dat ons, naast het werk van BECQUEREL en de CURIE's, dat van RUTHERFORD voor den geest staat. Het licht dat in de laatste jaren over het wezen der Rönt-genstralen en in verband daarmede over de structuur der kristal-len ontstoken is, hebben wij zoowel aan de BRAGG's, vader en zoon, als aan v. LAUE te danken. Op het gebied der thermodyna-mica schitteren in gelijken glans de namen van CARNOT, CLAU-SIUS, KELVIN, GIBBS en BOLTZMANN. Eindelijk vond PLANCK's stoutmoedige quantahypothese, van welker bevestiging POIN-CARÉ eens gezegd heeft „que ce serait là, sans aucun doute, la plus grande révolution et la plus profonde que la philosophie na-turelle ait subie depuis NEWTON", in den grooten Franschen wis-kundige een scherpzinnig beoordeelaar en een krachtigen ver-dediger.

Zeker, er zijn, al worden zij wel eens te breed uitgemeten, on-miskenbare verschillen. De Fransche natuurkunde is iets anders dan de Duitsche, en deze iets anders dan de Engelsche, om alleen van die drie te spreken. Er is een onderscheid dat wij veelal meer kunnen gevoelen, dan scherp analyseeren en onder woorden bren-gen, maar dat wij, al moge het op onze persoonlijke voorkeur eenigen invloed hebben, zeer zouden overschatten zoo wij het bij een algemeene waardebepaling lieten wegen. Het is als een ver-schil in tint en nuanceering, dat de schoonheid van het geheel verhoogt. Ook de waarde van wat men bereikt, wordt erdoor ver-meerderd, want de voortgang der wetenschap, waarmede de hoogste belangen der menschheid, geestelijke en stoffelijke, ge-moeid zijn, kan er slechts bij winnen, als ieder naar zijn aard en aanleg medewerkt.

Dat ook kleine volken, zoo zij in vrijheid tot bloei kunnen ko-men, het hunne tot den gemeenschappelijken arbeid kunnen bij-dragen, behoeft in een uiteenzetting, die met een herinnering aan CHRISTIAAN HUYGENS begon, waarlijk niet gezegd te worden.

DE GRAVITATIETHEORIE VAN EINSTEIN EN DE GRONDBEGRIPPEN DER NATUURKUNDE [1])

Toen ik van het Congresbestuur de vereerende uitnoodiging ontving, in deze vergadering te spreken over EINSTEIN's theorie der algemeene aantrekkingskracht, heb ik gemeend, mij daaraan niet te mogen onttrekken, daar de inzichten die EINSTEIN ons heeft geopend, mij voorkomen Uwe aandacht en belangstelling ten volle te verdienen. In de hoop hierin niet misgezien te hebben, zal ik beproeven U in het kort de strekking en de beteekenis der theorie te schetsen en U iets mede te deelen van de gevolgtrekkingen, waartoe zij geleid heeft.

Er is geen tijd voor een lange inleiding en ik sta dus niet stil bij de vele pogingen die men gedaan heeft om de verschijnselen der zwaartekracht zoogenaamd „mechanisch" te verklaren, met behulp bijv. van zekere onderstelde bewegingen in eene de hemelruimte vullende vloeistof, of wel van uiterst kleine met groote snelheid in alle richtingen voortvliegende corpuscula, die door hun stooten de hemellichamen naar elkander toe zouden drijven. Veel hebben dergelijke bespiegelingen niet opgeleverd en ik kan er te eer over zwijgen omdat zij nauwelijks geacht kunnen worden, de opvattingen van EINSTEIN te hebben voorbereid.

Wel kan men dat zeggen van de moderne theorie der electromagnetische verschijnselen, met welke de nieuwe behandeling der zwaartekracht inderdaad vele trekken gemeen heeft.

Evenals men bij de beschouwing der onderlinge werkingen van electrische ladingen, stroomgeleiders en magneten steeds het oog gericht heeft op de tusschenliggende en omringende ruimte, het electromagnetische veld, met zijn arbeidsvermogen en zijne spanningen, zoo spreken wij nu bijv. van het gravitatieveld rondom de zon, waarin zich de werkingen niet oogenblikkelijk, maar

[1]) Nederl. Natuur- en Geneesk. Congres, 12 April 1917. Verhandelingen. 16, 23, 1917.

met een eindige snelheid, gelijk aan die van het licht, voortplanten. Maar, evenals een voorzichtig natuurkundige zich er veelal
toe zal bepalen, den loop der electrische en magnetische krachtlijnen aan te wijzen, zonder zich te verdiepen in den innerlijken
aard der tóestanden die zij moeten afbeelden, beperkt EINSTEIN
zich tot eene, in vergelijking met de vroegere mechanische theorieën, uiterst sobere wiskundige behandeling. Van een medium,
een aether, die de drager der gravitatiewerkingen zou zijn, spreekt
hij zelfs niet en, eigenaardig genoeg, heeft juist deze terughou-
ding het hem mogelijk gemaakt zijne theorie op te stellen; zij
heeft hem vrij gehouden van elke vooropgezette meening waartoe
de voorstelling van een middenstof licht had kunnen leiden.

Sobere mathematische beschrijving. Helaas wil dat niet zeggen
dat men met korte en eenvoudige berekeningen kan volstaan. Integendeel zijn de wiskundige ontwikkelingen, hoe veel bekoring
zij ook voor den geschoolden mathematicus mogen hebben, in die
mate ingewikkeld, dat ik er geheel van moet afzien, U de theorie
van dien kant te laten zien. Het ging niet aan, de wanden dezer
zaal geheel met formules te behangen, vooral niet omdat die voor
de meesten Uwer, ik mag het misschien wel zeggen, onverstaan-
baar zouden zijn.

Gelukkig zal ik echter, naar ik hoop, mijn doel redelijk wel met
behulp van eenige toelichtende figuren kunnen bereiken.

Om nu zoo spoedig mogelijk tot de kern der zaak te komen, kan
ik niet beter doen dan U in het kort en met vergedreven schema-
tiseering aan den weg herinneren, langs welken wij de bewegingen
in het zonnestelsel hebben leeren kennen. Wat wij onmiddellijk
waarnemen is alleen de richting waarin wij de zon en de planeten
zien, d.w.z. de richting waarin de van een dezer lichamen afkomstige lichtstralen ons bereiken. Wij leggen die vast door de
hoeken te meten, die zij met zekere vergelijkingsrichtingen, bijv.
met een verticale lijn of met eene horizontale naar het Oosten
loopende lijn maken. De overweging dat deze laatste aan de aarde
verbonden richtingen zelf niet vast zijn, brengt ons verder al
spoedig ertoe, den stand der planeten met betrekking tot vaste
punten van den hemel te bepalen.

Laten wij maar aannemen dat zulke punten ons door sterren
worden aangewezen en dat wij rechtstreeks den hoek meten tusschen de richtingen waarin het licht van een planeet en van een

ster tot ons komt. De zoo verkregen kennis kan natuurlijk door bepalingen van den betrekkelijken stand der lichamen van het zonnestelsel worden aangevuld.

De hoeken kunnen wij meten met behulp van cirkels met verdeelden rand. Dus, zoo eenvoudig mogelijk gedacht, wij plaatsen zulk een cirkel zoo dat lichtstralen die van twee hemellichamen komen, op het laatste deel van hun weg langs twee van zijn stralen loopen en elkaar in het middelpunt ontmoeten; wij lezen dan de getallen af, staande bij de punten van den rand waarlangs het licht is gestreken.

Kunnen de twee voorwerpen gelijktijdig in het gezichtsveld van een kijker worden gezien, dan kunnen wij ons van een ander hulpmiddel bedienen. In den kijker zijn een aantal draden, te zamen een mikrometer vormende, gespannen en wij letten er op, op welke twee draden de beelden vallen.

Eindelijk zijn van bijzonder belang de gevallen waarin twee lichamen in dezelfde richting gezien worden, dus elkaar voor ons oog bedekken. Men denke aan sterbedekkingen door de maan, en aan den overgang van Venus over de zon of van een wachter van Jupiter over het oppervlak der planeet.

Dat dergelijke waarnemingen, eeuwenlang voortgezet, tot een zeer volledig en zeer nauwkeurig beeld van de bewegingen in het zonnestelsel geleid hebben, behoef ik U niet te zeggen. Evenmin, dat dat beeld, behoudens een enkele kleine afwijking waarop wij nog terugkomen, beantwoordt aan de wet van NEWTON, volgens welke de aantrekking van twee lichamen bepaald wordt door hun oogenblikkelijken onderlingen afstand, omgekeerd evenredig aan het vierkant daarvan veranderende.

Wij zouden onze geheele kennis der bewegingen in het zonnestelsel, met inbegrip van alle waarnemingen waarop zij berust, in ééne reusachtige teekening kunnen voorstellen. Ik bedoel zoo iets als in Fig. 1 zeer ruw en met minachting voor alle werkelijke verhouding van afmetingen is aangegeven. Ik noem het een „veldfiguur" omdat zij ons van het gravitatieveld een denkbeeld moet geven.

Men ziet rondom de zon Z de loopbanen van de aarde, Venus en Jupiter, om welke laatste planeet de wachter M loopt. Er is aangewezen, hoe de hoek tusschen de van Jupiter en van zekere vaste ster S komende, door gebroken lijnen voorgestelde lichtstralen op zeker oogenblik met een verdeelden cirkel op 20° bepaald wordt, hoe een ander maal de stralen die van Venus en van een ster S' komen de draden Q en P van een mikrometer treffen, en hoe, als de aarde in A" is, een conjunctie van Jupiter en zijn maan gezien wordt. De banen der planeten zijn, behoudens de kleine wijziging die uit hun onderlinge aantrekking voortvloeit, ellipsen, de lichtstralen loopen langs rechte lijnen.

Men komt nu tot de grondgedachte der theorie van EINSTEIN als men bedenkt dat zulk een figuur veel bevat, dat willekeurig en niet van wezenlijk belang is. Het eenige wat wij feitelijk hebben waargenomen, zijn, kan men zeggen, verschillende „coïncidenties": het samentreffen der van J en S komende stralen met de punten 10 en 30 van den verdeelden cirkelrand, het samenvallen der beelden van S' en V met de mikrometerdraden P en Q, eindelijk het feit dat het licht dat van J langs M gaat, later de aarde in A" treft.

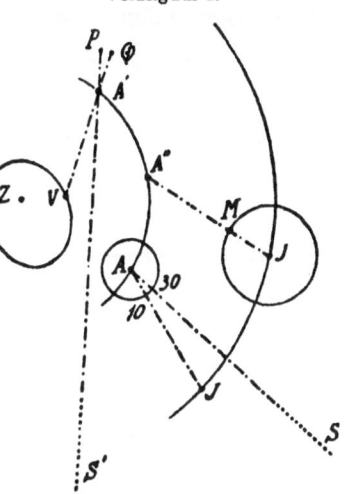

Veldfiguur I.

FIG. 1.

Als de coïncidenties het eenig waargenomene zijn, zijn zij ook het eenige dat wij in de veldfiguur behoeven voor te stellen en met onze theorieën moeten weergeven.

Wat nu vooreerst de teekening betreft, is het duidelijk dat wij aan de figuur heel wat kunnen veranderen, zonder dat zij ophoudt, aan het doel te beantwoorden. Wij kunnen bijv. de teekening in één richting uitrekken, zooals wij dat met een caoutchoucblad kunnen doen; is die uitrekking uniform, d.w.z. heeft zij in alle deelen der figuur in dezelfde mate plaats, dan blijven de lichtstralen recht, en de planetenbanen elliptisch, maar verandert er toch al zooveel aan, dat de zon niet meer in het brandpunt staat; toch blijven de coïncidenties behouden. Niets belet ons echter met de vervorming nog veel verder te gaan. De punten der teekening kunnen, als maar de samenhang niet verbroken wordt, op geheel willekeurige wijze in het vlak verplaatst worden, zoodat de deelen der figuur op ongelijke wijze worden gerekt of ineengedrongen en gedraaid, en er een ware caricatuur van de oorspronkelijke figuur ontstaat, zoo iets als ik in Fig. 2 heb aangegeven; wij zullen ons daarbij alleen de beperking opleggen dat nooit twee punten die eerst op eindigen afstand liggen, oneindig ver van elkaar komen of geheel samenvallen. Men ziet dat er geene enkele coïncidentie is verloren gegaan, maar wel moeten wij het bij deze wijze van voorstellen opgeven, van rechtlijnige lichtstralen en elliptische planetenbanen te spreken.

In vroeger tijden heeft men aan deze mogelijkheid om de veldfiguren op willekeurige wijze te verwringen nauwelijks gedacht, en er althans weinig beteekenis aan gehecht. In de theorie van NEWTON had de figuur die wij eerst beschouwd hebben, een zeer bijzondere beteekenis; zij was, om zoo te zeggen, de „standaardfiguur". Alleen voor haar golden de vergelijkingen der gravitatietheorie in hun gewonen, klassieken vorm en al zou men desnoods ook wel vergelijkingen kunnen opstellen, die voor een gedeformeerde figuur gelden, door nl. de vergelijkingen *mede* in vorm te doen veranderen, men zou daarbij voor elke nieuwe wijze van voorstellen weer geheel andere vergelijkingen krijgen. Bovendien ziet men niet hoe men daartoe zou kunnen geraken zonder telkens weer tot de standaardfiguur terug te keeren.

Veldfiguur II.

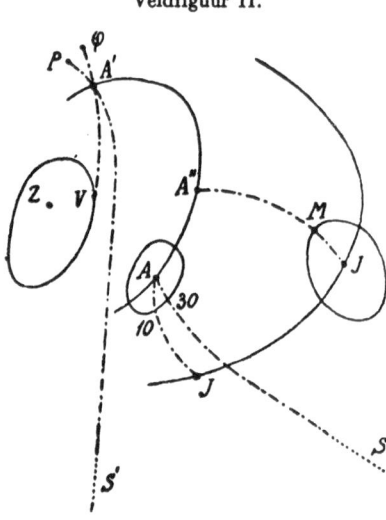

FIG. 2.

Het mooie en verrassende van de theorie van EINSTEIN is nu dit, dat zij geen „standaardfiguur" kent en dat principieel elke gedaante die wij aan de veldfiguur kunnen geven, voor haar gelijkwaardig is, en wel omdat zij de grondvergelijkingen in een vorm brengt, die op alle veldfiguren in gelijke mate van toepassing is. Zij zou dus de waarnemingen kunnen beschrijven, al zal zij feitelijk van die vrijheid wel geen gebruik maken, zonder ooit te zeggen dat de planeten in ellipsen loopen. Hoe dat nu kan, en hoe het mogelijk is geweest, een systeem op te stellen, waarbij de bijzondere vorm der banen van zoo ondergeschikte beteekenis wordt, behoort tot de wiskundige geheimenissen die ik U niet zal onthullen.

Wel kan ik met een enkel voorbeeld in het licht stellen dat er bijzondere kenmerken in een figuur kunnen zijn, die bij alle vorm-veranderingen, als wij ons aan de reeds genoemde beperking hou-den, bewaard blijven. In een figuur bijv. die eerst uit enkel rechte lijnen bestond, zou, al wordt zij gedeformeerd zoodat de lijnen krom worden, nooit meer dan één snijpunt tusschen twee lijnen kunnen ontstaan. En een willekeurige figuur met kromme lijnen en snijdingen daarvan zal nooit zoo veranderd kunnen worden, dat die alle in rechte lijnen overgaan.

Ik moet U nu verzoeken, U de zaak nog iets algemeener voor te stellen dan wij tot nog toe gedaan hebben. Vooreerst liggen de banen der planeten niet in een plat vlak en moet dus de veld-figuur in de ruimte, drie-dimensionaal, worden geteekend. Ver-der moeten wij meer dan wij eerst deden op den tijd letten, waar-op de verschijnselen worden waargenomen, waarbij het de aan-dacht verdient, dat wij ook in dit opzicht weer met coïncidenties te doen hebben. Als bijv. een astronoom op het oogenblik waarop hij de maan van Jupiter op het oppervlak der planeet ziet komen, op een in zijne nabijheid geplaatst uurwerk den tijd afleest, doet hij niet anders dan constateeren dat juist op dat tijdstip de wijzer met een bepaald punt van de wijzerplaat samenvalt. Wij mogen en moeten verlangen dat onze theorieën, waarin nu ook die over de beweging van het uurwerk zelf moet worden opgenomen, van dat samenvallen rekenschap geven, maar hoewel het zeker doel-matig is, de waarnemingen zoo te interpreteeren, dat de beweging van het uurwerk als gelijkmatig beschouwd wordt, is dat, strikt genomen, niet noodzakelijk, evenmin als het noodig is, het licht zich langs rechte lijnen te laten voortplanten. Gij gevoelt al reeds dat wij nu op weg zijn, ook den tijd in de vervorming en verwrin-ging der veldfiguur te doen deelen.

Wat overigens het aanwijzen van den tijd in de figuur betreft, wij zouden dat kunnen doen door bijv. bij verschillende punten

van de aardbaan getallen te schrijven, die de oogenblikken voorstellen, waarop die punten bereikt worden. EINSTEIN beschouwt
den tijd met voorliefde als een coördinaat, die aan de drie ruimtecoördinaten wordt toegevoegd, zoodat wij tot vier-dimensionale
veldfiguren komen.

Dat de tijd door een coördinaat wordt voorgesteld, is niets
nieuws of bijzonders. Wij doen het bijv. wanneer wij op gebruikelijke wijze, Fig. 3 kan U eraan herinneren, den loop van spoortreinen in beeld brengen.

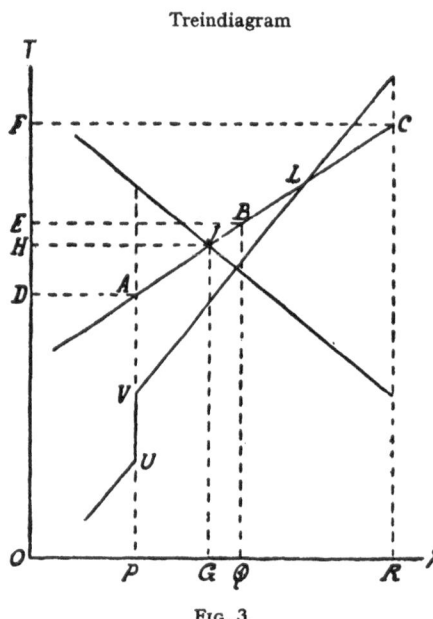

Treindiagram

Fig. 3.

Door OX is de weg, met
de stations P, Q, R voorgesteld, en de tijden waarop verschillende punten
bereikt worden, worden
aangegeven door de leng-
te van loodlijnen, in die
punten opgericht, een
lengte die wij ook wel eerst
op de lijn OT, de „tijd-as"
kunnen afpassen. De loop
van een trein wordt nu
door een zekere lijn, zooals AC, door een „plaats-
tijd-lijn" zullen wij zeggen, aanschouwelijk ge-
maakt; wij zien eraan
dat de punten P, Q, R

bereikt worden op de tijden die door de lengte van PA, QB,
RC, of, zoo men wil OD, OE, OF worden aangewezen. Dat
nu, als de trein een standvastige snelheid heeft, de plaats-
tijd-lijn recht is, behoef ik niet toe te lichten. Evenmin, dat de lijn
des te steiler loopt, naarmate de snelheid kleiner wordt; er is dan
een langer tijdsverloop, dus meerdere stijging noodig om een bepaald eind naar rechts vooruit te komen. Staat de trein stil, dan
loopt de plaats-tijd-lijn verticaal, zooals UV, waardoor een op-
onthoud aan een der stations wordt weergegeven. Dat nu in dit
bewegingsdiagram de loop van een aantal treinen kan worden opgenomen en dat bijv. de naar rechts dalende lijn betrekking heeft

op een trein die in tegengestelde richting als de eerst beschouwde
gaat, zal U aanstonds duidelijk zijn. Bijzondere aandacht, ook
met het oog op onze volgende figuur, verdienen snijpunten als *J*
en *L*. Het eerste wijst aan dat twee treinen elkaar ontmoeten, en
wel in het punt *G* van den weg en op den door *OH* bepaalden tijd.
Aan het snijpunt *L* ziet men dat een trein een anderen, langzamer gaanden, inhaalt.

Ik zal mij nu van een dergelijk bewegingsdiagram (zie Fig. 4)
bedienen om eenige beschouwingen te verduidelijken, die aan de

Bewegingsdiagram staaf I.

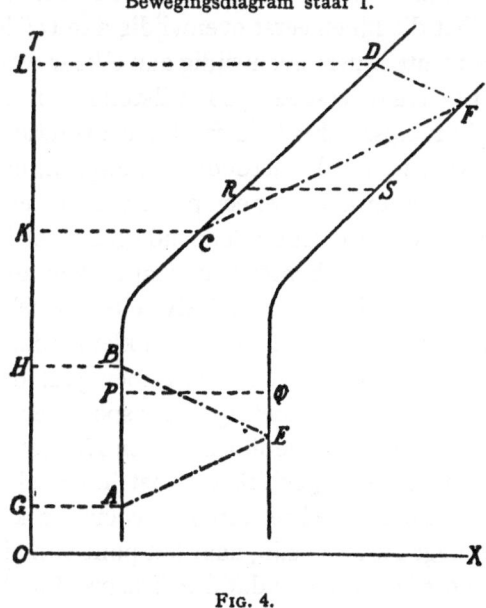

Fig. 4.

oude, d.w.z. elf jaar oude relativiteitstheorie van EINSTEIN ontleend zijn, een theorie waarvan iets gezegd moet worden, omdat
de gravitatieleer er een natuurlijke uitbreiding van is. Die oude
relativiteitstheorie, waarin overigens noch van zwaartekracht,
noch van gebogen lichtstralen en dergelijke sprake was, stelde,
op grond van goed vastgestelde feiten, op den voorgrond dat aan
de uitkomsten van natuurkundige proeven nooit iets zal veranderen als aan alle bij die proeven voorkomende instrumenten en
voorwerpen, de waarnemer zelf eronder begrepen, een gemeenschappelijke, standvastige verschuivingssnelheid wordt gegeven.

Uit dit postulaat leidde zij twee gevolgtrekkingen af, die toenmaals vreemd genoeg klonken, maar waaraan nu elk physicus zich gewend heeft. De eerste is dat een staaf van vast materiaal, metaal, of wat men wil, als zij zich in de richting van de lengte beweegt, iets korter zal zijn dan wanneer zij stilstaat, en wel des te korter, naarmate de snelheid grooter is; de tweede, dat een uurwerk, als het in zijn geheel met zekere snelheid voortgaat, daardoor iets langzamer gaat loopen. Wij nemen deze beweringen zonder discussie aan en helderen ze met een bewegingsdiagram van de staaf op.

ABD en *EF* zijn de plaats-tijd-lijnen van het linker en het rechter uiteinde. Dat die lijnen eerst evenwijdig aan *OT* loopen en later in schuine rechte lijnen, evenwijdig aan elkaar overgaan, geeft te kennen dat de staaf eerst een poos stilstond en later een standvastige verschuivingssnelheid heeft. De contractie die van dit laatste het gevolg is, wordt hierdoor aangewezen, dat *RS* korter is dan *PQ*. In de figuur is verder een proef voorgesteld, die met de staaf wordt genomen. De schuin loopende gebroken lijnen zijn nl. de plaats-tijd-lijnen van „lichtseinen"; zij maken alle denzelfden hoek met *OX* omdat (in de oude relativiteitstheorie) de lichtsnelheid altijd even groot is, en wel is die hoek kleiner dan voor de volgetrokken lijnen omdat de staaf langzamer gaat dan het licht.

Wanneer gij U nu de ontmoetingen der spoortreinen herinnert, zult gij aanstonds zien wat de lijnen *AE* en *EB* beteekenen. Een lichtsein gaat op zeker oogenblik van het linker einde der staaf uit, plant zich naar het rechter uiteinde voort, en keert, na door een spiegel teruggekaatst te zijn, naar het punt van uitgang terug. De lijnen *CF* en *FD* geven aan dat dezelfde proef herhaald wordt, nadat de staaf in beweging is gekomen. Willen wij weten hoeveel tijd aan den heen- en weergang van het sein besteed wordt, dan hebben wij maar te zien hoeveel *B* hooger dan *A*, en *D* hooger dan *C* ligt. Het blijkt dat, ondanks de omstandigheid dat *RS* korter is dan *PQ*, het tweede hoogteverschil grooter is dan het eerste; men kan het aan *KL* en *GH* zien. Toch moet volgens het postulaat der relativiteitstheorie de tijd van heen- en weergang, afgelezen op een uurwerk dat vast aan de staaf verbonden is, in de twee gevallen dezelfde zijn. Dit komt ook werkelijk uit, juist wegens de verlangzaming van den gang die het gevolg is van de voortbeweging. Daardoor komt het uurwerk bij de tweede proef eerst in den tijd *KL* zooveel vooruit als eerst in den korteren tijd *GH*.

De oude relativiteitstheorie maakte zich reeds van een bijzondere keus van de voorstellende figuren vrij, maar zij bepaalde zich tot veranderingen daarvan, waarbij rechte lijnen recht blijven.

Door een dergelijke vervorming, uniforme uitrekkingen en samentrekkingen, gecombineerd met een draaiing, kunnen wij uit Fig. 4 het nieuwe bewegingsdiagram van Fig. 5 krijgen. Het stelt volkomen hetzelfde voor als de eerste figuur, nl. wat betreft de coïncidenties *A*,

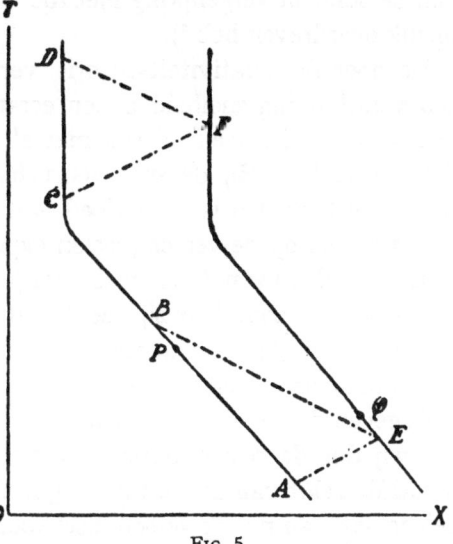

Bewegingsdiagram staaf II.

FIG. 5.

E, *B*, enz. waarop het alleen aankomt, maar in nieuwe opvatting. Men ziet aan de plaats-tijd-lijnen dat de staaf zich nu *eerst* beweegt, naar links nl. en *later* in rust is; daarmede gaat gepaard dat nu de benedenste deelen der plaats-tijd-lijnen in horizontale richting zoover uiteen liggen als eerst de bovenste deelen en omgekeerd.

De proeven met de lichtseinen worden weer door *AEB* en *CFD* afgebeeld, zoodat de eene er nu zoo uitziet als eerst de andere en in verband daarmee zouden wij kunnen beredeneeren dat het met de staaf verbonden uurwerk nu begint met wat langzamer en eindigt met wat sneller te loopen. Kortom, wij zijn tot een nieuwe beschrijving der verschijnselen gekomen, die van de eerste verschilt, maar even goed recht van bestaan heeft. Inderdaad, alle beweging is relatief en of wij zeggen dat de staaf stilstaat of zich beweegt, hangt er maar van af ten opzichte van welk ander lichaam wij den stand ervan in het oog vatten. Een waarnemer zou zich bij de keus tusschen beide beschrijvingswijzen allicht laten leiden door de rust of beweging van de staaf ten opzichte van hem zelf. Hij zal het daarvan laten afhangen, of hij de plaats-tijd-lijn verticaal of schuin wil hebben.

Ik mag niet verzwijgen dat ik in deze figuren, wat de snelheid van de staaf in vergelijking met die van het licht betreft, schromelijk overdreven heb [1]).

De door de relativiteitstheorie verlangde uitwerkingen van een verschuivingssnelheid zullen eerst dan waarneembaar worden wanneer die snelheid een niet al te klein onderdeel van de lichtsnelheid is. Bij de snel voortvliegende electronen der kathode- en β-stralen is de invloed van de contractie in de bewegingsrichting op de verschijnselen experimenteel gebleken. Maar zelfs de snelheid van de aarde in haar jaarlijksche beweging, 30000 meter per sec, zou, daar zij slechts het 10000ste van de lichtsnelheid is, de lengte van een staaf met niet meer dan een tweehonderd-millioenste doen veranderen.

Gegeven de beperkte middelen waarover wij beschikken, moeten wij dus de relativiteitscontractie onwaarneembaar achten; hetzelfde geldt van de verandering in den loop der uurwerken en helaas ook van menig verschijnsel waarvan men het bestaan uit de nieuwe gravitatietheorie kan afleiden.

Met dat al zou een experimentator die over ideëele hulpmiddelen kon beschikken, al die effecten kunnen zien, en wel als iets zeer reëels. Stel bijv. (Fig. 6) dat twee gelijke staven A en B langs dicht bijeen liggende evenwijdige lijnen geplaatst zijn, dat zich in de richting van die lijnen de eene ten opzichte van de andere beweegt, en dat op het oogenblik waarop de een de ander passeert, met een op eenigen afstand geplaatste camera C een momentopname gemaakt wordt. Hoe het beeld uitvalt, hangt er dan van af, hoe het met de beweging van de camera gesteld is. Staat A met betrekking tot de camera stil, dan zal het beeld van A langer zijn dan dat van B, maar dit laatste beeld zal het in lengte winnen als men de proef herhaalt, maar zoo dat de camera met B meegaat.

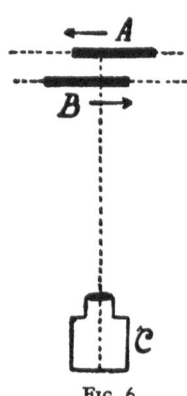

FIG. 6.

---

[1]) Ik heb nl. aangenomen dat de snelheid der staaf gelijk is aan de helft der lichtsnelheid, iets wat wij onmogelijk kunnen verwezenlijken.

Het is alles, zooals in een relativiteitstheorie past, een quaestie van betrekkelijke beweging.

Na deze, ik vrees wel wat lange uitweiding, kan ik wat EINSTEIN zich heeft voorgesteld en, niet zonder jarenlange volharding en inspanning bereikt heeft, zóó kenschetsen: de verschijnselen weergeven met behulp van bewegingsdiagrammen of veldfiguren, die, ofschoon zij vier-dimensionaal zijn, in aard niet van onze twee-dimensionale diagrammen verschillen; geheel willekeurige vormveranderingen dier figuren toelaten en het gravitatieveld en alles wat daarin plaats heeft bepalen door vergelijkingen die in haar algemeenen vorm op elke bereikbare gedaante der veldfiguur passen. Deze laatste eisch, in verbinding met enkele voor de hand liggende onderstellingen, bleek voldoende om den vorm der vergelijkingen vast te stellen; de uitkomst was dus niet een of andere vage, maar een geheel bepaalde theorie, die ook tot geheel bepaalde gevolgtrekkingen dwingt. Ik heb U nu van eenige daarvan verslag te doen.

Ik begin met iets heel eenvoudigs. Alle lichamen vallen, zooals wij al op school leerden, even snel, en het lijdt geen twijfel dat de beweging van een planeet om de zon, als de massa van de planeet maar niet al te groot is, onafhankelijk is van de grootte en van het materiaal waaruit de planeet bestaat. Nu kent de gewone mechanica wel gevallen waarin zich iets dergelijks voordoet. Is bijv. een lichaam bij zijne beweging gebonden aan een voorgeschreven stilstaand oppervlak, terwijl het verder aan geene enkele kracht onderworpen is, dan zal het, uit welke stof het ook bestaan moge, om van één punt van het oppervlak naar een ander te gaan, steeds den kortsten weg volgen. Ik vermeld dezen regel omdat de wijze waarop EINSTEIN de beweging van een niet al te groot lichaam in het gravitatieveld bepaalt, er veel overeenkomst mede vertoont. Zoo werd de theorie van het begin af erop ingericht, de gelijkheid in valsnelheid van alle lichamen weer te geven.

Daarentegen was de opzet niet zoo, dat men eene aansluiting aan de theorie van NEWTON vooraf met zekerheid kon verwachten. Toch werd die aansluiting, merkwaardig genoeg, bereikt. Teekent men namelijk de veldfiguren zoo eenvoudig mogelijk, dan komen zij op zeer weinig na met de standaardveldfiguur in de theorie van NEWTON overeen, zoodat de geheele mechanica van den hemel die men daarop heeft gebouwd, als eerste en in de meeste gevallen voldoende benadering kan blijven gelden.

Inderdaad is er onder de afwijkingen slechts ééne die, voor zoover wij nu weten, binnen het bereik der waarneming valt. Volgens EINSTEIN beschrijft een planeet in het gravitatieveld der zon niet een gesloten baan, maar wat men een „roset" kan noemen, zooiets als Fig. 7 te zien geeft. Het is alsof de baan wel gesloten was, maar terwijl zij doorloopen wordt, voortdurend ronddraaide; dientengevolge is het telkens weer in een ander punt, nl. achtereenvolgens in A, A', A''

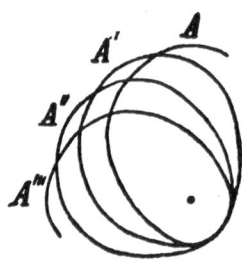

FIG. 7.

enz., dat de afstand tot de zon een maximum is. Dit is in tegenspraak met de theorie van NEWTON, maar het is in overeenstemming met de waarnemingen. In de beweging van Mercurius was nl. na aftrek van alle bijzonderheden die aan de aantrekking der andere planeten konden worden toegeschreven, juist zulk een gestadige wenteling van de loopbaan, tot een bedrag van 43" per eeuw, overgebleven.

EINSTEIN had de voldoening, dit verschijnsel, dat de astronomen veel hoofdbreken had gekost, met de juiste grootte uit zijn theorie te zien voortvloeien; hij berekent voor de draaiing per eeuw juist die 43". Dat nu dit getal zoo klein is, zoodat de baan van Mercurius toch *bijna* gesloten is, en dat andere afwijkingen van de theorie van NEWTON zoo klein zijn, dat zij vooralsnog aan de waarneming ontsnappen, is alleen hieraan toe te schrijven, dat de snelheid der planeten zoo klein is in vergelijking met die van het licht. Hadden wij in het zonnestelsel snelheden gelijk aan de helft, of zelfs maar een tiende van de lichtsnelheid, dan zou men de gegevens om de theorie van EINSTEIN op de proef te stellen maar voor het grijpen hebben, waar tegenover staat dat het ontwarren der bewegingen dan ook ontzettend veel moeilijker zou zijn geweest.

Tot de werkelijkheid terugkeerende willen wij opmerken dat de veldfiguur van EINSTEIN, ook wanneer zij zoo eenvoudig mogelijk geteekend wordt, van de standaardfiguur in de theorie van NEWTON niet alleen daardoor verschilt, dat de planetenbanen geen

stilstaande ellipsen zijn, maar ook in een ander opzicht. De lichtstralen kunnen niet langs rechte lijnen
loopen; zij zijn in het gravitatieveld
gekromd, zij het ook zeer weinig. Het
meest nog, als zij dicht langs het
oppervlak der zon strijken en dit moet

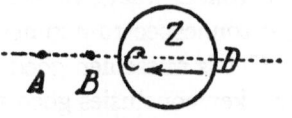

FIG. 8.

aanleiding geven tot een verschijnsel dat ik in Fig. 8 heb voorgesteld.

A en B zijn twee vaste sterren die op het verlengde van een
middellijn CD van de zonneschijf Z gezien worden en tot welke de
zon bij haar schijnbare jaarlijksche beweging in de richting van
die middellijn nadert. De afstand van A en B, dien wij meten door
de beelden op de draden van een mikrometer te laten vallen, zal
nu iets kleiner worden wanneer de linker zonsrand dicht bij B
komt. De verandering kan ongeveer $^1/_{1000}$ van de middellijn der
zon bedragen en valt dus binnen de grenzen van wat men onder
gunstige omstandigheden kan zien, maar zij is nog niet waargenomen; het zou dan ook alleen bij een totale zonsverduistering
kunnen gelukken.

Nog een gevolgtrekking, die niet minder dan de beide vorige
van EINSTEIN's ongeëvenaarde scherpzinnigheid getuigt. Ik heb
er al op gezinspeeld, dat men van het denkbeeld dat een uurwerk
altijd den zelfden gang zal hebben moet afzien, en in werkelijkheid leeren de nieuwe beschouwingen dat een uurwerk onder den
invloed van de gravitatie des te langzamer moet loopen naarmate
het dichter bij de zon staat. Nu hebben wij dicht bij de zon, nl.
aan haar oppervlak, voorwerpjes die in zekeren zin uurwerken
zijn, gelijk aan andere die op de aarde voorkomen, en wel de atomen der chemische elementen, in welke trillende deeltjes aanwezig zijn, die door hunne beweging tot de uitzending van licht aanleiding geven. Op de zon moeten die trillingen iets langzamer
gaan dan hier en dus moet een spectraallijn van de zonnestraling
niet volkomen samenvallen met de overeenkomstige lijn van een
aardsche lichtbron, maar iets naar den kant van het rood verschoven zijn. Wij zouden het kunnen constateeren door de twee
lichtsoorten gelijktijdig in de spleet van een spectroscoop te laten
vallen en den stand der lijnen met een mikrometer te bepalen.
Ook dit effect zou nog juist kunnen gezien worden, daar bijv. voor
natriumlicht de verschuiving $^1/_{500}$ van den afstand der D-lijnen

zou zijn, maar de moeilijkheid is dat vele andere oorzaken bij de inderdaad waargenomen kleine verschuivingen der lijnen van het zonnespectrum in het spel kunnen zijn.

Het is misschien goed er uitdrukkelijk op te wijzen dat de getrokken conclusies goed passen bij hetgeen wij als het essentieele van de theorie hebben leeren kennen. Bij de twee laatste waarnemingen is alleen van coïncidenties sprake en wanneer wij het geval van Mercurius zoo inkleeden dat de roset 13 millioen toppen A, A', A'', enz. op een vollen omgang heeft, hebben wij iets gezegd, dat klaarblijkelijk bij willekeurige vervorming der figuur niet verandert.

Wij kunnen met onze conclusies steeds verder gaan en bijv. constateeren dat wanneer een door volkomen terugkaatsende wanden omsloten ruimte licht- of warmtestralen bevat, die haar in alle richtingen doorkruisen, de door die stralen op den wand uitgeoefende druk tengevolge der zwaartekracht beneden iets grooter zal worden dan boven, zoodat wij met een ideëele balans de straling in het omhulsel zouden kunnen *wegen*. Ja, wij kunnen zeggen dat er geen enkel physisch of chemisch verschijnsel is, waarop niet het gravitatieveld vat heeft. Zoo staat de zwaartekracht niet meer, zooals in de oude theorie, geheel afgescheiden van andere werkingen, zonder eenigen samenhang daarmede. Dit geldt ook van de wijze waarop een gravitatieveld wordt *teweeggebracht*; allerlei bijzonderheden in den toestand van het aantrekkende lichaam doen zich nu daarbij gevoelen. Vooreerst de energie van het lichaam; door de voortdurende uitstraling en het daarmee gepaard gaande verlies aan arbeidsvermogen zal de aantrekkende kracht der zon op den langen duur iets afnemen. Verder komt in aanmerking de druk die door de eigen aantrekking in het binnenste der zon ontstaan moet, en eindelijk de aswenteling.

Weliswaar zijn al deze invloeden uiterst gering. Door de uitstraling vermindert de aantrekking der zon in een millioen jaar nog niet met een millioenste, en de verandering in de lengte van het jaar, die uit de aswenteling der zon voortvloeit, is slechts ongeveer een honderdduizendste van een seconde. Bij de berekening is aangenomen dat de aarde een cirkel met gegeven straal doorloopt.

Veel dat men vroeger voor vast en bepaald hield wordt nu, in deze rijke en vruchtbare theorie, wisselend en veranderlijk, hetzij wisselend met den tijd en naar omstandigheden, hetzij afhankelijk van de wijze waarop wij de verschijnselen gelieven te beschouwen. Het is waar dat bijv. het aantal atomen die een lichaam samenstellen nog een blijvende grootheid is, en het geeft een zekere rust daaraan vast te houden. Maar vat men de massa op als de grootheid die, *met* de snelheid, de hoeveelheid van beweging en dus de van een stoot te wachten uitwerking bepaalt, dan is zij grooter of kleiner naarmate het stelsel meer of minder energie bezit, en tegelijk met de massa verandert ook het daarmede steeds evenredige gewicht. Ik sprak al van de bijdrage die de licht- en warmtestralen in een holte tot het gewicht opleveren, en het is volstrekt niet uitgesloten dat bepalingen der atoomgewichten van radioactieve stoffen eenmaal allen twijfel, die omtrent dit punt nog bestaan mocht, zullen wegnemen. Als een atoom radium door achtereenvolgende omzettingen, waarbij 5 α-deeltjes, d.i. 5 heliumatomen worden uitgezonden, in Ra G overgaat, dan zal het atoomgewicht niet alleen met 5 maal dat van helium afnemen, maar bovendien nog met ongeveer 0,03. Dit is het bedrag dat beantwoordt aan de kinetische energie van de met een snelheid van ruim $^1/_{20}$ der lichtsnelheid uitgestooten α-deeltjes, welke energie eerst in het atoom aanwezig moet zijn geweest en er nu aan onttrokken is.

Laat ik hierbij niet verzwijgen dat de energie zelf van een stelsel niet tot de grootheden behoort, die, onafhankelijk van onze willekeur, door bepaalde getallen worden voorgesteld; de waarde die wij er aan moeten toekennen, hangt van onze opvatting af. Wij kunnen naar goedvinden aan de staaf die wij straks beschouwden, al of niet een snelheid en dus ook al of niet arbeidsvermogen van beweging toeschrijven. Evenzoo verandert de energie van het electromagnetische veld en ook die van het gravitatieveld zelf met den bijzonderen vorm dien wij aan de veldfiguur willen geven. Met dat al behoeft men zich voor het behoud van arbeidsvermogen niet bezorgd te maken. Heeft men eenmaal een bepaalde beschrijvingswijze gekozen en houdt men zich daaraan, dan is de energie van een aan zichzelf overgelaten systeem nog altijd, evenals in de oude physica, eene onveranderlijke grootheid.

Een voor de nieuwe theorieën kenmerkende opvatting, die op

het eerste gezicht zeer verrassend is en tot veel discussie aanleiding heeft gegeven, is deze dat zelfs het woord „gelijktijdigheid" geen absolute beteekenis meer heeft, ik bedoel dat het, zonder nadere bepaling, geen zin heeft te zeggen dat twee gebeurtenissen op hetzelfde oogenblik plaats hebben. Wij kunnen het gemakkelijk met behulp van onze bewegingsdiagrammen inzien. Men zou in dat van de spoortreinen door een punt op de plaats-tijd-lijn kunnen aanwijzen dat er op zeker oogenblik in den trein het een of ander gebeurt. Op dezelfde wijze geven in Fig. 4 de punten P en Q die ik op de plaats-tijd-lijnen van de uiteinden der staaf gemerkt heb, aan dat aan die uiteinden iets plaats heeft, dat er bijv. een tik tegen wordt gegeven, en wel zeggen wij dat die tikken „gelijktijdig" zijn omdat P en Q even hoog liggen. Maar als wij tot de beschrijvingswijze overgaan, waarop het tweede bewegingsdiagram betrekking heeft, is het met die gelijktijdigheid gedaan, want na de vormverandering komen P en Q, zooals men in Fig. 5 ziet, op verschillende hoogte te liggen.

Welbeschouwd ligt ook hierin niets dat ons behoeft te verontrusten. Oppert iemand de bedenking dat het toch in onze voorstelling volkomen vaststaat wat met „gelijktijdigheid" bedoeld wordt, dan kunnen wij antwoorden dat dit niet betwist wordt, maar dat er alleen sprake is van verschillende wijzen waarop wij ons de dingen voorstellen. Zooals reeds zoo dikwijls gezegd is, mag van de beelden die wij ons van de wereld vormen, slechts verlangd worden, dat zij ons den onderlingen samenhang der dingen goed en duidelijk laten overzien. Aan dezen eisch kunnen zeer goed verschillende voorstellingswijzen, zooals de twee bewegingsdiagrammen ons die voor oogen stellen, in gelijke mate voldoen, en men ziet niet in, waarom niet in het eene beeld gelijktijdig zou mogen zijn wat het in het andere niet is.

Nu ons zooveel vrijheid van opvatting is gelaten en er zooveel is, waarover, naar gelang van onze wijze van beschouwen, het oordeel verschillend kan uitvallen, kan een oogenblik de vraag rijzen of men zelfs niet het bestaan van een gravitatieveld, in sommige gevallen althans, naar willekeur kan aannemen of ontkennen. Dat kan werkelijk zoo schijnen als men bedenkt dat een figuur waarin de banen en de plaats-tijd-lijnen van zich bewegende lichamen recht zijn, wat wil zeggen dat op die lichamen geene krachten werken, door een of andere vervorming kan worden omgezet in eene figuur met kromme lijnen, die ons aanstonds aan een gravitatieveld doet denken. Intusschen gevoelt men bij eenig nadenken dat men hier op een dwaalspoor zou kunnen komen. In werkelijkheid is een gravitatieveld iets zeer reëels, waarvan men het aanwezig zijn niet naar goedvinden kan onderstellen of loochenen. Het wordt trouwens voortgebracht door aantrekkende lichamen en deze kunnen wij toch niet, alleen door de dingen op andere wijze te beschouwen, wegredeneeren of te voorschijn brengen.

De zaak is deze dat het onderscheid tusschen een veld zonder en een met gravitatie niet daarin ligt, dat in het eene geval de lijnen in de veldfiguur recht *zijn* en in het andere geval gebogen; maar hierin, dat zij in het eene geval wel en in het andere niet recht *kunnen* zijn. Beschouwen wij een deel der ruimte, dat ver van elk aantrekkend lichaam verwijderd is, dan kunnen wij, al behoeven wij het niet te doen, de figuren zoo teekenen dat vrije lichamen met standvastige snelheid rechte lijnen doorloopen. Vatten wij daarentegen de ruimte rondom de zon in het oog, wel te verstaan de *geheele* ruimte, en hebben wij dus bij de meest voor de hand liggende opvatting met een veldfiguur te doen, waar in de planeten *rondloopen*, dan kunnen wij nooit door een transformatie die nergens den samenhang verbreekt, tot een figuur met rechte lijnen komen.

Overwegingen als deze zijn wel geschikt om nog eens te doen uitkomen van hoeveel belang het is, de beschrijving der bewegingen zoo eenvoudig mogelijk te houden en in verband hiermede wil ik zelfs, zij het ook niet met grooten strijdlust, nog eens een lans breken voor den aether, die bij EINSTEIN zoo op den achtergrond is geraakt, dat men hem in het geheel niet meer te zien krijgt.

Als wij een ingewikkeld werktuig met de bewegingen die erin plaats hebben, willen afbeelden, staat het ons vrij, het naar deze of gene ingewikkelde methode op een vlak van willekeurigen stand te projecteeren, maar wij zullen er de voorkeur aan geven met evenwijdige lijnen te werken en te teekenen op een vlak dat de werkelijkheid ons aanbiedt, bijv. de vloer waarop de machine staat. Analoog hiermede mag men zich misschien voorstellen dat, wanneer wij de veldfiguren zoo eenvoudig mogelijk construeeren, dus, als het kan, met rechte lijnen, wij ze *in den aether* hebben geteekend, die dan eenigermate vergelijkbaar zou zijn met den vloer van zoo even.

Bij deze quaestie van den aether verdienen in het bijzonder de verschijnselen die zich bij draaiende bewegingen voordoen, de aandacht. Het lijdt, om een voorbeeld te noemen, geen twijfel, dat de electromagnetische golven waarmede wij bij de draadlooze telegraphie werken, niet in de aswenteling der aarde deelen, zoodat wij, als wij hun voortplanting maar veel nauwkeuriger dan nu konden waarnemen, in de bijzonderheden daarvan bewijzen voor die wenteling zouden kunnen vinden. Maar alle beweging is relatief, tegenwoordig meer dan ooit. Als wij zeggen dat de aarde draait, moeten wij er dus bijvoegen ten opzichte van wat zij dat doet en met dat „wat" moeten dan de electromagnetische golven op een of andere wijze verbonden zijn. EINSTEIN heeft wel eens gezegd dat wij hierbij alleen aan verwijderde lichamen, zooals de vaste sterren, moeten denken en de toepassing hiervan op het gekozen voorbeeld zou medebrengen dat door een van die lichamen uitgaanden invloed de golven verhinderd worden de wentelende beweging mede te maken. Zou het niet wel zoo eenvoudig zijn, ons een stilstaanden aether voor te stellen, ten opzichte waarvan de aarde draait en in welken de electromagnetische golven zich voortplanten zonder zich aan de bewegingen der aarde te storen?

Het is altijd bedenkelijk, een weg van onderzoek geheel af te sluiten en misschien is het, alles samen genomen, goed den aether nog een kans te gunnen. Wie weet of er niet een tijd komt, waarin bespiegelingen over zijne structuur, waarvan wij ons nu onthouden, vruchtbaar en doelmatig blijken.

Dat ook met de nieuwe theorie het laatste woord niet gezegd is, daarvan kunnen wij met alle bewondering die wij voor haar gevoelen, verzekerd zijn. Over één vraag, die nu reeds gesteld kan worden, mag ik misschien nog een woord zeggen.

In de vergelijkingen van EINSTEIN komt evenals in die van de oude theorie een standvastige grootheid voor, waardoor de aantrekking tusschen twee lichamen en in het algemeen het bij een systeem behoorende gravitatieveld bepaald wordt. Kan men niet deze grootheid, de „gravitatieconstante", aan iets anders vastknoopen? De wensch om dat te doen dringt zich op als men bijv.

twee op zekeren afstand van elkaar geplaatste negatieve electronen beschouwt. Die zullen elkaar electrisch afstooten en gravitationeel aantrekken; daar beide krachten op dezelfde wijze met den afstand varieeren, is de verhouding ervan onafhankelijk van den afstand. Het is een getal dat bovendien bij elke keus der eenheden hetzelfde is, een waar *fundamenteel* getal, dat ten nauwste met den aard der electronen en, zoo men wil, met dien van het medium waarin zij liggen moet samenhangen, waarbij wij niet verzuimen op te merken dat de twee werkingen waarvan wij de verhouding opmaakten, als twee uitingen van één ding kunnen gedacht worden.

Er zijn meer van die fundamenteele getallen; althans kan ik er nog wel een noemen. Bij een bepaalde temperatuur heeft de gemiddelde kinetische energie der voortgaande beweging van een molekuul een bepaalde waarde. Ook kan men, de uitstraling van een volkomen zwart lichaam bij die temperatuur beschouwende, de golflengte aanwijzen van de stralen die daarin met de grootste intensiteit voorkomen.

Men kan zich nu een geleidenden bol voorstellen met een straal gelijk aan deze golflengte en de vraag stellen welke lading men aan dien bol moet geven opdat het electrische arbeidsvermogen gelijk wordt aan de gemiddelde kinetische energie van een molekuul. De daarvoor vereischte lading zal, zooals uit de wetten der straling volgt, onafhankelijk van de gekozen temperatuur zijn, en de verhouding van die lading tot die van een electron kan, evenzeer als de zoo even beschouwde, een fundamenteel getal genoemd worden.

Het is duidelijk dat, zoodra het gelukt, een samenhang tusschen twee fundamenteele getallen op te sporen, of wel tusschen een daarvan en getallen die uit zuiver wiskundig oogpunt merkwaardig zijn, een nieuwe verheldering van ons inzicht verkregen of althans voorbereid zal zijn.

DE ZWAARTEKRACHT EN HET LICHT.
EEN BEVESTIGING VAN
EINSTEIN'S GRAVITATIETHEORIE [1])

De totale zonsverduistering van 28 Mei 1919 heeft een treffende
bevestiging gebracht van de door ALBERT EINSTEIN ontwikkelde
nieuwe theorie der algemeene aantrekkingskracht of gravitatie,
en daarmede de overtuiging gevestigd dat de opstelling van deze
theorie een der belangrijkste stappen is, die ooit in de natuurwetenschap gedaan zijn. Gevolg gevende aan een uitnoodiging der
Redactie wil ik beproeven met de volgende regelen iets tot de algemeene waardeering ervan bij te dragen.

Eeuwen lang is NEWTON's leer der zwaartekracht het meest
verheven voorbeeld van een natuurkundige theorie geweest.
Door den eenvoud van haar gronddenkbeeld, een aantrekking
tusschen twee lichamen, evenredig met hun massa's en omgekeerd evenredig met de tweede macht van den afstand, door de
volkomenheid waarmee zij rekenschap gaf van tal van bijzonderheden in de beweging der lichamen van het zonnestelsel, door
hare algemeene geldigheid eindelijk, ook voor ver verwijderde
sterrenstelsels, dwong zij ieders bewondering af. Maar, terwijl
het vernuft der wiskundigen erin slaagde, de gevolgen waartoe
zij leidt, al nauwkeuriger te berekenen, werd een werkelijke vooruitgang in de kennis der gravitatie niet bereikt. Wel was het onderzoek naar het terrein van den physicus overgebracht sedert
het CAVENDISH gelukte, de onderlinge aantrekking tusschen
lichamen, waarmee men in het laboratorium kan werken, aan te
toonen, maar het bleek steeds dat de natuurkunde geen vat op
de algemeene aantrekkingskracht had. Terwijl bij de electrische
werkingen al spoedig een invloed van de tusschen de lichamen
geplaatste middenstof aan het licht kwam, het uitgangspunt
van een nieuwe en rijke electriciteitsleer, kon bij de gravitatie

[1]) Nieuwe Rotterdamsche Courant 13 November 1919.

nooit eenig spoor van een invloed van tusschengeplaatste materie worden gevonden. Zij was en bleef ongenaakbaar en onveranderlijk, zonder eenigen samenhang, naar het scheen, met andere natuurkundige verschijnselen.

Aan dit isolement heeft EINSTEIN een eind gemaakt; het staat nu wel vast dat de zwaartekracht niet alleen de materie, maar ook het licht aangrijpt. Hierdoor gesterkt in het vertrouwen dat zijn theorie reeds inboezemde, mogen wij met hem aannemen, dat er welhaast geen enkel physisch of chemisch verschijnsel is dat niet eenigen, schoon allicht onmerkbaren invloed van de gravitatie ondervindt, en dat aan den anderen kant de door een lichaam uitgeoefende aantrekking wel in de eerste plaats bepaald wordt door de hoeveelheid materie die het bevat, maar toch ook eenigermate door de beweging en door den natuur- of scheikundigen toestand waarin het verkeert.

Het is begrijpelijk dat men een zoo diep gaande verandering van inzicht niet heeft kunnen bereiken door op lang betreden paden verder te gaan, maar alleen door een of ander nieuw denkbeeld in te voeren. Inderdaad is EINSTEIN tot zijn theorie gekomen door een gedachtengang van groote oorspronkelijkheid. Laat ik beproeven, dien in korte trekken weer te geven.

Ieder weet dat men zich in een of ander voertuig kan bevinden, zonder iets van den voortgang daarvan te bemerken, zoolang de beweging maar in richting en snelheid onveranderlijk is; in een coupé van een sneltrein vallen lichamen geheel op dezelfde wijze als in een stilstaand rijtuig. Eerst wanneer men op voorwerpen buiten den trein let of wanneer de lucht kan binnendringen zal men iets van de beweging bespeuren.

Met een zich bewegend voertuig kan men de aarde vergelijken, die in haar loop om de zon een aanmerkelijke snelheid heeft, waarvan richting en grootte gedurende geruimen tijd als standvastig kunnen worden beschouwd. In plaats van de lucht van zoo even komt nu, zoo redeneerde men vroeger, de aether die de wereldruimte vult en de drager is van het licht en de electromagnetische verschijnselen; men had goede gronden om aan te nemen dat de aarde geheel doordringbaar voor den aether is en er door heen kan gaan zonder hem in beweging te brengen. Hier was dus een geval, vergelijkbaar met dat van een aan alle zijden open spoortreincoupé. Er zou zeker een krachtige „aetherwind" door de aarde en al onze instrumenten moeten waaien en men mocht verwachten daarvan bij een of andere proef iets te bemerken. Elke poging daartoe is echter vruchteloos geweest; alle onderzochte verschijnselen bleken onafhankelijk van de beweging der aarde te zijn. Dat dit zoo zijn zal, stelde nu EINSTEIN in zijne eerste of „specieele" relativiteitstheorie op den voorgrond. Voor hem is de aether onwerkzaam en in het beeld, dat hij van de verschijnselen ontwerpt, is van die middenstof geen sprake.

Is de wereldruimte met een aether gevuld, stel met een substantie, waarin, afgezien van eventueele trillingen en andere kleine bewegingen, nooit een schuiven of stroomen van het eene deel langs het andere plaats heeft, dan kan men zich vaste punten daarin voorstellen, bijv. punten op een rechte lijn, op afstanden van een meter van elkaar gelegen, punten in een plat vlak, als de hoekpunten op een zich tot in het oneindige uitstrekkend schaakbord, eindelijk punten in de ruimte, zooals men ze krijgt door dat platte vlak in een richting die er loodrecht op staat, telkens weer over een afstand van een meter te verschuiven. Wordt vervolgens een der punten als „oorsprong" gekozen, dan kan men, van daar uitgaande, elk ander punt bereiken door drie stappen in de onderling loodrechte richtingen waarin de punten zijn gerangschikt. De getallen die aanwijzen hoeveel meters in elk van die stappen begrepen zijn, kunnen dienen om de bereikte plaats aan te wijzen en van elke andere te onderscheiden; het zijn, zooals men zegt, de „coördinaten" van deze plaats, vergelijkbaar bijv. met de getallen die op een landkaart de lengte en de breedte aangeven. Verbeelden wij ons dat bij elke punt de drie getallen die zijn plaats aangeven zijn opgeteekend, dan hebben wij iets, dat vergelijkbaar is met een maatstaf met genummerde deelstrepen; alleen hebben wij nu, kan men zeggen, met tal van denkbeeldige maatstaven in drie onderling loodrechte richtingen te doen. In dit „coördinatenstelsel" kunnen nu de getallen die de plaats van een of ander lichaam bepalen, op elk oogenblik worden afgelezen.

Dit is het hulpmiddel waarvan zich de astronomen en hun wiskundige helpers altijd bij de behandeling van de beweging der hemellichamen bediend hebben. Op een bepaald oogenblik wordt de plaats van elk lichaam door zijn drie coördinaten bepaald. Zijn die gegeven, dan kent men ook de onderlinge afstanden, zoowel als de hoeken die de verbindingslijnen met elkaar maken, en de beweging van een planeet zal bekend zijn, zoodra men weet hoe de coördinaten ervan van oogenblik tot oogenblik veranderen. Zoo wordt het beeld dat men zich van de verschijnselen vormt, als het ware op het stramien van den stilstaanden aether geteekend.

Daar EINSTEIN zich van den aether los maakt, ontbreekt hem dit stramien en daarmede schijnt op het eerste gezicht ook de mogelijkheid te vervallen om de plaatsen der hemellichamen vast te leggen en hun beweging wiskundig te beschrijven, d.w.z. door vergelijkingen, die voor elk oogenblik de plaats bepalen, weer te geven. Hoe nu EINSTEIN deze moeilijkheid heeft overwonnen moge met een eenvoudig voorbeeld eenigszins worden toegelicht.

Aan het oppervlak der aarde uit zich de zwaartekracht hierin, dat alle lichamen langs verticale lijnen vallen en wel, als men van den luchtweerstand afziet, met een eenparig versnelde beweging; de snelheid neemt in achtereenvolgende gelijke tijdsdeelen met gelijke bedragen toe, in die mate dat de in één seconde bereikte snelheid hier te lande 981 centimeter per seconde bedraagt. Het getal 981 bepaalt de „versnelling in het zwaartekrachtsveld" en dit veld is door dat eene getal geheel gekenmerkt; met behulp daarvan kunnen wij ook de beweging van een in willekeurige richting voortgeworpen voorwerp berekenen.

Om de versnelling te meten, laten wij het lichaam langs een verticalen maatstaf, die vast op de aarde is opgesteld, vallen; wij lezen daarop op elk oogenblik het getal af, dat de hoogte, de eenige coördinaat die bij deze rechtlijnige beweging te pas komt, aanwijst. Wij vragen nu wat wij zouden te zien krijgen als de maatstaf eens niet vast met de aarde verbonden was, als hij, stel mèt het vertrek waarin hij geplaatst is en waarin wij ons zelf bevinden, naar beneden of naar boven ging. Was daarbij de snelheid standvastig, dan zou, en dit is in overeenstemming met de specieele relativiteitstheorie, van die beweging niets te bemerken zijn; wij zouden weer voor een vallend lichaam de versnelling 981 vinden. Anders zou het worden als de maatstaf een beweging met veranderlijke snelheid had. Ging hij zelf met een standvastige versnelling 981 naar beneden, dan zou een lichaam voortdurend naast het zelfde punt van de staaf kunnen blijven, of zich, naar boven of beneden, met constante snelheid er langs kunnen bewegen. De relatieve beweging van het lichaam ten opzichte van den maatstaf zou zonder versnelling zijn, en moesten wij alleen oordeelen naar hetgeen wij in het vertrek dat ook zelf valt, waarnemen, dan zouden wij den indruk krijgen, dat er in het geheel geen zwaartekracht is. Gaat de maatstaf naar beneden met een versnelling gelijk aan de helft of een derde van wat zij zoo even was, dan zou de relatieve beweging van het lichaam nog wel versneld zijn, maar wij zouden voor de toename der snelheid per seconde de helft of twee derde van 981 vinden. Laten wij eindelijk de staaf met een eenparig versnelde beweging omhoog gaan, dan vinden wij voor het lichaam zelfs een versnelling grooter dan 981.

Zoo ziet men dat men, ook als de maatstaf niet met de aarde verbonden is, van zijn verplaatsing afziende, de beweging van het lichaam ten opzichte van de staaf steeds op dezelfde wijze, nl. als een eenparig versnelde, kan beschrijven, als men maar aan de versnelling van het zwaartekrachtsveld telkens een geschikte waarde, in een bijzonder geval de waarde nul, toekent.

Natuurlijk zou in het hier beschouwde geval het gebruik van een maatstaf die onbewegelijk op de aarde is opgesteld, alle aanbeveling verdienen. Maar in de ruimte van het zonnestelsel hebben wij, nu wij den aether hebben prijs gegeven, zulk een houvast niet. Wij kunnen niet meer een coördinatenstelsel als het straks genoemde in een universeele middenstof vastleggen en waren wij op een of andere wijze tot een bepaald stelsel van elkaar in drie richtingen kruisende staven gekomen, dan zouden wij ons even goed van een ander dergelijk stelsel, dat zich ten opzichte van het eerste op deze of gene wijze beweegt, kunnen bedienen. Ook zouden wij het coördinatenstelsel op allerhande wijze bijv. door uitrekking of samendrukking kunnen vervormen. Dat in al deze gevallen voor bepaalde lichamen, die niet aan de beweging of vervorming van het stelsel deelnemen, telkens weer andere coördinaten zullen worden afgelezen, is duidelijk.

Welken weg EINSTEIN moest inslaan ligt nu voor de hand. Hij zal zich — dat behoeft nauwelijks gezegd te worden — bij berekening van bepaalde bijzondere gevallen van een uitgekozen coördinatenstelsel bedienen, maar daar hij geen middel heeft om vooraf en in het algemeen zijn keus te bepalen, moet hij zich in dit opzicht volle vrijheid voorbehouden. Hij stelde zich daarom ten doel, de theorie zoo in te richten dat, hoe de keus ook gedaan wordt, de verschijnselen der gravitatie, zoowel wat hare uitwerking als wat haar opwekking door de aantrekkende lichamen betreft, steeds op dezelfde wijze, d.w.z. door vergelijkingen van denzelfden algemeenen vorm kunnen beschreven worden, als men maar aan de getallen die het zwaartekrachtsveld kenmerken, telkens geschikte waarden geeft [1]).

Of dit doel bereikt zou kunnen worden, was een vraag van wiskundig onderzoek. Het is werkelijk, merkwaardig genoeg en men kan zeggen tot verrassing van EINSTEIN zelf, gelukt, zij het ook ten koste van heel wat eenvoud in den mathematischen vorm. Het bleek noodig, voor de bepaling van het gravitatieveld in een of ander punt der ruimte niet minder dan tien grootheden in te voeren, in plaats van de eene, die in het bovenbesproken voorbeeld voorkwam.

Van belang is het hierbij op te merken dat, als men zekere mogelijkheden uitsluit, die tot nog grooter ingewikkeldheid aanleiding zouden geven, de vorm der vergelijkingen waarin EINSTEIN de theorie heeft ingekleed, de eenig mogelijke is; het beginsel der vrije coördinatenkeus was het eenige, waardoor hij zich behoefde te laten leiden. Ofschoon er dus niet opzettelijk naar gestreefd werd, een aansluiting aan de theorie van NEWTON te bereiken, bleek gelukkig aan het eind van het onderzoek die aansluiting te bestaan. Maakt men gebruik van de vereenvoudigende omstandigheden dat de snelheden der hemellichamen klein zijn in vergelijking met die van het licht, dan kan men uit de nieuwe theorie, de „algemeene" relativiteitstheorie zooals zij door EINSTEIN genoemd is, de theorie van NEWTON afleiden. Alle op deze laatste steunende gevolgtrekkingen blijven dus van kracht, zooals natuurlijk geeischt mocht worden. Maar men is nu verder gekomen. De theorie van NEWTON kan niet meer als streng geldig beschouwd worden; er zijn kleine afwijkingen, die, hoewel in den regel onmerkbaar, een enkelen keer binnen het bereik der waarneming vallen.

Nu was er in de beweging van de planeet Mercurius een moeilijkheid, waarmee men geen raad wist. Ook nadat men alle storingen, die door de aantrekking van andere planeten worden ver-

---

[1]) Ter vereenvoudiging zie ik er hier van af dat EINSTEIN verlangt, dat ook de wijze waarop de tijd wordt gemeten en door getallen wordt voorgesteld, geen invloed op de gedaante der vergelijkingen zal hebben.

oorzaakt, in rekening had gebracht, bleef er een onverklaarbaar verschijnsel over, nl. een uiterst langzame ronddraaiïng van de door Mercurius beschreven ellips in haar eigen vlak; LEVERRIER had voor het bedrag daarvan 43 seconden per eeuw gevonden. EINSTEIN vond dat, volgens zijn formules, deze beweging werkelijk, juist tot dit bedrag bestaan moet. Zoo loste hij met één slag één van de groote raadselen der sterrenkunde op.

Merkwaardiger nog, omdat zij betrekking heeft op een verschijnsel, waaraan men vroeger niet denken kon, is nu de bevestiging van EINSTEIN's voorspelling aangaande den invloed van de zwaartekracht op den loop der lichtstralen. Dat zulk een invloed bestaan moet, leert een eenvoudige beschouwing; wij behoeven slechts een oogenblik terug te keeren tot het dalende vertrek waarin wij ons straks voorstelden, onze waarnemingen te doen. Er werd opgemerkt, dat, als het vertrek met de versnelling 981 valt, de verschijnselen daarbinnen zich zullen voordoen, alsof er geen zwaartekracht is. Wij kunnen dan een lichaam A ergens vrij in de ruimte stil zien staan. Een projectiel B kan met standvastige snelheid langs een horizontale lijn voortgaan, zonder daarvan in het minst af te wijken. Hetzelfde kan een lichtstraal doen: ieder zal toegeven dat in ieder geval, als er *geen* zwaartekracht is, het licht zich wel rechtlijnig zal voortplanten. Beperken wij het licht tot een flikkering van uiterst korten duur, zoodat maar een klein stukje C van een lichtstraal ontstaat, of vestigen wij de aandacht op een enkele lichttrilling C, terwijl wij aan den anderen kant aan het projectiel B een snelheid gelijk aan die van het licht geven, dan kunnen wij besluiten dat B en C bij hun voortgaande beweging steeds naast elkaar kunnen blijven. Bezien wij nu dit alles niet vanuit het bewegelijke vertrek, maar van een standpunt op de aarde, dan zullen wij aan het lichaam A de gewone valbeweging opmerken, die ons bewijst dat wij met een zwaartekrachtsveld te doen hebben. Het projectiel B zal in gekromde baan meer en meer naar beneden van een horizontale rechte lijn afwijken, en het licht zal hetzelfde doen, omdat, als wij de bewegingen van een ander standpunt beschouwen, daardoor aan het naast elkaar blijven van B en C niets kan veranderen.

De aldus voorspelde kromming van een lichtstraal is aan het oppervlak der aarde veel te gering om te worden waargenomen. Maar de zwaartekracht die de zon nabij haar oppervlak teweegbrengt, is wegens haar groote massa ruim 27 maal sterker en een lichtstraal, die dicht langs het oppervlak der zon strijkt, moet wèl merkbaar gekromd worden. De stralen van een ster die op kleinen afstand van den zonsrand gezien wordt, zullen, langs de zon gaande, zóó van de oorspronkelijke richting afwijken, dat zij het oog van een waarnemer bereiken alsof zij in rechte lijn van een punt kwamen, iets verder dan de werkelijke stand der ster van de zon verwijderd. In dat punt meenen wij de ster te zien; er is dus een schijnbare verplaatsing van de zon af, des te grooter naarmate de ster dichter bij de zon wordt waargenomen. De theorie van EINSTEIN leert, dat de verplaatsing omgekeerd evenredig is met den schijnbaren afstand der ster tot het middelpunt van de zon, en dat zij voor een ster juist aan den rand daarvan 1,75" zal bedragen. Dit is ongeveer het duizendste deel van de schijnbare middellijn der zon.

Natuurlijk kan het verschijnsel alleen bij gelegenheid van een totale zonsverduistering worden waargenomen; dan kan men op een photografische plaat beelden van naburige sterren krijgen en bij vergelijking van de plaat met een opname van hetzelfde deel van den hemel, genomen op een tijd als de zon ver van daar staat, zal de gezochte verschuiving voor den dag kunnen komen.

De theorie van EINSTEIN op deze wijze op de proef te stellen was nu het voornaamste doel van de Engelsche expedities, die voor de waarneming der eclips van den 29sten Mei zijn uitgezonden, de ééne naar het eiland Principe bij de kust van Guinea, de andere naar Sobral in Brazilië. De waarnemers van de eerste expeditie waren EDDINGTON en COTTINGHAM, die van de tweede CROMMELIN en DAVIDSON. De omstandigheden waren bijzonder gunstig, daar een vrij groot aantal heldere sterren op de photographische plaat konden komen en vooral de waarnemers te Sobral waren gelukkig met het weer. De totale verduistering duurde 5 minuten en gedurende 4 daarvan was er volkomen helderheid, zoodat goede opnamen konden worden verkregen. In de omtrent de uitkomsten verschenen mededeeling worden voor de verplaatsingen van zeven sterren de volgende getallen opgegeven, die het gemiddelde zijn van de op zeven platen gedane metingen:

$$1,02" \quad 0,92" \quad 0,84" \quad 0,58" \quad 0,54" \quad 0,36" \quad 0,24"$$

terwijl volgens de theorie de verplaatsingen hadden moeten bedragen:

0,88″ 0,80″ 0,75″ 0,40″ 0,52″ 0,33″ 0,20″.

Bedenkt men dat volgens de theorie de verplaatsing omgekeerd evenredig met den afstand tot het middelpunt der zon moet zijn, dan kan men uit elke waargenomen verplaatsing afleiden hoe groot de verschuiving voor een ster aan den rand der zon zou zijn geweest. Als meest waarschijnlijke uitkomst daarvoor werd uit alle waarnemingen te zamen gevonden 1″,98. Daar de laatste van de boven opgegeven verplaatsingen, nl. 0,24″, hiervan ongeveer het achtste deel is, kan men zeggen, dat de invloed van de aantrekking der zon op het licht zich nog tot op een afstand van haar middelpunt, gelijk aan 8 maal den straal heeft doen gevoelen.

De volgens de theorie berekende verplaatsingen zijn, juist wegens de wijze waarop zij berekend werden, omgekeerd evenredig met den afstand tot het middelpunt. Dat nu ook de waargenomen afwijkingen aan denzelfden regel voldoen, volgt hieruit, dat zij vrijwel evenredig met de berekende verplaatsingen zijn. De verhouding van de eerste en de laatste der waargenomen verschuivingen is 4,2 en die van de twee uiterste berekende getallen 4,4.

Deze uitkomst is van belang, omdat daardoor wordt uitgesloten of althans zeer onwaarschijnlijk wordt gemaakt, dat het verschijnsel aan de straalbreking in een de zon tot op grooten afstand omringenden dampkring zou moeten worden toegeschreven. Wel zou zulk een straalbreking een afwijking in de waargenomen richting teweeg brengen en zou, om de verplaatsing van één der beschouwde sterren op zichzelf te veroorzaken, reeds een kleine dichtheid van den dampkring voldoende zijn, maar men heeft allen grond om te verwachten dat, wanneer alleen een gasmassa rondom de zon in het spel was, het effect bij verwijdering van de zon veel sneller zou afnemen dan in werkelijkheid het geval is. Met volkomen zekerheid kan men hier niet spreken, daar ons niet alle factoren die op de dichtheidsverdeeling in een zonneatmospheer van invloed kunnen zijn, genoegzaam bekend zijn, maar wel kan men aantoonen dat, indien een der ons bekende gassen onder den invloed alleen van de aantrekking der zon in evenwicht was, het verschijnsel veel minder zou worden, zoodra men maar iets verder van den zonsrand komt. Was de verplaatsing der eerste ster, die 1,02″ bedraagt, aan zulk een gasmassa te wijten, dan zou reeds de verplaatsing van de tweede ster volkomen onmerkbaar moeten zijn.

Wat de absolute grootte der verplaatsingen betreft, zij is, zooals de medegedeelde getallen doen zien, iets te groot gevonden; het blijkt ook uit de einduitkomst voor den zonsrand 1,98″, d.i. 13% grooter dan de theoretische waarde 1,75″. Het schijnt wel dat de verschillen aan waarnemingsfouten mogen worden toegeschreven, waarvoor ook pleit dat de waarnemingen op Principe, die trouwens wat minder goed geslaagd zijn dan de boven besprokene, als uitkomst hebben gegeven 1,64″, iets beneden het getal van EINSTEIN [1]).

Bij de bespreking der verkregen uitkomsten in eene de vorige week opzettelijk daarvoor te Londen gehouden vereenigde vergadering van de Royal Society en de Royal Astronomical Society, was de algemeene meening, dat EINSTEIN's voorspelling als bevestigd mag worden beschouwd en werd van alle zijden warme hulde aan zijn vernuft gebracht. Ik kan intusschen, terwijl ik daarvan melding maak, niet nalaten, mijn bevreemding er over uit te drukken dat er volgens het verslag in de Times zoo over de moeilijke verstaanbaarheid der nieuwe theorie geklaagd werd. Klaarblijkelijk heeft EINSTEIN's boekje: „Über die spezielle und die algemeine Relativitätstheorie, gemeinverständlich" in den oorlogstijd zijn weg niet naar Engeland gevonden. Wie dat leest, zal, dunkt mij, tot het besluit komen, dat de gronddenkbeelden der theorie werkelijk helder en eenvoudig zijn; alleen kan men het betreuren, maar wij moeten er vrede mee hebben, dat een vrij ingewikkelde mathematische inkleeding onvermijdelijk was.

Ik veroorloof mij hier bij te voegen, dat wij, als wij EINSTEIN volgen, veel van het vroeger verworvene kunnen behouden. De theorie van NEWTON blijft in haar volle waarde als de eerste groote stap, zonder welken men zich de ontwikkeling der sterrenkunde niet kan voorstellen en zonder welken de tweede stap, die nu gedaan is, wel niet mogelijk zou zijn geweest. Zij blijft bovendien als eerste en, in de meeste gevallen, voldoende benadering gelden. Wel zou men volgens de theorie van EINSTEIN, omdat zij ons ge-

---

[1]) De opnamen met een tweede te Sobral gebruikt instrument gaven 0,93″, maar de waarnemers zijn van oordeel, dat wegens de vervorming van den spiegel, die de stralen terugkaatste, hieraan geen waarde mag worden gehecht.

heel vrij laat in de wijze waarop wij de verschijnselen in beeld willen brengen, een voorstelling van het zonnestelsel kunnen geven, waarin de planeten, in banen van zonderlingen vorm en de lichtstralen langs sterk gekromde lijnen loopen — men denke aan een vervormd en verwrongen planetarium — maar bij elke toepassing op concrete vraagstukken zal men het zoo aanleggen, dat de planeten bijna ellipsen en de lichtstralen bijna rechte lijnen beschrijven.

Zelfs den aether behoeven wij niet geheel op te geven. Vele natuurkundigen vinden bevrediging in het denkbeeld van een materieele middenstof, waarin de lichttrillingen plaats hebben en zij zullen allicht nog meer geneigd zijn, zich zulk een medium voor te stellen, als zij vernemen dat volgens de theorie van EINSTEIN ook de zwaartekracht zich niet oogenblikkelijk voortplant, maar met een snelheid die bij eerste benadering gelijk aan die van het licht kan worden gesteld. Vooral in vroeger jaren waren dergelijke opvattingen gangbaar en heeft men herhaaldelijk getracht door bespiegelingen over den aard van den aether en over de veranderingen en bewegingen, die er in kunnen plaats hebben, tot een aanschouwelijke voorstelling van de electromagnetische verschijnselen en ook van de werking der zwaartekracht te geraken. Het is m.i. niet uitgesloten, dat in de toekomst deze weg, tegenwoordig vrijwel verlaten, nog eens weer met goed gevolg wordt ingeslagen, al is het alleen omdat hij tot het bedenken van nieuwe proefnemingen kan leiden. De theorie van EINSTEIN behoeft ons daarvan niet te weerhouden; alleen zullen de denkbeelden over den aether zich naar haar moeten schikken.

Intusschen, ook zonder de kleur en de aanschouwelijkheid die aethertheorieën en aethermodellen misschien kunnen geven, zelfs, zoo kan men het gevoelen, juist om de soberheid die dat gemis meebrengt, zal het werk van EINSTEIN, dit mogen wij nu wel verwachten, een monument der wetenschap blijven; zijn theorie voldoet ten volle aan den eersten en voornaamsten eisch dien men mag stellen, den loop der verschijnselen uit zekere grondbeginselen nauwkeurig en tot in de kleinste bijzonderheden af te leiden. Dat hij zelf den aether op den achtergrond heeft geschoven is zeker een geluk geweest; had hij het niet gedaan, dan zou hij wel niet op de gedachte zijn gekomen, die de grondslag van al zijn beschouwingen is geweest.

Dank zij zijne onvermoeide inspanning en volharding, want hij had bij zijne pogingen groote moeilijkheden te overwinnen, heeft EINSTEIN de uitkomsten die ik getracht heb te schetsen, op nog jeugdigen leeftijd bereikt; hij is thans 45 jaar. Zijne eerste onderzoekingen volbracht hij in Zwitserland, waar hij eerst aan het Patentbureau te Bern en vervolgens als hoogleeraar aan het Polytechnikum te Zürich werkzaam was. Na een korten tijd hoogleeraar aan de Universiteit te Praag te zijn geweest, vestigde hij zich te Berlijn, waar het Kaiser WILHELM Institut hem de gelegenheid bood zich onverdeeld aan zijn wetenschappelijk werk te wijden. Herhaaldelijk bezocht hij ons land en maakte hij zijne Nederlandsche vakgenooten, onder wie hij vele goede vrienden telt, deelgenoot van zijne overpeinzingen en uitkomsten. Hij woonde de laatste vergadering van de natuurkundige afdeeling der Kon. Akademie van Wetenschappen bij en de leden hadden toen het voorrecht, hem op de hem eigene boeiende, heldere en eenvoudige wijze zijne opvattingen over de fundamenteele vragen, waartoe zijne theorie aanleiding geeft, te hooren uiteenzetten.

ÜBER DAS RINGSYSTEM DER CYCLOPHANIE BEI ZWEIMALIGER INNERER REFLEXION IN BESONDERS GESCHLIFFENEN KALKSPATHPRISMEN [1])

Das Stück Kalkspath hat die Gestalt eines rechten Prisma's mit der rhombischen Grundfläche $ABCD$.

Der Winkel A ist 45° und die optische Axe hat die Richtung AB. Sieht man senkrecht gegen die Seitenfläche CD durch das Prisma, während die Lichtquelle etwas nach links verschoben ist, so gelingt es leicht, ein Ringsystem mit dunklem Centrum zu beobachten.

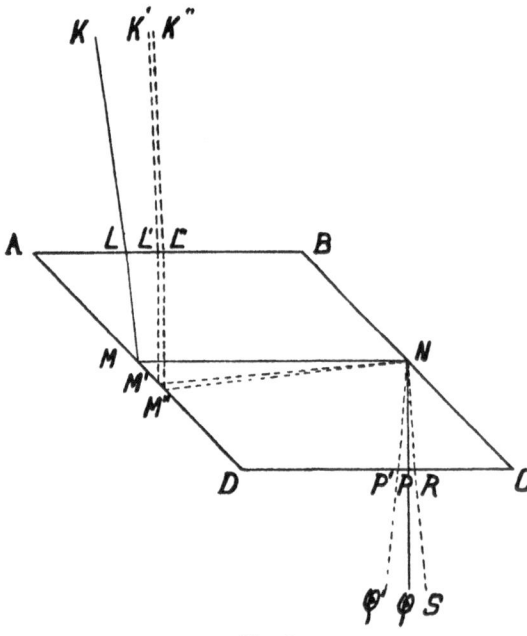

Fig. 1.

Das Centrum dieses Systems entspricht den Lichtstrahlen, welche wie KL die Fläche AB unter einem Winkel von 10°21' treffen und deren Einfallsebene mit der Ebene der Figur zusammenfällt. (Letztere Ebene soll zur Abkürzung die Ebene V genannt werden). Der Strahl KL spaltet sich bei seinem Eintritt in den Krystall in einen ordinären Strahl, von welchem weiter unten die Rede sein

[1]) Unveröffentlichte Notiz, von H. A. Lorentz etwa 1879 für seinen Kollegen Prof. Dr. K. Martin zum Privatgebrauch niedergeschrieben.

wird, und einen extraordinären, der in der Richtung LM verläuft.

Der Einfallswinkel von KL ist nun so berechnet, dass der Strahl LM bei seiner Reflexion an AD nur *einen* Strahl MN in der Richtung der optischen Axe liefert. Letzterer erleidet dann bei N eine zweite innere Reflexion.

In der Richtung der optischen Axe MN ist eine Fortpflanzung von Strahlen mit sehr verschiedener Schwingungsrichtung möglich und im Allgemeinen werden aus einem solchen Strahle bei N *zwei* reflectierte Strahlen entstehen, nämlich ein ordinärer und ein extraordinärer. Die Richtung dieser Strahlen findet man mittels der gewöhnlichen Construction für die Reflexion an Krystallflächen; der ordinäre Strahl hat die Richtung NP senkrecht zur Fläche CD; der extraordinäre NR läuft mit LM parallel. Es ist indes zu beachten, dass die erwähnte Construction bloss die *Richtung* der beiden reflectierten Strahlen giebt, ohne über deren *Intensität* etwas auszusagen. Letztere hängt von der *Schwingungsrichtung* des Strahles MN ab und es ist sehr gut möglich, dass die Intensität einer der beiden reflectierten Strahlen zu Null wird. Im vorliegenden Fall z.B. ist LM ein ausserordentlicher Strahl, dessen Schwingungen in dem Hauptschnitt, d.h. in der Ebene V geschehen. Auch die Schwingungsrichtung von MN muss folglich in der nämlichen Ebene liegen.

Da nun im ordinären Strahl NP die Schwingungsrichtung senkrecht zu V stehen müsste, ist es deutlich, dass sich hier in der Richtung NP kein Licht fortpflanzen kann; denn es ist unmöglich, dass bei der Reflexion aus den einfallenden Schwingungen andere entstehen, welche *senkrecht* zu ihnen stehen. Hiermit ist das dunkle Centrum des beobachteten Ringsystems erklärt.

Um nun auch den Grund der Ringe selbst aufzufinden bemerken wir zunächst, dass die Lichtquelle auch solche Strahlen aussendet, welche einen kleinen Winkel mit KL bilden. Aus einem solchen Strahle werden wiederum nach zweimaliger innerer Reflexion ordinäre und extraordinäre Strahlen entstehen können. Es ist deutlich, dass diese letzteren immer einen kleinen Winkel resp. mit NP und NR bilden müssen.

Es sei NP' eine solche Richtung in der Nähe von NP. Aus der HUYGENS'schen Construction findet man, dass ein ordentlicher Strahl in dieser Richtung nur aus *zwei* Lichtstrahlen entstehen kann, nämlich erstens aus einem ordentlichen Lichtstrahle in der

Richtung $M'N$, zweitens aus einem extraordinären Strahl, bei welchem die Wellennormale die Richtung $M''N$ haben möge. Diese beiden Bewegungen können entstehen aus den ausserordentlichen Strahlen $L'M'$ und $L''M''$, welche ihrerseits aus den einfallenden Strahlen $K'L'$ und $K''L''$ entstanden sind. Setzt man den kleinen Winkel $P'NP = \alpha$, so ist natürlich auch $\angle MNM' = \alpha$. Der Winkel $M'NM''$ ist noch viel kleiner als die beiden genannten, nämlich von der Ordnung der Grösse α^2; man darf also mit grosser Annäherung den Linien $M'N$ und $M''N$ die gleiche Richtung beilegen. Es lässt sich weiter zeigen, dass die Strahlen $L'M'$ und $L''M''$, sowie $K'L'$ und $K''L''$ volkommen gleich ge-richtet sein müssen.

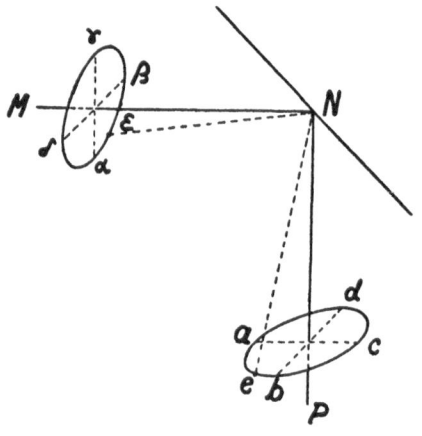

Fig. 2.

Der Zusammenhang zwischen den Richtungen $M'N$ und NP' ergiebt sich aus dem gewöhnlichen Gesetze der Spiegelung und lässt sich leicht in einer Figur veranschaulichen. Soll nämlich (Fig. 2) der Strahl NP' einen Kegel $Nabcd$ mit NP als Axe beschreiben, so muss $M'N$ einen ganz gleichen Kegel $N\alpha\beta\gamma\delta$ um MN beschreiben und dabei ent-sprechen einander die Richtungen $N\alpha$ und Na, $N\beta$ und Nb, u.s.w.

Gesetzt nun, man suche die Bewegung in der Richtung $N\varepsilon$, welche so liegt, dass die Ebene $N\varepsilon P$ einen *schiefen* Winkel mit der Ebene NaP (oder V) bildet. Diese Bewegung kann nur entstehen aus einem ordinären Strahl εN und aus einem extraordinä-ren, dessen Wellennormale fast genau mit εN zusammenfällt. Für beide Bewegungen bildet der Hauptschnitt ($MN\varepsilon$) einen schiefen Winkel mit V, sodass also auch die Schwingungsrichtungen beider Bewegungen schief gegen V stehen müssen. Es geht hieraus hervor, dass einerseits aus der einfallenden Bewegung ($L'M'$ und $L''M''$ in Fig. 1) deren Schwingungsrichtung in V liegt die *beiden* Bewe-gungen $M'N$ und $M''N$ entstehen können und dass anderseits jede dieser Bewegungen an der Bildung des Strahles NP', dessen Schwingungen nahezu senkrecht gegen V geschehen, beteiligt ist.

Es giebt aber zwei Ausnahmen. Soll nämlich erstens die Bewegung untersucht werden in einer Richtung NP' (Fig. 1), welche *in der Ebene der Figur* liegt, so sieht man unmittelbar, dass sie jedenfalls nur entstehen kann aus ordinären oder extraordinären Wellen, deren Fortpflanzungsrichtung gleichfalls in der genannten Ebene V liegt, für welche der Hauptschnitt also mit V zusammenfällt. Die Schwingungen dieser beiden Strahlen müssten also resp. senkrecht zur Ebene V stehen und in derselben liegen. Aus diesem Umstande geht aber hervor, dass der erstere Strahl bei M' nicht aus der einfallenden Bewegung entstehen kann, da für diese die Schwingungen in V geschehen und dass der zweite Strahl bei N keinen reflectierten Strahl in die Richtung NP' geben kann. Da demnach in einer Richtung wie die angenommene überhaupt kein Licht austritt, muss man, wenn man senkrecht gegen CD hinsieht, nicht bloss ein dunkles Centrum, sondern ausserdem einen dunklen Streifen in der Richtung der optischen Axe beobachten.

Ähnliches gilt zweitens von der austretenden Bewegung in einer Richtung wie Nb oder Nd in Fig. 2.

Ein Strahl Nb könnte nur entstehen aus ordentlichen oder ausserordentlichen Wellen mit der Normale βN. Für diese Wellen läge also der Hauptschnitt *senkrecht* zu V, sodass ihre Schwingungsrichtungen wieder in V liegen oder senkrecht gegen V stehen müssten. Ganz wie oben kann man hieraus schliessen, dass in der Richtung Nb oder Nd und in allen Richtungen in der Ebene bNd kein Licht austreten kann. Man muss also einen zweiten dunklen Streifen senkrecht gegen den ersten beobachten.

Mit Ausnahme der beiden erwähnten Fälle werden an der Bewegung in irgend einer Richtung NP' sowohl der ordinäre Strahl $M'N$ als der extraordinäre mit der Wellennormale $M''N$ Anteil haben. Diese Strahlen durchsetzen aber den Krystall mit ungleicher Geschwindigkeit und werden also bei N einen Phasenunterschied zeigen, von deren Grösse die Intensität des Strahles NP' abhängt, und welche ihrerseits abhängig ist von dem Winkel PNP' oder MNM', den wir α genannt haben.

Die Berechnung dieser Phasendifferenz braucht hier nicht ausführlicher mitgeteilt zu werden; um so weniger als sie fast genau übereinstimmt mit derjenigen, welche in der gewöhnlichen Theorie der Ringsysteme in einaxigen Krystallplatten angewandt wird. Nennt man

d die Länge der Kante AB

λ „ Wellenlänge des Lichtes in der Luft,

ω den Brechungsexponent der ordentlichen

und ε „   „   „ ausserordentlichen Strahlen, wenn letztere sich senkrecht zur optischen Axe fortpflanzen, so erhält man folgendes Resultat.

Die Intensität des austretenden Strahles ist ein Minimum, wenn die Grösse

$$\frac{1}{2}\frac{d}{\lambda}\,\omega\left(\frac{\omega^2}{\varepsilon^2}-1\right)\alpha^2 \tag{1}$$

eine ganze Zahl ist.

In diese Grösse führen wir noch an die Stelle von α den Winkel β ein, den der austretende Strahl $P'Q'$ in der Luft mit PQ bildet. Da α und β sehr klein sind darf man $\sin\alpha = \alpha$ und $\sin\beta = \beta$ setzen.

Aus der Relation

$$\sin\alpha = \frac{1}{\omega}\sin\beta$$

ergiebt sich dann $\alpha = \beta/\omega$, und die Grösse (1) wird zu

$$\frac{1}{2}\frac{d}{\lambda}\frac{1}{\omega}\left(\frac{\omega^2}{\varepsilon^2}-1\right)\beta^2. \tag{2}$$

Setzt man diesen Ausdruck der Reihe nach gleich 1, 2, 3, u.s.w. so erhält man für β Werthe welche die angulären Radien der dunklen Ringe angeben.

Der Radius des ersten Ringes ist demnach

$$\rho = \sqrt{\frac{2\lambda\omega}{d\left(\dfrac{\omega^2}{\varepsilon^2}-1\right)}} \tag{3}$$

und die Radien der folgenden Ringe sind

$$\rho\sqrt{2},\ \rho\sqrt{3},\ \text{u.s.w.}$$

Wie bereits bemerkt wurde, entsteht aus dem Strahle MN (Fig. 1) bei der zweiten Reflexion bloss der ausserordentliche Strahl NR. Aus den Bewegungen, welche sich in der Richtung von $M'N$ und $M''N$ fortpflanzen, entsteht gleichfalls ein extraordinärer Strahl in einer Richtung, welche einen kleinen Winkel mit NR bildet. Beachtet man nun wieder den Phasenunterschied der beiden genannten Bewegungen, so zeigt ein Raisonnement, welches fast ganz mit dem oben mitgeteilten übereinstimmt, dass man in der Richtung SR und in der Nähe derselben ein Ringsystem mit hellem Centrum und Kreuze beobachten muss.

Die ganze Erscheinung besteht also im Folgenden:

In der Richtung QP sowohl wie in der Richtung SR sieht man ein Bild der Lichtquelle. Das erste Bild I wird von den ordinären Strahlen wie NPQ und $NP'Q'$, das letzte Bild II von den extraordinären Strahlen wie NRS gebildet. Im ersten Bilde zeigt sich nun ein Ringsystem mit dunklem, im zweiten ein solches mit hellem Centrum. Da in Fig. 1 RS parallel mit KL ist und da ebenso aus $M'N$ und $M''N$ ein extraordinärer Strahl entstehen kann, der parallel mit $K'L'$ und $K''L''$ austritt, so entsteht das Bild II aus Strahlen, welche bei ihrem Durchgang durch das Prisma keine Ablenkung von ihrer ursprünglichen Richtung erhalten haben. Im Bilde II zeigt sich also die Lichtquelle nicht verschoben. Hiermit hängt auch zusammen, dass dieses Bild keine farbigen Ränder zeigt, während solche bei I wohl auftreten.

Wir haben jetzt noch zu sehen, was aus den *ordinären* Strahlen wird, welche bei der ersten Brechung aus KL, $K'L'$, u.s.w. entstehen. Auch diese werden zweimal reflectiert und treten wieder aus der Seitenfläche CD aus. Dabei durchsetzen sie aber den Krystall in einer Richtung, welche einen merklichen Winkel mit der optischen Axe bildet, und damit fällt auch die Möglichkeit zum Entstehen eines Ringsystems fort. Vielmehr treten die ordinären Strahle sämmtlich in ihrer ursprünglichen Richtung aus dem Krystall, und geben ein Bild III der Lichtquelle ohne Ringsystem. Dieses Bild fällt aber, was die Lage betrifft, genau mit dem Bilde II zusammen und lässt nur das Ringsystem in II weniger deutlich erscheinen.

Dass obige Erklärung die richtige ist, wird bestätigt wenn man ein NICHOL'sches Prisma zwischen den Kalkspath und das Auge setzt. Ist der Hauptschnitt des NICHOL'schen Prisma's demjenigen des Kalkspaths parallel, so werden die aus letzterem tretenden ordinären Strahlen nicht durchgelassen. Es verschwindet dann das Bild I mit seinem Ringsystem. Ebenso verschwindet auch III, wodurch die Ringe in II deutlicher werden. Dreht man aber das Nichol'sche Prisma um 90° so bleiben die Bilder I und III bestehen, letzteres ohne Ringsystem.

Soweit es ohne genaue Messungen tunlich ist, wird die mitgeteilte Theorie auch durch die Grösse des Durchmessers der dunklen Ringe bestätigt. Zunächst ergiebt sich aus (3), dass sich die Ringe desto mehr zusammenziehen, je grösser d ist. Wirklich sind die Ringe bei dem kleinen Prisma viel weiter als bei dem grossen.

Für das grosse Prisma ist nahezu $d = 16$ mm. Setzt man weiter $\lambda = 0,00059$ mm; $\omega = 1,6543$; $\varepsilon = 1,4833$, so erhält man aus (3) für den Radius des ersten dunklen Ringes 1°17'.

Daraus ergiebt sich z.B. für den Radius des 6ten Ringes 3°9', sodass also dieser Radius fast der dritte Teil des Abstandes der Centra der beiden Ringsysteme sein muss. (Dieser Abstand ist nl. der Einfallswinkel von KL in Fig. 1, also 10°21'). Dies ist wirklich der Fall.

Noch auf etwas andere Weise, als oben vorausgesetzt wurde, lassen sich zwei Ringsysteme bei dem Kalkspathkrystall beobachten. Wenn nämlich die einfallenden Strahlen ganz oder nahezu senkrecht auf die Fläche AB fallen, werden die ordinären Lichtstrahlen, welche bei der ersten Brechung entstehen, nach der Reflexion an AD Strahlen geben; welche nur kleine Winkel mit der optischen Axe bilden, sodass dann wieder die Bedingung zum Entstehen der Ringfiguren, in ähnlicher Weise wie oben, erfüllt ist.

DE TONEN VAN DE ÆOLUSHARP [1])

Terwijl ik het als een voorrecht beschouw, een bijdrage tot dit Gedenkboek te mogen leveren, scheen mij aanvankelijk, daar ik geheel buiten de muzikale wereld sta, de keus van een onderwerp moeilijk. Na eenig zoeken meen ik intusschen iets gevonden te hebben, dat hier misschien niet misplaatst is; een korte uiteenzetting van de natuurkundige verklaring der tonen van de Äolusharp en van andere soortgelijke geluiden zal, dunkt mij, ook bij musici belangstelling kunnen vinden.

Ieder kent het geluid dat wordt voortgebracht als een of ander lichaam snel door de lucht wordt voortbewogen, of, wat natuurlijk op het zelfde neerkomt, terwijl het zelf stilstaat, aan een luchtstroom is blootgesteld: het fluiten van een geweerkogel, het knallen van een zweep, het gonzen der telegraafdraden. Men zou op het eerste gezicht kunnen meenen hier met iets heel eenvoudigs te doen te hebben, maar bij nadere beschouwing blijkt dat geenszins zoo te zijn. Het is dan ook eerst in de laatste jaren gelukt, het mechanisme dezer „windtonen", zooals ik ze, om een algemeenen naam te hebben, zal noemen, op te sporen, en daarbij heeft men zich nog moeten beperken tot het geval van een rechte staaf of gespannen draad die zich in een richting loodrecht op zijn lengte voortbeweegt, of wel in zoodanige richting door een luchtstroom wordt getroffen.

Proefondervindelijk werd dit geval in 1878 door STRONHAL te Würzburg onderzocht. Hij liet een gespannen draad wentelen om een daaraan evenwijdige as en bepaalde het aantal trillingen per seconde van den voortgebrachten toon. Dit bleek evenredig te zijn met de snelheid van den draad, en omgekeerd evenredig met de middellijn. Daar het verder onafhankelijk is van het materiaal waaruit de draad bestaat, en van de gesteldheid van het oppervlak, kan men het trillingsgetal berekenen door zeker getal, dat

[1]) Gedenkboek Willem Mengelberg, 1895–1920.

284 DE TONEN VAN DE ÆOLUSHARP

altijd, voor alle draden en alle snelheden hetzelfde is, te vermenigvuldigen met het getal dat de snelheid aanwijst en te deelen
door het getal dat de dikte voorstelt. Drukt men deze laatste in
centimeters uit en de snelheid in centimeters per seconde, dan
vindt men uit de proeven van STRONHAL voor dat vaste getal
0,187. Beweegt zich bijv. een gespannen draad ter dikte van
0,1 centimeter met een snelheid van 400 centimeter per seconde,
dan bedraagt het trillingsgetal

$$\frac{0,187 \times 400}{0,1} = 748.$$

Eenige Duitsche natuurkundigen zijn er nu, vele jaren na het
werk van STRONHAL, in geslaagd, althans in hoofdzaak, rekenschap van de door hem gevonden wetten te geven; zij hebben dit
doel bereikt door de zoogenaamde „wervelbewegingen" die in
vloeistoffen en gassen kunnen bestaan, in het oog te vatten.

Als men een rond metaalplaatje, een muntstuk bijv. in vertikalen stand halverwege in water steekt, dat in een niet te klein glas
of in een bak is gegoten, en dan het plaatje tamelijk snel in een
richting loodrecht op zijn oppervlak voortbeweegt, ontstaan aan
weerskanten van het plaatje nabij den rand daarvan kleine inzinkingen in den vloeistofspiegel. De beide putjes loopen over het
oppervlak voort in de richting waarin het metaalplaatje wordt
bewogen; het valt misschien het best in het oog nadat men dit
laatste uit het water heeft getrokken. Daarbij is de snelheid der
putjes kleiner dan die van het schijfje, zoodat zij daarbij achterblijven. Zoo wordt het begrijpelijk dat bij regelmatige herhaling
van het verschijnsel, zooals onder geschikte omstandigheden kan
worden waargenomen, een aantal paren van inzinkingen, gelijk
aan het eerst gevormde, op onderling gelijke afstanden achter
elkaar voortloopen.

Wat men bij deze proef, die men desnoods met een drinkglas
en een theelepeltje kan nemen, heeft voortgebracht, is een
draaiende of wervelende beweging in het water. Het is welbekend dat, wanneer water in een glas om de vertikale as daarvan
ronddraait, zooals men met het lepeltje van zooeven kan bewerken, het oppervlak niet plat blijft; ten gevolge van de middelpuntvliedende kracht komt de vloeistof aan den rand hooger
te staan dan in het midden. In overeenstemming daarmede is

de inzinking aan weerskanten van het metaalplaatje het gevolg hiervan, dat het water ronddraait en wel doet het dit op twee plaatsen in tegengestelde richting. Tot opheldering hiervan kan Fig. 1 dienen. Daarin stelt P het metaalplaatje voor, van boven, dus op zijn kant gezien; de beweging van het plaatje wordt door den grooten pijl en die van het water door de pijltjes bij a en b aangegeven. Dat, als het plaatje naar links gaat, die pijltjes moeten gericht zijn, zooals men in de figuur ziet, zal begrijpelijk zijn als men bedenkt dat het plaatje de naast den rand liggende vloeistof door een zekere wrijving meesleept.

Om een voorstelling van het geheele verschijnsel te krijgen, moet men zich verbeelden dat overal langs het ondergedompelde deel van den rand zulk een wentelende beweging plaats heeft. Men kan zich een halven cirkel voorstellen, die langs den rand van het plaatje overal op denzelfden afstand daarvan loopende, de punten a en b verbindt; overal bestaat nu een draaiende beweging van de vloeistof om die lijn en wel in zoodanigen zin dat de beweging van de vloeistof vlak bij den rand van het plaatje de richting van den grooten pijl heeft.

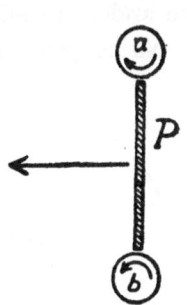

Fig. 1.

Wat hier beschreven is, kan men de helft van een „cirkelvormigen wervelring" noemen; een vollen dergelijken ring zou men krijgen als het plaatje geheel was ondergedompeld en zich dan voortbewoog. Van dergelijke verschijnselen in de lucht zijn de bekende rookringen een voorbeeld.

Van de wervelringen gaan wij over tot rechte „wervelcilinders" of „werveldraden". In een naar alle zijden ver uitgestrekte vloeistofmassa zonderen wij in gedachte een deel af, dat den vorm van een langen cilinder, stel met de as verticaal, heeft. Om die as zullen de vloeistofdeeltjes in cirkels rondloopen, zooals is aangegeven in Fig. 2, die de doorsnede met een horizontaal vlak te zien geeft.

Buiten den cilinder C is het daarmede zóó gesteld, dat de snelheid omgekeerd evenredig met den afstand tot de as is; daarom is de pijl a langer dan b. Binnen den cilinder gaat deze regel niet door en dit heeft er aanleiding toe gegeven om C als den eigenlijken „wervelcilinder" van de „omgeving" ervan te onderscheiden. Binnen C zal misschien de snelheid evenredig met den afstand tot de as zijn, zoodat de vloeistofcilinder in zijn geheel, evenals een vast lichaam zou kunnen doen, ronddraait, maar de snelheid kan hier ook op andere wijze van punt tot punt veranderen. Dit zijn bijzonderheden waarop het niet aankomt.

Van meer belang is het, dat de werveldraad niet bestaan kan zonder dat ook in de omgeving de vloeistof rondloopt. Door dit in aanmerking te nemen geeft men rekenschap van den invloed dien, als er twee of meer stel onderling evenwijdige werveldraden zijn, de eene op den anderen uitoefent. Die invloed komt hierop neer, dat de eene wervel wordt meegevoerd door den stroom dien de andere in zijn omgeving teweegbrengt.

Na hetgeen over de proef met het metaalplaatje gezegd werd,

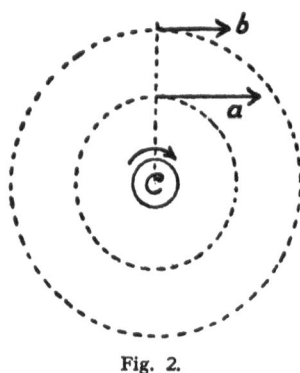

Fig. 2.

zal het duidelijk zijn, dat rechte wervels kunnen ontstaan als een vaste staaf of gespannen draad loodrecht op zijn lengte door een vloeistof heengaat. In bijzonderheden is dit in 1912 experimenteel door v. KARMAN en RUBACH, en theoretisch door den eersten dezer natuurkundigen onderzocht. Bij de proeven werd een cilindrische staaf, in Fig. 3 door de doorsnede O met den waterspiegel voorgesteld, die in verticalen stand tot aanmerkelijke diepte in een uitgestrekte watermassa was gestoken, in horizontale richting voortbewogen, maar ik zal het liever zoo voorstellen — men kan het eene geval onmiddellijk uit het andere afleiden — alsof de staaf stilstaat en de vloeistof daarlangs stroomt. In de figuur is aangenomen dat deze beweging naar rechts gericht is.

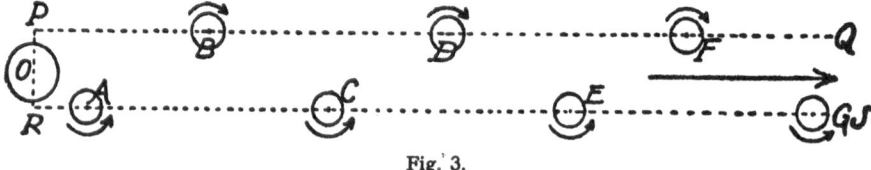

Fig. 3.

Het blijkt nu, dat bij genoegzame snelheid van het water, aan beide zijden van de staaf wervels gevormd worden, die naar rechts loopen en dat die wervels standen hebben zooals in de figuur is aangegeven. Men vindt ze op de twee evenwijdige lijnen *PQ* en *RS*, en wel staan zij op die lijnen niet juist tegenover elkaar, maar afwisselend, waaruit blijkt dat niet op hetzelfde oogenblik aan de zijde *P* en aan de zijde *R* van den cilinder een wervel wordt gevormd, maar dat er met gelijke tusschenpoozen beurtelings één in *P* en één in *R* ontstaat. Van het tot stand komen der wervels kan men niet in bijzonderheden een verklaring geven, maar, evenals in het geval waarop Fig. 1 betrekking heeft, kan men wel begrijpen waarom de draaiende bewegingen de aangegeven richtingen hebben.

Dat dit alles zoo is, namen v. KARMAN en RUBACH waar door het oppervlak van het water met lycopodiumpoeder te bestrooien en de beweging daarvan te bestudeeren.

In de theorie wordt ter vereenvoudiging aangenomen, dat de watermassa zich ook naar boven zeer ver uitstrekt en dat de cilinder zeer lang is. Van elken wervel geldt dan wat van den in Fig. 2 voorgestelden werveldraad gezegd werd. Den onderlingen invloed der wervels in aanmerking nemende, heeft nu v. KARMAN onderzocht onder welke omstandigheden twee rijen van werveldraden, zooals de figuur ons laat zien, een blijvend stelsel vormen. Om dit uit te maken stelt hij zich voor dat één der wervels evenwijdig aan zich zelf een weinig verplaatst wordt, en gaat dan na, naar welken kant hij door de vloeistofbeweging, die bij de andere behoort, wordt gedreven, naar den oorspronkelijken stand terug, (wat het kenmerk van stabiliteit zal zijn) of wel steeds verder daarvan af. Het blijkt dat alleen een afwisselende stand der wervels in de twee rijen, zooals men had waargenomen, stabiel kan zijn, en deze ook alleen nog dan als er een bepaalde verhouding bestaat tusschen den afstand *AC* van twee op elkaar volgende wervels en den afstand *PR* van de lijnen waarop de wervels liggen. Volgens de berekeningen van v. KARMAN moet *AC* 3,5 maal zoo groot als *PR* zijn, en dit kwam bij de proeven ook werkelijk uit. Wat de snelheid betreft, waarmee zich de wervels voortbewegen, deze bleek bij de metingen 86 honderdste van de snelheid van den waterstroom te zijn.

Er is geen bezwaar tegen, dit alles ook op het geval toe te passen, dat een staaf of draad niet in een waterstroom maar in een luchtstroom geplaatst is, en het ligt dan voor de hand, de oorzaak van den windtoon in de zich regelmatig herhalende wervelvorming te zoeken. Het is wel begrijpelijk, dat in de lucht het ontstaan der wervels met veranderingen in de dichtheid gepaard zal gaan, en, hoewel men dit niet in bijzonderheden kan onderzoeken, mag men zeker zeggen, dat de dichtheidsveranderingen in een bepaald punt zich evenveel malen in de seconde herhalen als er aan één zijde van den cilinder een wervel ontstaat. Wij kunnen deze verklaring op de proef stellen door het trillingsgetal te berekenen; daarbij nemen wij het voorbeeld, dat reeds bij de bespreking der proeven van Stronhal gediend heeft, van een draad waarvan de dikte 0,1 centimeter is, terwijl de snelheid, d.i. nu de snelheid van den luchtstroom, 400 centimeter per seconde bedraagt. Vooreerst vinden wij dan, met het zooeven aangegeven verhoudingsgetal 0,86, voor de snelheid waarmee de wervels voortgaan, $0,86 \times 400 = 344$ centimeter per seconde. In de tweede plaats merken wij op dat bij de proeven van v. Karman en Rubach de afstand PR (in Fig. 3) 1,2 maal zoo groot bleek te zijn als de middellijn van den draad; dus $PR = 0,12$ centimeter. Daaruit volgt $AC = 3,5 \times 0,12 = 0,42$ centimeter.

Uit den in een seconde door de wervels afgelegden weg, hier 344 centimeter, en de lengte van AC kan men nu het trillingsgetal afleiden. Was bijv. die weg honderd maal zoo lang als AC, dan zou voor het doorloopen van den afstand AC een honderdste seconde noodig zijn; om den wervel A den afstand AC voor te zijn zou dus de wervel C een honderdste seconde vroeger dan A in het punt R moeten zijn gevormd. Volgen echter de in R ontstane wervels elkaar met tusschenpoozen van een honderdste seconde op dan moet het aantal trillingen per seconde honderd zijn. Men ziet, de regel is deze: om het trillingsgetal te vinden moet men het getal, dat de snelheid van voortgang der wervels aangeeft, deelen door het getal, dat den afstand AC voorstelt. In ons voorbeeld wordt het trillingsgetal

$$\frac{344}{0,42} = 820,$$

terwijl het volgens de proeven van Stronhal 748 was. Daar verschillende der gebruikte getallen niet geheel nauwkeurig zijn en de theorie slechts beweert een eerste benadering te geven, kan men de overeenstemming bevredigend achten.

De beide door STRONHAL gevonden wetten, het trillingsgetal evenredig met de snelheid en omgekeerd evenredig met de dikte van den draad, vloeien onmiddellijk uit het gezegde voort. De uitkomst der deeling waardoor wij voor het trillingsgetal 820 vonden, zal tweemaal zoo groot worden, zoowel wanneer men het getal 344 verdubbelt, als wanneer men 0,42 halveert. Het eerste moet men doen als men tot een tweemaal grootere snelheid, en het laatste als men tot een draad van de halve dikte overgaat.

De hier uiteengezette verklaring heeft men aan KRÜGER en LAUTH te danken. Geheel volledig is zij nog niet, daar twee van de getallen die bij de berekening van het trillingsgetal hebben gediend, n.l. 0,86 (verhouding van de snelheid der wervels tot die van den luchtstroom) en 1,2 (verhouding tusschen PR in Fig. 3 en de middellijn van den draad) niet aan een theorie, maar aan de waarnemingen ontleend zijn. Toch kan er m.i. niet aan getwijfeld worden, dat het essentieele der verschijnselen goed is weergegeven en dat de bij telegraafdraden en bij de snaren van een Äolusharp opgewekte tonen inderdaad aan de beschreven wervelvorming moeten worden toegeschreven.

Er is nog één punt waarop de aandacht moet worden gevestigd. STRONHAL heeft bij zijn proeven opgemerkt dat, als men de snelheid van den draad gestadig vergroot, de toon, waarvan de hoogte steeds stijgt, bij een bepaalde snelheid v plotseling sterker wordt; na het overschrijden daarvan wordt hij weer zwakker. Hetzelfde neemt men waar bij de snelheden $2v$, $3v$, enz. STRONHAL heeft zelfs 25 achtereenvolgende versterkingen gehoord. De verklaring van dit alles ligt voor de hand. De gespannen draad is nl. een snaar die, op de bekende wijze trillende zijn verschillende eigen tonen kan geven, waarvan de trillingsgetallen zich verhouden als 1, 2, 3, enz. Bij de snelheden v, $2v$, $3v$, enz. heeft nu de windtoon juist dezelfde hoogte als de eerste, tweede, derde eigentoon, enz.; de waargenomen versterking ontstaat hierdoor, dat de snaar dan met de windtoon gaat meetrillen. Het mechanisme hiervan wordt nu ook duidelijk. Men kan zich voorstellen, dat telkens bij de vorming van een wervel, die zich van den draad afscheidt, deze een stoot ondervindt, en bij de bepaalde zooeven genoemde snelheden volgen die stooten juist met zoodanige tusschenpoozen op elkaar, dat zij den draad in betrekkelijk krachtige trilling kunnen brengen.

Zoo wordt het begrijpelijk, dat bij de Äolusharp naar gelang van de sterkte van den wind, nu eens deze, dan eens die toon, hetzij de grondtoon, hetzij een boventoon van een der snaren zal aanzwellen.

HET PROEFSCHRIFT VAN PROF. KAMERLINGH ONNES[1])

Het is mij een behoefte en het zal ook in Uw geest zijn, dit uur aan Prof. KAMERLINGH ONNES te wijden en nog eens met een voorbeeld te doen uitkomen met hoe bewonderenswaardige volharding en toewijding hij gewerkt heeft en hoe hij zoowel in theoretische als in experimenteele richting heeft uitgeblonken. Ik wensch U eraan te herinneren, in welke mate hij reeds in zijn eerste onderzoek, dat het onderwerp van zijn academisch proefschrift vormde, zijn groote gaven getoond heeft.

De titel der dissertatie, den 10den Juli 1879 te Groningen verdedigd, luidt „Nieuwe bewijzen voor de aswenteling der aarde" en de voorrede begint met de woorden: „In dit proefschrift wordt aangetoond, dat de vermaarde slingerproef van FOUCAULT slechts een zeer bizonder geval is van eene geheele groep van voor het begrip der betrekkelijke beweging zeer leerzame verschijnselen, die proefondervindelijk even gemakkelijk en overtuigend de draaiïng der aarde laten bewijzen." Met de bestudeering dezer verschijnselen was ONNES reeds te Heidelberg begonnen, waar KIRCHHOFF hem opmerkzaam had gemaakt op het vraagstuk, „de proef van FOUCAULT doelmatig met een kleinen slinger te verrichten". Na zijne terugkomst hier te lande werden de toestellen die voor de proefnemingen te Groningen zouden dienen, met de uiterste zorg ontworpen en werd tevens een breed opgezet theoretisch onderzoek ondernomen. Het eerste en omvangrijkste gedeelte van het proefschrift handelt over de betrekkelijke beweging, en over de toepassing daarop van de methode van HAMILTON–JACOBI. Het is aan vraagstukken gewijd, waartoe wel is waar de slingerproeven aanleiding hadden gegeven, maar die veel verder reiken dan deze.

Zoo blijkt het dat reeds toen ONNES het ideaal van een innig

---

[1]) College, gegeven te Leiden op 1 Maart 1926, na het overlijden van H. KAMERLINGH ONNES. Physica, Nederlandsch Tijdschrift van Natuurkunde, **6**, 165, 1926.

samengaan van waarneming en theorie vooor den geest stond en begrijpt men dat hij in de voorrede met ingenomenheid de volgende woorden van HELMHOLTZ, in zijne „Gedächtnisrede auf Gustav Magnus" aanhaalde:

„Gegenwärtig scheint es mir, als wenn immer mehr und mit Recht die Überzeugung Boden gewönne, dass in dem entwickelteren Zustande der Wissenschaft nur derjenige fruchtbar experimentiren könne, der eine eindringende Kenntnis der Theorie hat und ihr gemäss die rechten Fragen zu stellen und zu verfolgen weiss; und andererseits dass nur derjenige fruchtbar theoretisiren könne, der eine breite praktische Erfahrung im Experiment hat."

In Fig. 1 en 2 ziet men de inrichting van den gebezigden toestel. De slinger, bestaande uit de koperen buis n, waarop een doorboorde looden bol q is geschoven, is omringd door een kegelvormigen metalen mantel k, die van onderen door een horizontale koperplaat is gesloten. Op den bovenrand van den mantel rust de plaat c en deze draagt de inrichting waaraan de slinger zoo is opgehangen dat hij om twee onderling loodrechte, in hetzelfde horizontale vlak liggende assen kan schommelen. Die assen zijn de naar elkaar gekeerde scherpe kanten van twee gekruiste messen. Het benedenste daarvan, s_1, is vast op de plaat c bevestigd.

Met t is een stuk aangewezen, dat uit twee dikke, op elkaar vlak geslepen en aan elkaar geschroefde platen is samengesteld. Van de onderste is zooveel in de richting van het mes s_1 weggenomen, dat het stuk met het benedenvlak van de bovenste plaat op den scherpen kant van s_1 kan geplaatst worden en daarom voldoende kan heen- en weerschommelen. Op dergelijke wijze is van de tweede plaat van t zooveel weggenomen dat het bovenste mes s_2 met den scherpen kant op het bovenvlak van de eerste plaat van t kan rusten. De assen liggen dus werkelijk in hetzelfde horizontale vlak en het is nog slechts noodig, den slinger vast met het mes s_2 te verbinden. Daarvoor dienende schijven z en v, waarvan de eerste aan het mes is bevestigd, terwijl de tweede de slingerstang n draagt; zij zijn onderling verbonden door de stangen p, die met eenige speling door openingen in de plaat c loopen.

Men kan de traagheidsmomenten van den slinger ten opzichte van de beide messen regelen en dus tusschen den duur der schommelingen om elk daarvan een klein verschil van willekeurige grootte teweeg brengen door gewichten te plaatsen op het hori-

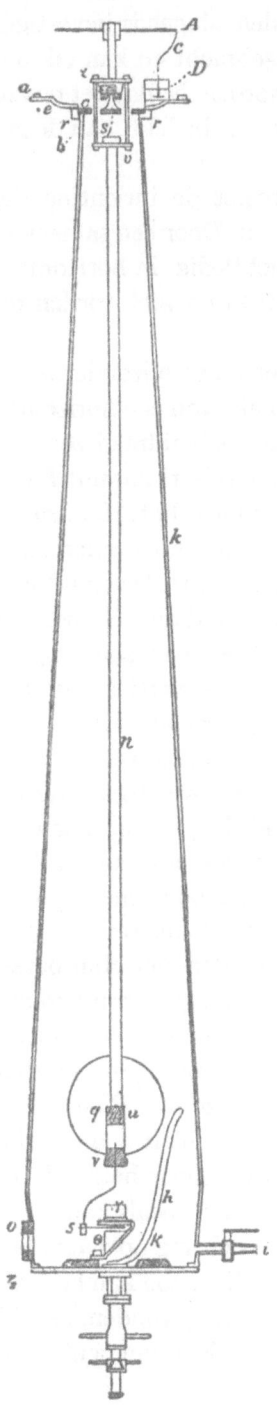

Fig. 1.

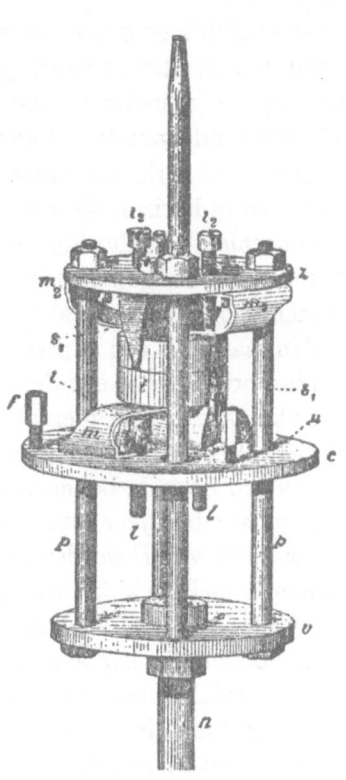

Fig. 2.

(De stippellijn van S_1 moet verlengd
worden tot aan het bedoelde mes. Noot
der uitgevers).

zontale tafeltje A, dat aan den top van den slinger is bevestigd. Voorts kan een oliedemping worden aangebracht en kan elk der schommelingen afzonderlijk gearrêteerd worden. Nadat het boven de plaat c liggende deel met een glazen klok is bedekt, kan de geheele toestel luchtledig worden gepompt.

Aan het benedeneinde ziet men vooreerst de inrichting die dient om den slinger in beweging te brengen. Door een samenstel van stangen kan de arm h, ook in het luchtledig, in horizontale richting zacht tegen den bol worden gedrukt en snel worden teruggetrokken.

Om eindelijk de beweging waar te nemen en de bijzonderheden er van te bestudeeren wordt gebruik gemaakt van een horizontalen ring met draadkruis, door een gebogen metaaldraad zoo aan het ondereinde van den slinger verbonden, dat het snijpunt P der draden in het verlengde van de as van den slinger ligt. Het draadkruis kan in horizontale richting vrij schommelen tusschen twee gelijkbeenige, rechthoekige glazen prisma's γ en Θ. De stand van Θ is in Fig. 1 aangewezen en γ staat in den stand dien Θ door een wenteling om een verticale as over een rechten hoek zou krijgen. In den mantel is een venstertje o tegenover het verticale zijvlak van het prisma Θ en een dergelijk venstertje tegenover het verticale vlak van γ. Laat men nu door het eerste venstertje een horizontalen lichtbundel invallen, dan zal die na twee totale terugkaatsingen door de bovenste opening uittreden, en een horizontaal geplaatste kijker waarin de stralen worden opgevangen kan op het beeld van P worden ingesteld. Om de noodige metingen te kunnen doen is de kijker voorzien van een oculair-micrometer met een vasten en een loodrecht daarop staanden verschuifbaren draad; bovendien kan aan het geheele oculair met dien micrometer een wenteling om de as van den kijker worden gegeven, die op een verdeelden cirkel wordt afgelezen. Eerst laat men bv. den slinger alleen om één der messen schommelen, zoodat P langs een rechte lijn heen en weer gaat; men stelt het oculair zoo dat die rechte lijn met den vasten draad samenvalt. Door hetzelfde te doen als de combinatie der twee schommelingen, zooals kan voorkomen, een rechtlijnige trilling van andere richting oplevert, bepaalt men het „azimuth" van die beweging. Evenzoo kan het azimuth der assen van een elliptische baan worden gevonden, terwijl de lengten der assen kunnen worden gemeten door aan oculair en micrometerdraad zulke standen te geven, dat de draad de ellips achtereenvolgens aan de uiteinden der assen raakt.

Het uitvoerige theoretisch onderzoek stelde ONNES in staat, van tal van bijzonderheden die zich bij zijne proeven voordeden rekenschap te geven; hij wist bv. den invloed der wrijving te bepalen en de correcties vast te stellen, die met het oog daarop, wegens het niet oneindig klein zijn der amplituden en wegens andere storende omstandigheden moesten worden aangebracht. Hier kan van dat alles geen sprake zijn; wij moeten ons tot het essentieele der verschijnselen bepalen.

Om nu hierin een inzicht te krijgen is een eenvoudige theorie, zooals in het tweede deel van het proefschrift ontwikkeld wordt, voldoende.

Als de amplituden der schommelingen klein genoeg zijn, kan het snijpunt der kruisdraden P geacht worden, zich in een horizontaal plat vlak te bewegen. Zij nu O de evenwichtsstand, OX de lijn langs welke P heen en weer gaat bij schommeling alleen om het eerste mes, en OY, loodrecht op OX, de bewegingsrichting bij schommeling alleen om het tweede mes. In elk dezer meest eenvoudige gevallen is de beweging een enkelvoudige trilling die aan een welbekende differentiaalvergelijking voldoet, en wel hebben de formules die voor de beide grondtrillingen elk op zich zelf gelden, den vorm

$$\ddot{x} = - n_1^2 x, \quad \ddot{y} = - n_2^2 y. \tag{1}$$

Daarbij zijn n_1 en n_2 de in het algemeen van elkander verschillende frequenties. Het is alsof een stoffelijk punt P door een quasielastische kracht die voor de richtingen OX en OY ongelijke grootte heeft, naar den evenwichtsstand werd getrokken.

Kon zich nu zulk een punt in beide richtingen tegelijk bewegen, dan zouden, als de aarde niet wentelde, de vergelijkingen (1) ook gelijktijdig gelden. Hierin brengt de aswenteling een wijziging, die als het gevolg der bekende kracht van CORIOLIS kan beschouwd worden. Zij geeft aanleiding tot twee bijkomstige termen, zoodat de vergelijkingen worden

$$\ddot{x} = - n_1^2 x - \beta \dot{y}, \quad \ddot{y} = - n_2^2 y + \beta \dot{x}. \tag{2}$$

De constante β is, in het geval van het zooeven genoemde stoffelijke punt, het dubbel van de component ψ van de hoeksnelheid volgens de verticaal der waarnemingsplaats. Ook voor den slinger of liever voor het snijpunt P der kruisdraden gelden de vergelijkingen (2). Alleen is β nu een weinig van $2\,\psi$ verschillend, waarvan echter voorloopig zal worden afgezien.

De nieuwe termen zijn klein in vergelijking met de andere wanneer β kleiner dan n_1 of n_2 is. Bij de proeven was dit in zoodanige mate het geval, dat bij de berekeningen termen van de orde β^2 mogen worden verwaarloosd. Rekent men β positief, dan gelden op het Noordelijk halfrond bovenstaande formules met de daarin voorkomende teekens als de assen zoo worden gekozen dat een wenteling van OX naar OY van boven gezien de richting van de beweging der wijzers van een uurwerk heeft.

1. Men kan de vergelijkingen (2) volledig integreeren. Stelt men nl. dat x en y beide den tijd in den factor e^{kt} bevatten, dan gaan zij over in

$$(k^2 + n_1^2)x = -\,k\beta y, \qquad (3)$$

$$(k^2 + n_2^2)y = k\beta x, \qquad (4)$$

waaruit volgt

$$(k^2 + n_1^2)\,(k^2 + n_2^2) = -\,k^2\beta^2, \qquad (5)$$

eene betrekking die voor de bepaling van k kan dienen. De twee waarden die men voor k^2 vindt, leiden tot twee bijzondere oplossingen en door samenstelling daarvan wordt de algemeene oplossing gevonden.

2. Stel nu vooreerst dat n_1 en n_2 veel meer van elkaar verschillen dan β bedraagt. Dan zijn de wortels van (5) op termen van de orde β^2 na

$$k^2 = -\,n_1^2, \quad k^2 = -\,n_2^2.$$

Neemt men de eerste waarde en stelt men

$$k = in_1,$$

dan volgt uit (4)

$$y = i\,\frac{n_1\beta}{n_2^2 - n_1^2}\,x.$$

Aan de vergelijkingen wordt derhalve voldaan door

$$x = ae^{in_1t}, \; y = i\,\frac{n_1\beta}{n_2^2 - n_1^2}\,ae^{in_1t}$$

en ook door de reëele deelen dezer uitdrukkingen

$$x = a \cos n_1 t, \quad y = -\frac{n_1 \beta}{n_2^2 - n_1^2} \, a \sin n_1 t.$$

De eerste bijzondere bewegingstoestand bestaat dus in een trilling volgens de x-as, gecombineerd met een veel zwakkere beweging in de richting der y-as. Tusschen beide bestaat een phaseverschil van een kwart trillingstijd en de resulteerende beweging is derhalve een elliptische trilling met de groote as der baan in de richting van OX. Tot hetzelfde besluit komt men door uit te gaan van $k = -in_1$ en het behoeft nauwelijks gezegd te worden dat bij den tweeden bijzonderen bewegingstoestand, die aan $k^2 = -n_2^2$ beantwoordt, de baan een langgerekte ellips met de groote as volgens OY is.

3. Er is grooter verscheidenheid van verschijnselen als het verschil van de frequenties n_1 en n_2 zoo klein wordt, dat het met β vergelijkbaar is, zooals bij de proeven steeds het geval was.

Zij n^2 het gemiddelde van n_1^2 en n_2^2 en stel

$$n_1^2 = n^2 - n\alpha, \quad n_2^2 = n^2 + n\alpha.$$

Dan zal, als wij onderstellen dat $n_1 < n_2$ is, α eene met β vergelijkbare positieve grootheid zijn; zij is de maat voor de „anisotropie", evenals β die voor den invloed der aswenteling is. Het is erom te doen uit de bewegingsvergelijkingen af te leiden welken invloed beide oorzaken, te gelijk werkende, hebben.

Ter vereenvoudiging stellen wij nog

$$\alpha = \gamma \cos \vartheta, \quad \beta = \gamma \sin \vartheta \tag{6}$$

(γ positief en ϑ tusschen 0 en $\tfrac{1}{2}\pi$); de constante γ is klein, evenals α en β, en de hoek ϑ bepaalt de verhouding tusschen de invloeden van de beide oorzaken waarop α en β betrekking hebben.

Uit de bewegingsvergelijkingen

$$\ddot{x} = -n^2 x + \alpha n x - \beta \dot{y}, \quad \ddot{y} = -n^2 y - \alpha n y + \beta \dot{x} \tag{7}$$

volgt

$$\begin{aligned} x = {} & u \cos (\tfrac{1}{2}\gamma t + q) \cos (nt + p) + \\ & + v \sin (\tfrac{1}{2}\gamma t + q) \sin (nt + p), \end{aligned} \tag{8}$$

$$\begin{aligned} y = {} & u' \sin (\tfrac{1}{2}\gamma t + q) \cos (nt + p) + \\ & + v' \cos (\tfrac{1}{2}\gamma t + q) \sin (nt + p), \end{aligned} \tag{9}$$

waarbij tusschen de constanten u, v, u', v' de betrekkingen

$$u - v \cos \vartheta = u' \sin \vartheta, \quad v - u \cos \vartheta = -v' \sin \vartheta, \quad (10)$$

of, wat op hetzelfde neerkomt,

$$u' - v' \cos \vartheta = u \sin \vartheta, \quad v' - u' \cos \vartheta = -v \sin \vartheta \quad (11)$$

bestaan. Hierbij zijn termen van de orde γ^2 verwaarloosd.

Dat door de uitdrukkingen (8) en (9) aan de bewegingsvergelijkingen voldaan wordt, blijkt bij rechtstreeksche substitutie. Men kan eerst door herleiding van (8) en (9) x en y voorstellen als de som van enkelvoudig periodieke termen met de frequenties $n + \tfrac{1}{2}\gamma$ en $n - \tfrac{1}{2}\gamma$. Men zal dan vinden dat de termen met de eerste frequentie, op zich zelf genomen, aan (7) voldoen en evenzoo de termen met de tweede frequentie.

Met (8) en (9) is de algemeene oplossing van (7) gevonden omdat er vier integratieconstanten in voorkomen, nl. de phasetermen p en q en twee van de onderling verbonden grootheden u, v, u' en v'.

Stelt men nog

$$\left. \begin{array}{ll} a = u \cos (\tfrac{1}{2}\gamma t + q), & b = v \sin (\tfrac{1}{2}\gamma t + q), \\ a' = u' \sin (\tfrac{1}{2}\gamma t + q), & b' = v' \cos (\tfrac{1}{2}\gamma t + q), \end{array} \right\} \quad (12)$$

dan gaan (8) en (9) over in

$$\left. \begin{array}{l} x = a \cos (nt + p) + b \sin (nt + p), \\ y = a' \cos (nt + p) + b' \sin (nt + p), \end{array} \right\} \quad (13)$$

waaruit volgt

$$(a'x - ay)^2 + (b'x - by)^2 = (a'b - ab')^2.$$

Waren a, b, a', b' constant, dan zou (13) een elliptische trilling voorstellen, die onder bijzondere omstandigheden in een rechtlijnige kan ontaarden. In werkelijkheid zijn, zooals uit (12) blijkt, a, b, a' en b' periodieke functiën van den tijd. Wegens de kleine waarde van γ veranderen zij intusschen veel langzamer dan de factoren $\cos (nt + p)$ en $\sin (nt + p)$. Daarom kan men nog van een elliptische (of rechtlijnige) schommeling spreken, waarbij nu echter de gedaante en de ligging der baan langzaam van oogenblik tot oogenblik veranderen. Na den tijd

$$\frac{2\pi}{\gamma}$$

hebben a, b, a' en b' hunne oorspronkelijke waarden met het tegengestelde teeken gekregen; dan is de baanvorm dien men eerst had weer teruggekeerd.

4. Is $\beta = 0$ (geen aswenteling), dan wordt blijkens (6), (10) en (11)

$$\vartheta = 0, \ \gamma = \alpha, \ u = v, \ u' = v'$$

en kan men de oplossing schrijven in den vorm

$$x = u \cos (nt - \tfrac{1}{2}\gamma t + p - q),$$
$$y = u' \sin (nt + \tfrac{1}{2}\gamma t + p + q).$$

Dit zijn de schommelingen om de twee messen met de frequenties $n - \tfrac{1}{2}\alpha = n_1$ en $n + \tfrac{1}{2}\alpha = n_2$. Door de samenstelling van beide ontstaat de bekende figuur van LISSAJOUS, een langzaam veranderlijke en van tijd tot tijd tot een rechte lijn samenvallende ellips, die voortdurend de zijden van een rechthoek raakt.

5. Door daarentegen $\alpha = 0$ te stellen (geen anisotropie) krijgt men het geval van de slingerproef van FOUCAULT. Men heeft nu

$$\vartheta = \tfrac{1}{2}\pi, \ \gamma = \beta, \ u' = u, \ v' = -v,$$

$$x = u \cos (\tfrac{1}{2}\beta t + q) \cos (nt + p) +$$
$$+ \, v \sin (\tfrac{1}{2}\beta t + q) \sin (nt + p),$$

$$y = u \sin (\tfrac{1}{2}\beta t + q) \cos (nt + p) -$$
$$- \, v \cos (\tfrac{1}{2}\beta t + q) \sin (nt + p).$$

Voert men twee assen OX' en OY' in, die op zeker oogenblik met OX en OY samenvallen en in het vlak van deze met de hoeksnelheid $\tfrac{1}{2}\beta$ ronddraaien, zoodat op den tijd t de as OX' met OX den hoek $\tfrac{1}{2}\beta t + q$ vormt, dan zijn de nieuwe coordinaten van het bewegelijke punt

$$x' = u \cos (nt + p), \ y' = - v \sin (nt + p).$$

Met betrekking tot OX' en OY' is de baan dus steeds dezelfde; m.a.w. de trillingsellips (die ook een rechte lijn kan zijn) draait, zonder van vorm en afmetingen te veranderen, in het vlak XOY met de hoeksnelheid $\tfrac{1}{2}\beta$ in het rond.

6. Wij kunnen nu het algemeene geval, dat zoowel α als β van nul verschillend is, bespreken. Om te beoordeelen of op zeker oogenblik de baan een rechte lijn of een ellips is, en, in het laatste geval, in welke richting zij doorloopen wordt, kan men de grootheid

$$M = x\dot{y} - y\dot{x},$$

nl. het moment der snelheid ten opzichte van het middelpunt O, beschouwen. Is dit nul, dan is de beweging rechtlijnig, terwijl een positieve of een negatieve waarde aanduidt dat de baan in de positieve of de negatieve draaiïngsrichting wordt beschreven.

Daar het de bedoeling is de beweging in de onveranderlijk gedachte baan te beschouwen, kan men bij de afleiding van M uit (13) de amplituden a, a', b en b' als constant beschouwen. Men vindt dan

$$M = n\,(ab' - a'b) =$$
$$= n\,[uv'\cos^2\,(\tfrac{1}{2}\gamma t + q) - u'v\sin^2\,(\tfrac{1}{2}\gamma t + q)]. \tag{14}$$

Vooreerst blijkt hieruit dat, wanneer na een tijd $2\pi/\gamma$, zooals reeds gezegd werd, dezelfde baanvorm is teruggekeerd, dit is met dezelfde bewegingsrichting. Verder, dat M alleen dan nul kan worden, en de ellips dus alleen dan tot een rechte lijn kan samenvallen, als uv' en $u'v$ hetzelfde teeken hebben. Bij de proeven heeft dit zich voorgedaan, en wel omdat men begon met den slinger een rechtlijnige schommeling te geven. Als wij nu, ons tot dit geval beperkende, een hoek ω (in het eerste positieve quadrant) bepalen door

$$\mathrm{tg}^2\omega = \frac{uv'}{u'v}, \tag{15}$$

dan kunnen wij besluiten dat de trilling rechtlijnig is op de oogenblikken bepaald door

of
$$\mathrm{tg}^2\,(\tfrac{1}{2}\gamma t + q) = \mathrm{tg}^2\,\omega,$$
$$\mathrm{tg}\,(\tfrac{1}{2}\gamma t + q) = \pm\,\mathrm{tg}\,\omega. \tag{16}$$

Neemt men het bovenste teeken, dan komt men tot een reeks waarden van $\tfrac{1}{2}\gamma t + q$, die met π opklimmen en dus beantwoorden aan tijdstippen die $2\pi/\gamma$ uiteenliggen. Op al die tijdstippen heeft men dezelfde rechtlijnige baan R_1.

Evenzoo is er op al de oogenblikken, bepaald door $\tfrac{1}{2}\gamma t + q = $ $= \pi - \omega$, enz., die aan het onderste teeken in (16) beantwoorden, een rechtlijnige schommeling, waarvan de richting R_2, zooals aanstonds zal blijken, van R_1 verschilt. Wij hebben een volle periode der veranderingen in het oog gevat als wij letten op de op elkander volgende tijden

$$t_1 = \frac{2}{\gamma}(\omega - q), \; t_2 = \frac{2}{\gamma}(\pi - \omega - q),$$

$$t_3 = \frac{2}{\gamma}(\pi + \omega - q).$$

Op het oogenblik t_1 heeft men de rechte lijn R_1, op t_2 de lijn R_2 en op den tijd t_3 is R_1 teruggekeerd. Men ziet dat de geheele periode door het voorkomen van de tweede rechtlijnige trilling in de onderperioden

$$t_2 - t_1 = \frac{2}{\gamma}(\pi - 2\omega) \text{ en } t_3 - t_2 = \frac{2}{\gamma}2\omega$$

verdeeld wordt.

Men merke nog op dat bij het aangroeien van t de uitdrukking (14) bij het nul worden van teeken wisselt. De omloopsrichting in de ellips keert dus om, telkens als deze voor een oogenblik tot een rechte lijn samenvalt.

7. Men kan de verhoudingen tusschen de amplituden u, v, u', v' in de hoeken ϑ en ω uitdrukken. Gebruik makende van de betrekkingen (10) kan men nl. voor (15) schrijven

$$u^2 \cos \vartheta - uv \sec^2 \omega + v^2 \cos \vartheta \; \text{tg}^2\omega = 0 \qquad (17)$$

en hieruit kan men de verhouding

$$\frac{u}{v} = k$$

afleiden. Is die gevonden, dan volgt verder uit (10)

$$\frac{u'}{v} = \frac{k - \cos \vartheta}{\sin \vartheta}, \; \frac{v'}{v} = \frac{k \cos \vartheta - 1}{\sin \vartheta}. \qquad (18)$$

Nu zijn er twee waarden van k, nl.

$$k = \frac{\sec^2 \omega}{2 \cos \vartheta} \pm \sqrt{\frac{\sec^4 \omega}{4 \cos^2 \vartheta} - \text{tg}^2 \omega},$$

beide bestaanbaar en positief, zoodat in elk geval u/v positief zal zijn. Om ook het teeken van u'/v te beoordeelen, merke men op, dat, als k_1 en k_2 de twee wortels zijn, waarvan de som en het product aan (17) ontleend kunnen worden,

$$(k_1 - \cos \vartheta)(k_2 - \cos \vartheta) = k_1 k_2 - (k_1 + k_2) \cos \vartheta + \cos^2 \vartheta =$$
$$= - \sin^2 \vartheta$$

wordt. Van de beide waarden van $k - \cos \vartheta$ is dus de eene positief en de andere negatief. Bepalen wij ons tot de kleinste waarde van k, waarmede wij hier kunnen volstaan, dan kunnen wij met het oog op (18) ervan verzekerd zijn, dat u'/v negatief is. De betrekking (15) leidt dan verder tot hetzelfde besluit wat v'/v betreft.

Met behulp van ϑ en k kunnen nu de richtingen der lijnen R_1 en R_2 worden aangegeven.

Op de boven door t_1 en t_2 aangeduide oogenblikken is

$$\frac{a'}{a} = \frac{b'}{b}$$

en dus blijkens (13) en (12)

$$\frac{y}{x} = \frac{a'}{a} = \frac{u'}{u} \, \text{tg} \, (\tfrac{1}{2}\gamma t + q).$$

Hierdoor is de tangens van het azimuth der rechtlijnige trilling met betrekking tot de x-as bepaald. Daar de laatste factor op de beide oogenblikken de waarden tg ω en $-$ tg ω heeft, liggen R_1 en R_2 symmetrisch ten opzichte van de x-as, en wel is, daar u'/u negatief is, het azimuth van de eerste lijn negatief. Stelt men het door $-A$ voor, en dat van R_2 door $+A$, dan is

$$\text{tg} \, A = -\frac{u'}{u} \, \text{tg} \, \omega. \tag{19}$$

8. Het is interessant ook de ellipsen in het oog te vatten, die juist in het midden van elke onderperiode beschreven worden. Op het oogenblik $\tfrac{1}{2}\,(t_1 + t_2)$ is $\tfrac{1}{2}\gamma t + q = \tfrac{1}{2}\pi$, en dus volgens (12) en (13)

$$x = v \sin \, (nt + p), \quad y = u' \cos \, (nt + p).$$

De assen der ellips zijn langs de x- en de y-as gericht, en men kan hun verhouding door den tangens van zekeren hoek χ_1 voorstellen. Daar u' en v tegengesteld teeken hebben, stellen wij

$$\text{tg} \, \chi_1 = -\frac{u'}{v}, \tag{20}$$

waardoor χ_1 een positieve hoek in het eerste quadrant wordt.

Op den tijd $\tfrac{1}{2}\,(t_2 + t_3)$ is $\tfrac{1}{2}\gamma t + q = \pi$, en dus

$$x = -u \cos \, (nt + p), \quad y = -v' \sin \, (nt + p).$$

Op nieuw hebben de amplituden tegengesteld teeken. Wij schrijven daarom voor de verhouding van de assen dezer trillingsellips

$$\text{tg } \chi_2 = -\frac{v'}{u}. \tag{21}$$

Ook χ_2 ligt dan tusschen 0 en $\frac{1}{2}\pi$.

9. Thans mogen deze theoretische uitkomsten met een der waarnemingsreeksen van ONNES worden vergeleken. Op zeker oogenblik t_1 werd een rechtlijnige trilling (R_1) waargenomen met het azimuth — 11° 19′ en 1,126 uur later (t_2) weer een rechtlijnige beweging (R_2) met het azimuth 12° 18′; op een tijdstip, 3,116 uur na het eerste (t_3), was de slinger tot de eerste rechtlijnige trilling met het azimuth — 11° 19′ teruggekeerd. In het midden zoowel van de eerste als van de tweede onderperiode had de beweging in een ellips plaats, die symmetrisch ten opzichte van de coordinaat-assen, d.w.z. ten opzichte van de messen stond. Voor den hoek waarvan de tangens de verhouding der assen aangeeft, werd in het eene geval gevonden 7° 10,5′ en in het andere 18° 54,5′.

Hierbij moet worden opgemerkt dat al deze getallen door de combinatie van twee waarnemingsreeksen zijn verkregen en zorgvuldig voor den invloed der wrijving gecorrigeerd zijn.

Men ziet dat de loop der verschijnselen juist is geweest zooals uit de formules kan worden afgeleid. Alleen hadden de afwijkingen van de x-as voor R_1 en R_2 even groot moeten zijn, terwijl er 11° 19′ en 12° 18′ voor werd gevonden. Neemt men het gemiddelde dan wordt

$$A = 11° \, 48,5′,$$

terwijl

$$\chi_1 = 7° \, 10,5′ \text{ en } \chi_2 = 18° \, 54,5′$$

is.

10. De verschillende grootheden waarvan bij deze waarnemingen sprake is, kunnen alle uit ϑ en ω (of ϑ en k) worden afgeleid. Maar zij kunnen ook uit twee waargenomen waarden, bv. uit χ_1 en χ_2, worden berekend. Men kan uit deze beide hoeken besluiten 1° tot het azimuth der rechtlijnige trillingen; 2° tot den hoek ϑ en 3° tot ω en daarmede tot de verhouding van den duur der twee onderperioden. Zoo geraakt men tot verschillende bevestigingen der theorie, waarbij dan ten slotte nog komt dat men uit de proef de hoeksnelheid der aarde kan afleiden.

Het verband tusschen A, χ_1 en χ_2 volgt onmiddellijk uit (19), (15), (20) en (21), nl.

$$\operatorname{tg}^2 A = \operatorname{tg} \chi_1 \operatorname{tg} \chi_2 .$$

Substitueert men hierin de zooeven opgegeven waarden van χ_1 en χ_2, dan vindt men $A = 11° 44'$, in goede overeenstemming met de uit de waarnemingen afgeleide waarde $11° 48,5'$.

Verder kan men voor (20) en (21) schrijven

$$\operatorname{tg} \chi_1 = \frac{\cos \vartheta - k}{\sin \vartheta} , \operatorname{tg} \chi_2 = \frac{1 - k \cos \vartheta}{k \sin \vartheta} ,$$

waaruit na eenige herleiding volgt

$$\operatorname{tg} (\chi_2 - \chi_1) = \operatorname{tg} \vartheta, \ \chi_2 - \chi_1 = \vartheta .$$

Om ook ω uit χ_1 en χ_2 af te leiden substitueeren wij in de eerste der vergelijkingen (10) de uit (20) volgende waarde $u' = - v \operatorname{tg} \chi_1$. Na vermenigvuldiging met $\cos \chi_1$ vinden wij dan

$$u \cos \chi_1 = v \cos (\chi_1 + \vartheta) = v \cos \chi_2$$

en op dergelijke wijze volgt uit de eerste van (11) na substitutie van $u = - v' \cot \chi_2$,

$$u' \sin \chi_2 = v' \sin (\chi_2 - \vartheta) = v' \sin \chi_1 .$$

Uit deze uitkomsten in verband met (15) leiden wij af

$$\operatorname{tg}^2 \omega = \frac{\sin 2 \chi_2}{\sin 2 \chi_1} .$$

De waarden die men op deze wijze voor de hoeken ϑ en ω vindt, zijn [1]

$$\vartheta = 11° 44', \ \omega = 57° 33'.$$

Nu hangt de verhouding tusschen de beide onderperioden die wij in de veranderingen der baan onderscheiden hebben, of de verhouding van elk dezer onderperioden tot de geheele periode, van den hoek ω af. Op de tijden die met t_1, t_2, t_3 werden aangewezen (de tijden waarop de schommeling rechtlijnig is), heeft de grootheid $\frac{1}{2}\gamma t + q$ de waarden ω, $\pi - \omega$ en $\pi + \omega$. Daaruit volgt

$$(t_3 - t_2) : (t_3 - t_1) = 2\omega : \pi$$

---

[1] Het is geheel toevallig dat ϑ en A dezelfde waarde hebben.

en men moet dus de tweede onderperiode krijgen als men de geheele periode met $2\omega/\pi$ vermenigvuldigt. Bij de beschouwde proeven was de geheele periode 3,116 uur. Vermenigvuldigt men dit
met

$$\frac{57° \; 33'}{90°} = 0,639,$$

dan komt er 1,991 uur, terwijl bij de waarnemingen werd gevonden 1,990 uur. De overeenstemming zal, wat de laatste decimaal
betreft, toevallig zijn.

11. De snelheid van de aswenteling der aarde spiegelt zich bij
de proeven van ONNES af in de lengte van het tijdsverloop waarna
dezelfde trillingsvorm terugkeert. Dit wordt gegeven door

$$t_3 - t_1 = \frac{2\pi}{\gamma} = \frac{2\pi}{\beta} \sin \vartheta$$

en is dus bij een slinger waarbij de frequenties n_1 en n_2 een weinig
van elkaar verschillen, in de door $\sin \vartheta$ bepaalde verhouding *korter* dan in het geval $n_1 = n_2$ (proef van FOUCAULT).

Daar de hoeksnelheid der aarde om de verticaal de halve
grootte van β heeft, vindt men daarvoor

$$\psi = \frac{\pi}{t_3 - t_1} \sin \vartheta,$$

d.w.z. het product met $\sin \vartheta$ van de hoeksnelheid waarmede in
den tijd $t_3 - t_1$ een hoek π zou worden doorloopen. Volgens de
proeven wordt dus, in graden per uur

$$\psi = \frac{180}{3,116} \sin \vartheta$$

of, met de zooeven berekende waarde van ϑ,

$$\psi = 11,75.$$

ONNES vindt 11,77 en hij corrigeert dit nog tot 11,80 terwijl de
werkelijke waarde 12,03 is.

De reden van de correctie waardoor hij van 11,77 tot 11,80
komt, is dat, zooals reeds gezegd werd, in de vergelijkingen (2), als
zij op het snijpunt der kruisdraden van den slinger worden toegepast, de coëfficiënt β een weinig van 2ψ verschilt. Men moet nl.
stellen

$$\beta = \frac{2P - R}{2P}\, 2\,\psi,$$

waar P het traagheidsmoment van den slinger ten opzichte van een der messen en R het traagheidsmoment ten opzichte van de verbindingslijn van zwaartepunt en ophangpunt is.

Andere waarnemingsreeksen gaven dergelijke uitkomsten als de hier beschouwde en ONNES vindt als algemeen gemiddelde uit al zijne metingen $\psi = 12{,}04$; hij merkt daarbij op dat de uitstekende overeenstemming met de werkelijke waarde, ook in de laatste decimaal, aan toeval moet worden toegeschreven, daar de waarnemingen slechts de voorlaatste decimaal met zekerheid konden leveren.

Ten slotte vergelijkt hij zijne uitkomsten met die, welke VAN DER WILLIGEN te Haarlem verkregen had, toen hij de proef van FOUCAULT herhaalde met een enkelvoudigen slinger, een looden bol opgehangen aan een ijzerdraad van ruim 10 meter lengte. Het blijkt dat de gemiddelden uit de afzonderlijke proefreeksen van VAN DER WILLIGEN, die zich elk over 60 uren uitstrekten, slechts weinig nauwkeuriger zijn dan de uitkomsten bij de meeste afzonderlijke, slechts 5 uren durende proeven van ONNES, en dat het gemiddelde van al de proeven van VAN DER WILLIGEN (240 uren) in nauwkeurigheid achterstaat bij het gemiddelde door ONNES afgeleid uit de combinatie van eenige zijner reeksen, die te zamen ongeveer 45 uren duurden.

Tal van bijzonderheden moesten hier onbesproken blijven en het gezegde kan dan ook slechts een gebrekkig beeld geven van de zorgvuldigheid waarmede ONNES de verschijnselen bij zijn slinger bestudeerd heeft. Wat de omstandigheden betreft, onder welke hij moest werken, daarover lezen wij in den aanhef van de beschrijving der proeven het volgende:

„Daar het natuurkundig laboratorium te Groningen zich bevindt op de tweede verdieping van een gebouw, welks aangrenzende vertrekken druk gebruikt worden, en er geen afzonderlijk gefundeerde grondslag aanwezig is, moest ik mij behelpen met een als bergruimte gebruikt sousterrain. Wel is waar kon ik hier slechts een slinger van 1,2 meter lengte gebruiken, terwijl 2 meter mij daarvoor het meest gewenscht scheen; ook moest ik mijne oogen

aan de nadeelen van talrijke fijne metingen bij petroleumverlich-
ting blootstellen, en verdreef de vochtigheid mij ten slotte uit het
locaal, maar het bood de gelegenheid om tenminste eenigermate
een vasten grondslag te verkrijgen, door paaltjes in den grond te
heien, en de verschijnselen, welke de theorie deed verwachten,
boezemden mij te veel belangstelling in, om niet te beproeven ze
ook met gebrekkige hulpmiddelen waar te nemen en met de theorie te vergelijken. De vastheid van den zoo verkregen grondslag
stelde mij nog te leur, zoodat ik veel grooter amplituden gebruiken
moest, dan oorspronkelijk in mijn plan lag."

Waarlijk, ik mocht ook met het oog op dit eerste onderzoek
wel van volharding en toewijding spreken.

PROF. VAN DER WAALS' BEKRONING MET DEN NOBELPRIJS [1])

Toen het bericht ons bereikt had, dat de hooge onderscheiding waaraan de naam van ALFRED NOBEL verbonden is, voor dit jaar aan Prof. VAN DER WAALS is toegekend, heeft de redactie dezer courant begrijpelijkerwijze gewenscht dat in hare kolommen iets over de onderzoekingen van den grooten natuurkundige zou worden gezegd. Aan het daartoe strekkende verzoek voldoe ik gaarne, het als een voorrecht beschouwende, dat ik aldus uiting mag geven aan de blijdschap die in den kring der vakgenooten en zeker ook ver daarbuiten gevoeld wordt.

Nu ik mij ertoe zet, het werk van VAN DER WAALS in groote trekken te schetsen, gevoel ik hoe moeilijk het is, het in kort bestek en in algemeene bewoordingen naar waarde te schatten. Nauwelijks toch zal ik een denkbeeld kunnen geven van zijn meer dan veertig jaren lang volgehouden ingespannen arbeid en van de onvermoeide worsteling om de waarheid, die noodig moet geweest zijn om te bereiken wat door hem werd tot stand gebracht. Ook zal ik niet in bijzonderheden in het licht kunnen stellen met hoeveel volharding en toewijding de eenmaal aangegrepen vraagstukken voortdurend werden vastgehouden, waardoor in het geheele werk een eenheid is gekomen, zooals men bij weinig natuurkundigen aantreft.

Levendig staat mij nog voor den geest, welken indruk in 1873 het proefschrift: „Over de continuïteit van den gas- en vloeistoftoestand" maakte. Ouderen van dagen trof het misschien in de eerste plaats, dat problemen die tot de moeilijkste der theoretische natuurkunde behooren, werden behandeld en opgelost, door een man die zich jaren lang aan het onderwijs gewijd had en een omvangrijken werkkring daarbij bekleedde. Van de moeilijkheden die deze uiterlijke omstandigheden voor een onderzoeker met zich

---

[1]) Nieuwe Rotterdamsche Courant, 22 November 1910.

kunnen brengen, konden wij jongeren nog niets weten, maar wel konden wij den moed en het vernuft bewonderen, waarmede hier diep in den bouw der materie en in hare verborgen krachten werd doorgedrongen. Een nieuw gezichtspunt opende ons reeds de titel, zoo geschikt om den oningewijde te verrassen; hoe kon er sprake zijn van continuiteit tusschen toestanden, op het eerste gezicht zoo geheel van elkaar verschillend als de gasvormige en de vloeibare?

Was ik toen wat verder in physica geweest, dan zou ik geweten hebben dat het woord reeds eenige jaren vroeger gebruikt was door ANDREWS te Belfast, nadat zijne proeven hem geleerd hadden dat een stof alleen beneden een bepaalde, voor elke zelfstandigheid kenmerkende temperatuur door samendrukking vloeibaar kan worden gemaakt; boven die „kritische" temperatuur kan men zoo ver samendrukken als men wil, zonder dat er ooit een splitsing in twee lagen, „damp" en „vloeistof", plaats heeft. Hierop steunende had ANDREWS doen zien dat men bv. gasvormig koolzuur aan zoodanige bewerkingen kan onderwerpen, dat men, zonder dat in den loop daarvan een verdeeling in twee lagen wordt waargenomen, ten slotte een toestand verkrijgt, waarin het koolzuur kan „koken", zoodat ieder het voor een vloeistof zal houden.

MAXWELL had in zijne „Theory of heat" op de beteekenis dezer uitkomsten gewezen, maar het was voor VAN DER WAALS weggelegd, ze als gevolgen van geschikt gekozen theoretische onderstellingen begrijpelijk te maken. Niet, dat hij hiervoor geheel nieuwe denkbeelden behoefde in te voeren. De aloude voorstelling dat de molekulen in een onzichtbare, ongeordende beweging verkeeren, was sedert bijna een kwart eeuw met goed gevolg tot een theorie der gassen ontwikkeld; ook had men menig verschijnsel aan een onderlinge aantrekking der molekulen op uiterst kleine afstanden toegeschreven en was men gewoon deze deeltjes als kleine lichaampjes van zekere uitgebreidheid te beschouwen. Het kwam er nu op aan deze opvattingen op oordeelkundige wijze met elkaar in verband te brengen. Door dit te doen wist VAN DER WAALS het raadsel van de continuïteit op te lossen en had hij de voldoening, de vraag naar het al of niet vloeibaar worden tot die naar de wortels eener eenvoudige derde-machtsvergelijking terug te brengen.

Een greep, zoo vernuftig als deze, zou op zichzelf voldoende geweest zijn, om de verhandeling een plaats onder de klassieken der natuurwetenschap te verzekeren. Maar zij bevatte veel meer. De eigenschappen van elke stof bleken, in groote trekken althans en wat de hier ter sprake komende toestanden betreft, geheel bepaald te worden door twee getalwaarden, de eene een maat voor de uitgebreidheid der deeltjes, de andere voor de moleculaire aantrekking. Van die waarden hangt het af, in welke mate een gas bij ietwat grootere dichtheid afwijkt van de eenvoudige wetten die, zoo lang het zeer verdund is, voor de samendrukbaarheid en de uitzetting door de warmte gelden. Ook tal van bijzonderheden die zich bij grootere dichtheid der stof voordoen, liggen in de „toestandsvergelijking van VAN DER WAALS'' — dit is de naam waaronder zijne formule thans bij alle natuurkundigen bekend is — opgesloten. Zij leert ons bv. waarom water zoo weinig kan worden ineengeperst, dat men het langen tijd voor onsamendrukbaar heeft kunnen houden, en onder welke omstandigheden een vloeistof in een verticale, van boven gesloten en van onderen open glazen buis kan blijven hangen, een verschijnsel dat reeds door HUYGENS en BOYLE met voorliefde onderzocht werd. Eindelijk leidden de waarden die voor de twee constanten gevonden werden, tot belangrijke gevolgtrekkingen.

De eene, die aangeeft welk gedeelte van het volume door de molekulen wordt ingenomen, behoefde men slechts in verband te brengen met het gezamenlijke oppervlak der deeltjes, dat uit proeven over de wrijving van een gas kan worden berekend, om tot de kennis der grootte van één enkel molekuul en van het aantal molekulen in een bepaalde hoeveelheid materie te geraken. De andere constante heeft betrekking op de kracht waarmede twee naast elkaar liggende lagen van een vloeistof of een gas elkaar aantrekken. Zij kwam reeds voor in de theorie der capillaire werkingen, die LAPLACE in het begin der 19de eeuw in zijne „Mécanique céleste'' had ontwikkeld, maar zij speelde daarin slechts een voorbijgaande rol, daar zij uit alle einduitkomsten verdween; tengevolge hiervan kon zij niet met behulp van de door LAPLACE beschouwde verschijnselen bepaald worden. Het was juist, zooals VAN DER WAALS in de voorrede van zijn boek meedeelde, zijn verlangen om deze grootheid te leeren kennen, dat hem tot zijn onderzoek gebracht had. Toen hij dit doel had bereikt, kon hij, door de uitkomst te verbinden met hetgeen men uit de opstijging eener vloeistof in een capillaire buis kan besluiten, ook vinden op welken afstand twee molekulen elkaar nog merkbaar aantrekken.

Men gevoelt licht dat voor dit alles een levendige verbeeldingskracht noodig was en dat de schrijver zich niet al te angstvallig moest afvragen of het beeld dat de moleculaire theorieën ons van de verschijnselen geven, wel voldoende aan de werkelijkheid beantwoordt. Trouwens, wij behoeven in dit opzicht niet te vreezen. Het is later gelukt, op zeer uiteenloopende wijzen de grootte der molekulen te bepalen; en de verkregen uitkomsten stemmen zoowel onderling als met de getallen van VAN DER WAALS in die mate overeen, dat wij ongetwijfeld aan de molekulen in denzelfden zin als aan tastbare en zichtbare voorwerpen realiteit mogen toeschrijven.

Men behoeft nu slechts een oogenblik te denken aan de rijke verscheidenheid der verschijnselen die de materie in de verschillende aggregatietoestanden ons aanbiedt, en aan de beteekenis dier verschijnselen in de natuur, om te gevoelen op welk een uitgestrekt en belangrijk gebied VAN DER WAALS den eersten stap had gedaan. Zouden echter niet, als hij verder trachtte te gaan, al spoedig onoverkomelijke hindernissen den voortgang onmogelijk maken? Dit zou inderdaad het geval zijn geweest als hij niet, naast de moleculaire mechanica, die de verklaring der continuiteit had gegeven, een machtig wapen had gehad in de tweede wet der thermodynamica, die wet, die een zoo opmerkelijk voorbeeld is van een eenvoudig grondbeginsel, waaruit door logische redeneering verstrekkende besluiten kunnen worden getrokken.

CLAUSIUS en KELVIN hadden hiermede een begin gemaakt. Zij hadden op den voorgrond gesteld dat een aan zich zelf overgelaten stelsel van lichamen na korter of langer tijd een toestand aanneemt, waarin de waarneembare eigenschappen niet meer veranderen, een toestand van „evenwicht", hierdoor gekenmerkt, dat zichtbare bewegingen door de wrijving zijn uitgeput en dat overal in het stelsel dezelfde temperatuur bestaat. In menig geval ook hierdoor, dat een stof gelijkmatig over de beschikbare ruimte verdeeld is, en dat een mengsel in elk punt dezelfde samenstelling heeft, of wel, wanneer twee stoffen van verschillende gesteldheid met elkaar in aanraking zijn, door bepaalde betrekkingen tusschen hunne dichtheden of hunne samenstelling. Bestaat op eenig oogenblik de evenwichtstoestand nog niet, dan is de richting waarin de veranderingen plaats hebben voorgeschreven; zij zijn steeds op het totstandkomen van het evenwicht gericht, en zullen nooit het stelsel in zijn geheel genomen, verder daarvan afbrengen. Het waren overwegingen van dezen aard, die de genoemde natuurkundigen hadden gediend om zoo verschillende onderwerpen als de verandering van het smeltpunt door verhooging van druk en de opwekking van electrische stroomen door warmte, om slechts een paar voorbeelden te noemen, te behandelen; en WILLARD GIBBS had op denzelfden grondslag een uitvoerige wiskundige theorie van het evenwicht in verschillende stelsels ontwikkeld.

Het verdient de aandacht dat de zuivere thermodynamica niet spreekt van molekulen, van hunne beweging of van de krachten die zij op elkaar uitoefenen. Zelf kan zij dus geene moleculaire mechanica genoemd worden, maar wel kan zij deze de hand reiken, waar de krachten van elk afzonderlijk tekort schieten.

Het was door een dergelijke gelukkige vereeniging der twee methoden van onderzoek dat VAN DER WAALS in later jaren voor lichamen die uit twee bestanddeelen zijn samengesteld, hetzelfde wist te bereiken, wat hij vroeger voor een enkelvoudige stof had verkregen, dezelfde verheldering van ons inzicht, nu bijna van nog meer waarde, omdat de verschijnselen zooveel moeilijker te ontwarren waren.

Het gelukte hem vast te stellen onder welke omstandigheden stoffen zich mengen of ontmengen, welke samenstelling de uit een vloeistofmengsel ontwijkende damp heeft, hoe onder den invloed van uitwendige krachten, zooals de zwaartekracht, de mengverhouding van de eene laag tot de andere wisselt. Ook hier werd de weg gebaand om menige te voren niet begrepen bijzonderheid te verklaren, andere, die men nog niet had waargenomen, te voorspellen. Zullen onze theorieën wel altijd in zoo verre gebrekkig blijven, dat zij de verscheidenheid der natuur slechts voor een klein deel omvatten, daar staat tegenover dat zij ons in menig geval in staat stellen, een verscheidenheid op te merken, die ons anders zou zijn ontgaan.

Ook de vorm waarin de theorie der mengsels was ingekleed, was opmerkelijk. Evenals men veelal den loop van een physisch verschijnsel graphisch, door een kromme lijn, weergeeft, bediende

VAN DER WAALS zich nu van een zeker gebogen oppervlak om aanschouwelijk voor te stellen wat in zijne formules lag opgesloten. Telkens wanneer een plat vlak zoo kan worden geplaatst, dat het het „psi-vlak" in twee punten aanraakt, bepalen de raakpunten door hunne ligging de dichtheid en de samenstelling van twee mengsels die met elkaar in evenwicht kunnen zijn. Laat men het raakvlak over het oppervlak „rollen", dan geeft de verplaatsing der raakpunten ons een beeld van de veranderingen die, zonder dat het evenwicht verbroken wordt, in de twee mengsels kunnen gebracht worden.

Eén greep nog uit den rijken voorraad moge dit vluchtige overzicht besluiten, een herinnering aan de groote wet der „overeenstemmende toestanden", waardoor beter dan het ooit te voren gelukt was, werd uitgedrukt in hoeverre verschillende stoffen op elkaar gelijken en in hoeverre zij zich van elkaar onderscheiden. Zij leert ons dat bij eerste benadering en wat de door VAN DER WAALS onderzochte thermische eigenschappen betreft, de eene zelfstandigheid als een kopie op verkleinde of vergroote schaal van de andere kan worden beschouwd. Als wij weten dat de kritische temperatuur van koolzuur, van het absolute nulpunt af gerekend, dubbel zoo hoog is als die van zuurstof, mogen wij verwachten dat deze laatste stof bij een willekeurig gekozen temperatuur, en koolzuur bij een tweemaal zoo hooge genomen, dezelfde verschijnselen van samendrukking, uitzetting en misschien van verdichting tot vloeistof zullen vertoonen, met dit onderscheid alleen dat ook de drukkingen en de dichtheden in de beide gevallen in zekere bepaalde verhoudingen tot elkaar staan. Zelfs kan men zich een wereld voorstellen, met veel lager temperatuur dan de onze, waarin op gewijzigde schaal het helium dergelijke verschijnselen zou te zien geven als wij nu bij het water opmerken. De wet heeft menige experimenteele bevestiging gevonden, en daar zij deed uitkomen hoe de moleculaire krachten in verschillende gevallen op soortgelijke wijze werken, schonk zij een bevrediging, niet ongelijk aan die welke men ondervond toen ontdekt was dat in ver verwijderde sterrestelsels de zwaartekracht aan dezelfde wet gehoorzaamt als in het zonnestelsel.

Zoo wij ons rekenschap willen geven van den invloed dien VAN DER WAALS op de ontwikkeling der natuurwetenschap heeft gehad, mogen wij de tallooze onderzoekingen van anderen niet vergeten, die in zijn werk uitgangspunt, doel of leiding hebben gevonden. Ik denk in de eerste plaats aan de vele publicaties van het „Van der Waals-fonds" te Amsterdam en aan het laboratorium van KAMERLINGH ONNES te Leiden, waar een lange reeks „bijdragen tot de kennis van het ψ-vlak van VAN DER WAALS" werd geleverd, en waar door de vloeibaarmaking van het helium, naar een vast plan, geheel in den geest van VAN DER WAALS volbracht, de kroon op het werk werd gezet. Hoe uitgestrekt thans het gebied is geworden, dat door de in het voorgaande geschetste denkbeelden beheerscht wordt, kan hieruit blijken dat KAMERLINGH ONNES en KEESOM sedert jaren aan een samenhangend overzicht ervan werken. Eindelijk mag niet onvermeld blijven dat VAN DER WAALS, door de beschouwingen van GIBBS gemakkelijker toegankelijk te maken, en door de aansporing en hulp die hij BAKHUIS ROOZEBOOM heeft gegeven, den bloei der physische chemie krachtig heeft bevorderd.

De Zweedsche Akademie van Wetenschappen is verplicht bij hare beslissingen in het bijzonder het oog te richten op de in de laatste jaren verkregen uitkomsten. In het thans door haar genomen besluit mogen wij daarom niet alleen een hooge waardeering zien van de groote beginselen, door VAN DER WAALS reeds in het begin zijner loopbaan uitgesproken, maar ook een erkenning van de werkkracht en het talent waarmede hij op gevorderden leeftijd steeds voortgaat, het door hem ontworpen gebouw te voltooien, en van de bezieling en opwekking die anderen bij voortduring in zijn werk vinden.

ERNEST SOLVAY [1])

Es drängt mich, in diesen Tagen öffentlich über einen der edelsten Bürger Belgiens zu sprechen; über einen Mann, den ich ganz besonders ehre und schätze.

ERNEST SOLVAY — man wird sich seines Namens aus den Berichten über die der Stadt Brüssel auferlegte Kontribution erinnern — hat mit seinem Genie und seiner Arbeitskraft eine der blühendsten Weltindustrien ins Leben gerufen: in Belgien, Frankreich, Deutschland, Russland, England und den Vereinigten Staaten verschafft die nach seinem Verfahren betriebene Sodafabrikation vielen Tausenden Arbeit und Lebensglück. Auch dieses letztere; denn die Société Solvay und ihre Schwestergesellschaften standen in der Fürsorge für das Wohl der Arbeiter stets in der ersten Reihe.

Das in einer fünfzigjährigen Tätigkeit erworbene Vermögen hat SOLVAY mit der grössten Freigebigkeit zur Förderung kultureller und insbesondere wissenschaftlicher Zwecke angewandt, in der festen Überzeugung, dass ein tieferes Verständnis für die Gesetze der Natur und der Gesellschaft schliesslich das Glück der Menschheit erhöhen wird. Im Parc Léopold zu Brüssel stiftete er ein „Institut de physiologie", eine „École de commerce" und ein „Institut de sociologie". Hiermit nicht zufrieden, nahm er mit Begeisterung einen von Prof. NERNST in Berlin ausgesprochenen Gedanken auf und rief im Herbst 1911 eine kleine Schar von Physikern aus verschiedenen Ländern zusammen, um in mehrtägiger Versammlung wichtige Probleme der modernen Naturwissenschaft zu besprechen.

Nach Beendigung dieses „Conseil de physique", dessen Vorsitz mir anvertraut war, äusserte SOLVAY den Wunsch, weitere wissenschaftliche Forschungen materiell zu unterstützen und zu diesem Zwecke ein „Institut international de physique" zu gründen,

---

[1]) Naturwissenschaften 2, 997, 1914.

wofür er ein Kapital von einer Million Francs zur Verfügung stellte [1]). Mit Prof. HEGER in Brüssel erhielt ich den Auftrag, die Pläne für die neue Stiftung zu entwerfen. SOLVAY liess uns dabei völlig freie Hand, nur sprach er das Verlangen aus, ein Teil der Hilfsmittel des Instituts möge der Wissenschaft in seinem Vaterlande zugute kommen, und bei der Verwendung des übrigen möge die strengste Unparteilichkeit, ohne irgendwelche Vorliebe für bestimmte Nationalitäten beobachtet werden.

Das Institut besteht jetzt seit zwei Jahren. Es hat vielversprechende junge Belgier in den Stand gesetzt, ihre Studien im Auslande fortzusetzen, es hat 1913 einen zweiten, dem ersten analogen „Conseil de physique" zusammengerufen, und jährlich viele Tausende im Interesse wissenschaftlicher Untersuchungen verwendet. Die Verteilung der betreffenden Subventionen wurde dem internationalen wissenschaftlichen Komitee des Instituts überlassen, und dieser aus Vertretern von Belgien, Deutschland, Frankreich, England, Dänemark und den Niederlanden zusammengesetzte Ausschuss hat seine Aufgabe nach bestem Wissen im Sinne SOLVAYS erfüllt.

Die von dem Institut verliehenen Zuschüsse gingen nach allen Seiten, nach Russland, Polen und den Vereinigten Staaten, obgleich — als natürliche Folge der grossen Anzahl fleissiger deutscher Forscher — diese den beträchtlichsten Teil erhielten. Die „Commission administrative" des Instituts, in der die Brüsseler Professoren HEGER, TASSEL und VERSCHAFFELT Sitz haben, war stets bereit, unseren Wünschen entgegenzukommen, wenn es sich darum handelte, Physikern, die eine wichtige Entdeckung gemacht hatten, wie Prof. VON LAUE in Zürich (jetzt nach Frankfurt a.M. berufen) und Prof. STARK in Aachen, die Weiterführung ihrer Experimente zu erleichtern.

Bei den vielen belgischen Gelehrten, denen ich infolge meiner Beziehungen zu dem Solvayinstitut näher getreten bin, habe ich nie die leiseste Verstimmung über unsere einigermassen einseitige Wirksamkeit bemerkt, und überhaupt nicht die geringste Spur einer Deutschland gegenüber weniger freundlichen Gesinnung. Hingegen konnte ich oft beobachten, wie alle SOLVAY's

---

[1]) Über die genannte Versammlung, sowie über die Gründung und die Wirksamkeit des „Institut international de physique" hat bereits Herr Präsident E. WARBURG in zwei Artikeln berichtet, Naturwissenschaften 1, 201, 1217, 1913.

Werk schätzen und bewundern. Der belgische König, der mir die Ehre erwies, mich zu empfangen und sich nach der Wirksamkeit des Instituts zu erkundigen, geht hierin voran.

Zwei Vorträge, die ich vor einigen Monaten im Institut und in der Universität Brüssel hielt, boten mir die Gelegenheit, das rege Interesse der Studierenden von Brüssel, Gent, Lüttich und Löwen für wissenschaftliche Fragen kennen zu lernen, und meine Besprechungen mit jüngeren Physikern hinterliessen mir einen Eindruck, der mich viel von ihnen erwarten lässt.

Unterdes hat SOLVAY fortgefahren, auch nach Gründung des Instituts, mit demselben offenen Blick und in seiner anspruchslosen Weise die Verwirklichung seiner Ideale anzustreben. Im vorigen Jahre ist auch ein „Institut international de chimie" zustande gekommen. Es schliesst sich der Internationalen Association der chemischen Gesellschaften an und besitzt ein ebenso grosses Kapital wie das „Institut de physique". Kurz nachher hat SOLVAY den gleichen Betrag den Interessen der belgischen Arbeiterbevölkerung, insbesondere für Erziehungs- und Unterrichtszwecke gewidmet. Auch die Brüsseler Universität, die bekanntlich keine Staatseinrichtung ist, hat ihm viel zu verdanken.

In den gegenwärtigen Umständen ist es mir leider unmöglich, mich mit den übrigen Mitgliedern [1] des Internationalen wissenschaftlichen Komitees zu beraten. Man wird es indessen begreiflich finden, dass es mir als Vorsitzendem des Komitees ein Bedürfnis ist, SOLVAY zu ehren, und mein Mitgefühl für das schwer heimgesuchte, von ihm in so bewundernswerter Weise vertretene Volk zum Ausdruck zu bringen.

---

[1] Dr. GOLDSCHMIDT in Brüssel; Frau CURIE und Prof. BRILLOUIN in Paris; die Herren WARBURG und NERNST, Berlin; KAMERLINGH ONNES, Leiden; RUTHERFORD, Manchester und KNUDSEN, Kopenhagen.

REDE BIJ DE AANVAARDING VAN HET DOCTORAAT IN DE TECHNISCHE WETENSCHAP, HONORIS CAUSA.
7 MAART 1918 [1])

Laat ik er vooreerst op wijzen, dat, zoo het mij gelukt is, iets tot den vooruitgang der natuurkunde bij te dragen, ik daarvoor ook ruimschoots den tijd heb gehad; in de lang vervlogen dagen, toen mijn tegenwoordige promotor en ik, in zoo aangename samenwerking, te Leiden voor de collegeproeven zorgden, was ik al een twintig jaar aan het werk geweest. En niet alleen werd mij de tijd gegund; ik heb ook aan alle zijden aanmoediging en opwekking gevonden bij leermeesters, oudere en jongere vakgenooten, van wie vele goede vrienden voor mij waren en nog zijn, en bij voortreffelijke leerlingen.

Bovendien heb ik steeds of bijna altijd onder bijzonder gunstige omstandigheden kunnen werken, met veel vrijheid om te doen waar ik lust in had. In mijn studietijd waren de examens niet al te moeilijk en al heb ik later wel eens drukke jaren gehad, nooit is, wat de verplichte werkzaamheden betreft, zooveel van mij gevergd als bv. van vele leden van uwen senaat, voor wie de steeds toenemende bloei der Technische Hoogeschool zich afspiegelt in een zwaar en afmattend examenwerk.

Heel veel heb ik weder hieraan te danken gehad, dat in de laatste halve eeuw de ontwikkeling der natuurkunde zoo mooi en rijk is geweest, zoodat, geloof ik, een fysicus, als hij had mogen kiezen en alles vooruit had kunnen weten, gewenscht zou hebben, juist in dien tijd te leven. In de herinnering is het mede beleven van zulk een bloeitijd als een voortdurende wandeling door een heerlijke landstreek met telkens nieuwe verrassende schoonheden in onverwachte vergezichten; de lust tot onderzoek moest daardoor wel worden opgewekt.

---

1) De Ingenieur **33**, 211, 1918.

Het begon al met de wet op het behoud van arbeidsvermogen, die 50 jaar geleden wel reeds volkomen vaststond, maar toch nog nieuw genoeg was om er enthousiast over te zijn. Mijn leermeester van de Hoogere Burgerschool, Dr. H. VAN DE STADT was dat in hooge mate en wist zijn geestdrift aan ons, jongeren mede te deelen. Zoo genoten wij al vroeg, waarschijnlijk meer dan men het nu kan doen, van HELMHOLTZ's populaire voordrachten over dat onderwerp, van TYNDALL's „Heat considered as a mode of motion" en BOSSCHA's „Behoud van arbeidsvermogen bij den galvanischen stroom". Wat verder gevorderd, na de Hoogere Burgerschool, kon ik de „Mechanische Wärmetheorie" van CLAUSIUS ter hand nemen en aldus de begrippen der thermodynamica en der kinetische gastheorie geleidelijk zien ontstaan, alles een voorbereiding tot de openbaringen, die ik in later jaren bij VAN DER WAALS, BOLTZMANN, VAN 'T HOFF en GIBBS zou vinden, tot de nieuwe inzichten die de leer van het fysisch en chemisch evenwicht en de statistische mechanica mij zouden geven. Evenzoo was de lectuur van FARADAY's „Experimental researches" en van FRESNEL's „Oeuvres complètes" — er was toen nog tijd voor dikke boeken — een voorschool van de electriciteitstheorie en de electromagnetische lichttheorie van MAXWELL.

De verschijning van het „Treatise on electricity and magnetism" van dezen grooten natuurkundige is wel het glanspunt in mijn wetenschappelijke herinneringen; de conceptie van het licht als een electromagnetisch verschijnsel overtrof in stoutheid alles wat ik tot nog gezien had. Maar gemakkelijk was MAXWELL's boek niet! Geschreven in een tijd toen zijn denkbeelden zich allengs ontwikkelden, was het nog niet tot een goed samenhangend geheel versmolten en miste het de rust van het voltooide. Menige vraag liet het onbeantwoord, zoodat ik weet niet welke Fransche fysicus na de lezing verklaarde, het zeer te bewonderen, maar toch niet recht te weten hoe hij zich nu een electrisch geladen bol moest voorstellen.

Eerst langzamerhand is, in den loop der jaren, het essentieele in de theorie van het bijkomstige gescheiden, als het ware in den smeltkroes van vele discussies uitgekristalliseerd, zoodat men thans de hoofdstellingen en de hoofdvergelijkingen der theorie, die ook de grondslag der geheelen electrotechniek zijn, op een klein blaadje papier kan schrijven en het er vooral op aankomt uit de fundamenteele vergelijkingen de tallooze bijzonderheden der verschijnselen af te leiden.

Zoo is de theorie van MAXWELL ook een treffend voorbeeld geworden van de vereenvoudiging die een verbeterd inzicht met zich brengt, een vereenvoudiging, waarvan zij zich het best rekenschap kunnen geven, die zich in de periode vóór MAXWELL hebben afgetobd met de electrodynamische wetten van AMPÈRE, GRASSMANN, RIEMANN, WEBER en CLAUSIUS, met de ongesloten stroomen in de electriciteitsleer en de longitudinale trillingen in de optica, die er naar de toenmalige theorieën schenen te moeten zijn en waarvan men toch nooit iets bespeurd had.

Dat alles verdween nu als sneeuw voor de zon — MAXWELL's werk werd inderdaad in een aankondiging in *Nature* met de zon vergeleken — al zal misschien, wie zal het zeggen, in de toekomst iets ervan weer te voorschijn komen; wij hebben genoeg geleerd, onze theorieën steeds als voorloopige opvattingen, waarmede nooit het laatste woord gezegd is, te beschouwen.

Hoe dit zij, voor het oogenblik kunnen wij zeggen, dat de theorie van het electromagnetisch veld, zooals MAXWELL die heeft ontwikkeld, zoo mooi en eenvoudig is, dat wij de noodzakelijkheid om er iets aan te wijzigen haast zouden moeten betreuren. Enkele later er aan toegevoegde trekken verhoogden nog de schoonheid, zooals POYNTING's stelling over den door de electrische en de magnetische kracht bepaalden energiestroom. Het kost ons thans moeite, ons een natuurkunde zonder die stelling te denken.

Van het ietwat onbevredigende en vage, dat er oorspronkelijk nog in de nieuwe beschouwingen was, ondervond ik het bezwaar het meest, toen ik uit de theorie wilde afleiden in welke mate lichtgolven, als zij zich voortplanten in zich bewegende materie, daardoor worden medegesleept, m.a.w. toen ik wilde beproeven, tot den hierop betrekking hebbenden, door FRESNEL aangewezen meesleepingscoëfficiënt te komen. FRESNEL zelf was daarin, gebruik makende van zijn theorie van een veerkrachtigen aether, op wel vernuftige, maar toch eenigszins gebrekkige wijze geslaagd, en na het succes dat de nieuwe lichttheorie reeds had gehad, lag het nu voor de hand van haar een meer bevredigende oplossing te verwachten. Iets algemeener opgevat was het de vraag, een theorie der electromagnetische verschijnselen op te stellen voor lichamen die zich bewegen, en wel niet, zooals HERTZ het gedaan had, in de onderstelling dat de aether bij die beweging medegaat, maar uitgaande van de hypothese, dat de materie, volkomen doordringbaar voor den aether zijnde, zich door dit medium heen kan bewegen, terwijl dit op zijn plaats blijft. Om dit vraagstuk aan te vatten, was het noodig een redelijke voorstelling te hebben van wat er gebeurt als bv. een koperdraad, terwijl hij zich door den aether heen verplaatst, door een electrischen stroom wordt doorloopen. Er moest een beeld van de electriciteitsbewegingen in het metaal worden ontworpen en het eenvoudigste wat ik kon bedenken, was dat de stroom zou bestaan in een verplaatsing van kleine, electrisch geladen deeltjes. Het denkbeeld sloot zich aan bij veel dat men reeds wist en kon mutatis mutandis op alle electromagnetische werkingen worden toegepast — vroeger, bij de behandeling van de voortplanting van het licht in ponderabele lichamen, had ik al eens iets dergelijks ondersteld. De hypothese had het voordeel, dat het nu voldoende was in te zien wat er gebeurt, als zulk een geladen lichaampje door den stilstaanden aether heen gaat; of liever, want „inzien" is misschien wat veel gezegd, het was voldoende, dat betrekkelijk eenvoudige geval met voor de hand liggende wiskundige formules te behandelen.

Dit is, voor zoover ik er in betrokken was, de oorsprong der electronen-theorie geweest. Ik heb er bijzonder geluk mede gehad; dank zij de experimenteele en theoretische onderzoekingen van vele natuurkundigen hebben de electronen de verwachtingen, die men er eerst van kon hebben, verre overtroffen. Men kon toenmaals niet voorzien, dat zij de bouwsteenen zouden blijken te zijn, waaruit de atomen zijn samengesteld, dat men ze in vrijen toestand zou zien voortvliegen, ze zou kunnen tellen en hun lading en massa zou kunnen bepalen. Ook viel het mee, dat de massa, in verhouding tot de lading, klein genoeg is om het ZEEMAN-effect waarneembaar te maken. Nu kon ZEEMAN, zooals hij geheel onafhankelijk van alle bijzondere theorie, zonder voorafgaande bespreking met mij, deed, de magnetische splitsing der spectraallijnen ontdekken; het zou hem niet gelukt zijn, als de massa der electronen bij dezelfde lading tienmaal grooter was geweest.

Men is onwillekeurig geneigd in het voorkomen der verhouding van massa en lading, zooals zij nu in werkelijkheid is, een bijzondere goedgunstigheid der natuur te zien. Ten onrechte natuurlijk, want het is duidelijk dat men zich onder alle omstandigheden bijzonder zal verheugen over het nog juist voor de waarneming bereikbare, evenals men steeds met zeker gevoel van spijt zal denken aan wat men juist *niet* kan zien. Waren sommige maten in de natuur maar wat anders, dan zou men in staat zijn menig verschijnsel waar te nemen, dat wij nu slechts, met hoeveel vertrouwen dan ook, vermoeden; men zou onderwerpen voor experimenteele dissertaties voor het grijpen hebben.

Nog in een ander opzicht was ik met mijn pogingen voorspoedig; terwijl ik nl. de theorie van den stilstaanden aether verder ontwikkelde, naderde ik de relativiteits-theorie van EINSTEIN.

Ik zeg met opzet „naderde", want ik bracht het niet zoo ver, dat de electromagnetische vergelijkingen voor een zich bewegend stelsel van lichamen *volkomen* denzelfden vorm als voor een rustend stelsel aannamen. Dit te bereiken was voor EINSTEIN weggelegd. Maar ik was er dan toch toe voorbereid zijn theorie te waardeeren en te bewonderen en hem in zijn verdere vlucht, die tot de nieuwe theorie der zwaartekracht geleid heeft, te volgen.

Ik heb mij veroorloofd, bij dit alles stil te staan omdat ik gaarne wilde doen uitkomen, dat in den tijd, waarvan ik spreek, een overvloed van vraagstukken zich aan ons opdrongen, aan de behandeling waarvan een groot aantal natuurkundigen, de een op den ander steunende, zich konden wijden. Wel is waar ontbrak het daarbij ook niet aan moeilijkheden. Niemand blijven de onoplosbare vraagstukken waarmede men te vergeefs worstelt, bespaard en steeds gevoelt men, ondanks alle inspanning, toch maar weinig beneden de oppervlakte der dingen te kunnen doordringen. Wat dit betreft, is het mij alsof, vooral in de laatste jaren, het tafereel minder licht en zonnig dan voorheen is geworden. KELVIN heeft eens een artikel geschreven over de „nineteenth century clouds" die over de natuurkunde hingen; nu, in deze twintigste eeuw, in de dagen der quantentheorie, zijn wij door dichte nevelen omringd, al openen zich nu en dan daar doorheen vergezichten die al het vroegere in diepte en in belofte voor de toekomst overtreffen.

Bij al deze herinneringen, waardoor ik mij, vrees ik, te zeer heb laten medesleepen, was van wat men *techniek* kan noemen nooit sprake; ik heb daarmede slechts weinige punten van aanraking gehad. Nu dit uwen senaat niet heeft weerhouden, mij met een doctoraat in de technische wetenschappen te vereeren, behoef ik daar, naar ik vertrouw, niet uit af te leiden, dat gij nu of in de toekomst technische kennis van mij zoudt verlangen; gij zult wel met mijn warme en levendige belangstelling in de techniek genoegen willen nemen. Bovenal hebt gij, dunkt mij, met uw besluit het innige verband willen doen uitkomen, dat er tusschen de zuivere en de toegepaste wetenschap bestaat en, tot beider heil, bestaan moet.

Zeker, hun doel is niet hetzelfde en de wegen, die zij volgen, loopen vaak zeer uiteen. Ook zijn het veelal verschillende aanleg en neiging geweest, die den een in praktische, den ander in theoretische richting hebben gedreven, terwijl in den loop der jaren gewoonte en oefening hun stempel drukken op onze denkwijzen en opvattingen. De geschoolde ingenieur krijgt allengs een snellen, intuïtieven blik op praktische vraagstukken, die bij den aan abstracte bespiegelingen gewenden natuurkundige gemist wordt; men kan zich in de finesses van het wezen der electronen verdiept hebben en hulpeloos staan tegenover een modern electriciteitsbedrijf. Ook in den vorm waarin de gedachten worden uitgedrukt, spiegelt de wijze van denken zich af. Ofschoon de beschouwingswijzen der electrotechnici zich volkomen aansluiten aan de theorie van MAXWELL, zoodat zij tot de beste propagandisten daarvoor behoord hebben, kan een electrisch ingenieur wel eens moeite hebben met een verhandeling van HERTZ of POINCARÉ. Hij kan zich dan troosten met de gedachte, dat misschien zelfs MAXWELL sommige artikelen in de *Electrician* niet aanstonds verstaan zou hebben.

Intusschen, dit alles doet niets af aan het feit, dat het dezelfde werkingen en wetten zijn, die de natuurkundige opspoort en de technicus toepast, waarbij nog komt dat „opsporen" en „toepassen" alweer niet scherp van elkaar zijn te scheiden. Ook in de zuivere wetenschap heeft men voortdurend met nieuwe gevolgtrekkingen, ware „toepassingen" van het reeds gevondene, te doen, en de technicus zal zijn werk slechts dan goed kunnen doen, als hij de beginselen, waarop het moet berusten, geheel doorgrondt, waarbij ook hij tot nieuwe inzichten in den samenhang der dingen kan geraken.

Principieel maakt het ten slotte niet veel verschil, of men een galvanometer of een dynamo bouwt, een stoommachine of een toestel tot verdichting van gassen; evenmin of men hydrodynamica dan wel hydraulica beoefent, de elastische deformaties van een klein kristalstaafje of een spoorbrug onderzoekt.

Maar het is overbodig, daarover hier verder uit te weiden, waar ieder het in hoofdzaak met mij eens zal zijn. De erkenning van den nauwen samenhang tusschen techniek en wetenschap doet het u begeerlijk achten, dat een zeker aantal uwer leerlingen met een wetenschappelijk onderzoek den doctoralen graad verwerven en heeft u ertoe gebracht, de opleiding van allen op een breeden, zuiver wetenschappelijken grondslag te doen rusten. Zoo mag ook de natuurkundige eenig deel in het werk der Technische Hoogeschool hebben, een deel, waarvan ik de beteekenis vooral hierin zou willen zien, dat haar beoefening een zoo kostelijk middel is om het waarnemingsvermogen te ontwikkelen en over de verschijnselen te leeren nadenken. Natuurlijk zal de omvang beperkt moeten blijven door zooveel anders dat noodig is. Gelukkig echter behoeft men het niet in het „moeilijke" te zoeken. Ook de behandeling van een betrekkelijk elementaire natuurkunde kan, de ondervinding heeft het mij ruimschoots geleerd, als zij maar grondig is, voor de toehoorders, en ook voor den docent van groote waarde zijn. Wat uw studenten betreft, ik ben er van overtuigd dat wie de eenvoudige en doorzichtige verschijnselen der zuivere natuurkunde van alle zijden heeft beschouwd en beredeneerd, en daarbij geleerd heeft den draad goed vast te houden, sterker zal staan tegenover de moeilijke en ingewikkelde vraagstukken die naderhand de praktijk hem zal voorleggen.

Ongetwijfeld zullen in de komende tijden die vraagstukken, steeds moeilijker en van meer beteekenis worden. Bij de gestadige aangroeiing van de bevolking der aarde zullen wetenschap en techniek meer en meer hun uiterste krachten moeten inspannen om, voor zoover het op hun weg ligt, het welzijn en het geluk der menschheid te verzekeren. Wat de treurige tijden die wij beleven nog droever maakt, wat den waanzin van den strijd rondom ons bovenal doet uitkomen, is dit, dat de zorg voor dat *toekomstig* welzijn zoo uit het oog schijnt te worden verloren.

Wij kunnen verzekerd zijn, dat, zoodra weer betere dagen aanbreken, ook aan ons nieuwe en hooge eischen gesteld zullen wor-

den. Ik hoop van harte, dat Nederlandsche ingenieurs in den we-
deropbouw die ons dan wacht en in de voorziening in de behoeften van latere geslachten een ruim deel zullen hebben. Wat zij
reeds gedaan hebben, geeft ons het recht, dit met goed vertrouwen van hen te verwachten.

REDE BIJ DE AANVAARDING VAN HET DOCTORAAT IN
DE GENEESKUNDE, HONORIS CAUSA, BIJ DE HER-
DENKING VAN HET 50-JARIG DOCTORAAT
11 DECEMBER 1925 [1])

Na al de hartelijke woorden die vanmiddag, eerst in de senaatskamer en nu hier, tot mij zijn gericht, zult gij mij wel vergunnen U te zeggen, al kan ik niet alles uitspreken wat ik op het
hart heb, hoe diep de mij bereide verrassingen mij hebben getroffen.

In de eerste plaats betuig ik thans U, Koninklijke Hoogheid,
mijn oprechten dank voor de groote eer die gij mij bewijst door
hier tegenwoordig te zijn. Dat is mij een nieuw blijk, na vele andere, van Uwe warme belangstelling in het wetenschappelijk leven
in ons land, ik mag wel zeggen ook in hetgeen mij persoonlijk betreft. De uiting van mijn diepgevoelde dankbaarheid jegens Hare
Majesteit de Koningin voor de mij verleende hooge onderscheiding mag ik zeker wel tot Uwe Koninklijke Hoogheid richten.

Dat Uwe Excellentie, Mijnheer de Voorzitter van den Minister-
raad, mij van dat eerbewijs mededeeling hebt willen doen en
woorden van gelukwensch en goedkeuring tot mij hebt willen
richten, verhoogt eveneens voor mij in zeer bijzondere mate de
beteekenis dezer plechtigheid. Ik ben er U zeer erkentelijk voor.

Voorts, laat ik dit dadelijk zeggen, gevoel ik het als een groote
eer dat de Akademie van Wetenschappen mijn naam heeft verbonden aan de medaille waarvan Prof. WENT heeft gesproken.
Het stemt mij tot groote vreugde dat de banden die mij met de
Akademie verbinden en die voor mij van veel waarde zijn geweest,
op deze wijze zullen worden bestendigd. Dat de Akademie door
toekenning der medaille tal van goede physici in hun werk zal
kunnen aanmoedigen, is een wensch, op de vervulling waarvan ik
zeker mag vertrouwen.

---

[1]) Physica, Nederlandsch Tijdschrift voor natuurkunde, **6**, 21, 1926.

Waarlijk, men heeft het alles zoo geschikt, dat er geen sprake van mocht zijn, dat ik mij heden, zooals ik mij een jaar geleden nog voorstelde, ver van hier zou bevinden en ik heb nu het gevoel dat ik vandaag nergens beter kon zijn dan in ons oude en geliefde Akademiegebouw. Terwijl ik nu U allen, Dames en Heeren, hartelijk dankzeg voor Uwe vriendelijke belangstelling, gevoel ik bovenal diepe erkentelijkheid jegens de Alma Mater, die toont dat zij hare kinderen niet vergeet, maar hun een warm hart blijft toedragen. Dat blijkt uit de door mij hoog gewaardeerde aanwezigheid van U, Mijne Heeren Curatoren, en het kwam heel duidelijk aan het licht in de wijze waarop gij, Mijnheer de Rector, mij hebt toegesproken. Terwijl ik naar U luisterde, dacht ik weer aan den langen gelukkigen tijd, in eendrachtige samenwerking met de faculteit en met ambtgenooten daarbuiten, hier doorgebracht. Blijvende gevoelens van eerbied, van genegenheid en goede kameraadschap zijn die jaren bij mij opgewekt. Dat thans de Universiteit mij, zoo mogelijk, door het verleenen van een eeredoctoraat nog nauwer aan zich heeft willen verbinden, dat is voor mij een onderscheiding die ik tot de hoogste reken, die ik ooit heb mogen ontvangen.

Wel was het een eigenaardige gewaarwording, daar straks in de Senaatskamer precies dezelfde plaats in te nemen als vijftig jaar geleden, met dit onderscheid alleen dat ik nu een armstoel kreeg. Gelukkig dat ik bij deze tweede promotie geen stellingen had te verdedigen en geen proefschrift had behoeven te schrijven, wat trouwens, daar het nu de geneeskunde betrof, al heel moeilijk zou zijn geweest. Had ik het gedaan, dan had ik mijne dissertatie kunnen opdragen aan mijne vrouw, die bijna deze geheele halve eeuw zich met mij verheugd heeft als het werk goed ging en mij heeft bemoedigd als het eens minder wou vlotten. Dan had ik ook in de voorrede mijn dank kunnen betuigen aan mijn promotor, wat ik nu echter mondeling mag doen. Het was inderdaad een voorrecht, een zoo welwillend beoordeelaar als Prof. VAN DER HOEVE als promotor te hebben, en den lof aanhoorende, dien hij mij, wel wat kwistig gaf, kwam ik zeer onder den indruk van de vriendelijke gezindheid die uit zijn woorden sprak. Ik begrijp ook wel dat, van alle leden der medische faculteit, juist hij het is geweest, die deze taak op zich heeft genomen en dat EINTHOVEN dat zou gedaan hebben als hij niet te Stockholm had moeten zijn.

Tusschen hen beiden en mij bestaat deze band dat, al ben ik, ook nu nog, geen medicus, zij wel goede physici zijn.

Prof. VAN DER HOEVE heeft in zijn toespraak gewaagd van het college dat ik vroeger voor de studenten in de geneeskunde heb gegeven. Dat behoort tot mijn beste herinneringen. Terwijl ik hun een vrij elementair onderwijs gaf, is veel mij zelf duidelijker geworden en ik heb door dit deel van mijn werkzaamheid de gunst gewonnen van tal van medici, nu door het heele land verspreid. Ik bemerk dat telkens als ik een van hen ontmoet, al voel ik het dan als een lichte ontgoocheling dat zij veelal aanstonds zeggen, tentamen bij mij gedaan te hebben, alsof dat nu het allervoornaamste en het aangenaamste was geweest.

Ik weet natuurlijk niet meer hoe al die tentamens zijn afgeloopen, maar wat ik wel weet en graag bij deze gelegenheid nog eens zeg, de groote meerderheid der medici hebben altijd in een studie die zij ook wel eens enkel als een last hadden kunnen beschouwen, een belangstelling getoond zooals men niet beter had kunnen verwachten.

Ik heb U al gezegd dat ik mijn tweede promotie gemakkelijker vond dan de eerste. Maar toch ook die eerste, waartegen ik zoo had opgezien, viel erg mee. Mijn promotor, prof. RIJKE, mocht misschien een eerstejaars student wat ongenaakbaar schijnen, hij had een goed en warm hart; in later jaren zou ik overvloedig gelegenheid hebben, dat te ondervinden.

Wat wij, studenten, bovenal in hem bewonderden, dat was zijn groote nauwgezetheid. RIJKE, die een der eersten was geweest, die de studenten geregeld practisch liet werken, had zich tot regel gesteld dat de collegeproeven nooit mochten mislukken; die werden dan ook met de uiterste zorg en eindeloos geduld voorbereid. Later, toen ik hetzelfde college gaf, is het vaak voorgekomen dat de amanuensis, die ook RIJKE had geholpen, zeide: „Professor, dat moet zoo." Ik heb mij dan, en dat was maar goed ook, naar die aanwijzingen gedragen en mij aan geen nieuwigheden gewaagd.

De andere leden der faculteit die mijn promotie bijwoonden, waren al even toegeeflijk als RIJKE; in het algemeen hadden wij in die dagen het geluk dat ons geen zeer zware eischen gesteld werden. Er was BIERENS DE HAAN, die ons jongeren altijd een voorbeeld van onverpoosde werkzaamheid en inspanning is geweest; ik zou dat later, toen ik met hem aan de uitgave der werken van HUYGENS mocht deelnemen, meer en meer waardeeren. En VAN GEER, die ons op zijn boeiende colleges de poezie der wiskunde had doen gevoelen.

Ik dwaal misschien, Koninklijke Hoogheid, in persoonlijke herinneringen te ver af, maar gij zult het vergeven, daar een gelegenheid als deze er onweerstaanbaar toe dringt. Gij zult gevoelen dat het mij op dit oogenblik een behoefte is, oude leermeesters in dankbaarheid en genegenheid te herdenken. Als ik dat nu doe, dan gaan mijn gedachten nog heel wat verder dan vijftig jaar terug, tot den tijd toen ik bij Meester GEURT KORNELIS TIMMER op de schoolbanken zat. Het was een school voor meer uitgebreid lager onderwijs, met zes klassen en drie onderwijzers, die zich 's morgens, 's middags en 's avonds met ons bezig hielden. Maar er werd een soort van Dalton-onderwijs gegeven en in de avonduren rekende ieder naar zijn lust meebracht. Zoo konden wij heel wat van de lagere wiskunde leeren en, wat de natuurkunde aangaat, wij kregen van Meester TIMMER, die een ijverig lid was van het nog te Arnhem bestaande Natuurkundig Genootschap, en de schrijver van natuurkundige leer- en leesboeken, in de klas menige proef te zien.

Of nu natuurkunde dan wel wiskunde het mooiste vak was, dat was een vraag waaromtrent ik toen twijfelde, maar die ten gunste der natuurkunde beslist werd toen wij, op de hoogere burgerschool gekomen, het levendige onderwijs van VAN DE STADT genoten. VAN DE STADT, pas te Leiden gepromoveerd, plantte op ons de geestdrift over, die bij hem zelf, in de eerste plaats wel door KAISER, gewekt was.

Onwillekeurig ben ik gaan spreken van „wij" en van „ons". Het is omdat ik hierbij denk aan HAGA, die een van mijn paranymphen is geweest, en dien ik, na een 59-jarige vriendschap, tot mijn groote vreugde hier mag zien. Hij zal zich ook nog wel onze levendige discussies op wandelingen in de Arnhemsche bosschen herinneren, de veelal onmogelijke proeven die wij beraamden en hoe wij eens, nogal tot onze tevredenheid, uitmaakten wat de electriciteit eigenlijk wel zou zijn.

Intusschen hadden wij VAN BEMMELEN als leeraar in de scheikunde gekregen en deze bracht mij in den loop der eerstvolgende jaren met KAMERLINGH ONNES en BAKHUIS ROOZEBOOM in kennis. Van hem leerden wij veel, ook buiten zijne lessen, en hij liet

mij mijn eerste onderzoek doen. Ik moest met een windmeter die
aan een lange omhoog gehouden lat was gebonden, met grooter
of kleiner snelheid in een concertzaal ronddraven, en vervolgens,
zoo goed en zoo kwaad als mijn toenmalige wiskunde het toeliet,
het verband tusschen de aanwijzingen van het instrument en de
snelheid waarmee ik geloopen had, in een formule uitdrukken.

Later, toen ik hier zijn collega was geworden, hield VAN BEM-
MELEN mij aan het werk door mij telkens te vragen waarmee ik
bezig was. De vraag was mij wel eens wat pijnlijk, maar hij van
zijn kant maakte mij deelgenoot van zijn denkbeelden en onderzoekingen over colloïden en scheikundige evenwichten. Zoo bracht
hij mij ertoe, in de problemen der physische chemie belang te
stellen. Mijn belooning is geweest dat ik mij ook met BAKHUIS
ROOZEBOOM en SCHREINEMAKERS in de vraagstukken der phasen-
leer heb mogen verdiepen.

Het zal U niet verwonderen, Dames en Heeren, dat ik, in 1870
hier student geworden, bovenal naar het onderwijs van KAISER
verlangde. Het trof goed dat, juist tengevolge van mijn komst,
een college over theoretische astronomie dat door gemis aan deel-
nemers had stilgestaan, weer kon worden gegeven, zoodat ik nog
iets anders te hooren kreeg dan alleen de lessen over elementaire
sterrekunde. Hoe ver ik het gebracht had, zou echter niet blijken,
want KAISER, die het ons ook al niet moeilijk maakte, verklaarde,
toen het tentamen zou plaats hebben, dat hij zulk een spiegel-
gevecht niet verlangde. Nooit zal ik vergeten hoe hij, ondanks
zijne toen reeds verzwakte gezondheid, mij, den jongen verlegen
student aanmoedigend en opwekkend tegemoet kwam.

Sindsdien, en ik mag wel zeggen tot heden, bleven de deuren
der sterrewacht gastvrij voor mij geopend. In de dagen van VAN
DE SANDE BAKHUYZEN was het daar dat ik hulp en steun zocht,
telkens als ik moeilijkheden had of een belangrijke beslissing had
te nemen. BAKHUYZEN, trouw en beproefd vriend als hij was, had
altijd raad en tijd voor mij over en zoo is het tot zijn laatste dagen
gebleven.

Hiermede ben ik, waarde ONNES, tot dat deel van mijn herinneringen gekomen, dat met de Uwe ten nauwste is samengevlochten.
Wat hebben wij, in hartelijke vriendschap samenwerkende, een
mooien tijd gehad. Wij hebben het elkaar dikwijls gezegd: wij zijn
echte gelukskinderen geweest. Van hoevele goede en edele man-

nen hebben wij den invloed ondervonden: ik noemde er al eenigen, maar wij denken vandaag ook aan BOSSCHA en VAN DER WAALS. Hoeveel voortreffelijke leerlingen hebben wij gehad en hoe hebben wij ons verheugd over KUENEN's retrograde condensatie, over ZEEMAN's ontdekking, over de komst van KUENEN, bij wien thans onze gedachten met weemoed verwijlen. Hoe gelukkig, eindelijk, waren wij met Uw succes in het heliumwerk en met Uwe ontdekking van de suprageleiding. Nu is voor ons de avond aangebroken, maar wij hebben de fakkels in goede handen overgegeven. Nog steeds gaan de „Communications" in snelle opeenvolging over heel de wereld en vinden natuurkundigen van heinde en ver in het laboratorium leiding en voorlichting en eene op hoogen prijs gestelde werkgelegenheid. Daarnaast is het colloquium van EHRENFEST voor jongeren en ouderen, hier en van elders, een brandpunt van opgewekt wetenschappelijk leven.

Het driemanschap ONNES, ZEEMAN, FOKKER, dat het uitvoerend comité voor deze herdenking vormt, en tot dat uitvoerend comité mag ik eigenlijk ook wel den heer RÖELL rekenen, wiens medewerking aan de voorbereiding mij tot groote eer strekt, dat driemanschap dan heeft er zorgvuldig voor gewaakt, dat ik niet te veel zou vernemen van wat er gaande was. Maar men heeft mij de namen doen kennen der leden van het nationale comité, een lijst die op zich zelf al een kostelijk bezit voor mij is. Ik vind daarin de namen van de Nederlandsche natuurkundigen aan universiteiten, hoogescholen en elders, de jonge physici met wie ik in de laatste jaren heb mogen samenwerken en van wier wetenschappelijke geestdrift ik heb genoten, vertegenwoordigers van verschillende takken van onderwijs en van menig genootschap, velen van hen en eene enkele van haar aan wie ik de doctorale waardigheid heb mogen verleenen. Ik meen een vertegenwoordiger der studenten te herkennen en dan zijn er de vertegenwoordigers van het Universiteitsfonds, dat, toen ik de wettelijke leeftijdgrens bereikt had, mij in de gelegenheid heeft gesteld, iets voor de Universiteit te blijven doen, en niet heeft misgetast, toen het den levendigen wensch daartoe bij mij onderstelde. Ook de voorzitters van TEYLER's Stichting en van de Hollandsche Maatschappij der Wetenschappen, welke genootschappen mij vergund hebben aan de mooie taak die hun gesteld is, mede te werken en die mij daarbij een niet genoeg door mij te waardeeren vertrouwen hebben geschonken. Nooit hebben zij mij ter verantwoording geroepen als ik een groot deel van mijn tijd moest besteden aan problemen die buiten hun kring vallen, zooals de vraagstukken waartoe de aanstaande afsluiting der Zuiderzee aanleiding geeft. Verder is er de voorzitter der Akademie van Wetenschappen, die straks ook zijn deel in het algemeene koor heeft gehad; ik behoef U nauwelijks te zeggen, waarde WENT, hoe wat gij gezegd hebt, mij tot het hart is gegaan.

Ook andere namen herinneren mij aan een samenwerking die steeds tot mijn beste herinneringen zal behooren, zooals in het Natuur- en Geneeskundig Congres, en in den Onderwijsraad; weer anderen doen mij denken aan de banden, voor mij van veel waarde, die mij met de wereld der chemici en die der ingenieurs verbinden.

Nu moet ik nog iets zeggen van de electronen en andere dingen waarmede ik mij heb bezig gehouden. Prof. ONNES, aan wien ik wel in de allereerste plaats dezen dag te danken heb — hij laat niet licht een gelegenheid voorbijgaan om zijn vrienden en vakgenooten een vreugde te bereiden — heeft van die werkzaamheid een mooi tafereel ontrold en ik zal nu maar niet angstvallig vragen in hoever het mooie ervan te danken is aan den gloed dien zijn genegenheid erover heeft gegoten. Maar laat ik *dit* zeggen. Vijftig jaar is een lange tijd, waarin men werkelijk wel wat mag doen, vooral als men in zoo gunstige omstandigheden heeft verkeerd als met mij het geval was. Menigmaal heb ik ondervonden hoe in ons kleine land van overheidswege, door genootschappen en bijzondere personen wetenschappelijk onderzoek met ruimen blik wordt gesteund en bevorderd. En dan, het was een tijd van haast ongeevenaarden bloei der natuurkunde; allerwege ontsproten nieuwe denkbeelden en somtijds hingen de vruchten voor het grijpen. Ik heb het geluk gehad, deel te mogen nemen aan dat gemeenschappelijke werk, met al de opwekking die in den persoonlijken omgang met hoogstaande vakgenooten gelegen is. En thans ontmoet ik in de lijst der leden van het internationale comité de namen van tal van goede en door mij hooggeschatte vrienden aan wie ik dergelijke aanmoediging te danken heb.

Helaas, een van hen, de waardige HEGER, van wien ik weet dat hij hier tegenwoordig had willen zijn, ontviel ons kort geleden door een droevig ongeval. Hij was het geweest, die met ERNEST

SOLVAY de plannen voor het Institut International de Physique ontwierp, dat eenige malen een groep van natuurkundigen tot gedachtenwisseling over belangrijke vraagstukken heeft bijeengeroepen.

Niet minder onvergetelijk dan deze „Conseils de Physique" blijven mij andere samenkomsten en ontmoetingen, waarin in goede eensgezindheid naar eenzelfde doel gestreefd werd. Zoo rees al spoedig voor mij het beeld — het was deels werkelijkheid, deels ideaal — van een ware broederschap van de beoefenaars der wetenschap in alle landen, een broederschap, die, daarvan ben ik overtuigd, zal blijven bestaan en in kracht en innigheid zal toenemen, welke redenen voor tijdelijke verdeeldheid er ook bestaan mogen hebben.

Chère Madame CURIE. Vous êtes venue, vous et d'autres de mes collègues et amis français et belges, en si grand nombre que nous pourrions presque organiser une de ces petites réunions que nous devons à l'initiative éclairée d'ERNEST SOLVAY et dans lesquelles notre regretté HEGER nous a si souvent souhaité la bienvenue. Ayant gardé de nos conseils de physique les meilleurs souvenirs, je l'aimerais bien, pour ma part, d'autant plus parce que nous pourrions jouir maintenant de la collaboration de M.M. EINSTEIN, BOHR, EDDINGTON, LASAREFF et WOLFKE. Mais vous savez que nos discussions ont toujours été basées sur des rapports qui avaient été préparés d'avance avec bien du soin. Nous n'en avons pas à cette occasion et je me bornerai donc à vous remercier bien sincèrement des paroles que vous avez bien voulu m'adresser. Je suis très heureux de vous voir tous ici et je suis très sensible au grand honneur que me font les corps savants et les sociétés qui vous ont délégués. Permettez-moi de vous dire que j'apprécie hautement les sentiments d'affection et d'amitié que j'ai trouvés chez vous et que notre collaboration a eu pour moi une grande valeur. Soyez sûrs aussi que je n'oublierai jamais mes grands maîtres. Je penserai avec gratitude à FRESNEL et à HENRI POINCARÉ, comme je penserai à CLERK MAXWELL, à BOLTZMANN et à WILLARD GIBBS.

Dass Sie lieber Kollege EINSTEIN, im Namen mancher meiner ausländischen Fachgenossen, freundliche und lobende Worte zu mir gesprochen haben, das gehört mit zum Besten, das dieser Tag mir gebracht hat. Sie wissen wie hohen Wert ich auf die einträchtige Zusammenwirkung der Physiker aller Länder lege. Wir verehren alle dieselben grossen Meister und das erhabene Ziel ist es wohl wert, dass alle Kräfte sich zusammenfügen.

Was uns beiden betrifft, so war es für mich ein grosses Glück, Ihre Freundschaft zu gewinnen und ich muss Ihnen dafür danken, dass die Mühe, die es mir machte, die Relativitätstheorie zu verstehen, dazu beigetragen hat, mich jung zu erhalten. Seien Sie versichert, dass, wenn Sie ihren Flug nicht gar zu hoch nehmen, ich zu denjenigen gehören werde, die am bereitwilligsten sind, Ihnen zu folgen.

En nu hebben allen die in deze lijsten staan en onder wie ik tot mijn blijde verrassing ook mannen aantref, wier levenstaak het is, de uitkomsten van wetenschappelijk onderzoek aan industrie en techniek dienstbaar te maken, met vele anderen wier namen mij nog onbekend zijn, zich vereenigd om dezen dag voor mij en de mijnen in mooien lichtglans te doen stralen. Zij hebben daarbij, met zorg den vorm kiezende, die zij meenden dat mij het meest welkom zou zijn, aan deze herdenking iets willen verbinden, dat aan de studiën die mij lief zijn, zal kunnen ten goede komen. Met groote erkentelijkheid aanvaard ik dit feestgeschenk en neem ik ook de verplichtingen op mij, die het mij oplegt. Ik weet wel dat men van die verplichtingen niet wil hooren, maar voor mijn gevoel bestaan zij toch wel. Welnu, zoolang de zorg voor dit fonds nog niet geheel aan anderen zal zijn toevertrouwd, zal ik mede er naar streven, het in den geest van hen die het gevormd hebben, te doen strekken tot bevordering van wetenschappelijk onderzoek en, kan het zijn, ten bate van de studie aan de Universiteit aan welke ik in velerlei opzicht zooveel te danken heb en die in het middelpunt van mijn leven heeft gestaan.

Zoo keer ik tot mijn uitgangspunt terug. In het begin van het jaar hebben wij op indrukwekkende wijze het 350-jarig bestaan der Universiteit gevierd. In mijn verbeelding zag ik haar toen, terwijl onze levensdraad langzamer of sneller wordt afgesponnen, in eeuwige jeugd voortleven. Moge zij, haar hooge roeping getrouw tot heil van het land, blijven groeien en bloeien, een kweekplaats van de kennis en de gezindheid, waardoor het welzijn en het geluk der menschen verhoogd worden.

PROF. DR. P. ZEEMAN
1900–1925 [1]

Waarde Zeeman,

Er wordt wel eens aan natuurkundigen verweten dat zij, geheel vervuld van hunne tegenwoordige problemen, voor de geschiedenis van hunne wetenschap geen oog hebben. Wat daarvan zijn moge, zeker is het, ik zeg het met schaamte en leedwezen, dat verscheidenen van Uwe vakgenooten, tot wie ik zelf behoor, op het oogenblik het gevoel hebben, dat verwijt te verdienen. Wij stonden versteld toen het bleek dat wij den dag Uwer ambtsaanvaarding, die toch in de annalen dezer universiteit en der Nederlandsche wetenschap een uitblinkende plaats inneemt, hadden kunnen vergeten. En ik kan niet eens zeggen dat het kwam doordat wij te zeer in ons werk verdiept waren.

Gelukkig hebben Uwe leerlingen, oplettender dan wij, ons voor het begaan van een onherstelbaar verzuim behoed en kunnen wij U dan toch vandaag onze hartelijke gelukwenschen brengen en onze diepgevoelde waardeering voor Uw persoon en Uw werk uitspreken. Als een Uwer oudste vrienden mag ik daarbij wel de tolk van allen zijn; in het bijzonder breng ik U de groeten en gelukwenschen van KAMERLINGH ONNES, die zeer tot zijn leedwezen niet heeft kunnen komen.

Ga ik nu in gedachten tot den 12en Maart 1900 terug, dan treft het mij opnieuw, als iets dat toch wel heel bijzonder was, dat een jonge man, op den dag waarop hij het hoogleeraarsambt aanvaardde, de wetenschap reeds met een ontdekking van den eersten rang verrijkt had. Weinige jaren te voren had men allerwege het talent en vernuft bewonderd, waarmee gij de magnetische splitsing der spectraallijnen aan het licht hadt gebracht. Wij waren allen opgetogen over het ZEEMAN-effect, en het nieuwe ver-

---

[1] Rede bij het 25-jarig ambtsjubileum van Prof. ZEEMAN, 12 Maart 1925.
Physica, Nederlandsch natuurkundig Tijdschrift, 5, 73, 1925.

schijnsel was gebleken een hecht steunsel te zijn voor de onderstelling van 't bestaan dier „deelen kleiner dan atomen", waaraan gij Uwe intreerede hebt gewijd. Geen wonder dat gij zelf vol geestdrift waart en dat gij U gingt verdiepen in wat de toekomst verder zou kunnen brengen. Gij twijfeldet er niet aan of dit negatieve ion dat bij Uwe proeven in het spel was, — men sprak toen nog niet van electronen, — moest een fundamenteele rol spelen in alle electrische theorieën.

Misschien was het wel de fundamenteele grootheid waarin alle electrische processen uitgedrukt kunnen worden, want zijn massa en lading schenen onveranderlijk te zijn en ook onafhankelijk van de electrische processen waardoor en van de stoffen waaruit het ontstaat. „Het is dan ook", zoo gingt gij voort, „niet te verwonderen dat door natuurkundigen pogingen worden aangewend, om het verband aan te wijzen tusschen deze kleine ionen van de lichtverschijnselen en de kathodestralen, en de oude atomen van de andere deelen der natuurkunde en der chemie. De atomen der chemie zouden dan moeten zijn opgebouwd uit de kleine ionen die wij leerden kennen, en in het proces waardoor de kathodestralen ontstaan, zouden een of twee daarvan moeten worden losgerukt uit ieder atoom. Maar", dit was een teeken van Uwe bedachtzaamheid, „niemand zal ontkennen dat wij aldus komen in het gebied der onderstellingen, meer of minder waarschijnlijk, maar altijd der onderstellingen. Niet te lang zal de experimentator aan hare beschouwing wijden, maar aangemoedigd door het verkregen resultaat aan nieuwe onderzoekingen beginnen."

En wij hoorden ten slotte: „De experimenteele studie der stralingsverschijnselen, onder eene verscheidenheid van omstandigheden, schijnt mij toe in meer dan eene richting belangrijke bouwsteenen te zullen leveren voor onze natuurkennis.

Het zal mijn streven zijn in het natuurkundig laboratorium op te wekken tot deze onderzoekingen; die zoo nauw in verband staan met de laatste fundamenten waarop de wereld gebouwd is."

Met deze woorden hadt gij, vast en klaar, Uw weg afgebakend en thans, na een kwart eeuw, verheugen wij ons erover dat gij Uw programma getrouw zijt gebleven en dat Uwe verwachtingen, meer zelfs dan gij toen hadt kunnen denken, verwezenlijkt zijn. Hoe de atomen zijn samengesteld, wat er noodig is om er een electron uit los te rukken, en wat, laat ik zeggen, het eigenlijke geheim is van de lichtuitstraling, dat alles is ons geopenbaard. Tegelijkertijd hebben wij een verscheidenheid van verschijnselen leeren kennen, veel rijker dan wij hadden kunnen droomen. Het ZEEMAN-effect zelf heeft heel wat meer ingewikkelde vormen aangenomen dan het triplet waarmee wij eens zoo blij waren, vormen die al spoedig de machteloosheid der toenmalige theorie deden zien en eerst haast verbijsterend werkten. Maar toch, ook hier heeft men allengs orde weten te brengen en naarmate dit gelukte bleek meer en meer, duidelijker nog dan te voren, dat de bestudeering van het ZEEMAN-effect een der kostelijkste middelen is om tot den bouw der materie door te dringen.

Alles te zamen genomen zijn wij getuigen geweest van een ontwikkeling, waarvan men, in gelijke tijdsruimte, nauwelijks een tweede voorbeeld zou kunnen aanwijzen en in die ontwikkeling, mede door U ingeleid, hebt gij door Uwe onderzoekingen gestadig een ruim deel genomen. Eerst in de jaren toen gij naast VAN DER WAALS stondt, den grooten natuurkundige aan wien wij heden met eerbied denken, vervolgens toen gij zelf de leiding van het laboratorium hadt op U genomen en eindelijk in Uw mooie nieuwe werkplaats, met de opening waarvan nu drie jaar geleden een lang door U gekoesterde wensch vervuld werd. En vergeten wij niet hoe gij tal van voortreffelijke leerlingen tot Uwe medewerkers hebt opgeleid en hoe uit verre landen jonge natuurkundigen zijn gekomen die leiding en opwekking bij U zochten; zij allen denken met groote dankbaarheid aan den hier doorgebrachten tijd terug.

Maar, of gij zelf aan het werk waart of zij, op alles werd Uw stempel gedrukt; het werd alles door Uw geest geadeld en droeg de sporen van Uwe nauwgezetheid en volharding, van Uwen eenvoud ook bovenal. Terwijl men onder de bekoring kwam van Uwe gaven, nam men ook iets over van Uw fijn waarnemingstalent en van Uw vermogen om ingewikkelde verschijnselen te ontwarren.

Daarbij bleef steeds het oog gericht op dat *fundamenteele* waarvan gij in Uwe oratie hadt gesproken. Door Uwe onderzoekingen over de meesleeping van het licht door in beweging verkeerende materie wist gij de beroemde uitkomsten van FIZEAU op gelukkige wijze aan te vullen. Een fijne bijzonderheid, die hem ontgaan moest, kwam bij Uwe proeven met volkomen duidelijkheid te voorschijn, en gij hebt het meesterstuk volbracht, de meesleeping van het licht ook in vaste stoffen, kwarts en glas, waar te nemen en nauwkeurig te meten.

Dit waren mooie en belangrijke bevestigingen van EINSTEIN's specieele relativiteitstheorie. Ook een van de grondslagen der algemeene relativiteitstheorie, de gelijkheid van de zware en de trage massa hebt gij op de proef gesteld. Daarvoor diende Uwe gevoelige wringbalans, waarvoor de Amsterdamsche veenbodem te bewegelijk was, en die daarom in den kelder of de vestibule van Uwe woning te Huis ter Heide moest worden opgesteld, zoodat Uwe huisgenooten zich eenigen tijd den hoofdingang versperd zagen. Uw besluit is geweest, ik zeg dit natuurlijk niet voor U, maar voor anderen, dat geen verschil tusschen de waarden der twee massa's kon worden geconstateerd; althans bedroeg het zelfs in een geval waarin men het misschien nog het eerst zou kunnen verwachten, minder dan een vijfmillioenste der massa's zelf. Dit is een precisie 5000 maal grooter dan de door NEWTON bereikte, 80 maal grooter dan die van BESSEL en 24 maal grooter dan die van SOUTHERNS bij zijne proeven in het laboratorium van J. J. THOMSON.

Een ander maal, om nog maar een enkel voorbeeld te noemen, zien wij in Uw laboratorium de BROWN'sche beweging van een fijn draadje onderzoeken of nieuwe gevolgtrekkingen uit de theorie der spectraallijnen aan de waarneming toetsen. En wij verwachten nog altijd dat gij experimenteel zult bevestigen wat de relativiteitstheorie over den invloed eener translatiebeweging op de frequentie van periodieke bewegingen leert. Een moeilijke onderneming, maar als iemand kan slagen, dan zult gij het zijn.

Bedenk ik nu van hoe groote beteekenis voor de natuurkunde de door U behandelde vraagstukken zijn, dan verwijt ik mijzelf bijna, dat ik er toe heb medegewerkt U daaraan menigmaal te onttrekken. Ik denk aan den tijd toen gij met groote en voortdurende toewijding het algemeen secretariaat der Akademie van Wetenschappen vervuld hebt, en vooral aan Uwe vele bemoeiïngen in de jaren 1918 en 1919, als secretaris der Wetenschappelijke Commissie van advies en onderzoek in het belang van volkswelvaart en weerbaarheid. Gij hebt U toen met gansch andere dingen dan electronen en spectraallijnen moeten bezig houden, met het stikstofvraagstuk, de brandstoffenvoorziening, de bestrijding der aardappelziekten. Gij hebt het gedaan, met geduld en goed humeur, omdat gij het als een plicht hebt beschouwd, waaraan gij U in die moeilijke dagen niet mocht onttrekken. Wie, zooals ik, Uwe werkzaamheid in de Akademie en voor de Wetenschappelijke Commissie van nabij heeft gadegeslagen, weet hoeveel dank men U voor dit alles verschuldigd is.

Gelukkig liggen de zorgen van den oorlogstijd nu achter ons en hebt gij U in de laatste jaren weer ongestoord aan Uwe onderzoekingen kunnen wijden, tot eer van Uwe Universiteit en tot eer ook van Nederland. Door menig eerbetoon werden Uwe verdiensten erkend en telkens als U eene nieuwe onderscheiding werd verleend, zooals nu onlangs de FRANKLIN-medaille, hebben wij ons erover verheugd, omdat het *onzen* ZEEMAN gold, onzen ZEEMAN dien we niet alleen bewonderen, maar dien wij ook een zoo groote genegenheid toedragen.

En nu, laat ik U nog eens met de Uwen van ganscher harte met dezen dag gelukwenschen en de hoop uitspreken dat U nog vele jaren van rijken zegen op Uw werk mogen geschonken worden.

CENTENAIRE D'AUGUSTIN FRESNEL
(1788–1827) [1]

Je suis heureux d'avoir l'occasion de dire quelques mots dans cette grande et belle cérémonie, de prononcer quelques paroles en l'honneur d'AUGUSTIN FRESNEL, le grand physicien, le fondateur de l'optique moderne. Je vais exprimer, j'en suis sûr, les sentiments de tous mes confrères, de tous les physiciens étrangers, de ceux qui sont présents ici, comme de ceux qui dans tous les pays du monde pensent aujourd'hui avec nous à AUGUSTIN FRESNEL.

De quelque nationalité et de quelque âge que nous soyons, nous l'honorons tous comme un des grands maîtres de la science, comme un de ceux à qui il a été donné de pénétrer plus profondément et plus loin que les autres les secrets de la nature, comme un de ceux dans lesquels a brillé avec le plus vif éclat le génie inventeur et créateur.

Non seulement nous pensons aujourd'hui aux grands travaux de FRESNEL, aux résultats remarquables qu'il a obtenus et à toute la contribution qu'il a apportée à notre science, et dont l'influence s'est fait sentir dans la physique entière, mais nous pensons aussi aux circonstances dans lesquelles il a travaillé, à la persévérance, au dévouement avec lesquels il s'est consacré à la recherche de la vérité et qui lui ont permis de surmonter les difficultés qui lui venaient de sa santé si délicate et si frêle.

Je ne connais guère d'histoire plus touchante que celle de ses années de travail continu — il n'y en a eu que six ou sept —, des deux années qui suivirent, pendant lesquelles sa santé ne lui permettait presque pas de continuer ses recherches, et enfin de sa mort prématurée.

On m'a prié, et c'est un grand honneur pour moi, de remettre à la Société française de Physique ces adresses, qui sont venues de

---

[1] Allocution au nom des délégations étrangères, 27 octobre 1927.
Revue d'optique **6**, 514, 1927.

bien des pays et dans lesquelles vous trouverez l'expression des sentiments universels de reconnaissance et d'admiration.

Pour ma part, je puis dire que FRESNEL a été un des maîtres auxquels je dois le plus, et je me rappelle encore que lorsque, il y a plus d'un demi-siècle, mes ressources me permirent d'acheter un livre de physique un peu plus étendu que les manuels ordinaires, je me suis procuré la publication par ÉMILE VERDET des *Oeuvres complètes* d'AUGUSTIN FRESNEL. Lorsque j'eus lu l'*Introduction* de VERDET, mon admiration et mon respect s'étaient mêlés d'amour et d'affection; et quelles n'ont pas été les jouissances que j'ai eues, lorsque j'ai pu lire FRESNEL lui-même et étudier ses beaux travaux, admirables par leur simplicité!

FRESNEL n'avait presque pas de laboratoire, souvent même il n'avait pas de laboratoire du tout pour faire ses expériences. Vous savez comment, après le retour de NAPOLÉON de l'île d'Elbe, il avait été interné dans le petit village de Mathieu, parce qu'il avait voulu résister à l'Empereur. Ce fut là que, avec la seule aide du forgeron, il construisit le micromètre avec lequel il sut déterminer la position des franges dans les phénomènes de diffraction, préparant ainsi sa grande théorie de ces phénomènes. Du reste, ses ressources mathématiques étaient aussi modestes que ses instruments d'observation. FRESNEL n'était pas un mathématicien très exercé et je ne sais pas ce qui aurait pu arriver s'il avait dû passer un examen en mathématiques supérieures devant M. ÉMILE PICARD. Mais il a pu pourvoir à tout ce qui lui manquait par son génie et son intuition.

M. PICARD a déjà parlé de la détermination de la surface d'onde dans les cristaux à deux axes, et de la théorie de la double réfraction, qu'on peut peut-être ne pas trouver très rigoureuse, mais qui restera toujours un grand chef-d'œuvre. Puis il y a les formules, connues de tous les physiciens, pour l'intensité de la lumière réfléchie et réfractée, et l'interprétation, par un véritable trait de génie, des grandeurs imaginaires qui apparaissent dans ces formules dans le cas de la réflexion totale. N'oublions pas non plus le célèbre „coefficient de FRESNEL" qui nous permet de dire dans quelle mesure les ondes lumineuses sont entraînées par de la matière en mouvement et qui est devenu une des bases de la théorie de la relativité.

HENRI POINCARÉ a une fois dit que les théories sont passagères comme les vagues de la mer, se suivant comme elles les unes les autres. La comparaison n'est pas tout à fait juste, parce que les vagues ne laissent aucune trace, tandis qu'il reste beaucoup des bonnes théories. Il est resté beaucoup, en effet, des théories de FRESNEL. Elles sont immortelles, bien qu'il y ait eu de grands changements et que nous ayons même vu dans ces dernières années ce retour aux notions de la théorie corpusculaire auquel M. PICARD a fait allusion.

C'est précisément de ces nouvelles conceptions et de la forme qu'elles ont prise dans la mécanique des quanta que nous nous occupons maintenant à Bruxelles dans la réunion du „Conseil de Physique". Nous nous trouvons devant des questions bien difficiles et parfois pleines de mystère. Aussi n'ai-je pu m'empêcher, ce matin, de dire à Mme CURIE: FRESNEL n'y aurait rien compris. Ce fut irréfléchi et je dois me corriger. Certes, si FRESNEL avait pu assister à nos discussions, elles l'auraient tout d'abord effrayé, et il se serait peut-être dit: „Est-ce bien cela qu'est devenue ma physique?" Mais bientôt il serait entré dans nos idées, il aurait su en dégager ce qui est essentiel et fondamental, et je suis sûr que, avec son génie et son don de pénétration, il aurait été, pour nous, un maître et un guide.

Le „Conseil de Physique SOLVAY" à Bruxelles a interrompu ses travaux pendant une journée pour pouvoir s'associer, ce que nous faisons de tout cœur, à l'hommage que nous rendons ce soir à la mémoire d'AUGUSTIN FRESNEL, et nous remercions bien sincèrement la Société française de Physique de nous avoir donné l'occasion de nous joindre à elle.

ANSPRACHE, ANLÄSSLICH DER ÜBERREICHUNG DER LORENTZ-MEDAILLE AN PROFESSOR MAX PLANCK 28 MEI 1927 [1])

Lieber und hochgeehrter Kollege,

Die Physiker aller Länder sind in ihrer Wissenschaft wie gute Genossen, die in friedlichem Wettkampf nach demselben Ziel streben. Der eine freut sich über das, was der andere erreicht hat, und was einer findet, das wird allen anderen zum weiteren Ausbau frei zur Verfügung gestellt.

Ihnen war es beschieden, es ist jetzt 26 Jahre her, einen Gedanken zu fassen, der, wie kaum ein anderer, anregend und befruchtend gewirkt hat. Sie fanden einen köstlichen Edelstein, der, auf dunklem und geheimnisvollem Hintergrund strahlend, sein Licht nach allen Richtungen aussendet, vorher ungeahnte Zusammenhänge erkennen lässt und die entlegensten Gebiete beleuchtet.

Als Sie am 14. December 1900 der Deutschen Physikalischen Gesellschaft die Ableitung Ihrer Strahlungsformel mitteilten, da legten Sie den Grund zur Quantentheorie, zu jener Theorie, die seitdem die sämtliche Physik durchdrungen und umgestaltet hat, und uns immer mehr zu einem zuverlässigen und unentbehrlichen Führer geworden ist.

Es gewährt noch immer einen hohen Genuss, aus Ihren jener Mitteilung vorangegangenen Abhandlungen den Weg, dem Sie damals gefolgt sind, kennen zu lernen. Man sieht dabei klar, dass das grosse Resultat Ihnen nicht in den Schoss fiel. Nicht in leichtem Gedankenspiel wurde es erhalten, sondern in fortwährendem Ringen mit den Schwierigkeiten, einem Ringen, zu welchem andere wichtige Untersuchungen auf verschiedenen Gebieten Sie vorbereitet hatten. Manchesmal waren Sie sogar nahe

---

[1]) Versl. Kon. Akad. Wetensch. Amsterdam. **36**, 532, 1927.

daran, das Ziel *nicht* zu erreichen, bis schliesslich ein glücklicher Einfall die Lösung brachte. Wie das nun kam und zu welcher Zeit, das würden Sie selbst vielleicht schwerlich genau sagen können. Die glücklichen Einfälle, auf welchen in manchen Fällen in letzter Instanz der Fortschritt der Wissenschaft beruht, entziehen sich unserer Beobachtung. Soviel können wir aber sagen, dass, obgleich noch weit mehr nötig ist, sie nur denjenigen zuteil werden, die das durch tiefes Nachdenken und angestrengte Arbeit verdient haben.

Glücklicherweise bestand damals die jetzige Quantenmechanik noch nicht und so konnten Sie sich ruhig und mit gutem Gewissen in der ponderabelen Materie, in oder zwischen den Atomen, die kleinen Gebilde vorstellen, die wir jetzt oft die PLANCK'schen Vibratoren oder Oszillatoren nennen. Die Rolle derselben war es, den Energieaustausch zwischen der Materie und dem Äther zu vermitteln, und Sie stellten sich die Aufgabe, theoretisch zu ergründen, wie sich bei gegebener Temperatur die Energie der Wärmebewegung zwischen den sonstigen Teilchen der Materie, den Vibratoren und dem Äther verteilen wird, und so für jede Wellenlänge die Intensität der Strahlung als Funktion der Temperatur zu bestimmen. Sie konnten sich dabei auf MAXWELL's elektromagnetische Theorie des Lichtes stützen und Sie konnten sich an die schönen Gesetze anschliessen, die wir KIRCHHOFF, BOLTZMANN und WIEN verdanken. Einmal im Besitz dieser Gesetze konnte man sogar sagen, dass nur noch *ein* Schritt fehlte, aber gerade dieser eine Schritt war keinem der Forscher, die sich darum bemüht hatten, gelungen.

Das Problem war, eben wegen des Mitspielens der Strahlung, ungleich schwieriger als die, mit welchen sich Physiker wie MAXWELL, BOLTZMANN und VAN DER WAALS in der kinetischen Theorie der Gase und in der Molekulartheorie überhaupt beschäftigt hatten. Zur Lösung mussten alle Hilfsmittel der Thermodynamik, zu deren Entwicklung und Anwendung Sie selbst in hohem Maasse beigetragen hatten, herangezogen werden. Sie erkannten von Anfang an klar, dass es sich nur darum handelt, die Entropie eines Systems von Vibratoren oder eines Strahlungszustandes im Äther kennen zu lernen, und es stand bei Ihnen im Vordergrund, dass letzten Endes die Entropie mit der grösseren oder geringeren Wahrscheinlichkeit der Zustände zusammenhängt.

Diesen Zusammenhang haben Sie bei vielen Gelegenheiten hervorgehoben. Sie haben auch auf die Bedeutung der Entropie als Maass der Unordnung hingewiesen, und Sie haben den Nachdruck darauf gelegt, dass es in der Strahlungstheorie gar nicht auf alle die rasch und unregelmässig wechselnden Einzelheiten in den Vorgängen ankommt, sondern nur auf das, was sich bei „makroskopischer" Beobachtung, wie Sie es nannten, zeigen kann. Ein bestimmter von uns beobachteter makroskopischer Zustand kann, so lehrten Sie uns, durch mehr oder weniger mannigfaltige mikroskopische Anordnungen und Verteilungen hervorgebracht werden, und eben in dieser Mannigfaltigkeit fanden Sie ein Maass für die Wahrscheinlichkeit und die Entropie.

So spitzte sich die Aufgabe zu in der Frage: in wieviel verschiedenen Weisen kann eine gegebene Energiemenge über eine gegebene Gruppe gleicher Vibratoren verteilt werden? Es lag nahe, bei der Behandlung dieses Problems die gegebene Energie zunächst in eine grosse Zahl zwar kleiner, aber doch endlicher Teile zu zerlegen; auf die Verteilung dieser „Energieelemente" konnten ohne Mühe die Regeln der kombinatorischen Analyse angewandt werden.

Es war sehr natürlich, diese Behandlungsweise zu wählen, aber bei der damaligen Auffassung einer unbeschränkten Teilbarkeit der Energie wäre es für manchen Physiker ebenso natürlich gewesen, in der Endformel die Energieelemente unendlich klein werden zu lassen. Wer das getan hätte, der wäre zu dem richtigen, mit den Beobachtungen übereinstimmenden Resultat nicht gekommen. Sie aber hatten den Mut, die unbeschränkte Teilbarkeit der Energie zu verneinen und die Energieelemente oder „Quanten" endlich bleiben zu lassen. Aus dem WIEN'schen Gesetz konnten Sie folgern, dass das Energieelement der Schwingungszahl des Vibrators pro Sekunde proportional sein muss und also dem Produkte dieser Zahl mit einer universellen Konstante gleichgesetzt werden kann. Diese Konstante bezeichneten Sie mit dem Buchstaben h; wir nennen Sie in allen Ländern das PLANCK'sche h.

Als Sie einmal so weit waren, da kam mit einem Schlage Ihre Strahlungsformel zum Vorschein.

Ich darf nicht unterlassen zu erwähnen, dass bei diesem Ergebnis auch die merkwürdige Wechselwirkung mitgespielt hat, die in jenen Tagen in Ihrem Lande zwischen der theoretischen und der experimentellen Forschung auf dem Gebiete der Strahlung bestand, wobei bald die eine, bald die andere vorangeeilt war.

Dass nun die Strahlungsformel sich glänzend bewährt hat, brauche ich kaum zu sagen. Sie war das erste Ergebnis und ist noch immer eine der schönsten Früchte der Quantentheorie, die von da an sich in bewundernswerter Weise entwickelte. Immer weitere Gebiete der Physik hat sie unter ihre Herrschaft gebracht und es ist keine Übertreibung zu sagen, dass man es bei der Hälfte oder mehr (denn ich habe sie nicht alle gezählt) der Untersuchungen, die jetzt in den zahlreichen rastlos arbeitenden Laboratorien im Gang sind und ebenso auch bei einem beträchtlichen Teil des Inhaltes unserer Zeitschriften irgendwie mit der Quantentheorie zu tun hat. Ihr ist es zu verdanken, dass wir nicht nur die Spektren, sowohl des Lichtes wie auch der Röntgenstrahlen, in allen Einzelheiten kennen, sondern auch die Sprache, die sie zu uns reden, verstehen. Quantenregeln bestimmen die Erzeugung von Licht und Röntgenstrahlen durch Elektronenstoss und umgekehrt das Loslösen der Elektronen beim photo-elektrischen Effekt. Und Quantenbedingungen, stets die Konstante h enthaltend, sind es, die die Bewegung der Elektronen in den Atomen regeln. Infolgedessen macht sich Ihre Konstante auch bei allen Wirkungen, die von den Atomen ausgehen, und in der Art und Weise wie sie sich zu Molekülen und Kristallen zusammenfügen bemerklich.

Indes, mehr noch als an der Fülle der Ergebnisse, liegt dem forschenden Geiste an den Grundlagen der Theorie. Mit der Einführung der Quanten haben Sie der alten Auffassung einer völligen Kontinuität in den Erscheinungen ein Ende gemacht und wir haben uns allmählich vertraut gemacht mit dem Gedanken, dass, wenn wir tief in die Welt der Atome und Elektronen eindringen, wir die Vorgänge nicht stetig, sondern in kleinen Sprüngen verlaufen sehen. Auch ist uns die Vorstellung geläufig geworden, dass in vielen Fällen mit einer bestimmten Schwingungsfrequenz eine ihr proportionale Energiemenge in irgend einer Weise verbunden ist. Dass hier noch vieles im Dunklen liegt ist nicht Ihre Schuld. Sie haben, indem Sie sich an der weiteren Entwicklung der Theorie beteiligten, immer darnach getrachtet, ihren Sinn möglichst klar hervortreten zu lassen, und den Versuchen, die jetzt in verschiedenen Richtungen gemacht werden, um die Gegensätze zwischen der Quantentheorie und der klassischen Mechanik durch passende Umänderung dieser letzteren zu mildern, stehen Sie sympathisch und ermutigend gegenüber.

Wir können nicht wissen, was das Schicksal dieser Bestrebungen sein wird; wer wagt es zu sagen, wie die Physik nach abermals 25 Jahren aussehen wird? Auf dem Gebiete, von dem jetzt die Rede ist, steht aber Eines doch wohl fest. Schon der Umstand, dass man aus der Beobachtung sehr verschiedener Erscheinungen trefflich übereinstimmende Werte für die Konstante h gefunden hat, beweist, dass wir auf dem rechten Wege sind. Wie sich auch die Theorien gestalten mögen, man kann sich keine Zukunftsphysik denken, in der Ihre Konstante keine Rolle spielen würde, ebenso wenig wie man sich eine Physik vorstellen kann, in der nicht die Rede wäre von der Lichtgeschwindigkeit, der elementaren elektrischen Ladung oder der Gravitationskonstante.

Das Licht, das die Quantentheorie über weite Gebiete der Physik verbreitet hat, ist so hell, dass es fast Ihre eigenen sonstigen Leistungen verdunklen möchte. Doch wäre das zu Unrecht und ich möchte daher, wenn auch nur in kurzen Worten, auch auf diese einiges Licht fallen lassen. Ich denke z.B. an Ihre klassischen Lehrbücher, Freunde der Studierenden in aller Welt, an Ihre wunderschöne Berechnung der Potentialdifferenzen in elektrolytischen Lösungen, an Ihre zahlreichen anregenden und gedankenvollen Vorträge und Reden. Was diese letzteren anbetrifft, so haben wir hier in Holland den Vortrag über die Einheit des physikalischen Weltbildes, den Sie in 1908 vor den Leidener Studenten hielten, nicht vergessen.

Jetzt, da ich von Ihrem früheren Besuch spreche, erinnern wir uns der schönen freundschaftlichen Beziehungen, die fortwährend zwischen Ihnen und vielen von uns, zu denen ich mich rechnen darf, bestanden haben. Mir persönlich kommt auch Ihre Beteiligung in den Sinn an der ersten SOLVAY-Konferenz, die wir der damals noch jungen Quantentheorie widmeten, ebenso wie für dieses Jahr die gereifte Theorie auf dem Programm steht.

Und nun gereicht es uns zu grosser Freude, Sie aufs neue, diesmal mit Ihrer verehrten Frau Gemahlin, herzlich in diesem Lande wilkommen zu heissen, und Ihnen zu sagen, wie sehr wir Sie, und nicht nur um Ihre wissenschaftlichen Verdienste, hochschätzen und verehren.

Diese Medaille, die ich Ihnen zu überreichen jetzt das Vergnügen habe, möge diese Gefühle zum Ausdruck bringen; dass sie Ihnen gebührte stand sofort, als von der Verleihung die Rede war, bei uns fest. Sie wissen, dass die Akademie mir die Ehre erwiesen hat, meinen Namen mit derselben zu verbinden. Die Ehre wird für mich ungemein dadurch erhöht, dass Sie sich die Mühe haben geben wollen, die Reise nach Holland zu machen um sie persönlich zu empfangen, und dass Sie der erste Inhaber sind, wird für alle, die nach Ihnen kommen, dieser Auszeichnung einen grösseren Wert verleihen.

Ich schliesse, lieber Kollege, mit den besten Wünschen für Ihr zukünftiges Wohl. Möge Segen auf Ihnen und Ihrer Arbeit ruhen und möge dieser Tag bei Ihnen und den Ihrigen in freundlicher Erinnerung bleiben.

LORD KELVIN (1824–1907) [1]

De groote natuurkundige, wiens stoffelijk overschot heden in de Westminster Abdij wordt bijgezet, behoorde tot de weinige uitverkorenen wien het vergund is, met ver-reikenden en diepgaanden blik nieuwe wegen voor den ontwikkelingsgang der menschheid te banen. Onvergankelijk is de invloed dien hij op zijne wetenschap en op onze wereldbeschouwing heeft gehad, door eene werkzaamheid, zoo vruchtbaar tot het einde toe, dat hij thans, op hoogen leeftijd heengegaan, eene leegte achterlaat, die alom diep gevoeld wordt. Zóó rijk en vol was zijn leven, dat hij, in het begin zijner loopbaan een der schitterendste vertegenwoordigers van het bloeitijdperk der physica van een halve eeuw geleden, de evenknie van HELMHOLTZ en CLAUSIUS, zich als grijsaard met een geestdrift waarom jongeren hem moesten benijden, op de problemen kon werpen, die een nieuwe tijd aan de orde had gesteld.

Het getuigt voorzeker van eene zeldzame en bewonderenswaardige veerkracht, dat WILLIAM THOMSON, later LORD KELVIN, gedurende een halve eeuw in het voorste gelid is gebleven van eene zich snel ontwikkelende en vervormende wetenschap. Hoe groot de afstand is, dien hij heeft moeten afleggen, wordt ons duidelijk wanneer wij in eene zijner eerste verhandelingen — van 1848 — lezen: „De omzetting van warmte in mechanisch arbeidsvermogen is waarschijnlijk onmogelijk, en zeker nog niet ontdekt" en verder: „Dit schijnt het gevoelen te zijn van allen die over het onderwerp hebben geschreven. De tegenovergestelde meening is echter verdedigd door JOULE te Manchester, daar eenige hoogst merkwaardige proeven die hij over het ontstaan van warmte bij de wrijving van vloeistoffen heeft genomen, en sommige welbekende verschijnselen bij electromagnetische werktuigen een wer-

---

[1] Nieuwe Rotterdamsche Courant, 23 Dec. 1907.

kelijken overgang van mechanisch arbeidsvermogen in warmte
schijnen te bewijzen; maar proeven, waarbij de tegenovergestelde
omzetting plaats heeft, zijn niet door hem aangevoerd."

Wel voegde KELVIN hieraan toe, „dat in deze fundamenteele
vragen der natuurwetenschap nog veel in het duister gehuld is,"
maar blijkbaar had hij vooralsnog vrede met de meening, die
thans zoo ver van ons af schijnt te liggen, dat warmte iets zou
zijn, dat niet kan worden vernietigd, maar hoogstens tijdelijk
voor onze waarneming kan worden verborgen. Hij ging dan ook
mede met de vernuftige opvatting van de werking eener stoommachine, die SADI CARNOT in 1824 had verkondigd: dat de machine arbeid kan verrichten, is alleen daaraan te danken, dat de
warmte die aan den stoomketel wordt medegedeeld, ten slotte in
het koelwater van den condensor terecht komt. De warmte *valt*
van eene hoogere naar eene lagere temperatuur, zooals het water,
dat een rad drijft, van een hooger tot een lager niveau daalt.

Weldra zien wij echter KELVIN de boeien eener oude en mach-
tige theorie verbreken. Eenige jaren later treedt hij op als overtuigd voorstander van de vergankelijkheid en omzetbaarheid der
warmte, en wordt hij, steunende op de onderzoekingen van MAYER
en JOULE, met HELMHOLTZ en CLAUSIUS, een der grondleggers van
de theorie, dat warmte een der vele vormen is, die het *arbeidsvermogen* kan aannemen, en daarmede van de groote leer van het Behoud van Arbeidsvermogen, die de natuurkunde tot nieuw leven
wekte, en het besef van den onderlingen samenhang aller physische werkingen in zich sluit.

Dat er in de beschouwingen van CARNOT een kern van blijvende waarde school, werd daarbij niet over het hoofd gezien. Evenals CLAUSIUS, en onafhankelijk van dezen, zag KELVIN in dat, al
moet men het denkbeeld laten varen, dat *alle* warmte in het koelwater wordt teruggevonden — daar een deel ervan verdwenen
is — de „temperatuurval" van CARNOT toch iets zeer essentieels
is. Hij merkte op dat geen thermodynamische machine mogelijk
zou zijn, zoo men niet over twee *verschillende* temperaturen kon
beschikken, en dat het deel der warmte dat voor mechanischen
arbeid kan worden verbruikt, door de grootte van den temperatuurval bepaald wordt; ook kwam hij tot het besluit dat de hiervoor geldende regel dezelfde is, onverschillig of men met eene
stoommachine te doen heeft, of zich van verhitte lucht of van

eenig ander middel waarbij de warmte in het spel is, bedient. Zoo was hij al spoedig in het bezit, niet alleen van de wet van 't behoud van arbeidsvermogen, den *eersten* grondregel der warmteleer, maar ook van wat men de *tweede* wet der thermodynamica noemt, de wet die betrekking heeft op de wijze waarop, en de mate waarin de verschillende vormen van het arbeidsvermogen in elkaar kunnen worden overgebracht.

Het overwegend belang dezer beginselen berust op hunne volstrekt algemeene geldigheid. Toepassing op nieuwe gevallen heeft tallooze malen ons inzicht verhelderd, nu eens leidend tot een beter verstand van den samenhang der verschijnselen, dan weer tot de voorspelling van te voren onbekende werkingen, door welker waarneming dan de hechtheid der grondbeginselen opnieuw werd vermeerderd.

KELVIN heeft aan dit alles een ruim aandeel gehad. De leer van het arbeidsvermogen stelde hem in staat om, zooals ook HELMHOLTZ deed, een verband te leggen tusschen twee groepen van werkingen, die men bij het onderzoek der electrische verschijnselen had leeren kennen, aan den eenen kant de krachten die metaaldraden, waarin electrische stroomen loopen, op elkander of op magneten uitoefenen, aan den anderen kant de inductiestroomen die FARADAY ontdekt had. Hij wees aan hoe in alle gevallen, waarin een electrische stroom door beweging wordt voortgebracht, zooals wij het thans op groote schaal met onze dynamo's en wisselstroommachines doen, het arbeidsvermogen van den stroom, gemeten bv. door de hoeveelheid warmte die hij kan ontwikkelen, juist overeenkomt met den arbeid, die aan het drijven van het werktuig besteed wordt. Zonder overdrijving kan men zeggen dat, zoo deze samenhang niet in het licht was gesteld, van onze electrotechniek geen sprake had kunnen zijn. Eene soortgelijke beschouwing paste hij toe op de stroomen, die met behulp van galvanische elementen worden verkregen. Hier beantwoordt de door den stroom ontwikkelde warmte aan de scheikundige werkingen die in de elementen plaats hebben, eene opvatting, die weldra door BOSSCHA verder werd ontwikkeld en experimenteel op de proef gesteld.

Wat de tweede wet der thermodynamica betreft, het beginsel dat in onze dagen een groot deel der natuurkunde beheerscht, en voor den physico-chemicus de draad is geworden waarmede hij

zijn weg vindt in den doolhof der verschijnselen die hij te bestudeeren heeft, was KELVIN's eerste werk, er eene definitie van de
temperatuur uit af te leiden. Het feit, dat de aanwijzing van een
kwikthermometer een weinig verschillend uitvalt naar gelang
van de glassoort waaruit hij gemaakt is, en dat dergelijke afwijkingen bestaan wanneer men zich van een luchtthermometer of
van andere op deze of gene werking der warmte berustende toestellen bedient, deed de vraag rijzen, hoe men aan de hopelooze
verwarring, die hieruit bij nauwkeurige temperatuuropgaven
moest ontstaan, zou kunnen ontkomen. Aan KELVIN heeft men
het te danken, dat een temperatuurschaal is vastgesteld, onafhankelijk van de bijzondere eigenschappen van eenig lichaam, en
waartoe de aanwijzingen van elken thermometer kunnen worden
herleid. Wanneer men tegenwoordig de temperaturen bepaalt,
die met vloeibare waterstof of in den electrischen oven worden
verkregen, streeft men ernaar, de getalwaarden te weten te komen
die aan KELVIN's definitie beantwoorden.

Verder gaf hij aan hoe de mate waarin het kookpunt eener
vloeistof van den druk afhangt, in verband staat met de verdam-
pingswarmte en het volume van de vloeistof en den damp die er-
uit ontstaat. De uitkomst kan tot vele andere soortgelijke gevallen worden uitgebreid; en zijn broeder JAMES THOMSON behandelde aanstonds op dezelfde wijze het vraagstuk van de betrekking tusschen den druk en het vriespunt. Het met het oog op vele
werkingen in de natuur belangrijke feit, dat het smeltpunt van
ijs bij drukverhooging daalt, kwam daardoor in een helder licht;
en KELVIN zelf slaagde erin, de voorspelling der theorie, dat voor
elke atmospheer drukverhooging het vriespunt 0,008° C moet
verlaagd worden, experimenteel te bevestigen.

Maar ook geheel nieuwe en onverwachte verschijnselen bleven
niet uit. KELVIN had, evenals CLAUSIUS, den moed, de wetten
waartoe hem de beschouwing der stoommachine met de twee
verschillende daarbij voorkomende temperaturen geleid had, toe
te passen op een uit twee metalen samengestelden kring, waarin
door verwarming van een der contactplaatsen een electrische
stroom wordt opgewekt; de warme en de koude aanrakingsplaats
werden daarbij met den stoomketel en den condensor vergeleken.
Hij besloot uit de op dit gebied verrichte waarnemingen dat in
een metalen staaf, waarvan de uiteinden op ongelijke tempera-

turen worden gehouden, en die door een electrischen stroom wordt doorloopen, nog eene andere werking moet plaats hebben dan de gewone door den geleidingsweerstand bepaalde warmte-ontwikkeling; gaat de stroom in de eene richting, dan wordt er eene meerdere hoeveelheid warmte ontwikkeld, terwijl er eene evengroote hoeveelheid verdwijnt als de stroom wordt omge-keerd. Bovendien heeft, wat vooral merkwaardig is, het nieuwe verschijnsel niet in alle metalen dezelfde richting; een stroom, die van het warme naar het koude einde geleid wordt, heeft in het eene metaal eene verwarming, in het andere eene afkoeling ten gevolge. KELVIN zelf heeft de voorspellingen der theorie voor eenige metalen bevestigd gevonden, en naderhand is het „Thom-son-effect", zooals het verschijnsel gewoonlijk genoemd wordt, vooral door HAGA en een van diens leerlingen zorgvuldig onder-zocht. Dezelfde natuurkundige heeft ook eene zeer nauwkeurige bevestiging gegeven van de formule, die KELVIN had opgesteld voor de geringe temperatuurveranderingen, waarvan het plotse-linge spannen en ontspannen van metaaldraden vergezeld gaat.

In KELVIN waren op zelden voorkomende wijze de talenten ver-eenigd van een proefnemer en een theoreticus, een uitvinder en een wiskundige. Onafzienbaar is de reeks zijner tot in de laatste jaren voortgezette onderzoekingen over onderwerpen die slechts met de hoogste en fijnste hulpmiddelen der wiskunde kunnen worden bestudeerd; de eigenschappen van veerkrachtige licha-men, de golfbeweging der vloeistoffen en de weerstand dien licha-men bij hun voortgang in eene vloeistof ondervinden, treden daarbij op den voorgrond. Men begrijpt nauwelijks hoe de onver-moeide onderzoeker den tijd en de kracht voor werk van dezen omvang heeft kunnen vinden. Gelijke bewondering wekt het groote, in samenwerking met TAIT ondernomen „Treatise on na-tural philosophy", waarin de schrijvers zich een helaas onafge-werkt gebleven eerzuil hebben gesticht.

Van een uitgesproken voorliefde voor wiskundige behandeling der natuurverschijnselen gaven reeds de eerste verhandelingen van 1841 en de volgende jaren blijk. Zij waren gewijd aan de theorie der warmtegeleiding en verdienen bovenal de aandacht om eene gevolgtrekking die de schrijver daaraan vastknoopte. De vergelijkingen die de uitbreiding der warmte in een geleidend lichaam bepalen, stemmen in vorm overeen met formules waartoe men sedert lang bij de beschouwing der onderlinge werkingen van geëlectriseerde lichamen gekomen was. Maar, hoewel de mathematische vorm dezelfde was, had men de twee klassen van verschijnselen op zeer verschillende wijze opgevat. Niemand twijfelde eraan dat in een staaf die een warm en een koud voorwerp verbindt, de warmte geleidelijk van de eene laag op de andere overgaat. Daarentegen dachten de meesten bij de aantrekkingen en afstootingen tusschen geëlectriseerde voorwerpen aan eene rechtstreeksche werking op een afstand, of beproefden althans niet, zich er rekenschap van te geven, hoe ook hier de invloed van het eene lichaam op het andere door eene tusschen beide aanwezige middenstof zou kunnen worden voortgeleid.

Dat nu ook deze laatste beschouwingswijze even goed als op de warmtegeleiding, op de electrische krachten van toepassing moest zijn, was het besluit dat KELVIN uit de mathematische overeenstemming tusschen de twee vraagstukken trok, en zoo werd hij op zijne eigen wijze geleid in de richting die FARADAY had ingeslagen, en waarin CLERK MAXWELL zich verder bewoog, toen hij de schepper der hedendaagsche electriciteitsleer werd.

Ook op dit gebied is KELVIN's werk, al staat het bij dat van MAXWELL achter, van hooge beteekenis, getuige reeds wat MAXWELL zegt omtrent hetgeen hij aan zijn ouderen vakgenoot te danken heeft. De theorie van het magnetisme werd op nieuwen grondslag gevestigd, waarbij KELVIN vooral zijne aandacht wijdde aan de magnetische eigenschappen der kristallen, die eene bijzondere bekoring voor hem hadden. Voorts bewees hij groote diensten aan het experimenteel onderzoek door de uitvinding van zijne meetinstrumenten, electrometers en galvanometers van te voren niet bereikte gevoeligheid. Welken invloed hij indirect door deze meetwerktuigen op den vooruitgang der physica heeft gehad, kan men eenigszins afleiden uit het feit, dat de firma White te Glasgow, die uitsluitend tot taak heeft, KELVIN's instrumenten te maken, een tweehonderdtal werklieden onder een staf van wetenschappelijke personen in haren dienst heeft. Nog in menig ander opzicht bleek, hoe bij KELVIN de wetenschappelijke theorie en de toepassing daarvan hand aan hand gingen. Aan zijne bijdrage tot de theorie van het magnetisme sloot zich de uitvinding van een aanmerkelijk van de bestaande modellen afwijkend en veelvuldig gebruikt kompas aan; bij zijne beschouwingen over de voortplanting van electrische evenwichtsverstoringen in lange geleiders, het bedenken van hulpmiddelen om de bij de voortleiding zeer verzwakte stroomen nog merkbare teekens te laten voortbrengen. Daardoor was hij de eerste die de transatlantische telegraphie mogelijk maakte.

Vergeten wij ook niet dat men aan hem de berekening te danken heeft van de wisselingssnelheid der heen- en weergaande stroomen die ontstaan wanneer de bekleedselen van een geladen Leidsche flesch door een metaaldraad van kleinen weerstand worden verbonden. Zijne formule is door latere waarnemingen herhaaldelijk bevestigd en vormt den eersten stap in de theorie der electrische trillingen, die HERTZ naderhand bij zijne beroemde proeven onderzocht, en die in de draadlooze telegraphie eene algemeen bekende toepassing vinden.

KELVIN's onderzoekingen over de warmtegeleiding waren ook het uitgangspunt voor bespiegelingen over een geheel ander onderwerp, over den ouderdom der aarde in haar bewoonbaren toestand, d.w.z. over den tijd die er verloopen is, sedert zij voor het eerst levende wezens kon herbergen. De gedachtengang is, nu hij ons eenmaal gewezen is, eenvoudig genoeg. Uit de waarneming der temperatuur op verschillende diepten in de aardschors kan men afleiden op welke diepte de warmtegraad zoo hoog zal zijn dat het gesteente geacht kan worden in gesmolten toestand te verkeeren; verder, uit de gevonden dikte der vaste laag, in verband met het geleidingsvermogen der rotsen, hoeveel warmte de aarde jaarlijks, door de schors heen, verliest; eindelijk is het mogelijk, daar men ook kan nagaan, hoeveel warmteverlies voor de stolling van eene schors van zekere dikte noodig is geweest, te bepalen hoe lang het geleden is sedert het vastworden begon. Het is duidelijk, dat bij zulk een vraagstuk alleen van schattingen met eene wijde speelruimte sprake kan zijn, maar reeds deze zijn van gewicht, vooral met het oog op de vraag of de geologen recht hadden om, zooals zij plachten te doen, bij de verklaring van de vorming der aardlagen den tijdsduur waarin die heeft plaats gehad, zoo lang te onderstellen als zij maar wilden. Ofschoon de tijd dien KELVIN hun toemat vele millioenen van jaren telt, was die toch aanmerkelijk korter dan men zich wel eens had voorgesteld. Ongelukkigerwijze is er één bezwaar tegen KELVIN's theorie te maken; latere onderzoekingen hebben in de omzetting van radio-actieve

stoffen in de aarde eene mogelijke bron van voortdurende warmteontwikkeling, die hij niet vermoeden kon, aangewezen.

Tot zijne bespiegelingen over het verleden der aarde, waarmede hij zich, naar men zegt, reeds in zijne jeugd had bezigge-
houden, is KELVIN telkens weer teruggekeerd. Hij trachtte ook
zich een denkbeeld te maken van de wijze waarop het organisch
leven op onze planeet kan zijn begonnen, en een blik in de toekomst van de aarde en het zonnestelsel te slaan. Tot dit laatste
werd hij trouwens reeds door zijne thermodynamische studiën gebracht. Terwijl hij nadacht over de omzetting van warmte in mechanisch arbeidsvermogen en omgekeerd, werd het hem duidelijk
dat in de natuur overgangen van het arbeidsvermogen in bepaalde
richting de overhand hebben boven de tegenovergestelde. Het
mechanisch arbeidsvermogen vertoont eene neiging om in warmte
te veranderen — waaraan zelfs, zooals hij opmerkte, de aswenteling der aarde niet ontsnapt — en de warmte streeft er dan verder naar, zich zoo gelijkmatig mogelijk te verdeelen. Dit is de
leer van wat hij de „dissipation" of „degradation" van het arbeidsvermogen noemde. In het geval van de aswenteling der
aarde vond hij den vertragenden invloed in de getijden van den
oceaan, aan de bestudeering waarvan, ook uit andere gezichtspunten, hij veel moeite heeft besteed.

KELVIN hield ervan, de uitkomsten zijner onderzoekingen en
bespiegelingen ook in een voor een ruimen kring van hoorders en
lezers toegankelijken vorm te brengen. Zijne talrijke „Popular
lectures and addresses" vullen een drietal deelen, zich waardig
aansluitende bij de „Mathematical and physical papers", eveneens drie deelen, de „Papers on electrostatics and magnetism" en
de „Baltimore lectures on molecular dynamics and the wave
theory of light." Dat de rijke inhoud dezer werken hier niet nader
in het licht kan worden gesteld, behoeft geen vermelding. De
„popular lectures" bevatten ware juweelen van uiteenzetting,
alleen moet uit het woord „populair" niet altijd worden opgemaakt dat *ieder* ze zou kunnen lezen.

Er moet nog op gewezen worden hoe KELVIN boven alle andere
vragen zijne aandacht vestigde op die, welke op het diepliggende
en verborgen wezen der dingen, voor zoover het tot het gebied der
physica behoort, betrekking hebben. Met zijne vruchtbare verbeelding mat en woog hij de atomen en molekulen, en beproefde,

zooals HUYGENS het twee eeuwen vroeger gedaan had, zich voor
te stellen hoe de aether, de algemeene middenstof die de hemelruimte vult en alle lichamen doordringt, gebouwd moet zijn om
als voertuig, niet alleen van de lichtvoortplanting, maar ook van
alle andere werkingen tusschen de lichamen te dienen. Pogingen
om niet alleen de electrische en magnetische werkingen, de aantrekkingen en afstootingen tusschen de atomen in algemeene termen tot bewegingen en spanningen in eene middenstof terug te
brengen, maar om zich van die bewegingen en spanningen eene
tot in bijzonderheden gaande voorstelling te vormen, mogen naar
het oordeel van vele natuurkundigen van onzen tijd weinig kans
van slagen hebben — zoo weinig zelfs, dat zij er geheel van meenen te moeten afzien — KELVIN heeft zich door zulk een bezwaar
niet laten afschrikken. Niet alleen bedacht hij meer dan één model voor den aether, maar hij waagde zich ook aan bepaalde hypothesen over den aard der atomen. Het meest bekend is zijne
stoute onderstelling der wervelatomen, volgens welke de kleinste
deeltjes der lichamen niet anders zouden zijn dan deelen van eene
nergens afgebroken, de geheele ruimte vullende, en op zich zelf
voor ons onmerkbare vloeistof, welke deelen zich door eene eeuwig
durende draaiende beweging van de omringende vloeistof onderscheiden. Men kan over het lot, dat dezen en dergelijken hypothesen beschoren is, verschillend denken, maar zeker is het dat de
moeite aan het uitwerken ervan besteed, niet verloren zal zijn,
ook al blijkt het beeld dat zij geven, niet voldoende aan de werkelijkheid te beantwoorden. Zij kunnen den stoot geven tot nieuwe
ontwikkelingen, en de mathematische vraagstukken waartoe zij
aanleiding geven, zijn op zich zelf de behandeling overwaard.

Geen wonder, dat op een natuurkundige wiens streven zoo op
den diepen grond der verschijnselen gericht was, de door BECQUE-
REL en de CURIE's ontdekte radio-activiteit een machtigen indruk maakte. Herhaaldelijk bleek het hoe deze wonderbaarlijke
openbaring van nooit vermoede krachten zijn vorschenden geest
geen rust liet, en weinige maanden geleden, op de vergadering der
British Association te Leicester, kwam hij met kracht op tegen
sommige gevolgtrekkingen, die men, zijns inziens ten onrechte,
uit de nieuwe feiten had getrokken.

Voegen wij bij dit alles, dat KELVIN zijn invloed en zijn door

allen erkend gezag, zoo de gelegenheid zich voordeed, in het belang der wetenschap wist te doen gelden. Toen, eenige jaren geleden, twee ver van elkander verwijderde natuurkundigen, CRÉ-
MIEU te Parijs en PENDER te Baltimore, bij hunne onderzoekingen
over een fundamenteel punt der electriciteitsleer tot tegenstrijdige
uitkomsten waren gekomen, wist KELVIN in overleg met POIN-
CARÉ te bewerken dat zij de proeven te zamen herhaalden. Op
deze wijze werd weldra overeenstemming verkregen, waar zonder KELVIN's tusschenkomst jaren lang onzekerheid had kunnen
blijven bestaan.

Deze geleerde, die al de eerbewijzen ontvangen had die zijn vaderland en de wetenschappelijke wereld daarbuiten hem konden
geven, was in de hoogste mate eenvoudig en bescheiden. Bij de
grootsche huldiging die hem in 1896 ter gelegenheid van zijne
vijftigjarige werkzaamheid als hoogleeraar aan de Universiteit te
Glasgow bereid werd, zeide hij in antwoord op de hem gebrachte
gelukwenschen:

„Ik ben ten zeerste dankbaar, maar wanneer ik bedenk hoe oneindig weinig het is wat ik gedaan heb, kan ik geen trots gevoelen;
ik zie alleen de groote vriendelijkheid van mijne wetenschappelijke medewerkers en mijne vrienden, die allen te hoog van mij
denken. Van de ernstigste onder al de pogingen, die ik gedurende
vijf- en-vijftig jaar gedaan heb om de wetenschap verder te brengen, moet gezegd worden dat zij mislukt is. Ik weet niet meer van
electrische en magnetische kracht, van de betrekkingen tusschen
aether, electriciteit en weegbare stof, of van de scheikundige verwantschap dan ik vijftig jaar geleden, in mijn eerste jaar als professor, wist en trachtte te onderwijzen. De mislukking stemt tot
droefheid, maar bij de beoefening der wetenschap brengt de in-
nerlijke drang die ons tot onze pogingen drijft, de „vreugde van
den strijd" met zich, en behoedt den onderzoeker ervoor, zich
geheel ongelukkig te gevoelen; hij maakt hem misschien zelfs
redelijk tevreden in zijn dagelijksche werk. En hoe heerlijk worden wij niet voor het falen van sommige bespiegelingen schadeloos
gesteld door de bewonderenswaardige ontdekkingen omtrent de
eigenschappen der stof en de weldadige toepassingen der wetenschap voor het welzijn der menschheid, waaraan deze vijftig jaren zoo rijk zijn geweest."

LUDWIG BOLTZMANN [1])

Der Einladung unseres Vorstandes, über die wissenschaftliche Tätigkeit LUDWIG BOLTZMANNs zu Ihnen zu reden, bin ich gern und ohne Zögern nachgekommen. BOLTZMANN war ein Führer unserer Wissenschaft, ein Bahnbrecher in manchen Richtungen, ein Forscher, der auf jedem Gebiete, das er betrat, unvergängliche Spuren seiner Wirksamkeit hinterlassen hat. Sein Andenken zu ehren, der Bewunderung und Dankbarkeit, die wir ihm schulden, Ausdruck zu verleihen, ist für mich eine Pflicht, der mich entziehen ich weder dürfte noch möchte.

Leider ist es kein vollständiges Bild seines Wirkens, das ich Ihnen vor Augen führen kann und es wird mir kaum gelingen, Ihnen seine ausgeprägte, geistreiche und vielseitige Persönlichkeit so wie ich es wünschte, zu vergegenwärtigen. Nur wenige Male war es mir vergönnt, in persönliche Beziehung zu ihm zu treten, und obgleich das Wohlwollen, das er mir zeigte, und die Anregung die ich im Gespräch mit ihm fand, mir unvergesslich bleiben werden, so sind es doch in erster Linie seine Schriften, aus denen ich BOLTZMANN kennen gelernt habe. Freilich, in vielen von diesen redet er zu uns, wie wohl selten ein Physiker es getan hat, und offenbart er uns seine ganze Denk- und Empfindungsweise in Worten, die ihn auch unserem Herzen näher bringen. An seinen Antrittsreden, an dem schönen Vortrage über die Entwicklung der Methoden der theoretischen Physik, an den in Amerika gehaltenen Vorlesungen werden sich, wie wir es jetzt tun, viele künftige Generationen von Physikern erquicken können. Hier macht er uns zu Teilgenossen seiner Zweifel und seiner Freuden, hier fesselt er uns durch tiefen, ernsten Sinn und leichten Scherz, hier reisst er uns hin, bald durch seine konsequent durchgeführte mechanistische Naturbetrachtung, bald durch seinen begeisterten Idea-

---

[1]) Gedächtnisrede, gehalten in der Sitzung der Deutschen Physikalischen Gesellschaft am 17. Mai 1907. Verhandl. D. phys. Gesellschaft, **9**, 206, 1907.

lismus, der ihn dazu trieb, seine Werke mit so manchem Dichterwort zu schmücken und seine populären Schriften den Namen SCHILLERS zu widmen. „Wozu nützt", so fragt er einmal, „die blosse Förderung des Lebens durch Gewinnung praktischer Vorteile auf Kosten dessen, was allein Leben dem Leben gibt, was es allein lebenswert macht, der Pflege des Idealen?"

An Gegensätzen, die er sich nicht scheut klar, oft grell sogar, hervortreten zu lassen, fehlt es nicht in dem selbstgemalten Bilde; jedoch wir fühlen, dass sie nicht unversöhnlich sind, sondern einer gemeinsamen Wurzel im Innersten seines Wesens entspringen, und so vertiefen sie den Einblick, den er uns in seinen Geist gestattet. Nur das schwere Seelenleiden, das dem traurigen Ende vorangegangen sein muss und an das wir mit innigem, ehrfurchtsvollem Mitleid denken, bleibt für uns verschleiert.

BOLTZMANN hat in den ersten Jahren seiner Laufbahn auf experimentellem Gebiete Schönes und Wichtiges geleistet und oft hat er in beredter Weise das Lob der Experimentalphysik verkündet. Bisweilen scheint er sie fast um die Zuverlässigkeit ihrer Resultate und um ihre gleichmässig fortschreitende Entwickelung zu beneiden. Jedoch im Grunde seines Herzens war er Theoretiker; er liebte es, dies im Ernst und im Scherz nachdrücklich zu betonen, und er hat nie aufgehört, die Weiterführung der Theorie, die Klarlegung und Sicherung ihrer Grundlagen als seine Lebensaufgabe zu bezeichnen. „Die Idee, welche mein Sinnen und Wirken erfüllt, ist der Ausbau der Theorie."

Wenn er so sprach, so meinte er wohl nicht bloss das Verständlichmachen dieser oder jener Gruppen von Erscheinungen, sondern das Erreichen einer zusammenhängenden Welt- und Lebensbetrachtung, mit der seine physikalischen Auffassungen aufs innigste verwebt waren.

In der Leipziger Antrittsvorlesung von 1900 behandelt er die Bedeutung der theoretischen Mechanik, einen seiner Lieblingsgegenstände; zwei Jahre später in Wien sagt er, er habe sich in der Abhaltung von Antrittsvorlesungen über die Prinzipien der Mechanik nachgerade eine gewisse Routine erworben. Er schildert zunächst, wie die an dem Studium einfacher Bewegungsvorgänge zur Entwicklung gekommene Mechanik es allmählich zur Herrschaft über die Erscheinungen des Schalles und des Lichtes, der Wärme und der Elektrizität gebracht hat, geht dann aber viel weiter und zieht auch die Lebenserscheinungen, die geistigen und sozialen Vorgänge in den Kreis seiner Betrachtungen. Indes, auch daran muss ich erinnern, nachdem er, wie er sagt, nicht nur unsere körperlichen Organe, sondern auch unser Seelenleben, ja, Kunst und Wissenschaft, Gefühlseindrücke und Begeisterung zur Domäne der Mechanik gemacht hat, weist er darauf hin, dass hiermit nur ein einseitiges Weltbild entworfen sei, und dass neben diesem einen Bilde andere einhergehen müssen, welche die innerliche, die ethische Seite des Gegenstandes darstellen. „Die Erhebung unserer Seele durch die letzteren wird", so meint er, „nicht mehr gemindert werden, sobald wir vom mechanischen Bilde die richtige Auffassung haben." Nachdrücklich weist er den Einwand zurück, dass seine Ausführungen irgendwie der Religion zuwiderliefen. Nichts sei verkehrter, „als die auf ganz anderer, ungleich festerer Basis ruhenden religiösen Begriffe mit den schwankenden subjektiven Bildern in Verbindung zu bringen, welche wir uns von den Auszendingen machen. Ich wäre der letzte, der die vorgebrachten Ansichten aufstellte, wenn sie irgend eine Gefahr für die Religion bergen würden".

BOLTZMANN war eine philosophisch angelegte Natur und in den letzten Jahren, als er auch mit der Professur für Geschichte und Theorie der induktiven Wissenschaften an der Universität Wien beauftragt worden war, zeigte sich seine Neigung zur philosophischen Spekulation immer mehr. Er erzählt uns, dass er schliesslich die Sitzungen der philosophischen Gesellschaft treuer besucht habe als die der physikalischen, was ihn nicht verhindert hat, sich gelegentlich und wohl nicht ohne einige Übertreibung über die Philosophie lustig zu machen.

Speziell DARWINS Lehre hatte einen tiefen Eindruck auf ihn gemacht und in dem letzten Aufsatz der populären Schriften, „Reise eines deutschen Professors ins Eldorado", spricht er mit warmen Enthusiasmus von den Versuchen über die Entwickelung niederer Lebewesen, die er im Laboratorium von LÖB gesehen hatte. Der Gedanke, dass sich in dem Kampf ums Dasein nicht nur die körperlichen Eigenschaften, sondern auch unsere geistigen Fähigkeiten allmählich entwickelt haben, war ihm sehr sympathisch und er wendet die gleiche Auffassung sogar auf die Denkgesetze an. Auch diese hält er nicht für ewig unveränderlich und er warnt davor, bei der Beurteilung einer Theorie auf die Frage, ob sie mit denselben übereinstimme, zu grosses Gewicht zu legen.

Diese evolutionistische Tendenz war wohl geeignet, ihn vor jedem wissenschaftlichen Dogmatismus zu behüten. Keine Theorie hat für BOLTZMANN anderen als relativen Wert; keine kann als vollendet und abgeschlossen gelten; sie sind vielmehr alle der weiteren Entwickelung bedürftig, eben weil sie nur sinnbildliche Darstellungen des Naturgeschehens sind, die wir unaufhörlich versuchen müssen zu verbessern und zu vereinfachen, neuen Tatsachen anzupassen und von unrichtigen oder überflüssigen Zügen zu befreien. Daher können auch verschiedene sich gegenüber stehende Theorien für dieselbe Gruppe von Erscheinungen sehr gut gleichberechtigt sein. „Mein Vortrag", sagt er, „soll niemals kritisierend, sondern nur berichtend sein. Auch bin ich vom Werte der Ansichten meiner Gegner überzeugt und trete nur abwehrend auf, wenn sie den Nutzen der meinigen verkleinern wollen." An der Energetik, die er ganz entschieden bekämpft hat, tadelte er nicht, dass sie ein neues Weltbild zu schaffen versucht, in welchem die Wandlungen der Energie in den Vordergrund treten, sondern nur, dass die Zuversicht, mit der ihre Vertreter auftraten, einstweilen noch nicht durch die erreichten Erfolge gerechtfertigt werden konnte.

Wie ernst BOLTZMANN darum bemüht war, Klarheit in den Grundlagen anzustreben und jede verwirrende Trübung der Gedanken zu vermeiden, zeigen vielleicht am besten die Vorlesungen die er 1899 an der Clark-University gehalten hat. Ebenso wie HERTZ in der bekannten Einleitung zu den Prinzipien der Mechanik hebt er hervor, dass die Weise, in der gewöhnlich die Prinzipien vorgetragen werden, in dieser Hinsicht wenig befriedigend ist. Er schildert uns dann, wie auf zwei verschiedenen Wegen dem Mangel abgeholfen werden kann. Erstens, und bei dem jetzigen Stande der Wissenschaft wohl am leichtesten dadurch, dass man zunächst ein subjektives, in sich vollkommen widerspruchsfreies Bild entwickelt und dieses erst nachher mit der Wirklichkeit vergleicht, und zweitens so, dass man von Anfang an sich an die Erfahrung anschliesst und an ihrer Hand mit möglichster Klarheit und Unzweideutigkeit allmählich die Grundbegriffe einführt.

Von der ersten Methode gibt die HERTZsche Mechanik, in welcher, wie Sie wissen, nur die Bewegung beschränkende Verbindungen und keine Kräfte angenommen werden, ein klassisches Beispiel. Ihr Grundsatz, der in einer der mehrdimensionalen Geometrie entnommenen Terminologie so lautet, dass jedes System mit konstanter Geschwindigkeit eine geradeste Bahn beschreibt, ist von der höchsten Einfachheit, und für manchen hat es gewiss einen besonderen Reiz, das Fallen eines Steines z.B. als die Fortsetzung einer Bewegung zu betrachten, die schon vorher in einem verborgenen, unsichtbaren, mit dem Körper verbundenen System vorhanden war und jetzt auch die für uns sichtbare Materie ergreift, eine Auffassung, die den Vorteil hat, dass sie nur *eine* Art von Energie kennt, indem sie die anfangs vorhandene potentielle Energie als kinetische Energie des verborgenen Mechanismus betrachtet. Könnte man sich mit diesem allgemeinen Gedanken begnügen und, ohne ins Detail zu treten, sich auf die Aussage beschränken, dass alle Bewegungen in der Natur so stattfinden, *als ob* die hypothetischen verborgenen Bewegungen existierten, so hätte man wohl Grund, ganz zufrieden zu sein. Beträchtliche Schwierigkeiten stellen sich aber ein, sobald man versucht, sich eine Vorstellung von dem unsichtbaren Mechanismus zu machen, und zwar stösst man auf solche nicht bloss in komplizierteren Fällen, wie bei der Bewegung einer kontinuierlich verteilten Materie oder bei den Erscheinungen des elektromagnetischen Feldes, sondern, wie BOLTZMANN bemerkt, bei ganz einfachen Vorgängen, etwa bei dem Stoss zweier elastischer Kugeln; es hält schwer, sich da klar zu machen, wie die Bewegung sich sozusagen auf kurze Zeit in das Medium zurückzieht, um dann sofort wieder in den greifbaren Körpern zum Vorschein zu kommen.

Diese Erwägungen fielen bei BOLTZMANN so schwer ins Gewicht dass er bei der HERTZschen Mechanik nicht stehen bleiben konnte und, nachdem er ihr in der ersten Vorlesung das ihr gebührende Lob rückhaltlos gespendet hatte, in der zweiten ein eigenes Bild der Bewegungserscheinungen skizzierte, dasselbe, das er auch in seinem Buche über die Prinzipien der Mechanik zugrunde gelegt hat. Es ist ebenso rein subjektiv wie das von HERTZ entworfene, insofern aber ein Gegenstück zu diesem, als jetzt alles nicht mit Verbindungen, sondern mit von der Entfernung abhängigen anziehenden und abstossenden Kräften gemacht wird. Freilich wird das Wort „Kraft" nicht sofort eingeführt. Als Ausgangspunkt dient bloss die Vorstellung, ein System von Punkten bewege sich in solcher Weise, dass die Beschleunigung eines jeden aus einer gewissen Anzahl von Komponenten zusammengesetzt ist, die in die Verbindungslinien mit den anderen Punkten fallen und von den gegenseitigen Entfernungen abhängen. Die Vergleichung des hierauf gebauten Systems mit der Erfahrung soll auch jetzt wieder nachträglich stattfinden.

In der dritten Vorlesung endlich sucht er in ungemein klarer Weise die Grundgesetze induktiv zu entwickeln. Diese Auseinandersetzungen, die für jeden Physiker höchst anregend sind, schliesst er mit den Worten: „Ich wollte in dem Bisherigen keineswegs eine konsequente, in sich abgeschlossene Darstellung der Mechanik vom induktiven Standpunkte geben. Ich wollte vielmehr bloss die Wege andeuten, auf denen eine solche vielleicht gewonnen werden könnte und namentlich die Schwierigkeiten aufdecken, mit denen ihre Durchführung verknüpft ist." „Es würde mich sehr freuen, wenn es jemandem gelänge, der deduktiven Darstellung eine induktive an die Seite zu stellen, welche gleich einfach und naturgemäss vorginge und doch das innere geistige Bild in gleicher Deutlichkeit und Konsequenz hervortreten liesse." „Ich möchte gewissermassen die Vertreter der induktiven Richtung einladen, alle Fehler, die sich in meiner gegenwärtigen Darstellung finden, aufzudecken, die Möglichkeit der genauen Durchführung aller Schlussweisen, die ich hier nur kurz angedeutet habe, zu zeigen und ihre besten Kräfte einzusetzen in dem Wettkampfe mit der deduktiven Darstellung, damit beide miteinander verglichen werden können und sich im Wettstreite stets ausbilden und vervollkommnen."

Wenn wir uns jetzt BOLTZMANNs Spezialuntersuchungen zuwenden, so muss ich die Bemerkung vorausschicken, dass es unmöglich ist, hier von der langen Reihe seiner Abhandlungen und von seinen Büchern eine einigermassen vollständige Inhaltsübersicht zu geben; ich muss mich daher auf das Wichtigste beschränken. Auch kann ich nicht versuchen, die Grenzen zwischen seinen Errungenschaften und denen anderer Forscher, namentlich MAXWELLs, scharf zu ziehen; ich muss sogar gestehen, dass ich das Bedürfnis dazu wenig empfinde. Bei so reichen Schätzen, wie sie solche Männer uns geschenkt haben, kommt es auf untergeordnete Prioritätsfragen, auf ein kleines Mehr oder Weniger nicht an.

Von den experimentellen Arbeiten erwähne ich nur kurz die über das Analysieren der Bewegung tönender Luftsäulen (die er gemeinschaftlich mit TÖPLER gemacht hat), über die elektrodynamische Wechselwirkung der Teile eines elektrischen Stromes, über den Stoss elastischer Zylinder und über die Wirkung des Magnetismus auf elektrische Entladungen in verdünnten Gasen, um etwas länger bei den Bestimmungen der Dielektrizitätskonstante verschiedener Körper zu verweilen. Sie wissen, dass MAXWELL sofort aus seiner elektromagnetischen Lichttheorie eine höchst merkwürdige Beziehung zwischen dieser Konstante und dem Brechungsexponenten abgeleitet hatte. BOLTZMANN hat diese theoretische Folgerung dadurch geprüft, dass er die Dielektrizitätskonstante einiger festen Isolatoren gemessen hat, und zwar sowohl nach der Kondensatormethode als auch nach einem ihm eigenen Verfahren, welches auch deshalb unsere Beachtung verdient, weil es sich dabei um eine durch die Theorie angezeigte, bis dahin noch nicht genau beobachtete Erscheinung handelte. Es ist dies die sogenannte dielektrische Fernwirkung, die Anziehung nämlich, welche ein geladener Körper auf ein ponderables Dielektrikum ausübt, und die eben dadurch hervorgebracht wird, dass dieses eine höhere Dielektrizitätskonstante als die umgebende Luft hat. Es gelang BOLTZMANN, die betreffende Kraft wirklich nachzuweisen, und, indem er an seine Drehwage bald die zu untersuchende nichtleitende Kugel, bald eine ebenso grosse leitende Kugel hängte, konnte er aus dem Verhältnis der Anziehungen, welche sie von einer festen geladenen Kugel erleiden, durch eine einfache Rechnung die gesuchte Konstante ableiten. Von einem etwaigen geringen Leitungsvermögen der untersuchten Körper und von der sogenannten dielektrischen Nachwirkung machte er sich dadurch unabhängig, dass er nicht nur mit einer konstanten Ladung der wirkenden Kugel arbeitete, sondern auch mit einer Ladung, die 200 mal pro Sekunde das Vorzeichen wechselte. So gelangte er zu Resultaten, die mit denen der Kondensatormethode und mit dem MAXWELLschen Satz in recht befriedigender Weise übereinstimmen.

Die Beobachtung der dielektrischen Fernwirkung setzte ihn ferner in den Stand auch die Hauptwerte der Dielektrizitätskonstante für eine aus einem Schwefelkristall hergestellte Kugel zu messen und zu zeigen, dass diese in der von der Theorie geforderten Weise mit den drei Hauptbrechungsexponenten zusammenhängen.

Die schönste Bestätigung der Maxwellschen Theorie lieferte aber seine Messung der Dielektrizitätskonstante einer Anzahl von Gasen. Boltzmann bestimmte diese in einer mit grosser Sorgfalt ausgeführten Untersuchung aus der Änderung, welche die Kapazität eines Kondensators erleidet, wenn der Raum zwischen den Belegungen einmal luftleer ist und dann mit einem Gase gefüllt wird.

Von seinen theoretischen Arbeiten über elektrische Erscheinungen werden wir später zu sprechen haben. Jetzt müssen wir vor allem einen Blick werfen auf seine molekulartheoretischen Untersuchungen, die von ganz hervorragender Bedeutung sind. Zunächst muss ich da noch einige Worte sagen von seinem Verhältnis zu denjenigen Theorien, in welchen man sich, ohne an Moleküle und Atome zu denken, auf grosse allgemeine Gesetze wie die der Thermodynamik, verlässt, oder, wie in den klassischen Theorien der Wärmeleitung und der Elastizität, in rein phänomenologischer Weise eine Gruppe von Tatsachen mittels eines Systems von Differentialgleichungen beschreibt, aus denen dann weitere mit der Erfahrung zu vergleichende Folgerungen gezogen werden.

Ich brauche kaum zu erwähnen, dass Boltzmann mit offenem Blick die Vorzüge solcher Methoden anzuerkennen wusste; auch hat er sich derselben gelegentlich mit dem schönsten Erfolge bedient. Er sagt einmal: „Es ist in erster Linie eine möglichst hypothesenfreie Naturbeschreibung anzustreben; dies geschieht am klarsten in der von Kirchhoff, Clausius (in seiner allgemeinen Wärmetheorie), Helmholtz, Gibbs, Hertz usw. ausgebildeten Form. Neben dieser allgemeinen theoretischen Physik sind die Bilder der mechanischen Physik, sowohl um Neues zu finden, als auch, um die Ideen zu ordnen, übersichtlich darzustellen und im Gedächtnis zu behalten, äusserst nützlich und noch heute fortzupflegen."

Was die phänomenologischen Theorien betrifft, so will ich hier auch seine Bemerkung anführen, dass die in denselben benutzte Denkweise im Grunde der atomistischen nahe verwandt sei. Von einem Differentialquotienten bekomme man nur dann einen klaren Begriff, wenn man zunächst an endliche Zuwächse, die man sich nachher der Null nähern lässt, denkt, und ebenso seien in einer Theorie, welche die Materie als ein Kontinuum betrachtet, die partiellen Differentialgleichungen als Grenzfälle der entsprechenden Formeln mit endlichen Differenzen aufzufassen. In der Theorie der Wärmeleitung könne man damit anfangen, bloss die Temperaturen in einer Gruppe von Punkten, die in endlichen Distanzen voneinander liegen, etwa in den Eckpunkten eines Raumgitters ins Auge zu fassen, und dies habe noch den Vorteil, dass die Differenzgleichung, welche dann an die Stelle der partiellen Differentialgleichung tritt, eine vollkommen bestimmte und klare Rechnungsvorschrift enthält, nach welcher man die zeitlichen Änderungen der Temperaturen verfolgen kann. Indes — auch das betont BOLTZMANN — trotz dieses Umstandes, dass man wohl auch in der Theorie eines Kontinuums sozusagen atomistisch denkt, besteht am Ende zwischen ihr und einer Molekulartheorie ein tiefgehender Unterschied. Während die eine Theorie behauptet, dass man zu den wahren Gesetzen der Erscheinungen erst durch den Grenzübergang gelangt, ist in der anderen ein solcher Übergang, im streng mathematischen Sinne des Wortes, ausgeschlossen. In physikalischer Hinsicht sind daher die beiden Bilder völlig verschieden.

Nun, welchem Bilde man den Vorzug geben müsse, mit welchem man am weitesten komme, darüber war BOLTZMANN nie im Zweifel. Wiederholt kommt er darauf zurück, dass ohne molekulare oder atomistische Theorien manches unverständlich bliebe, so z.B. die Gesetze der chemischen Verbindungen, das Grundgesetz der Kristallographie und in der Physik die Unabhängigkeit der Gasreibung von der Dichte, der Zusammenhang zwischen Reibung, Wärmeleitung und Diffusion, die Erscheinungen bei Elektrolyten. Auch die Übereinstimmung zwischen den Werten, welche man auf verschiedenen Wegen für molekulare Grössen gefunden hat, ist ihm eine kräftige Stütze für die Molekulartheorie. Dem von BOLTZMANN Angeführten könnte man übrigens noch vieles andere hinzufügen, z.B. den von NERNST entdeckten Zusammenhang zwischen dem Diffusionskoeffizienten eines Elektrolyten und seinen elektrischen Eigenschaften, manche Resultate der modernen Elektronen- und Strahlungstheorie, J. J. THOMSONs Bestimmung der elektrischen Ladung der Gasionen mit

Hilfe seiner Nebelmethode, den von MICHELSON erbrachten Beweis, dass die Breite der allerfeinsten Spektrallinien sich, dem DOPPLERschen Prinzip gemäss, aus der Molekularbewegung erklären lässt, und den von STARK nachgewiesenen DOPPLEReffekt bei den Kanalstrahlen. Die Erwägung aller dieser Ergebnisse darf uns sogar, wie mir scheint, dazu führen, den vorsichtigen Vorbehalt, mit dem BOLTZMANN sich gewöhnlich ausdrückt, fallen zu lassen. Die reale Existenz der Moleküle und Atome steht, alles zusammengenommen, wohl kaum weniger fest als z.B. das wirkliche Vorhandensein des Eisens in der Sonnenatmosphäre.

Hiermit ist freilich über die Natur der Moleküle und Atome sowie über die Art und Weise, wie sie aufeinander wirken, nichts oder wenig gesagt; in dieser Beziehung kann man nur verschiedene Hypothesen versuchen, die mit mehr oder weniger Annäherung ein Bild von der Wirklichkeit zu geben vermögen. BOLTZMANN betrachtet die Moleküle eines Gases bald als glatte und starre, vollkommen elastische Kugeln, bald als materielle Punkte, die sich nach irgend einem Gesetz anziehen oder abstossen; nach dem Beispiele von MAXWELL hat er speziell den Fall einer der fünften Potenz der Entfernung umgekehrt proportionalen Abstossung untersucht. Die Moleküle mehratomiger Gase sieht er manchmal als Systeme von materiellen Punkten an, die sich unter dem Einfluss ihrer Anziehung bewegen, oft aber auch als Körperchen unbekannter Zusammensetzung, deren Konfiguration durch eine gewisse Anzahl von Koordinaten im LAGRANGEschen Sinne bestimmt werden kann. Ferner hat er die Theorie von VAN DER WAALS, der er vielen Beifall schenkte, weiter zu entwickeln versucht, und hat er die Vorstellung einer Anziehung zwischen den Atomen in solcher Weise spezialisiert, dass es ihm möglich war, eine kinetische Theorie der Dissoziation zu entwickeln. Bemerkenswert ist die Annahme, die er zu diesem Zwecke einführte. Er fand, dass, wenn die von einem Atom ausgehende Anziehungskraft in allen Richtungen gleich wirksam wäre, in einem System von Atomen, die sich miteinander verbinden können, nicht nur Doppelatome, sondern auch Komplexe von drei oder noch mehr Teilchen bestehen müssten. Will man ein System konstruieren, in welchem neben den Einzelatomen nur Doppelatome vorkommen, so muss man es so einrichten, dass zu zwei bereits miteinander verbundenen Teilchen kein drittes hinzutreten kann, dass

also eine Art Sättigung stattgefunden hat. BOLTZMANN nimmt
an, dass auf den Oberflächen der Atome gewisse Teile vorkommen, die er empfindliche Stellen nennt, derart, dass nur dann
eine kräftige Anziehung zwischen zwei Teilchen besteht, wenn sie
sich gerade mit diesen Stellen berühren. Sind nun die empfindlichen Bereiche, verglichen mit der ganzen Oberfläche, sehr klein,
so kann sich zu zwei aneinander gekoppelten Atomen nie ein drittes gesellen; das dritte Teilchen kann eben mit seiner empfindlichen Stelle die empfindlichen Bezirke der beiden anderen nicht
erreichen.

Übrigens war BOLTZMANN sich des provisorischen Charakters
solcher Hypothesen vollkommen bewusst. Er war daher auch ge-
neigt, den Nutzen des mathematischen Teiles seiner gastheore-
tischen Untersuchungen zu einem grossen Teile in der Weiterentwickelung einer mathematischen Methodik zu erblicken, die
auch bei veränderten Grundannahmen ihren Wert behalten würde.

Für spezielle Zwecke hat er sich von langen und mühseligen
mathematischen Rechnungen nicht zurückschrecken lassen. Z.B.
hat er das Glied, welches in der VAN DER WAALSschen Gleichung
den Einfluss des Molekularvolumens ausdrückt, genauer bestimmt, als es VAN DER WAALS ursprünglich getan hatte, indem er
in der Reihenentwickelung, die zu einem vollständig genauen Resultat führen könnte, um ein Glied weiter ging. Auch um die Theorie der inneren Reibung eines einatomigen Gases hat er sich viel
Mühe gegeben. Die gewöhnlich in den Lehrbüchern gegebene Formel für den Reibungskoeffizienten eines Systems elastischer Kugeln ist bekanntlich nicht ganz streng, da in der Ableitung Grössen vernachlässigt worden sind, die von derselben Ordnung wie
das Endresultat sind. Zwar kann man durch die Betrachtung geo-
metrisch und mechanisch ähnlicher Systeme in einwurfsfreier
Weise finden, wie der Reibungskoeffizient von der Masse, dem
Durchmesser und der mittleren Geschwindigkeit der Kugeln abhängt, so dass nur noch ein konstanter Zahlenfaktor zu berechnen
übrig bleibt, aber diesen kann man nur aus einer tiefergehenden
Theorie ableiten. BOLTZMANN hat die hierfür dienende, ziemlich
verwickelte Gleichung aufgestellt und die mathematischen
Kunstgriffe angegeben, durch welche sie gelöst werden kann.

Obgleich BOLTZMANN sich in erster Linie mit den Gasen beschäftigt, gelten manche seiner Resultate auch für andere Aggregatzustände und hat er auch mehrere spezielle sich auf solche beziehende Probleme in Angriff genommen. In seinem Buche über die Gastheorie berechnet er unmittelbar mittels molekulartheoretischer Betrachtungen die Spannung eines gesättigten Dampfes und wir haben ihm auch eine kinetische Theorie des osmotischen Druckes zu verdanken.

In der Gastheorie wandte BOLTZMANN fortwährend die sogenannte statistische Methode an und zwar in zwei verschiedenen Weisen, die es gut sein wird, auseinander zu halten.

Für die erste, in ihrer Anwendung auf einatomige Gase, hatte bereits MAXWELL das Beispiel gegeben. Um eine Vorstellung davon zu bekommen, wie in einem solchen die verschiedenen Geschwindigkeiten unter die Moleküle verteilt sind, können wir in einer Hilfsfigur, sagen wir in einem Geschwindigkeitsdiagramm, von einem festen Punkt aus Vektoren ziehen, deren jeder in Richtung und Grösse die Geschwindigkeit eines Moleküls darstellt; der Endpunkt des Vektors möge der Geschwindigkeitspunkt des betreffenden Moleküls heissen. Offenbar wird nun die Verteilung der Geschwindigkeiten unter die Moleküle bekannt sein, sobald man die Verteilung der Geschwindigkeitspunkte in dem Diagramm kennt, und diese lässt sich angeben durch die Dichte, d.h. die Anzahl pro Volumeinheit, mit der sie in dem Diagramm angehäuft sind. Die Dichte ändert sich von Punkt zu Punkt; sie ist also eine Funktion der Koordinaten in dem Geschwindigkeitsdiagramm, oder, was auf dasselbe hinausläuft, der Komponenten der Geschwindigkeit eines Moleküls. Hat man sie in diesen letzteren ausgedrückt, so ist gleichsam die ganze Statistik der molekularen Bewegung in *eine* Formel zusammengefasst.

Die genannte Funktion kann man die *Verteilungsfunktion* nennen. MAXWELL zeigte bereits, dass sie die Gestalt

$$Ae^{-C\varepsilon}$$

hat, wo ε die kinetische Energie eines Moleküls bedeutet, während A und C positive Konstanten sind. Die letztere ist der Temperatur umgekehrt proportional.

Das in der Formel ausgedrückte Gesetz, von dem man sagen kann, dass es fast allen späteren feineren Untersuchungen zur

Grundlage gedient hat, lässt sich insofern leicht beweisen, als man zeigen kann, dass ein Zustand, der demselben entspricht, wirklich stationär ist. Ein beliebiges Element des Geschwindigkeitsdiagramms wird dann fortwährend infolge der Zusammenstösse ebensoviel Geschwindigkeitspunkte verlieren, wie es neue gewinnt, und zwar gilt das ganz genau, wenn, wie stets in diesen Betrachtungen vorausgesetzt wird, die Zahl der Moleküle eine enorme ist, und wenn der Zustand als molekular ungeordnet, wie BOLTZMANN es nennt, betrachtet werden kann.

Das MAXWELLsche Gesetz ist für BOLTZMANN der Ausgangspunkt zahlreicher Untersuchungen gewesen, in welchen er auch mehratomige Gase betrachtet, und die er auf Gasgemenge und auf Fälle, wo äussere Kräfte wirken, ausdehnt. Um von denselben zu sprechen, ohne lange Formeln hinzuschreiben und ohne dennoch zu oberflächlich zu werden, muss ich Sie bitten, mir eine kleine Digression zu gestatten. Wenn wir drei veränderliche Grössen a, b, c haben, so können wir, indem wir sie als rechtwinklige Koordinaten auffassen, jedes Wertsystem derselben durch die Lage eines Punktes im Raume repräsentieren. Legen wir nun den drei Grössen keine ganz bestimmten Werte bei, sondern lassen wir einen gewissen unendlich kleinen Spielraum für dieselben frei, so kann der betreffende Punkt alle Lagen innerhalb eines bestimmten unendlich kleinen Raumteiles haben, der, je nach der Weise, in der wir die Grenzen des Spielraumes festsetzen, von verschiedener Gestalt sein kann. Nach den Regeln der Stereometrie lässt sich aber die Grösse des Raumelementes, oder, wie wir auch sagen wollen, die Grösse des für a, b, c zugelassenen Spielraumes, immer angeben.

In ähnlicher Weise können wir verfahren, wenn wir es nicht mit drei, sondern mit einer beliebigen Anzahl, sagen wir mit n Variablen zu tun haben, wobei wir dann auf Betrachtungen geführt werden, die der Lehre von den n-fachen Mannigfaltigkeiten, oder mit anderen Worten der n-dimensionalen Geometrie angehören. Wir fassen zunächst bestimmte Werte a, b, c ... k der Veränderlichen ins Auge, und lassen denselben dann einen Spielraum offen, in welchem sie sich nur um unendlich kleine Beträge von jenen Werten entfernen können. Das, worauf es uns ankommt, ist nun, dass wir auch die Grösse solcher Spielräume, die jetzt unendlich klein n-ter Ordnung werden, immer, wie sie auch begrenzt sein mögen, durch bestimmte Zahlen ausdrücken können. Dabei ist es wichtig, noch eins zu bemerken. In der Geometrie ist es nicht absolut notwendig, gerade den Würfel mit der Kantenlänge Eins zur Volumeinheit zu wählen; man kann auch eine andere Einheit nehmen und man kann sich sogar denken, dass Volumelemente, die an verschiedenen Stellen eines Raumes liegen, mit Einheiten gemessen werden, die allmählich von Punkt zu Punkt sich ändern; dann hätte man also die Volumeinheit für jeden Punkt des Raumes festzusetzen. Ebenso kann man bei den n-fachen Spielräumen die Einheit, in der sie ausgedrückt werden sollen, in irgend einer Weise für jedes Wertsystem $a, b, c \ldots k$ definieren. Ich bemerke das, weil viele Sätze, in welchen von diesen Spielräumen die Rede ist, eben nur dann ihre einfachste Gestalt annehmen, wenn man die Wahl der Einheit in einer besonderen Weise trifft. Ich werde solche Sätze in der möglichst einfachen Form anführen, ohne mich indes über die dafür nötige Wahl der Einheit zu verbreiten.

Der erste Satz, an den ich nun erinnern muss, und den BOLTZMANN in seinen Abhandlungen öfter anwendet, und auf verschiedene Weise beweist, rührt von LIOUVILLE her. Er bezieht sich auf die Bewegung eines beliebigen materiellen Systems, welches aber nur konservativen Kräften unterworfen sein soll. Wir bestimmen die Lage und Konfiguration des Systems durch n allgemeine Koordinaten und richten unsere Aufmerksamkeit ausserdem auf die n denselben entsprechenden Bewegungsgrössen oder Momente. Sind die $2n$ Grössen für die Zeit $t = 0$ gegeben, so ist die Bewegung des Systems vollständig bestimmt. Den Werten, welche die Variabeln für die Zeit $t = 0$ haben, entsprechen also bestimmte Werte für eine beliebige Zeit t, und sind die Werte zur Zeit $t = 0$ in einem $2n$-fachen unendlich kleinen Spielraum eingeschlossen, so werden sie zur Zeit t ebenfalls in einem gewissen Spielraum liegen. Nach dem LIOUVILLEschen Satze sind nun die beiden Spielräume von gleicher Grösse, mit anderen Worten, die Grösse eines Spielraumes, in welchem die Koordinaten und Momente eingeschlossen sind, bleibt im Laufe der Bewegung fortwährend konstant.

Wir können jetzt BOLTZMANNs berühmtes Gesetz über die Zustandsverteilung in einem mehratomigen Gase in kurzen Worten ausdrücken. Die Form desselben ist der des MAXWELLschen Gesetzes für einatomige Gase sehr ähnlich. Wir führen die *n* allgemeinen Koordinaten ein, welche die Lage und die Konfiguration eines Moleküls bestimmen, sowie die zu diesen Koordinaten gehörenden Momente, lassen für das System der 2*n* Grössen einen beliebigen unendlich kleinen Spielraum zu und fragen, für wieviel Moleküle die Variabeln in einem bestimmten Augenblick innerhalb dieses Spielraumes liegen, oder kürzer gesagt, wie viel Moleküle dieser letztere enthält. Die Zahl kann, wie man leicht sieht, als das Produkt aus der Grösse des Spielraumes und einer gewissen Funktion der 2*n* Variabeln, der Verteilungsfunktion, dargestellt werden. Nach dem BOLTZMANNschen Gesetz hat diese Funktion auch diesmal die Form

$$A e^{-C\varepsilon},$$

wobei von C wieder das früher Gesagte gilt; nur ist jetzt unter ε die Gesamtenergie eines Moleküls, nämlich die Summe seiner kinetischen und seiner potentiellen Energie zu verstehen.

Ich will gleich hinzufügen, dass das Gesetz auch dann gilt, wenn konservative äussere Kräfte auf das Gas wirken; in diesem Falle muss man aber in die Energie ε auch die diesen Kräften entsprechende potentielle Energie eines Moleküls aufnehmen. Die Verteilungsfunktion erhält dadurch die Bedeutung, dass sie uns nicht bloss über die Verteilung der verschiedenen Atomlagerungen und der Bewegungszustände unter die Moleküle, sondern auch über die Verteilung dieser letzteren in dem dem Gase zur Verfügung gestellten Raume Aufschluss gibt. Da nun, wenn eine Kraft wie die Schwerkraft wirkt, die in ε enthaltene potentielle Energie von der Lage des Schwerpunktes abhängt, so drückt das BOLTZMANNsche Gesetz aus, dass die verschiedenen Raumelemente ungleiche Molekülzahlen enthalten, dass die Dichte sich von Punkt zu Punkt ändert. Es werden nämlich die Stellen kleinerer potentieller Energie den Stellen grösserer potentieller Energie gegenüber bevorzugt.

Der erste Beweis, den BOLTZMANN für sein Gesetz gegeben hat, ohne zunächst an äussere Kräfte zu denken, beruhte auf der Berechnung der Anzahl, erstens von denjenigen Molekülen, die infolge der Zusammenstösse eine bestimmte Gruppe, die durch einen Spielraum wie den oben betrachteten charakterisiert ist, verlassen, und zweitens von denjenigen, die ebenso infolge von Stössen, und zwar von entgegengesetzten Stössen, in die Gruppe hineintreten. Er zeigte, dass, wenn die Verteilungsfunktion den angegebenen Wert hat, diese beiden Anzahlen gleich sind, und also der Zustand stationär ist. Diese Betrachtung litt indes an dem Mangel, dass die entgegengesetzten Zusammenstösse, auf die es in derselben ankommt, nicht immer wirklich bestehen können.

Später gab er einen viel einfacheren Beweis. Man kann zunächst zeigen, wobei wir jetzt auch äussere Kräfte zulassen wollen, dass der durch das BOLTZMANNsche Gesetz bestimmte Zustand durch die Vorgänge zwischen je zwei Zusammenstössen nicht geändert wird; dazu genügt es, unter Anwendung des LIOU-VILLEschen Satzes, den Spielraum b anzugeben, in welchen nach einer kurzen Zeit dt die Moleküle gekommen sind, die zu Anfang dieser Zeit in einem Spielraume a lagen. Es zeigt sich dann nämlich, dass die in dieser Weise in b angekommenen Moleküle genau so zahlreich sind, wie die, welche zu Anfang der Zeit dt in b lagen.

In genau derselben Weise untersucht nun BOLTZMANN auch den Einfluss der Zusammenstösse. Zu diesem Zwecke denkt er sich, dass die Wechselwirkung immer eine gewisse endliche Zeit dauert, so dass man dieselbe von Augenblick zu Augenblick verfolgen kann. Ferner zieht er jetzt eine Statistik nicht bloss der Moleküle, sondern auch der Molekülpaare heran. Man kann den Zustand eines Molekülpaares, was Lage und Bewegung der Atome betrifft, durch eine genügende Anzahl von Variabeln kennzeichnen, diese sämtlich in einen unendlich kleinen Spielraum einschliessen und dann die Anzahl der Molekülpaare, die in diesem Spielraume liegen, dadurch vorstellen, dass man die Grösse dieses letzteren mit einer gewissen Verteilungsfunktion multipliziert. BOLTZMANN zeigt nun, dass der Zustand unveränderlich ist, wenn erstens die Verteilungsfunktion für die freien Moleküle die oben angegebene Form hat, und zweitens für die Molekülpaare eine genau damit übereinstimmende Funktion gilt, in welcher aber das ε im Exponenten einen Teil enthält, der von der gegenseitigen Wirkung abhängt. Der Gang des Beweises ist derselbe wie soeben, als wir die Vorgänge zwischen den Zusammenstössen betrachteten; der Zustand bleibt eben stationär, weil jeder für die Molekül-paare angenommene Spielraum fortwährend gleich viel Paare, wenn auch nicht stets dieselben, enthält. Bezeichnet man die bei einem Zusammenstoss aufeinander folgenden Zustände als Phasen, und nennt man diese $P_1, P_2, \ldots P_k$, so dass in P_1 die Wechselwirkung noch nicht angefangen hat und in P_k bereits zu Ende gekommen ist, so kann man kurz sagen, dass in einer bestimmten Zeit ebensoviel Paare von der Phase P_1 in die Phase P_2 übergehen, wie von dieser in P_3 usw. und schliesslich von P_{k-1} in P_k.

Es möge jetzt noch bemerkt werden, dass die Einführung einer Funktion, welche die Zustandsverteilung unter die Gasmoleküle bestimmt, selbstverständlich nicht auf Zustände beschränkt ist, in denen das Gas im ganzen ruht und im Gleichgewicht ist. Gleichviel, welches der Zustand eines Gases sei, welche strömende Bewegungen, Dichte- und Temperaturungleichheiten auch in ihm bestehen mögen, stets lässt sich der Zustand, insofern er uns interessiert — da wir ja nie mit den individuellen Molekülen zu rechnen haben — durch eine Verteilungsfunktion angeben; nur wird diese im allgemeinen nicht nur die Koordinaten und Geschwindigkeiten eines Moleküls, sondern ausserdem auch die Zeit enthalten. Kennt man die Funktion, so kann daraus alles, was wir an dem Gase beobachten können, abgeleitet werden. Was aber die Bestimmung der Verteilungsfunktion selbst anbelangt, so dient hierfür eine Gleichung, die man aus der Betrachtung der Zusammenstösse ableitet und die in dem einfachen Falle eines stationären Zustandes durch die Funktion, welche das BOLTZMANNsche Verteilungsgesetz ausdrückt, befriedigt wird. Es ist eben diese Gleichung, welche BOLTZMANN seiner bereits erwähnten Theorie der Gasreibung zugrunde legte. Obgleich die wirkliche Auflösung nur in den seltensten Fällen gelingt, ist doch gewiss die Zurückführung aller Probleme auf eine einzige Funktion, die durch eine allgemeine Gleichung bestimmt wird, als ein sehr wesentlicher Fortschritt zu betrachten.

Nicht weniger fruchtbar als BOLTZMANS erste statistische Methode ist die zweite, zu der ich jetzt übergehe. Die Individuen, deren verschiedene Eigenschaften und Zustandswechsel zum Gegenstand der Untersuchung gemacht werden, sind jetzt nicht mehr, wie vorher, die Moleküle, sondern vollständige Körper, also Systeme von zahllosen Molekülen. BOLTZMANN stellt sich nämlich vor, dass der zu untersuchende Körper nicht bloss einmal vorhanden ist, sondern in einer ungeheuer grossen Anzahl von Wiederholungen vorliegt. Er denkt sich z.B. nicht ein Gas, sondern sehr viele Gasmassen, die aus gleich vielen Molekülen mit derselben Gesamtenergie bestehen, denselben äusseren Kräften unterworfen, und in Gefässe von gleichem Inhalt eingesperrt sind; wir können das eine *Menge* von Gasen nennen. Bestände die Menge aus wirklichen Gasen, so würden diese offenbar, trotz der genannten Übereinstimmung, in der Lagerung der Moleküle und in den Bewegungszuständen der einzelnen Teilchen grosse Unterschiede gegeneinander zeigen, und dies soll nun gleicherweise der Fall sein, wenn, wie wir uns denken müssen, die Menge nur *ein* wirkliches Gas enthält, und übrigens aus fingierten Kopien desselben besteht. Wenn wir auch jetzt eine vollkommen klare Vorstellung von dem Zustande der gesamten Menge haben wollen, so müssen wir natürlich in irgend einer Weise festsetzen, inwiefern Abweichungen von dem inneren Zustande des wirklichen Gases in den Kopien zugelassen werden sollen. Es wird sich bald zeigen, wie BOLTZMANN dies tut, wie er also die Menge von Gasen genau definiert. Seine Definition hat zur Folge, dass alle der Beobachtung zugänglichen Grössen in der grossen Mehrzahl der Kopien nur unmerklich von den entsprechenden Grössen in dem wirklichen Gase abweichen, und dass man also, wenn man eine solche Grösse für letzteres zu berechnen wünscht, ebensogut den Mittelwert dieser Grösse für alle Gase der Menge betrachten kann. Hierin liegt nun eben der Nutzen der Methode; die Berechnung des Mittelwertes ist oft leichter als die Bestimmung des Wertes für einen einzelnen bestimmten Körper.

Betrachtungen dieser Art sind am ausführlichsten von W. GIBBS in seinen „Elementary principles of statistical dynamics" entwickelt worden, und ich werde vielleicht die längst vor dem Erscheinen dieses Buches publizierten Untersuchungen von BOLTZMANN am besten charakterisieren können, wenn ich auch einiges von GIBBS' Methode sage.

Dieser stellt sich ein beliebiges mechanisches System vor, dessen Zustand durch eine grosse Zahl von Koordinaten und Bewegungsmomenten bestimmt werden kann, und denkt sich dieses

System sehr oft wiederholt, so dass eine *Menge* von Systemen, oder wie GIBBS es nennt, ein *Ensemble* von Systemen entsteht. Dabei schliesst er jede Wechselwirkung zwischen den einzelnen Systemen aus; sie bestehen in der Menge einfach nebeneinander. Während GIBBS nun ferner annimmt, dass alle Systeme, was die äusseren Kräfte und die Lage etwaiger begrenzender Körper betrifft, genau miteinander übereinstimmen, lässt er für die Energie eines Systems weit auseinandergehende Werte zu; die Koordinaten und Momente sollen nämlich in den verschiedenen Systemen alle möglichen Werte annehmen. Man kann nun einen unendlich kleinen sich auf die Koordinaten und Momente beziehenden Spielraum wählen und die Aufmerksamkeit auf diejenigen Systeme richten, welche in diesem Spielraume liegen. Die Anzahl derselben kann man darstellen als das Produkt aus der Grösse des Spielraumes und einer von den Werten der Koordinaten und Momente abhängigen Funktion, welche ich die *Häufigkeitsfunktion* nennen will.

Im allgemeinen wird sich nun die Häufigkeitsfunktion von Augenblick zu Augenblick ändern. Es kann aber auch vorkommen, dass sie unabhängig von der Zeit ist. Ist sie das, dann wird, statistisch betrachtet, die Menge uns in jedem Augenblick denselben Anblick bieten, ähnlich wie die Bevölkerung eines Landes im ganzen genommen, trotz des Wechsels der Individuen, sich in einem stationären Zustande befinden kann.

GIBBS zeigt, dass dieser Fall eintritt, wenn die Häufigkeitsfunktion die Gestalt

$$Ae^{-C\varepsilon}$$

hat, die, wie Sie sehen, genau mit der Verteilungsfunktion in dem BOLTZMANNschen Gesetze übereinstimmt. Unter ε ist jetzt die gesamte potentielle und kinetische Energie eines Systems zu verstehen und C ist eine Konstante, deren reziproker Wert in den Anwendungen die Rolle der Temperatur spielt. Eine Menge mit dieser Häufigkeitsfunktion möge nach dem Vorschlage von GIBBS eine Menge mit kanonischer Verteilung oder kürzer eine kanonische Menge heissen.

In dieser sind nun, wie gesagt, noch alle möglichen Werte der Energie vertreten. Wir können daher die Menge in kleinere Mengen oder Untergruppen von Systemen teilen, derart, dass in jeder

einzelnen die Energie einen bestimmten Wert hat. Da für jedes
System im Laufe seiner Bewegung die Energie konstant bleibt,
so besteht jede Untergruppe fortwährend aus denselben Systemen, deren Zahl wir noch immer als ungeheuer gross betrachten
wollen, und wir können sie daher für sich betrachten. So gelangen
wir zu der Vorstellung von dem, was GIBBS eine mikrokanonische
Menge von Systemen nennt.

BOLTZMANN gebührt nun das Verdienst, lange vor GIBBS die
Betrachtung solcher mikrokanonischer Mengen eingeführt zu
haben und zwar unter der Benennung *Ergoden* oder Mengen mit
ergodischer Verteilung der Zustände.

Es ist von Wichtigkeit, zu bemerken, dass ebenso wie in der
kanonischen Menge auch in einer ergodischen die verschiedenen
Zustände nach einem ganz bestimmten Gesetz unter die Systeme
verteilt sind. Man kann dieses wieder durch eine Häufigkeitsfunktion ausdrücken, und es lässt sich die Grösse der jetzt in Betracht kommenden Spielräume in solcher Weise festsetzen, dass
diese Häufigkeitsfunktion einfach eine Konstante wird, was zu
der einfachsten Vorstellung von der ergodische Mengen führt.

Die Art und Weise, wie BOLTZMANN sich die Körper, deren
Eigenschaften er untersuchen will, wiederholt denkt, ist hiermit
genau festgesetzt und man kann jetzt, ohne jede Unbestimmtheit
oder Zweideutigkeit, die Erscheinungen bei einem einzelnen Körper dadurch berechnen, dass man diesen durch eine ergodische
Menge ersetzt, und für die in Betracht kommenden Grössen die
Mittelwerte setzt, die sie in den verschiedenen Systemen dieser
Menge haben. Damit had BOLTZMANN uns einen Weg gezeigt, auf
dem im Prinzip die Lösung jedes sich auf einen Gleichgewichts-
zustand beziehenden Problems der Molekularphysik gefunden
werden kann. Gesetzt z.B., ein Gefäss enthalte ein System von
Molekülen von irgend welcher Zusammensetzung, die in gegebener Weise aufeinander wirken, und wir wollen den auf die Wände
ausgeübten Druck berechnen. Nähme man das Problem direkt in
Angriff, so entstände in den meisten Fällen eine unüberwindliche
Schwierigkeit daraus, dass man die mannigfachen Anordnungen
der Teilchen nicht überblicken kann. Man macht es sich viel leichter, wenn man sich das Gas oftmals wiederholt denkt, so dass alle
möglichen Anordnungen vorkommen, und zwar in solcher Weise,
dass eine ergodische Menge entsteht, und dann den Mittelwert des

Druckes in dieser Menge betrachtet. Vielleicht können wir auch so das Problem noch nicht mit unseren mathematischen Hilfsmitteln bewältigen; allein die direkte Berechnung des Druckes für das eine Gas wäre noch ungleich schwieriger. Sie würde, streng genommen, die Integration der Bewegungsgleichungen der Moleküle erfordern, und diese Integration wird bei der Betrachtung der ergodischen Menge umgangen.

Übrigens kann man ebensogut, wie mit einer ergodischen oder mikrokanonischen Menge, auch mit einer kanonischen operieren. Das eine läuft auf dasselbe hinaus wie das andere, was daher rührt, dass auch in der kanonischen Menge die grosse Mehrzahl der Systeme Energiewerte hat, die äusserst wenig voneinander verschieden sind, so dass sie tatsächlich von einer ergodischen Menge kaum verschieden ist. Was die Wahl zwischen den beiden Methoden betrifft, so spricht für die der ergodischen Mengen, wie mir scheint, dass sie natürlicher ist, für die Betrachtung der kanonischen Mengen dagegen, dass bei diesen die Rechnungen sich manchmal etwas einfacher gestalten.

Die Einführung von BOLTZMANNs Ergoden hat den Vorteil, dass sie es ermöglicht, den Begriff der Wahrscheinlichkeit verschiedener Anordnungen oder Zustände, dessen man sich in der Molekulartheorie so oft bedient, vollkommen scharf zu präzisieren. Es handle sich z.B. um irgend eine mit der Molekularbewegung zusammenhängende Eigenschaft eines Gases, die sich durch eine gewisse Anzahl von numerischen Werten a, b, c, usw. angeben lässt. Wir betrachten das Gas als Glied einer ergodischen Menge, in deren individuellen Systemen jene Grössen a, b, c, usw. dann sehr verschiedene Werte haben können, und achten auf die Anzahl n der Systeme, in welchen eine bestimmte Wertkombination vorkommt. Dividiert man n durch die Anzahl *aller* Systeme der Menge, so erhält man einen Bruch, den man als die Wahrscheinlichkeit des Vorkommens der betreffenden Kombination definieren kann. Ferner können wir nach denjenigen Werten von a, b, c usw. fragen, für welche die Wahrscheinlichkeit am grössten ist, und diese die wahrscheinlichsten Werte nennen. Hängt nun die Eigenschaft, welche durch die Zahlen bestimmt wird, mit sehr vielen Molekülen zusammen, so kommen Wertkombinationen, die irgendwie erheblich von der wahrscheinlichsten abweichen, in der Menge nur sehr selten vor; man darf dann annehmen, dass auch das wirkliche Gas eben diese wahrscheinlichste Kombination zeige. In diesem Sinne kann man sagen, das wirkliche Gas befinde sich in dem wahrscheinlichsten Zustande. BOLTZMANN hat eine sehr bemerkenswerte Ableitung der Zustandsverteilung in einem Gase gegeben, die auf diesem Grundgedanken beruht.

Ich komme jetzt zu einer der schönsten Entdeckungen BOLTZMANNS, dem sogenannten H-Theorem. Die Beweise für das Gesetz der Zustandsverteilung unter Gasmoleküle, an welche ich Sie zuerst erinnert habe, liefen darauf hinaus, dass die Existenz einer Verteilungsfunktion von der oft genannten exponentiellen Gestalt als *hinreichende* Bedingung für die Unveränderlichkeit des Zustandes dargestellt wurde. Es erhebt sich nun aber die Frage, ob man mit der Ermittelung jener Verteilungsfunktion auch den einzig möglichen stationären Zustand gefunden habe. BOLTZMANN hat bewiesen, dass dies wirklich so ist. Zu diesem Zwecke denkt er sich einen ganz beliebigen Zustand des Gases, und führt für diesen eine gewisse, gewöhnlich mit H bezeichnete Grösse ein, durch eine Definition, die wir in folgender Weise in Worte einkleiden können. Wir bilden zunächst die Verteilungsfunktion und nehmen den Logarithmus derselben, den wir den *Verteilungsexponenten* nennen können. Wie die Verteilungsfunktion selbst hängt er von den Grössen ab, welche Lage und Bewegung der Moleküle bestimmen, und wir können daher jedem Molekül den ihm entsprechenden Wert des Verteilungsexponenten zuordnen. Die Grösse H ist einfach die auf alle Moleküle ausgedehnte Summe ihrer Verteilungsexponenten.

Durch eine Betrachtung der Zusammenstösse zeigt BOLTZMANN nun, dass die Grösse H durch dieselben nicht geändert wird, wenn die Verteilung der Zustände durch das MAXWELLsche bzw. das von ihm selbst herrührende Gesetz gegeben ist, dass sie aber in jedem anderen Falle durch die Stösse verkleinert wird. Daraus folgt, dass in keinem anderen Falle als dem früher gefundenen der Zustand des Gases stationär sein kann, und es wird ersichtlich, wie ein beliebiger Anfangszustand unter fortwährender Abnahme des H-Wertes in den stationären Zustand, für welchen H ein Minimum ist, übergeht.

Bei dem Beweis für ein mehratomiges Gas wird die früher erwähnte Schwierigkeit, die in der Betrachtung der entgegengesetzten Zusammenstösse lag, durch einen glücklichen Kunstgriff überwunden.

Das H-Theorem hat lebhafte Kontroversen hervorgerufen. Man hat nämlich gegen dasselbe den Umstand geltend gemacht, dass man sich Zustände eines Gases denken kann, in welchen die Zusammenstösse den H-Wert zu vergrössern, statt zu verkleinern streben. Um einen solchen Fall zu erhalten, hat man sich nur vorzustellen, dass in einem bestimmten Augenblick alle Geschwindigkeiten in dem Gase umgekehrt werden; die Bewegungen werden dann rückläufig und wenn H vorher abnahm, so muss es jetzt zunehmen. BOLTZMANN erwidert hierauf, dass sein Beweis auch nicht für alle Zustände gelte, sondern nur für solche, die molekular ungeordnet sind, denn nur für diese könne die Anzahl der Zusammenstösse in der üblichen Weise berechnet werden. Der durch Umkehrung der Geschwindigkeiten erhaltene Zustand sei eben nicht mehr molekular ungeordnet. Es sei aber höchst unwahrscheinlich, dass je in einem wirklich bestehenden Zustande H zunehme, und wenn dies vielleicht auf kurze Zeit geschähe, so müsste doch auf die Dauer bei dem Wirrwarr der molekularen Bewegungen alle Ordnung verloren gehen und H wieder abnehmen.

Leider kann ich weder auf die gegen das H-Theorem vorgebrachten Einwände, noch auf die ausführlichen Widerlegungen von BOLTZMANN näher eingehen. Überhaupt habe ich, weil ich mich in meiner gedrängten Darstellung auf die Hauptzüge beschränken musste, vielleicht zu viel die Vorstellung erweckt, dass BOLTZMANNS Resultate sehr einfach seien. In der Tat, sie sind auch einfach, jetzt da wir sie einmal besitzen, allein darüber dürfen wir nicht vergessen, wieviel Aufwand von Scharfsinn für die Entdeckung seiner Sätze nötig war, und mit wie grosser Ausdauer BOLTZMANN Jahre hindurch sein Ziel verfolgt und mit den Schwierigkeiten, die sich ihm entgegenstellten, gerungen hat.

Mit dem H-Theorem haben wir uns dem zweiten Hauptsatze der Thermodynamik genähert, einem Thema, das BOLTZMANN oft behandelt hat. Der Satz, nach welchem sich, wenn die Zustände molekular ungeordnet sind, die Grösse H nur in einer einzigen Richtung ändern kann, so dass die Grösse — H nie abnimmt, erinnert sofort an die Eigenschaft der Entropie, in einem sich selbst überlassenen System nie kleiner werden zu können, und in der

Tat stimmt für ein Gas, das sich im Gleichgewicht befindet, der Wert von — H bis auf einen konstanten Faktor mit dem der Entropie überein.

Ich muss wieder darauf verzichten, im einzelnen die Art und Weise zu schildern, wie BOLTZMANN den zweiten Hauptsatz in mehreren Abhandlungen molekulartheoretisch begründet hat, und kann Sie nur daran erinnern, dass er das richtige Verständnis des Satzes dadurch sehr gefördert hat, dass er ihm nachdrücklich als einen Wahrscheinlichkeitssatz bezeichnet, der sich nur deshalb in den Erscheinungen bewähre, weil alle Körper aus einer ungeheuer grossen Zahl von Molekülen bestehen. Indem BOLTZMANN diesen allgemeinen Gedanken durch seine Identifizierung der Grösse — H mit der Entropie präzisiert hat, war er auch der erste, der uns zeigte, wie nun eigentlich die Entropie durch den inneren Zustand eines Körpers bestimmt sei, woraus natürlich sofort dasselbe für die mit ihr zusammenhängenden Grössen, für die freie Energie und das thermodynamische Potential folgt. Besonders muss ich ferner hervorheben, dass BOLTZMANN mit seinem H-Theorem über die klassische Thermodynamik hinausgeht. Diese letztere kann die Entropie nur für Systeme definieren, die einen unveränderlichen Zustand angenommen haben, sowie für solche, die aus verschiedenen Phasen zusammengesetzt sind, deren jede, für sich betrachtet, einen stationären Zustand hat, obgleich sie vielleicht nicht miteinander im Gleichgewichte sind. Wenn man dagegen die Grösse — H als Entropie definiert, so verbindet man mit diesem Worte auch dann einen klaren Begriff, wenn der innere Zustand eines Gases kein stationärer ist. Hierin zeigt sich wieder die Überlegenheit der Atomistik über eine phänomenologische Theorie, wie man die klassische Thermodynamik nennen kann.

Übrigens ist das H-Theorem von grosser Tragweite; es lässt sich auf alle Körper ausdehnen, die aus getrennten Molekülen bestehen. Es zeigt genau, wie die Entropie zunimmt, wenn unter dem Einfluss der Schwerkraft ein Gas, das ursprünglich einen Raum gleichmässig füllt, unten eine grössere Dichte annimmt als oben. Ebenso lässt es uns erkennen, um wieviel die Entropie eines Gasgemisches, wie BOLTZMANN es oft behandelt hat, von der Entropie der ungemischten Bestandteile verschieden ist. Es ergibt sich dabei der bekannte, oft als GIBBSsches Paradoxon bezeichnete Satz.

Ich habe mich bei BOLTZMANNs molekulartheoretischen Arbeiten so lange aufgehalten, weil diese wohl die wichtigsten von allen sind. Bewundernswert sind aber auch seine Beiträge zur modernen Elektrizitätslehre. Er war ein begeisterter Anhänger der MAXWELLschen Theorie und hat ihre Weiterentwickelung und Verbreitung sehr gefördert. In erster Linie denke ich da an seine schönen, in zwei Teilen erschienenen Vorlesungen über MAXWELLS Theorie der Elektrizität und des Lichtes. Bei seiner ausgesprochenen Tendenz zu einer mechanischen Auffassung der Naturerscheinungen war es natürlich, dass speziell die Kapitel in MAXWELLS Treatise, wo die Erscheinungen bei stromdurchflossenen Leitern als Bewegungen in einem dynamischen System von unbekannter Zusammensetzung aufgefasst werden, ihn anzogen. In seinen Vorlesungen wählt er dies zum Ausgangspunkt. Betrachtungen über die Dynamik zyklischer Systeme, die an verschiedenen mechanischen Beispielen erläutert werden, bilden den Anfang des Buches, und es wird gezeigt, dass in einem System zweier Stromleiter Vorgänge sich abspielen, die genau denjenigen entsprechen, welche in bizyklischen Systemen möglich sind. Daher gelingt es auch, die Selbstinduktion, die gegenseitige Induktion und die elektrodynamischen Wirkungen an einem sinnreich konstruierten Modell zu erläutern, welches sich dadurch auszeichnet, dass die drei Grössen, welche die Koeffizienten in dem Ausdruck für die magnetische Energie vertreten, jede für sich, unabhängig von den beiden anderen, geändert werden können. Auf der so gelegten Grundlage wird nun ferner das ganze System der Vorstellungen und Gleichungen der modernen Elektrizitätslehre in strenger Konsequenz aufgebaut.

Was BOLTZMANN von dem Zwecke seiner mechanischen Illustrationen sagt, entspricht wieder ganz seinen allgemeinen Anschauungen. Die Modelle sind ihm nur sinnbildliche Darstellungen der Erscheinungen; sie seien aber in hohem Grade geeignet, diese dem Verständnis näher zu bringen und die Aufmerksamkeit auf dasjenige in denselben zu lenken, was uns am meisten interessieren muss. Höher wird noch der Wert eines Modells, wenn es auf verschiedene Erscheinungsgebiete passt und also das diesen Gemeinsame zum Ausdruck bringt. Mit Vorliebe verweilt daher BOLTZMANN bei der Analogie zum zweiten Hauptsatz der Thermodynamik, welche sich bei der Behandlung monozyklischer

Systeme ergibt. In dieser Auseinandersetzung, der er auch eine
eigene Abhandlung gewidmet hat, schliesst er sich den bekannten
Untersuchungen von HELMHOLTZ über die Statik monozyklischer
Systeme an. Andererseits, wenn man stets im Auge behält, dass
man es nur mit Illustrationen zu tun hat, so wird man auch
einem bestimmten Modell keinen zu hohen Wert beilegen und
sich nicht scheuen, gelegentlich verschiedene Modelle für dieselben Erscheinungen zu erfinden. In dieser Hinsicht ist es bemerkenswert, dass BOLTZMANN im zweiten Teile des Buches die
Grundgleichungen aus einer mechanischen Vorstellung ableitet,
die von der im ersten Teile zugrunde gelegten weit verschieden
ist. Während dort die elektrische Energie als potentielle und die
magnetische Energie als kinetische aufgefasst wurde, macht er
es jetzt gerade umgekehrt, eine Betrachtungsweise, die er auch
in einer Abhandlung ausführlich auseinandergesetzt hat.

Im weiteren Verlaufe des zweiten Teiles seines Buches lässt
BOLTZMANN auch den alten Fernwirkungstheorien Recht wider-
fahren und führt er in bildlicher Weise die Vorstellung der elektrischen und sogar der magnetischen Fluida ein, denen er indes
noch wohl etwas weniger Realität zuschreibt als dem Mechanismus, dessen Betrachtung ihn zu den Grundgleichungen geführt
hat.

Jetzt, da ich von den elektrischen Fluida gesprochen habe,
darf ich auch BOLTZMANNs Theorie des Halleffektes nicht vergessen. Er zeigte, dass diese Erscheinung sich in der Vorausset-
zung éiner einzigen bewegten Elektrizität in einfachster Weise
erklären lässt, und dass man aus der Grösse des Effektes die Geschwindigkeit der strömenden Elektrizität ableiten kann. Diese
Geschwindigkeit bestimmt nämlich die Kraft, welche durch das
äussere magnetische Feld ausgeübt wird, und die von HALL ent-
deckte Erscheinung zur Folge hat. Man kann diese Betrachtung
sofort in die Sprache der heutigen Elektronentheorie übersetzen,
und wir müssen daher BOLTZMANN die Ehre geben, zum ersten
Male die Geschwindigkeit der einen Strom konstituierenden Elektronenbewegung bestimmt zu haben.

Die Untersuchungen über Thermoelektrizität und über die sogenannte Elektrostriktion will ich nur kurz nennen, um jetzt aus
dem reichen Vorrat noch eine wahre Perle der theoretischen Phy-

sik auszusuchen, die von BOLTZMANN aufgefunden worden ist.
Es handelt sich hierbei um die Theorie der Wärmestrahlung. Als
BARTOLI die Bemerkung gemacht hatte, dass gewisse Erschei-
nungen bei strahlenden Körpern dem zweiten Hauptsatz der
Thermodynamik zu widersprechen scheinen, sah BOLTZMANN sofort, wie man einem solchen fatalen Schlusse entgehen kann. Indem er den nach MAXWELLS Theorie von den Strahlen ausgeübten
Druck berücksichtigte, gelang es ihm, nicht nur vollständige
Übereinstimmung mit dem zweiten Hauptsatze zu erzielen, sondern auch geradezu aus diesem das von STEFAN ausgesprochene
Gesetz zu deduzieren, nach welchem die Gesamtstrahlung eines
schwarzen Körpers der vierten Potenz der absoluten Temperatur
proportional ist.

Ich kann mir nicht versagen, Ihnen die zu diesem Ergebnis
führende Schlussfolgerung ganz kurz in etwas vereinfachter Form
vorzuführen. Gesetzt, die Innenwände eines Zylinders und eines
in demselben verschiebbaren Stempels seien vollkommen spie-
gelnd, und im abgeschlossenen Raume befinde sich ein schwarzer
Körper, umringt von Äther, in welchem dann die sogenannte
schwarze Strahlung bestehen wird. Der Zustand dieses Systems
ist durch die Temperatur des schwarzen Körpers und das unter
dem Stempel befindliche Volum völlig bestimmt; ferner enthält
es eine gewisse Energie und wird auf den Kolben ein bestimmter
Druck ausgeübt. Denken wir uns, dass dem schwarzen Körper in
irgend einer Weise von aussen Wärme zugeführt oder entzogen
werden kann, so können wir mit dieser fingierten Vorrichtung
genau so verfahren, wie man es in der Thermodynamik mit einem
Gase oder sonst einem Körper zu tun pflegt.

Wir dürfen die bekannte allgemeine thermodynamische Gleichung anwenden, welche einerseits den Druck in seiner Abhän-
gigkeit von der Temperatur enthält, andererseits die Änderung
der Energie bei isothermischer Ausdehnung. Zieht man den Satz
heran, nach welchem der numerische Wert des Druckes durch
den dritten Teil der pro Volumeinheit vorhandenen Strahlungs-
energie bestimmt wird, so gelangt man sofort zu dem STEFAN-
schen oder, wie wir jetzt auch wohl sagen dürfen, zu dem BOLTZ-
MANNschen Gesetz.

Dass dieses sich später, nachdem ein schwarzer Körper reali-
siert worden war, in der schönsten Weise bei den Messungen von

LUMMER und PRINGSHEIM bewährt hat, brauche ich nicht zu sagen. Interessant ist es aber, bei BOLTZMANN zu lesen, dass er schon längere Zeit die experimentelle Untersuchung der Wärmestrahlen teils im ganzen, teils zum Zwecke spektraler Zerlegung begonnen habe, indem er die Strahlung eines rings mit gleichtemperierten Wänden umgebenen Raumes aus einem kleinen Loche oder Spalte dieser Wände für die eines schwarzen Körpers substituierte. Er fügt hinzu, das dabei benutzte Prinzip rühre von CHRISTIANSEN her.

Die Ableitung des STEFANSchen Gesetzes war der erste grosse Fortschritt, der seit KIRCHHOFF in der Strahlungstheorie gemacht wurde. Als dann W. WIEN neun Jahre nachher sein Verschiebungsgesetz entdeckt hatte, hatte man es soweit gebracht, als es überhaupt mit Hilfe der Sätze der Thermodynamik und der allgemeinen elektromagnetischen Theorie möglich war, und war der Punkt erreicht, wo die speziellen Strahlungstheorien, welche auf bestimmten Vorstellungen über den Mechanismus der Erscheinungen beruhen, einzusetzen hatten.

Dem Bilde, das ich Ihnen entworfen habe, fehlen noch einige Züge. Ich muss eines der Hauptresultate von BOLTZMANNs molekulartheoretischen Arbeiten in ein besseres Licht rücken, um seine grosse Tragweite hervortreten zu lassen; daneben muss ich aber auch der Schwierigkeiten gedenken, auf die man gerade bei weiterer Verfolgung jenes Resultates gestossen ist.

Sobald wir für einen aus Molekülen zusammengesetzten Körper die Verteilungsfunktion kennen, können wir manche interessante Schlüsse daraus ableiten. Aus der Formel für das MAXWELLsche Gesetz z.B. berechnen wir die mittlere kinetische Energie eines einatomigen Gasmoleküls; für diese erhält man den Wert

$$\frac{3}{2C},$$

wenn C die in der Formel auftretende Konstante ist. Das Resultat gilt auch für ein Gemenge zweier Gase und für eine der Schwerkraft unterworfene Masse. Die mittlere kinetische Energie eines Moleküls ist auf jeder Höhe dieselbe und hat für den einen Bestandteil den gleichen Wert wie für den anderen. Ähnliches ergibt sich, wenn solche äussere Kräfte auf eine Mischung wirken,

dass die Bestandteile auseinandergetrieben werden, und so ist
man dazu gekommen, in der Gleichheit jener mittleren Moleku-
larenergie das Kriterium für die Gleichheit der Temperatur zu erkennen. Für alle Gase kann man, wenn T die Temperatur ist, die
Energie pro Molekül mit αT bezeichnen, wo der Koeffizient α eine
universelle Konstante ist, und für jedes Gas hat C den Wert

$$\frac{3}{2\alpha T}.$$

BOLTZMANNs Resultate gestatten uns nun noch viel weiter zu
gehen; wir dürfen nämlich für *alle* Körper der Konstante C in der
Verteilungsfunktion den genannten Wert beilegen. Handelt es
sich um ein mehratomiges Gas, so können wir die Lage und die
Konfiguration jedes Moleküls durch eine gewisse Anzahl, sagen
wir durch n allgemeine Koordinaten, bestimmen und bei geeig-
neter Wahl derselben die kinetische Energie als die Summe von
n Teilen darstellen, deren jeder von der Änderungsgeschwindig-
keit *einer* Koordinate abhängt, oder, wie man zu sagen pflegt,
einem Freiheitsgrade des Moleküls entspricht. Jeder dieser Teile
hat nun im Mittel den Wert $\frac{1}{3}\alpha T$ und zwar gilt dies noch bei sehr
verschiedener Wahl der Koordinaten. Also, wenn die rechtwink-
ligen Koordinaten des Schwerpunktes für drei der Koordinaten
genommen werden, so finden wir, dass auch in einem mehratomigen Gase die kinetische Energie der fortschreitenden Bewegung
eines Moleküls im Mittel αT beträgt; zu dieser gesellt sich dann
noch die Energie der Bewegung der Atome gegen den gemein-
schaftlichen Schwerpunkt. Ebensogut kann man aber auch sagen,
jedes Atom habe die mittlere kinetische Energie αT.

Statt von den Freiheitsgraden der einzelnen Moleküle, kann
man von denen eines ganzen Körpers sprechen; für den Gesamt-
wert der kinetischen Energie wird sich der richtige Wert heraus-
stellen, wenn man für jeden Freiheitsgrad den Betrag $\frac{1}{3}\alpha T$ in
Anschlag bringt, und sogar ist in jedem System von Körpern,
wenn Gleichgewicht besteht, die kinetische Energie gleichmässig
über alle Freiheitsgrade verteilt. Greift man aus einem Gase oder
einer Flüssigkeit eine beliebige Gruppe von Teilchen heraus, so
wird der Bewegung des Schwerpunktes dieser Gruppe, wenn man
den Versuch oft wiederholt, im Durchschnitt wieder die Energie
αT entsprechen. Mit der Ausbreitung auf ganze Systeme hängt es

zusammen, dass auch die Konstante C in der Häufigkeitsfunktion für eine kanonische Menge von Systemen den Wert $3/2\alpha T$ hat.

Diese Sätze sind in älteren und neueren Theorien vielfach zur Anwendung gekommen. VAN DER WAALS schreibt den Molekülen einer Flüssigkeit immer die gleiche kinetische Energie, wie denen eines Gases zu, und ebenso geht man längst in der Theorie der Lösungen, was die Teilchen der gelösten Substanz betrifft, zu Werke. Für dissoziierte Stoffe, seien es Gase oder gelöste, in Ionen zerfallende Substanzen, nimmt man stets an, dass den Teilmolekülen bzw. den Ionen der normale Betrag an kinetischer Energie zukommt. Dieselbe Hypothese, auf die freien Elektronen in den Metallen angewandt, bildet eine der Grundlagen der schönen von DRUDE entwickelten Theorie der Wärme- und Elektrizitätsleitung, und die universelle Konstante α erscheint ebenfalls in PLANCKs Theorie der Wärmestrahlung, welche es ermöglicht hat, ihren Wert und damit die Grösse der Atome und Moleküle aus den Versuchen über die Strahlung abzuleiten. Ich schliesse die Reihe mit der originellen Betrachtung von JEANS über die schwarze Strahlung. Um die Energie derselben, welche dem Intervall zwischen zwei Wellenlängen entspricht, zu ermitteln, bestimmt er einfach für einen mit Äther gefüllten Hohlraum mit vollkommen spiegelnder Innenwand die Anzahl der stehenden Wellensysteme, deren Wellenlänge zwischen den gewählten Grenzen liegt. Da jedem stehenden Wellensystem ein Freiheitsgrad des Äthers entspricht und bei Schwingungen die kinetische und die potentielle Energie gleiche Werte haben, wird jedem Welslensystem die Energie $\frac{3}{2}\alpha T$ zugeordnet. Das Resultat stimmt was die längeren Wellen betrifft, genau mit PLANCKs Formel überein.

Wenn wir dies alles erwägen, so können wir es kaum verstehen, dass BOLTZMANN sich 1899 der Münchener Naturforscherversammlung als einen Reaktionär, einen Zurückgebliebenen vorstellte, der gegenüber den Neuerern für das Alte, Klassische schwärmt, und dass er, nachdem er an die mechanische und atomistische Auffassung erinnert hatte, die zu seiner Studienzeit gang und gäbe war, sagte: „Was hat sich seitdem alles verändert! Fürwahr, wenn ich auf alle diese Entwickelungen und Umwälzungen zurückschaue, so erscheine ich mir wie ein Greis an Erlebnissen auf wissenschaftlichem Gebiete! Ja, ich möchte fast sagen, ich bin allein übrig geblieben von denen, die das Alte noch mit voller Seele

umfassten, wenigstens bin ich der einzige, der noch dafür, soweit
er es vermag, kämpft."

Das Alte, von dem BOLTZMANN spricht, ist in unseren Tagen,
dank ganz besonders auch seinem Wirken, zu neuem, kräftigem
Leben aufgeblüht und, wenn auch das Gewand sich geändert hat
und gewiss im Laufe der Zeiten noch vielfach ändern wird, so
dürfen wir doch hoffen, dass es niemals der Wissenschaft verloren
gehen wird.

Mit der inneren Energie der Gase hängt bekanntlich der Wert
der spezifischen Wärme und des Verhältnisses der spezifischen
Wärmen bei konstantem Druck und bei konstantem Volum aufs
engste zusammen. Haben die Moleküle, ausser den drei Freiheitsgraden des Schwerpunktes, noch p weitere, so berechnet sich das
Verhältnis zu $(5 + p)/(3 + p)$. Für $p = 0$ führt dies zu dem Wert,
den man experimentell für einatomige Gase gefunden hat, und
BOLTZMANN bemerkt, dass man für zweiatomige Gase, wie z.B.
Sauerstoff, eine leidliche Übereinstimmung erreicht, wenn man
ihre Moleküle als vollkommen glatte und starre Rotationskörper
von nicht kugeliger Gestalt betrachtet. Bei solchen kann eine Rotation um die Symmetrieachse durch die Zusammenstösse nicht
entstehen, und wenn sie einmal vorhanden ist, nicht geändert
werden; man hat daher $p = 2$ zu setzen, was für den Bruch den
Wert 1,4 ergibt. Wenn man dagegen für jedes Atom drei Freiheitsgrade rechnet, so fällt der Wert des Verhältnisses zu klein
aus, eine Abweichung, die um so grösser wird, je komplizierter die
Struktur der Moleküle ist. Und wollte man vollends bei einem
Gase die Anzahl der voneinander unabhängigen Bewegungen im
Innern eines Moleküls so gross annehmen, wie man es auf Grund
der Anzahl der Spektrallinien erwarten könnte, dann erhielte
man ein viel zu kleines Resultat für das gesuchte Verhältnis.

Hier zeigte sich zum ersten Male die Schwierigkeit, auf die ich
bereits anspielte und die im allgemeinen darin besteht, dass die
Erscheinungen so hohe Werte der inneren Energie, wie man auf
Grund des Gesetzes der gleichmässigen Verteilung und der Anzahl der wahrscheinlich vorhandenen Freiheitsgrade erwarten
müsste, nicht zulassen. Hierher können wir z.B. die neuerdings
von J. J. THOMSON geäusserte Bemerkung rechnen, dass die Anzahl der freien Elektronen, die man nach gewissen Theorien in

einem Metalle annehmen muss, einen viel zu grossen Wert der spezifischen Wärme erfordern würde.

Am bedenklichsten sind die Folgerungen, zu welchen man in der Theorie der Strahlung geführt wird, wobei man übrigens den Ausweg hat, dass das Gesetz der gleichmässigen Verteilung der Energie eigentlich für den Äther nicht bewiesen ist. Will man es mit JEANS annehmen und betrachtet man den Äther als ein Kontinuum, so muss man einer endlichen Äthermenge eine unendliche Anzahl von Freiheitsgraden zuschreiben, während die Atomzahl eines ponderablen Körpers jedenfalls endlich ist; daher kann, auch in einem abgeschlossenen System, Gleichgewicht nur dann eingetreten sein, wenn alle Energie, und zwar in der Form sehr kurzer Wellen, in den Äther übergegangen ist.

BOLTZMANN hat bereits angegeben, in welcher Weise man diese Schwierigkeiten loswerden könnte. Man kann annehmen, dass einige Freiheitsgrade so lose mit den anderen gekoppelt sind, dass sie, wenn dem System Energie zugeführt wird, nur äusserst langsam den ihnen gebührenden Anteil davon erhalten. Wiche z.B. die Gestalt elastischer Gasmoleküle nur ausserordentlich wenig von einem Rotationsellipsoid ab, so würde sich die Rotation um die Symmetrieachse bei einem Zusammenstoss auch nur sehr wenig ändern und wäre es denkbar, dass während der Dauer eines Versuches die dieser Rotation entsprechende kinetische Energie so gut wie konstant bliebe. Einer der Freiheitsgrade wäre dann gleichsam ineffektiv. Einer ähnlichen Auffassung bedient sich auch JEANS in der Strahlungstheorie.

Ob man indessen auf diese Weise allen Beobachtungen gerecht werden könne, bleibt fraglich, und wirklich scheint mir hier ein dunkler Schatten auf dem sonst in mancher Beziehung so sonnigen Felde der theoretischen Physik zu ruhen. Auch an anderen Stellen häufen sich Fragen, die es wohl erst nach langer Anstrengung möglich sein wird, der Lösung näher zu bringen.

Der Gedanke an das, was BOLTZMANN mit seiner reichen Begabung noch für die Vertiefung und Erweiterung unserer Einsicht hätte tun können, erhöht den Schmerz, den uns sein Hinscheiden bereitet hat. Jedoch, in unsere Trauer mischt sich das Gefühl der Dankbarkeit für das von ihm Errungene, für die Beseelung, die von ihm ausgegangen ist, für das Beispiel der Hingebung an sein Ideal, das er uns gegeben hat.

JOHANNES BOSSCHA (1831–1911) [1]

Directeuren onzer Maatschappij hebben gewenscht dat heden, nu zij en de leden voor de eerste maal na het verlies van onzen betreurden BOSSCHA bijeen zijn, een woord van dankbaarheid en waardeering aan zijne nagedachtenis zou worden gewijd. Aan dat verlangen, dat bij ons allen weerklank vindt, gevolg gevende, zal ik trachten in Uwe herinnering terug te roepen wat BOSSCHA voor de wetenschap en voor onze Maatschappij geweest is.

Voor de wetenschap in de eerste plaats; trouwens, het een is onafscheidelijk van het ander. Laat ik dan beginnen met dien tijd, nu 60 jaar geleden, toen BOSSCHA, evenals hij naderhand in elken kring waartoe hij behoorde op den voorgrond zou treden, uitblonk onder de kleine schaar van hen die zich aan de studie der wis- en natuurkundige vakken wijdden. Hun aantal was gering, maar in de weinige vooruitzichten, toenmaals aan deze studie verbonden, lag een waarborg dat lust en aanleg alleen de keus bepaald hadden, en ik stel mij voor dat de band tusschen leermeesters en leerlingen er des te enger door werd.

BOSSCHA voelde zich vooral tot den hoogleeraar in de sterrenkunde FREDERIK KAISER aangetrokken. Het is ook nu nog algemeen bekend hoe deze de geestdrift voor zijne wetenschap aan jongeren wist mede te deelen, in die mate zelfs, dat het Leidsche Studentencorps aandeel nam in de beweging die tot de stichting der nieuwe sterrenwacht geleid heeft. BOSSCHA, die zich hierbij niet onbetuigd had gelaten, sprak tot in het laatst van zijn leven over KAISER met bewondering en warme genegenheid.

Bedrieg ik mij niet, dan is de eerste wetenschappelijke verhandeling van BOSSCHA onder den onmiddellijken invloed van KAISER ontstaan. Zij werd opgenomen in de „Algemeene Konst- en Letterbode" van 1853 en zij opent de lange rij der „Verspreide Geschriften", die zijne vrienden hem op 18 November 1901, ter gelegenheid van zijn zeventigsten verjaardag als feestgave aanboden.

---

[1] Herdenkingsrede, uitgesproken in de 159e jaarvergadering van de Hollandsche Maatschappij der Wetenschappen te Haarlem, 20 Mei 1911.

KAISER had voor de bepaling van het tijdstip waarop een of ander plotseling verschijnsel plaats heeft, gebruik gemaakt van de omstandigheid dat het oogenblik waarop de tikken van twee uurwerken met ietwat verschillenden gang samenvallen, met groote scherpte kan worden waargenomen. BOSSCHA overwoog nu dat de tijden waarop de coïncidenties worden gehoord, en die elkaar met geregelde tusschenpoozen opvolgen, mede bepaald worden door den tijd dien het geluid noodig heeft om zich van het ééne en het andere uurwerk af naar den waarnemer toe voort te planten.

Hierop grondde hij eene methode om door proeven in een niet al te klein vertrek de snelheid van het geluid te meten. Met twee secondekleppers, 15 meters van elkaar verwijderd en waarvan hij de coïncidenties waarnam, terwijl hij zich afwisselend bij den éénen en bij den anderen bevond, kreeg hij tot uitkomst 352 meter per seconde, en hij kon gemakkelijk becijferen dat men, door betere uurwerken te gebruiken, de nauwkeurigheid aanmerkelijk zou kunnen verhoogen. Aan gelegenheid om de methode verder uit te werken heeft het hem ontbroken, maar zijn denkbeeld is er niet minder vernuftig om.

Hetzelfde geldt van eene uitvinding, eenige jaren later, op het gebied der telegraphie. Eene methode van „tegenseinen" was door SIEMENS en HALSKE verzonnen en BOSSCHA stelde zich nu de vraag: als drie plaatsen, bv. ROTTERDAM, DEN HAAG en AMSTERDAM, door één draad verbonden zijn, zal het dan mogelijk zijn, gelijktijdig tusschen elke twee van die plaatsen in beide richtingen te seinen, zoodat op hetzelfde oogenblik zes berichten worden overgezonden. Klaarblijkelijk is daarvoor noodig dat langs ééne lijn twee berichten naar denzelfden kant gaan, bv. van ROTTERDAM uit twee, waarvan het ééne in DEN HAAG wordt opgenomen en het andere naar AMSTERDAM doorgaat. Daar dit laatste weinig verschil maakt, komt het op hetzelfde neer als eene „dubbeltelegraphie", waarbij ook dat tweede bericht voor DEN HAAG bestemd zou zijn.

BOSSCHA begon met op te merken dat de twee Rotterdamsche telegraphisten van elkaar verschillende stroomen op de lijn moeten kunnen brengen, en wel stroomen die, als zij gelijktijdig bestaan, elkaar niet opheffen; bv. om de door hem gekozen getallen te bezigen, de één een stroom van de sterkte 10 in de ééne, stel in de positieve richting en de ander een stroom van de sterkte 20 in tegengestelde richting, dus een stroom — 20. Hebben beiden tegelijk hunne sleutels neergedrukt — men denke aan het Morse-stelsel —, dan moet een stroom die uit die twee is samengesteld, een stroom — 10, in de lijn gaan. Bosscha bedacht de inrichting der sleutels en de stroomverbindingen die hiervoor te Rotterdam noodig zijn, en stelde zich verder in den Haag *drie* relais voor, zoo ingericht dat elk daarvan slechts door één of twee van de drie voorkomende stroomen in beweging kan worden gebracht. Zij zouden zoo met twee schrijftoestellen kunnen worden verbonden, dat daarop, gescheiden van elkaar, de door de twee telegraphisten gegeven seinen terechtkomen. Door dit alles te vereenigen met de door SIEMENS en HALSKE voor het tegenseinen aangegeven middelen, wordt de oplossing van het gestelde vraagstuk verkregen.

Bosscha heeft zijne vinding in bijzonderheden doordacht en beschreven en, al kon hij haar niet in toepassing brengen, hij staat in de geschiedenis der telegraphie bekend als de eerste uitvinder eener methode van dubbelseinen in dezelfde richting, en van de „quadruplex-telegraphie", twee berichten in de ééne en twee in de andere richting.

De beschikking over toereikende hulpmiddelen, met welker gemis hij het onvolledige zijner eerste mededeeling moest verontschuldigen, werd hem geboden toen hij tot assistent aan het natuurkundig kabinet te Leiden werd aangesteld; hij maakte er gebruik van voor een belangrijk en uitgebreid onderzoek. De hoogleeraar RIJKE had eene voor dien tijd ruime verzameling van instrumenten bijeengebracht, en er was, meer dan voorhen, gelegenheid om experimenteel te werken. Niet, dat het laboratorium, naar onze tegenwoordige opvattingen, aan hoogere dan zeer bescheiden eischen voldeed.

Bosscha's voornaamste meetwerktuig, eene tangentenboussole, die later nog wel bij het practicum der medische studenten gebruikt is, is niet wat wij nu een precisie-instrument zouden noemen. Maar zij stelde hem in staat, de bevestiging te leveren van eene hoogst gewichtige theoretische gevolgtrekking.

De wet van het behoud van arbeidsvermogen kwam in die dagen, na het verschijnen der verhandelingen van ROBERT MAYER en HELMHOLTZ meer en meer op den voorgrond en JOULE had het door zijn proeven over het mechanisch aequivalent der warmte-eenheid mogelijk gemaakt, aan te geven welk bedrag van mechanisch arbeidsvermogen aan eene in calorieën uitgedrukte hoeveelheid warmte beantwoordt. Het was nu van belang, het nieuwe beginsel op allerhande verschijnselen toe te passen en zoo had WILLIAM THOMSON, de latere LORD KELVIN, er op gewezen, dat de arbeid die door eene galvanische cel wordt verricht als zij een stroom levert, te danken is aan de scheikundige werkingen die dan in de cel plaats hebben, en dat die arbeid moet overeenstemmen met de hoeveelheid warmte die door deze werkingen wordt voortgebracht als zij onder zoodanige omstandigheden plaats hebben, dat er *geen* electrische stroom ontstaat.

In het element van DANIELL, dat BOSSCHA tot onderwerp van zijne studie koos, bestaat de scheikundige omzetting hierin, dat zink tot zinksulfaat wordt opgelost en eene aequivalente hoeveelheid koper uit kopersulfaat wordt afgescheiden; de warmteontwikkeling waarvan dit vergezeld gaat, als er geen stroom wordt opgewekt, was door FAVRE en SILBERMANN op 714 calorieën per gram zink bepaald. Wat den arbeid der cel betreft, deze kon worden berekend als men de electromotorische kracht gemeten had in de eenheid die kort te voren door WILH. WEBER was ingevoerd, en die op de magnetische werking van den electrischen stroom berust.

Het was deze bepaling die BOSSCHA uitvoerde en die hem tot het besluit bracht dat de arbeid per gram opgelost zink 308,5 kilogrammeter bedraagt. Gebruik makende van het door JOULE aangegeven mechanisch warmte-aequivalent vond hij dat die arbeid gelijk staat met 728 calorieën, wat zeer bevredigend met de uitkomst van FAVRE en SILBERMANN overeenstemt.

Ook wetenschappelijke uitkomsten moeten naar hun tijd beoordeeld worden. Zoo kan het onze waardeering van dit onderzoek niet verminderen, dat volgens latere beschouwingen de op de proef gestelde theoretische betrekking eene correctie behoeft, die alleen dan achterwege kan blijven als de electromotorische kracht van het element weinig met de temperatuur verandert, zooals gelukkig bij het element van DANIELL het geval is. En allerminst zullen wij den door BOSSCHA gedanen stap geringer achten omdat wij thans reeds van de schoolbanken af met de toenmaals nieuwe begrippen vertrouwd zijn. Wat in het bijzonder de electrische verschijnselen betreft, vele daarvan behooren tegenwoordig tot die welke wij, ook in quantitatief opzicht, het aller-

best kennen. Absolute eenheden, zooals de door WEBER ingevoerde, zijn algemeen in gebruik gekomen en het gaat ons even
goed af, van volts en ampères als van kilogrammen en meters te
spreken. Dat wij met electrische stroomen arbeid kunnen verrichten en arbeid moeten besteden om ze voort te brengen, wordt
door elke electrische centrale op groote schaal gedemonstreerd en
wij vinden het zeer natuurlijk dat wij naar evenredigheid, niet
van de stroomsterkte of van de spanning, maar van het in kilo-
watt-uren uitgedrukte arbeidsvermogen te betalen hebben.

Maar van dit alles was een halve eeuw geleden geen sprake.
Men moest eerst nog door geduldig experimenteel en theoretisch
onderzoek de wet van het arbeidsvermogen bevestigen en zich
aan de beschouwingswijzen die zij medebrengt, gewennen.

Dat er menige fijne onderscheiding te maken viel voor alles tot
klaarheid was gebracht, blijkt uit het vervolg van BOSSCHA's
verhandeling, waarin tal van vragen die op electrische stroomen
betrekking hebben, worden besproken. Slechts ééne daarvan
moge hier nog vermeld worden. JOULE had de warmteontwikkeling onderzocht, die een stroom in een geleider teweegbrengt en de
nog steeds naar hem genoemde wet uitgesproken, volgens welke
de per tijdseenheid ontwikkelde warmte evenredig is met den
weerstand en met de tweede macht der stroomsterkte. Vervolgens had hij de warmte gemeten, die in een vat met verdund zwavelzuur te voorschijn komt als een electrische stroom door pla-
tina-electroden in en uit de vloeistof geleid wordt. Er heeft dan,
zooals men weet, eene ontleding van water in waterstof en zuurstof plaats en JOULE wist nu uit zijne proeven af te leiden hoeveel
warmte daarbij verbruikt wordt, of wat op hetzelfde neerkomt,
hoeveel warmte bij de verbinding van waterstof en zuurstof wordt
ontwikkeld.

Zijn gedachtengang was zóó. Men kan den weerstand bepalen,
dien een metaaldraad moet hebben om, als hij in plaats van den
ontledingstoestel in de keten wordt gebracht, den stroom evenveel
te verzwakken als die toestel het doet. Vergelijkt men nu de
twee gevallen, nl. met den metaaldraad of wel met den ontledingstoestel, dan blijkt het dat de warmte die in dezen laatsten
ontwikkeld wordt, minder is dan die, welke in den draad ontstaat, en dat verschil is nu juist de hoeveelheid warmte die naar
JOULE's opvatting voor de waterontleding verbruikt wordt. Men

ziet het gemakkelijk in als men bedenkt dat in beide gevallen in de overige deelen van de keten volkomen hetzelfde plaats heeft.

Tegen de redeneering is niets in te brengen, maar zij laat in het midden hoe het eigenlijk in den ontladingstoestel toegaat. Daarom was het van belang, zooals BOSSCHA deed, in het licht te stellen dat de warmteontwikkeling in het zwavelzuur uit den werkelijken weerstand dezer vloeistof met behulp der wet van JOULE kan worden berekend. Het inschakelen van den toestel verzwakt den stroom niet alleen wegens den weerstand, maar ook wegens de electromotorische kracht die uit de polarisatie der electroden voortvloeit; om deze reden moet de weerstand van den zoo even genoemden metaaldraad grooter zijn dan die van het zwavelzuur en wordt bij gelijke stroomsterkte in den draad meer warmte dan in de vloeistof ontwikkeld. Het verschil stemt juist, evenals bij JOULE's beschouwing, met de ontladingswarmte van het water overeen.

Rekent men dat, zooals inderdaad het geval is, in de vloeistof eene hoeveelheid warmte wordt ontwikkeld, die aan haar werkelijken weerstand beantwoordt, dan moet men zich *niet* voorstellen, en hierop werd door BOSSCHA de nadruk gelegd, dat bovendien de waterontleding tot eene plaatselijke afkoeling aanleiding geeft. Dit zou even verkeerd zijn als de meening dat de door de oplossing van het zink in het element voortgebrachte warmte op de plaats zelf waar het metaal wordt opgelost, zou worden gevonden; het merkwaardige is juist, dat zij over de geheele keten wordt verspreid en in elk deel daarvan tot een door de wet van JOULE bepaald bedrag te voorschijn komt.

Had BOSSCHA met zijne proefnemingen deel genomen aan de bevestiging van een nieuw, verstrekkend beginsel, weldra voelde hij zich ook geroepen, de beteekenis daarvan voor een ruimeren kring uiteen te zetten. Hij deed dit in de meesterlijke voordracht, in Januari 1858 in het Natuurkundig Gezelschap te Utrecht gehouden, over „*Het behoud van arbeidsvermogen in den galvanischen stroom*". Als wij thans na vele jaren dit stuk lezen, treft ons in het bijzonder dat BOSSCHA, ondanks de geestdrift, waarmede hij blijkbaar zijn onderwerp behandelt, nooit verzuimt te doen uitkomen dat de wet van het behoud van arbeidsvermogen geenszins iets vanzelfsprekends is, maar dat zij, even goed als elke andere natuurwet, uit de ervaring is afgeleid en door deze bevestigd, of, desnoods, weerlegd moet worden.

Dat, in het begin der 18de eeuw, een natuurkundige als 's GRA-VESANDE, een perpetuum mobile in het algemeen gesproken, niet voor onmogelijk hield, gegeven onze weinige bekendheid met vele in de natuur voorkomende krachten, dat hij dan ook op uitnoodiging van den landgraaf van HESSEN, de reis naar Kassel ondernam, om een nieuw uitgevonden perpetuum mobile in oogenschouw te nemen, en zelfs, de misleiding waarvan hij klaarblijkelijk het slachtoffer was, niet vermoedende, den vermeenden uitvinder in den steun van NEWTON aanbeval, daarvan mogen wij hem geen verwijt maken. Integendeel, na eenig nadenken, zoo oordeelt BOSSCHA, „zullen wij weldra erkennen dat onze geleerde landgenoot, wel verre van een gebrek aan doorzicht te verraden, een juister begrip van de eischen der natuurwetenschappelijke methode van onderzoek had, dan degenen wier meening hij bestreed, en dat 's-GRAVESANDE, terwijl hij tegen de waarheid te velde trok, toch den weg der waarheid had ingeslagen".

Dat BOSSCHA de houding die hij in 's GRAVESANDE prijst, ook zelf aanneemt, blijkt ons in den verderen loop der verhandeling, als wij lezen, nadat van het behoud van arbeidsvermogen bij mechanische en chemische werkingen gesproken is: „Ziet daar dus reeds in twee groote klassen van verschijnselen de standvastigheid van arbeidsvermogen aangetoond. Ook bij vele andere is men tot dezelfde uitkomst geraakt en zoo heeft de wet langs proefondervindelijken weg een bijna zoo hoogen graad van waarschijnlijkheid verkregen als men in de inductieve wetenschap slechts verlangen kan."

Intusschen, al moeten wij steeds op onze hoede zijn, wij zouden weinig bereiken als wij nooit durfden generaliseeren en niet op zijn tijd als algemeen beginsel voorop stelden wat de waarneming ons, zij het ook op een beperkt gebied, heeft leeren kennen. BOS-SCHA vervolgt dan ook: „Gelijk men bij de behandeling van werktuigkundige vraagstukken deze dikwijls met het wiskundig beginsel der levende krachten kan verbinden, zoo kunnen wij thans de natuurkundige verschijnselen met de wet van de standvastigheid van arbeidsvermogen onderzoeken, en voor de natuurkunde is dit van nog veel meer beteekenis. Terwijl wij bij het wiskundig beginsel de redeneering kennen, die van de algemeene eigenschappen der beweging tot deze stelling leidt, zijn ons bij de natuurkundige verschijnselen zoowel die redeneering als die algemeene eigenschappen onbekend. Vergeleken wij straks het wiskundig beginsel bij eene drijfas in eene der fabriekszalen, die de opstelling der werktuigen vereenvoudigt, de wet van het behoud van arbeidsvermogen is voor de natuurkunde hetgeen eene as, die door eene onbekende kracht op geheimzinnige wijze werd in beweging gehouden, voor eene fabriek zou geweest zijn, in een tijd toen men nog geen stoomwerktuigen kende."

„Het is derhalve niet moeilijk in te zien, welk eene vindingskracht moet opgesloten liggen in de wet, die voor onmogelijk verklaart, wat voor 130 jaren 's GRAVESANDE en BERNOULLI zochten."

Het is ook thans nog een genot, BOSSCHA's Utrechtsche redevoering of de populair-wetenschappelijke artikelen die omstreeks denzelfden tijd in vrij groot aantal van hem verschenen, te lezen. De afwezigheid van alle geleerdheidsvertoon, de heldere, doorzichtige gedachtengang, die door eene gelukkige woordenkeus geheel tot zijn recht komt, de inlassching, als er aanleiding toe is, van eene dieper gaande opmerking of van eene algemeene wijsgeerige beschouwing, dit alles geeft aan BOSSCHA's geschriften een groote bekoring, evenals wij hem, als wij hem hoorden spreken, in zoo hooge mate bewonderden.

Toen ik van den arbeid van een galvanisch element sprak, verzuimde ik te vermelden dat, zooals BOSSCHA naderhand bemerkte, JOULE's beschrijving van zijne proeven over de warmteontwikkeling genoegzame gegevens bevatte om er den door de galvanische cel verrichten arbeid, dezelfde grootheid die BOSSCHA door zijne metingen had gevonden, uit af te leiden, en dat hij op deze wijze aan den Engelschen onderzoeker eene bevestiging der door hem zelf verkregen uitkomst wist te ontleenen. Dit is niet de eenige keer geweest dat BOSSCHA uit het werk van anderen gevolgen trok, waartoe zij zelf niet waren gekomen; zijne kritische discussie van REGNAULT's metingen is er een ander merkwaardig voorbeeld van.

Omstreeks 1840 was aan dezen natuurkundige door de Fransche Regeering opgedragen, metingen te verrichten van de natuurkundige grootheden, waarvan de kennis voor de theorie van het stoomwerktuig van belang is, eene opdracht die, in ruimen zin

opgevat, tot onderzoekingen aanleiding heeft gegeven, die tot
het beste moeten gerekend worden, dat de vorige eeuw op dit gebied heeft voortgebracht. Maar, en hierop vestigde BOSSCHA de
aandacht, de wijze waarop REGNAULT zijne metingen had *berekend*, was geenszins in overeenstemming met de zorg die hij aan
de waarnemingen had besteed; zij beantwoordde, onbegrijpelijk
genoeg, in geenen deele aan de daarbij bereikte nauwkeurigheid.
Het is deze leemte, die BOSSCHA door nieuwe tijdroovende becij-
feringen heeft aangevuld. Terwijl bv. REGNAULT, om tot eene
empirische formule voor de uitzetting van kwik bij temperatuurverhooging te komen, van zijne 35 reeksen van waarnemingen er
slechts 3 gebruikt had, die niet eens tot de beste behoorden, stelde
BOSSCHA zich de vraag wat wel op grond van *alle* metingen als de
meest waarschijnlijke wet voor de uitzetting kon worden afgeleid. De slotsom was eene nieuwe formule, die zich zeer bevredigend aan alle gegevens aansloot; voor ons is er de weemoedige
gedachte aan verbonden, dat hij in het afgeloopen jaar dit onderwerp weder heeft opgevat en er nog op den laatsten dag van
zijn leven aan heeft gewerkt.

Eene tweede verhandeling van de groep die ik nu op het oog
heb, had betrekking op de schijnbare uitzetting van kwik als het
in het glas van een thermometer is opgesloten. Dan doet zich
de uitzetting van het omhulsel, verschillend naar gelang der
glassoort, gevoelen, en ook nu bleek eene aanvulling van REG-
NAULT's beschouwingen noodzakelijk. BOSSCHA slaagde erin,
achterna uit te maken hoe zich de verschillende door REGNAULT
gebruikte thermometers gedragen hadden, hunne afwijkingen
onderling en tegenover den luchtthermometer vast te stellen, om
de verbeteringen aan te geven, die verschillende uitkomsten van
REGNAULT dientengevolge moesten ondergaan. Toch belette de
diepgaande kritiek hem niet, het werk van den Franschen natuurkundige hoog te waardeeren. Hij liet zich er eens zoo over
uit: „Het is de onvergankelijke verdienste van REGNAULT, naar
het voorbeeld der sterrekundigen, in de experimenteele natuurkunde de uiterste zorg voor nauwkeurigheid te hebben ingevoerd,
en die volledigheid in het mededeelen der experimenteele gegevens, welke niet alleen veroorlooft de grens van zekerheid aan te
wijzen, maar ook de mogelijkheid schept, door later noodig gebleken verbetering en aanvulling, aan een schat van moeilijke
waarnemingen eene blijvende waarde te verzekeren."

Men zal het begrijpelijk vinden dat de discussie der waarnemingen van REGNAULT in een tijd viel toen BOSSCHA geen laboratorium tot zijne beschikking had; het was in de jaren toen hij
als inspecteur van het middelbaar onderwijs werkzaam was, in
welke periode hij ook zijn groote leerboek der natuurkunde liet
verschijnen. Zijn experimenteel talent kon eerst weder aan het
licht komen, toen hij het hoogleeraarsambt aan de Polytechnische
School had aanvaard en aldaar een nieuw laboratorium inrichtte;
in bijzondere mate kwam het uit in zijne werkzaamheden, in gemeenschap met STAMKART en OUDEMANS, met betrekking tot de
standaardmeters.

Gij verwacht niet van mij dat ik alles wat daarover gezegd zou
kunnen worden, hier aanvoer. Ik bepaal mij tot het onderzoek
der beide nieuwe meters, die Nederland voor zichzelf en voor
de koloniën verkregen heeft, staven van iridiumhoudend platina,
die rechtstreeks met den „mètre des Archives", den oorspronkelijken grondslag van het metrieke stelsel, vergeleken zijn, en bovendien met elkander en met een der andere nieuwe standaarden.
De voor de vergelijking noodige proeven werden in de jaren
1876–'80 te Parijs met de hulp eener Commissie van Fransche natuurkundigen verricht, en hadden tot einduitkomst dat de eene
staaf 5,8 en de andere 6,1 mikron (d.i. duizendste millimeter) langer is dan de mètre des Archives, met eene waarschijnlijke fout
van 0,16 mikron. Wat er noodig is geweest om dit vast te stellen,
gevoelt men als men het uitvoerige verslag der metingen in bijzonderheden bestudeert, als men een blik slaat op de lange waarnemingsreeksen en zich rekenschap tracht te geven van de zorg
waarmede alle bronnen van fouten werden opgespoord en zoo
goed mogelijk onschadelijk gemaakt.

Hier moge alleen vermeld worden dat de golflengte van het licht
ongeveer een halve mikron bedraagt en dat men dientengevolge
met de tiende deelen dicht bij de grens van het onderscheidings-
vermogen der mikroskopen is; verder, dat een temperatuurver-
andering van 0,7 graad van eene der staven voldoende zou zijn
geweest om het gemeten lengteverschil geheel op te heffen.

Het is noode dat ik afscheid neem van BOSSCHA's natuurkundige onderzoekingen, waarover nog zoo veel meer te zeggen zou
zijn. Heb ik wellicht reeds een naar evenredigheid te groot deel

van den beschikbaren tijd eraan gewijd, gij zult het wel willen toeschrijven aan eene bij mij verklaarbare voorliefde.

Hoe Bosscha met zijne vele gaven in menige andere richting is werkzaam geweest, hoe hij een belangrijken tak van ons onderwijs tot ontwikkeling heeft helpen brengen, wat de Technische Hoogeschool en de Leidsche Universiteit hem te danken hebben, anderen, daartoe meer bevoegd dan ik, zouden het beter kunnen schetsen. Echter, al wordt het slechts aangestipt, de vermelding is reeds genoeg om ons met bewondering te doen terugdenken aan eene werkzaamheid van zeldzame vruchtbaarheid en veelzijdigheid, die steeds de bevordering van het algemeen belang tot doel had.

Meer dan één gewichtig ambt heeft Bosscha met eere bekleed, maar het liefst van alle is hem zijn laatste werkkring, het secretariaat onzer Maatschappij geweest. Voor haar was het een groot voorrecht, een geleerde van zijne beteekenis aan zich verbonden te hebben; hij echter vond hier een arbeidsveld dat met zijne neigingen in volkomen overeenstemming was. Van het beginsel en het streven der Maatschappij werd hij de verpersoonlijking. Wij gevoelden het telkens wanneer wij hem ontmoetten op onze jaarlijksche vergadering, waarmede in onze voorstelling zijne voorname en waardige figuur vast verbonden is. De hartelijke vriendelijkheid waarmede hij ons dan tegemoet kwam zullen wij niet vergeten, evenmin als de wijze waarop hij elke discussie en ook een eenvoudig jaarverslag op een hooger peil wist te brengen.

De opvatting die hij zelf van het doel onzer bijeenkomsten had, blijkt uit de volgende regels, die ik aanhaal uit zijne rede bij de viering van het honderdvijftig-jarig bestaan der Maatschappij: „Men begreep ook toen reeds" — nl. omstreeks eene eeuw geleden — „dat de meer en meer dringende eisch van beperking van ieders arbeid tot een eigen gebied van studie noodig maakte het gevaar van vereenzaming te keeren door persoonlijken omgang aan te kweeken en te bevorderen. De algemeene vergaderingen, die geleerden, werkzaam op onderscheiden gebied, tezamen brengen, kunnen daardoor van groot nut zijn en het was een voor de beteekenis van de Maatschappij in dit opzicht gewichtig besluit van Directeuren toen zij bepaalden Directeuren en Leden na de algemeene vergadering voor het overige deel van den dag bij-

een te houden. De derde Zaterdag in Mei is door den vriendschap-
pelijken maaltijd een jaarlijksche congresdag geworden, waarvan,
evenals van alle congressen, de beteekenis verder reikt dan het in
de vergadering behandelde."

Laat ik hier nu bij voegen — waarom zou ik het niet doen —
dat voor ons in BOSSCHA's met fijne scherts gekruide welspre-
kendheid een der grootste aantrekkelijkheden van dien maaltijd
gelegen was.

Waren de beslommeringen der vergadering achter den rug,
dan kon men hem spoedig weder in zijne studeerkamer vinden,
verdiept in zijn geliefkoosde studiën, waarbij sedert zijne komst
te Haarlem, de geschiedenis der natuurwetenschap, in het bijzonder in ons vaderland, meer en meer op den voorgrond was getreden. Van de groote onderneming, de uitgave der werken van
HUYGENS, behoeft *hier* nauwelijks gesproken te worden; in dezen
kring is het overbodig te zeggen dat BOSSCHA zich daaraan gaf
met volle toewijding, gevolg van diepe bewondering en vereering.
Geen hulde kon treffender zijn, dan de krans die hij in zijne rede
in de Aula der Amsterdamsche Universiteit voor HUYGENS ge-
vlochten heeft.

Naast het HUYGENS-werk plaatsen wij de studie, met OUDE-
MANS ondernomen over GALILEI's tijdgenoot SIMON MARIUS. De
aanleiding is U bekend. In 1900 had de Maatschappij in eene
prijsvraag een vergelijkend en kritisch onderzoek verlangd van
de waarnemingen der JUPITER-satellieten, vermeld in de NUN-
CIUS SIDEREUS van GALILEI en de MUNDUS JOVIALIS van MA-
RIUS; men wenschte daardoor beslist te zien, in hoeverre de beschuldiging van plagiaat, door GALILEI tegen MARIUS uitgebracht,
als gegrond moest worden beschouwd. Een daarop ingekomen
antwoord was niet bekroond en in de gepubliceerde korte samen-
vatting van de praeadviezen der beoordeelaars was gezegd dat
deze zelf het aan het slot der vraag genoemde punt onderzocht
hadden en tot het besluit waren gekomen, dat de beschuldiging
allen grond miste. Toen daarop FAVARO, de uitgever der werken
van GALILEI, verlangd had, de gronden te vernemen, waarop
deze door hem niet verwachte uitspraak berustte, hebben BOS-
SCHA en OUDEMANS in eene uitvoerig gedocumenteerde studie bewezen dat de aanspraken van MARIUS, onafhankelijk van GALI-

LEI de wachters van JUPITER ontdekt en hunne beweging beschreven te hebben, boven allen twijfel verheven zijn. Zoo werd een bescheiden en verdienstelijk sterrekundige van een onverdiende blaam, die eeuwen lang op hem gerust had, gezuiverd.

Het zijn gelukkige jaren geweest die BOSSCHA in dit huis heeft doorgebracht. De Maatschappij die hem dierbaar was geworden, zag hij bloeien als weleer toen VAN MARUM, wiens werk hij met zoo groote voorliefde heeft geschetst, haar tot sieraad strekte. Terwijl hij velerlei wetenschappelijk onderzoek kon aanmoedigen en ondersteunen, genoot hij het volste vertrouwen van Directeuren en Leden en ontving van hen bij herhaling bewijzen van waardeering en genegenheid, zooals hem ook van andere zijden menig eerbetoon ten deel viel. Door zijne vakgenooten hoog geacht, was hij voor velen van hen een beproefd vriend, tot wien zij zich nooit tevergeefs om goeden raad wendden. Hoe vele kostelijke herinneringen hebben velen van ons aan vertrouwelijke gesprekken bij den haard zijner werkkamer! Eén staat mij voor den geest, waarin hij, toen het erom te doen was, een jonger natuurkundige in omstandigheden, gunstiger voor zijne studie te brengen, zelfs het denkbeeld opperde, den werkkring die hem zoo lief was, toen reeds te verlaten.

Twee jaren geleden zagen wij hem afscheid nemen van dit gebouw. Maar zijne gevoelens tegenover de Maatschappij bleven dezelfde. Onveranderd bleef ook zijne belangstelling in wat het hoofddoel van zijn leven geweest was; slechts weinige maanden geleden nog maakte hij mij deelgenoot van bespiegelingen waartoe verschijnselen, lang geleden waargenomen, hem aanleiding gaven. Mocht ook het lichaam allengs verzwakken, de geest was krachtig en werkzaam als voorheen. Wij hebben er ons van harte over verheugd en eerbiedig hebben wij de wijsgeerige berusting bewonderd, waarmede hij ook het zwaarste leed dat hem kon treffen, heeft gedragen. Maar wij mochten ons niet ontveinzen dat dit de voorbode kon zijn van het naderende einde. Thans, nu het licht waarvan wij zoo lang mochten genieten, gedoofd is, wordt onze smart getemperd door de dankbaarheid voor wat hij ons geschonken heeft. Hij was rijk van verstand en edel van gemoed, van sterken wil, maar met ruimen blik en verdraagzamen geest, een krachtig strijder voor het recht, een trouw dienaar der waarheid.

JOHAN KUENEN (1866–1922)

Nu wij JOHAN KUENEN naar zijne laatste rustplaats geleiden, gevoelen wij behoefte, onder woorden te brengen wat wij in hem verliezen en uiting te geven aan de smart en de verslagenheid die ons aangrepen toen wij vernamen, dat wij hem voor het laatst hadden gezien. De droeve taak dit uit naam van senaat en faculteit, uit naam ook van zijne vakgenooten in ruimeren en engeren zin, te doen, rust op mij als een der oudsten uit zijn vriendenkring, als een dergenen, die hem in zijne geheele loopbaan met waardeering en genegenheid hebben gevolgd.

„Voor het laatst", dat was voor velen van ons bij de akademische plechtigheid van tien dagen geleden, toen hem de leiding der universiteit werd toevertrouwd en hem de plaats aan het hoofd van den senaat werd gegeven, waarvan ieder wist dat zij door niemand beter en waardiger kon worden ingenomen dan door hem. Op KUENEN kon men altijd bouwen en wij waren van te voren verzekerd van de nauwgezetheid en de toewijding, waarmee hij het rectoraat zou vervullen.

Toen hij het aanvaardde, riep zijn voorganger in treffende bewoordingen de gedachte bij ons op aan zijn onvergetelijken vader, aan wien deze KUENEN de ouderen zijner ambtgenooten telkens door zijn geheele persoonlijkheid en door menigen kleinen trek deed denken, en wiens opvolger hij, schoon tot eene andere faculteit behoorende, in zekeren zin was geworden. Beiden, de theoloog en de natuuronderzoeker, hadden dezelfde hoogheid van geest, voor den een, zoowel als voor den ander ging de waarheid vóór alles en beiden hebben zich ingespannen voor het beste en het edelste dat wij menschen bezitten. Voortaan zal de nagedachtenis van de twee KUENENS, nauw tezamen verbonden, voortleven en in eere worden gehouden.

De zoon was, van zijne jeugd af, innig aan Leiden gehecht. Hier was het, dat hij een gelukkigen studententijd had, bemind en gezien bij zijne commilitones. Hij dacht er gaarne aan terug en heeft altijd de studenten, voor wier streven en wier belangen hij een open oog had, een warm hart toegedragen. Hoeveel welwillendheid en hulpvaardigheid, hoeveel zachtheid van beoordeeling ook hebben zijne leerlingen hem niet te danken.

Hier was het ook dat hij zich, als jong natuurkundige, onderscheidde door experimenteele vindingrijkheid en diepte van theoretisch inzicht, en de merkwaardige verschijnselen ontdekte, waaraan zijn naam zal verbonden blijven, al deed hij, in zijne groote bescheidenheid, al wat hij kon om eigen verdienste tegenover die van anderen te doen verbleeken. Zoo begon de beteekenis van zijn werk voor de natuurkundige wetenschap, die later alom, in de Akademie van Wetenschappen en elders erkenning vond, reeds gedurende zijne werkzaamheid als assistent te blijken.

Van diezelfde jaren, of van nog vroeger dagteekent de hartelijke en oprechte vriendschap die hem met Van DE SANDE BAKHUYZEN, KAMERLINGH ONNES en mij om van anderen niet te spreken, verbond en die voor ons een groot voorrecht is geweest. Droevig is het ons te moede, nu wij den zooveel jongeren vriend ons zien voorgaan en voor ONNES is het dubbel weemoedig, zijn beproefden medewerker, den vertrouwden deelgenoot in de plannen voor de toekomst aan den vooravond van de uitbreiding en verjonging van het natuurkundig laboratorium te moeten missen.

Er kwam een tijd, dat wij KUENEN aan Dundee moesten afstaan, maar het was gelukkig voor niet al te lang. Zoodra de gelegenheid zich voordeed riepen wij hem terug en hij aarzelde niet aan onze roepstem gehoor te geven, hoewel het hem niet licht viel, zijne Schotsche universiteit te verlaten. Daar had hij, evenals hier de harten gewonnen en ik herinner mij hoe bij het hem bereide afscheid met weemoed gesproken werd van „Kuenen sun", die voor DUNDEE zou ondergaan, maar zoo hoopte men, te Leiden in nieuwe glans zou verrijzen.

Zoo is het inderdaad geweest. Vijftien jaren zijn van die zon licht en warmte naar alle zijden uitgegaan en niets was er, dat ons bezorgd maakte. Zij bleef tot den laatsten dag even helder en wij kunnen het nauwelijks beseffen en vermogen het niet te doorgronden, dat zij nu gedoofd werd. En toch, hoe ontijdig naar menschelijk inzicht, en daardoor des te smartelijker voor ons, zijn heengaan moge geweest zijn, wij mogen hem gelukkig prijzen, nu hij zijn levenstaak, zoo ver het hem gegeven werd, heeft voleindigd, hem lof en dank brengende voor de wijze waarop hij hem vervulde. In menigen kring laat hij de herinnering aan zijn edel gemoed, op menig gebied de sporen van zijn rijken geest na. Vele generaties van leerlingen genoten van zijn leiding en opwekking. De wetenschap heeft hij met nieuwe vondsten en belangrijke werken, ver over onze grenzen gelezen, verrijkt en door zijne bemoeiingen heeft hij haar vooruitgang en de toepassing van hare beginselen bevorderd. Hij heeft haar ook gediend door — hij verstond er zoo goed de kunst van — voor hare uitkomsten en problemen algemeene belangstelling te wekken. En heden wordt in deze stad met dankbaarheid gedacht aan de zorg die hij zich, onvermoeid en onverpoosd, voor de behartiging van maatschappelijke belangen, waarvoor zoo dikwerf een beroep op hem gedaan werd, getroost heeft.

Voor mij rijst het beeld van de Zaterdagmiddag-vergaderingen van het bestuur der openbare leeszaal, toen nog in hare eerste jeugd, maar vooral ook door KUENEN's inspanning, spoedig tot bloei gekomen. Wij vertoonden een bonte verscheidenheid en vertegenwoordigden zeer uiteenloopende richtingen. Toch heerschte er een geest van volkomen verdraagzaamheid en dat was zeker bovenal aan zijn leiding te danken.

Een zelfde invloed als daar in de leeszaal, eene rustige, ten goede werkende kracht, ging van KUENEN uit, overal waar hij medewerkte, ook in den senaat en de faculteit. Veelzijdig was zijne belangstelling en weloverwogen zijn oordeel, en altijd, als het noodig was, hetzij hij ernstig zijne meening uitsprak, of maar een vluchtige, misschien met lichte scherts getinte opmerking maakte, had wat hij zeide de strekking, tegenstellingen te verzoenen en de eensgezindheid te bewaren.

Zoo kan aan deze groeve het beste worden gezegd wat van een ontslapene kan worden betuigd: een goed en edel mensch is na wel gedanen arbeid van ons weggenomen.

Moge de gedachte aan zijn mooie en rijke leven, en het besef, dat velen dankbaarheid en hooge waardeering voor hem gevoelen, een vertroosting en opbeuring zijn voor de om hem treurenden. Zijn kinderen heeft hij een verheven voorbeeld van trouw en eerlijkheid, van toewijding en plichtsgevoel gegeven.

HEIKE KAMERLINGH ONNES (1853–1926)

Het is wel een droeve taak die ik heden heb te vervullen. Menigen goeden vriend, menigen waarden en gewaardeerden ambtgenoot heb ik mede naar de laatste rustplaats geleid, ik denk aan van Bemmelen, de van de Sande Bakhuyzens en Kuenen, en nu zal ik een woord wijden aan de nagedachtenis van een der laatst overgeblevenen uit dien kring van vroeger tijden die mij zoo lief was.

Het zou niet in den geest van Onnes zijn als aan zijne groeve veel werd gezegd, maar het zou toch ook niet goed zijn als niet, hoe onvolledig dan ook, werd uitgesproken hoeveel wij in hem verliezen en van hoe groote beteekenis hij voor de wetenschap en de universiteit is geweest. Dat nu juist ik daarbij Uw aller tolk mag zijn, dat heb ik te danken aan de trouwe, nooit gestoorde vriendschap die ons gedurende meer dan een halve eeuw met elkander heeft verbonden en die tot het beste behoort, dat het leven mij gegeven heeft. Meer nog misschien dan eenig ander onder zijne vrienden heb ik ondervonden hoe goed en hartelijk Onnes was. Het is mij een weemoedige gedachte, maar die mij tot groote dankbaarheid stemt, dat hij in zijn laatste levensjaar een groot deel van zijn tijd besteed heeft om mij een feest te bereiden en dat hij niets zoozeer vreesde als dat hij op den daarvoor bepaalden dag niet aanwezig zou kunnen zijn.

In den langen tijd waaraan ik nu terugdenk, kon ik van nabij in al zijn phasen het rijke en vruchtbare leven dat nu werd afgesloten, volgen. Een mooie studententijd had bij hem een innige gehechtheid nagelaten aan zijn Groningsche Corps, een gevoel dat hij later in ruime mate ook op de Leidsche studentenwereld heeft overgedragen. Toen volgden de jaren van de volle ontplooiing van zijne wetenschappelijke talenten, te Heidelberg, te Groningen weder en te Delft, toen het bleek dat de dichterlijk aangelegde student een uitstekend mathematicus was en zich bij de uitvoering van een experimenteel onderzoek door geen moeilijkheden en geen vermoeienis liet afschrikken. Wij herinneren ons nog levendig, HAGA en ik, hoe hij zich in den Delftschen tijd met geestdrift de nieuwe denkbeelden eigen maakte, die bij CLERK MAXWELL en VAN DER WAALS waren opgekomen, en reeds in de door VAN DER WAALS aangewezen richting wist verder te gaan.

Spoedig daarna, den 11den November 1882, begon de werkzaamheid aan het Leidsche laboratorium, waaraan hij zich van toen af met hart en ziel heeft gewijd, een schitterend voorbeeld gevende van inspanning en van een wel overlegd streven naar een hoog doel. Al aanstonds had hij de hoofdlijnen van zijn weg afgebakend en, al zijn er groote en verblijdende verrassingen geweest, het is toch of hij met prophetischen blik heeft voorzien wat de toekomst hem zou brengen. Aan de woorden van zijne intreerede: „door meten tot weten", is het laboratorium steeds getrouw gebleven, en daarbij toonde hij een vermogen tot scheppen en organiseeren, zooals slechts aan weinigen is geschonken.

De aanvankelijk karig toegemeten hulpmiddelen wist hij tot zoodanige ontwikkeling te brengen dat het Leidsche laboratorium thans onder die van de geheele wereld een eereplaats inneemt. Hij omringde zich van een steeds uitgebreider staf van voortreffelijke medewerkers en in nauw verband met het laboratorium ontstond de instelling voor de opleiding van instrumentmakers, die, terwijl zij aan het wetenschappelijk onderzoek ten goede kwam, in maatschappelijk opzicht honderden tot zegen is geweest.

Eindelijk, toen men al verder in het gebied der lage temperaturen was doorgedrongen, kwamen de Vereeniging voor Koeltechniek en het Institut international du froid, waarvan ONNES de ziel was, de verkregen uitkomsten aan het algemeen belang dienstbaar maken en ontstonden door een gelukkige wisselwerking nieuwe mogelijkheden voor de ontwikkeling van het laboratorium.

Zoo werd dit meer en meer, wat het al spoedig was geweest, een belangrijk en alom erkend middelpunt van internationale samenwerking. Daarmede is zeker een der liefste wenschen van ONNES vervuld. Waar hij kon, en bij het gezag dat hij zich had verworven was dat niet zelden, heeft hij voor eendrachtig samengaan van allen op wetenschappelijk gebied geijverd.

Oudere natuurkundigen, en onder hen van de allereersten,

kwamen te Leiden, veelal in samenwerking met ONNES, de oplossing van belangrijke vraagstukken zoeken. Tal van jongeren vonden hier een kostelijke leerschool. Vele physici, over de geheele wereld verspreid, zullen zich, ook om de welwillendheid en hulpvaardigheid waarmede hij hen ontving, met groote dankbaarheid hun Leidschen meester blijven herinneren.

Zal ik nu spreken van de verkregen uitkomsten en de gevierde triomphen? Van het onderzoek van tal van verschijnselen bij uiterst lage temperaturen, van de vloeibaarmaking van het helium en van de mooiste parel misschien van alle, de ontdekking van de suprageleiding? In hoofdzaak is dat alles algemeen bekend en voor bijzonderheden is het hier de plaats niet. Maar laat ik er op wijzen dat, hoeveel bemoeiingen van materieelen en administratieven aard er ook waren, de geest van ONNES altijd op het ideëele gericht bleef. Hij heeft er krachtig toe bijgedragen, de omstandigheden voor de beoefening der theoretische natuurkunde zoo gunstig mogelijk te doen zijn, en het werk in het laboratorium had altijd een diepen theoretischen achtergrond, hetzij het berustte op de inzichten van hem zelf en zijne medewerkers, of wel strekte om theoretische denkbeelden van anderen op de proef te stellen. Voor elke poging tot verheldering van ons inzicht had hij een open oog. Welke nieuwe werkingen wellicht nog zouden kunnen worden opgespoord, welke nieuwe geheimen nog zouden kunnen worden ontsluierd, dat bleven de vragen waarmede zijn geest zich onverpoosd tot de laatste dagen toe heeft bezig gehouden.

Zoo is hij, en dat kon ook wel niet anders, van ons heengegaan, denkende aan het nog niet bereikte en zich verdiepende in nog onopgeloste problemen. En toch mogen wij hem gelukkig prijzen omdat hij, zooveel als dat ons menschen gegeven is, de idealen die hij zich gesteld had, verwezenlijkt heeft mogen zien. Te meer zijn wij daarvoor dankbaar omdat bij wie hem aan het werk zagen wel eens de vraag rees of hij met zijn wankele gezondheid niet al te veel ondernam. Dat hij onder den last van den arbeid niet is bezweken, dat hij, men mag zeggen tot het natuurlijke einde van het leven heeft kunnen voortwerken en daarmede een onvergankelijk deel heeft genomen in de vermeerdering van het geestelijk bezit der menschheid, dat hebben wij te danken aan zijn strenge zelfbeperking en daarnaast aan haar die hem een trouwe en liefdevolle levensgezellin is geweest. Zij heeft met hem hunne woning met een spreekwoordelijk geworden gastvrijheid voor velen geopend, voor een feestvergadering van HUMBOLDT zoowel als voor de physici van het laboratorium, voor het personeel der werkplaatsen even goed als voor buitenlandsche geleerden, maar zij heeft bovenal ONNES gevrijwaard voor alles wat hem zou kunnen storen of zijn kracht zou kunnen verminderen. Het verhaal van den langen werkdag toen het helium werd vloeibaar gemaakt, dat altijd een der treffendste van de geschiedenis der natuurkunde zal blijven, is voor de ingewijden aandoenlijk door het deel dat Mevrouw KAMERLINGH ONNES er in gehad heeft.

Zoo moge dan haar smart getemperd worden door de herinnering aan het gezamenlijke, rijk beloonde streven van vele jaren. Voor U, zijn zoon, en voor wie na U komen, zal Uw Vader een verheven voorbeeld blijven van wat volharding en toewijding vermogen. Wij zullen zijne gedachtenis in eere houden en met eerbied en genegenheid, met bewondering en erkentelijkheid aan hem denken.

SYSTEMATIC BIBLIOGRAPHY

Über die scheinbare Masse der Ionen.

The fundamental equations for electromagnetic phenomena in ponderable bodies, deduced from the theory of electrons.

Contributions to the theory of electrons.

On the emission and absorption by metals of rays of heat of great wave-lengths.

Remarques au sujet d'induction unipolaire.

Le mouvement des électrons dans les métaux.

The absorption and emission lines of gaseous bodies.

On the scattering of light by molecules.

Sur la théorie de l'effet Zeeman observé dans une direction quelconque.

On the nature of Röntgen rays.

The width of spectral lines.

Double refraction by regular crystals.

On Whittaker's quantum mechanism in the atom.

Proof of a theorem due to Heaviside.

Le mouvement de l'électricité dans une couche sphérique placée dans un champ magnétique.

E l s e w h e r e

Maxwell's electromagnetische Theorie.
　　Enc. math. Wissensch. 5, II, *63, 1904.*

Weiterbildung der Maxwellschen Theorie. Elektronentheorie.
　　Enc. math. Wissensch. 5, *145, 1904.*

The theory of electrons, Teubner, Leipzig, 1909.

Theorie der magneto-optischen Phänomene.
　　Enc. math. Wissensch. 5, II, *199,*

The nature of light.
　　Encyclopedia Britannica, 11*th* *ed.* 16, *617, 1911.*

Die Maxwellsche Theorie und die Elektronentheorie.
　　Kultur der Gegenwart, 1915.

Die Theorie des Zeemaneffektes.
　　Handbuch der Radiologie, 6. Akad. Verlagsgesellschaft, 1924.

MECHANICS AND HYDRODYNAMICS

4 t h V o l u m e

Concerning the motion of a circular cylinder on a plane.

A general theorem concerning the motion of a viscous fluid and a few consequences derived from it.

On the resistance experienced by a flow of liquid in a cylindrical
   tube.
Some considerations on the principles of dynamics, in connexion
   with Hertz's „Prinzipien der Mechanik".
The motion of underground water in the vicinity of wells.

THEORY OF SOLID BODIES

4th Volume
The dilatation of solid bodies by heat.

Elsewhere
Über die Symmetrie der Kristalle.
   H. A. Lorentz, Abh. ü. theoret. Physik, Teubner, Leipzig, 1907.
Die Begrenzung der Kristalle.
   H. A. Lorentz, Abh. ü. theoret. Physik, Teubner, Leipzig 1907.

WAVE PROPAGATION

4th Volume
Über die Brechung des Lichtes durch Metallprismen.
Sur la méthode du miroir tournant pour la détermination de la
   vitesse de la lumière.
On the visibility of small particles.
On the changes in intensity in the diffraction pattern of a large
   number of irregularly arranged holes or particles.
Sur un théorème général de l'optique.
De l'influence du mouvement de la terre sur les phénomènes
   lumineux.
On the reflection of light by moving bodies.
The relative motion of the earth and the ether.
Stokes' theory of aberration.
On the influence of the earth's motion on the propagation of light
   in doubly refracting bodies.
Concerning the problem of the dragging along of the ether by the
   earth.
La théorie de l'aberration de Stokes dans l'hypothèse d'un éther
   n'ayant pas partout la même densité.
Ein Rechnungsansatz für den Widerstand bei Flüssigkeits-
   schwingungen.

Elsewhere

Über die Fortpflanzung des Lichtes in einem sich in beliebiger Weise bewegenden Medium.

> H. A. Lorentz, Abh. ü. theoret. Physik, Teubner, Leipzig, 1907.

Die Fortpflanzung von Wellen und Strahlen in einem beliebigen nicht absorbierenden Medium.

> H. A. Lorentz, Abh. ü. theoret. Physik, Teubner, Leipzig, 1907.

THEORY OF MOVING SYSTEMS. RELATIVITY THEORY

5th Volume

Versuch einer Theorie der electrischen und optischen Erscheinungen in bewegten Körpern.

Théorie simplifiée des phénomènes électriques et optiques dans des corps en mouvement.

The rotation of the plane of polarization in moving media.

The intensity of radiation and the motion of the earth.

Electromagnetic phenomena in a system moving with any velocity smaller than that of light.

Considérations sur la pesanteur.

Sur la masse de l'énergie.

On Hamilton's principle in Einstein's theory of gravitation.

On Einstein's theory of gravitation.

The connection between momentum and flow of energy. Remarks concerning the structure of electrons and atoms.

The motion of a system of bodies under the influence of their mutual attraction according to Einstein's theory, by H. A. Lorentz and J. Droste.

The Michelson-Morley experiment and the dimensions of moving bodies.

The determination of the potentials in the general theory of relativity, with some remarks about the measurement of lengths and intervals of time and about the theories of Weyl and Eddington.

KINETIC THEORY

6th Volume

Les équations du mouvement des gaz, et la propagation du son suivant la théorie cinétique des gaz.

Über die Anwendung des Satzes vom Virial in der kinetischen Theorie der Gase.

Sur les mouvements qui se produisent dans une masse gazeuse, sous l'influence de la pesanteur, à la suite de différences de température.

Über das Gleichgewicht der lebendigen Kraft unter Gasmolekülen.

On the molecular motion of dissolved substances.

Sur la théorie moléculaire des dissolutions diluées.

On the entropy of a mass of gas.

Bemerkungen zum Virialtheorem.

Sur la théorie des éléments d'énergie.

Some remarks on the theory of monatomic gases.

THERMODYNAMICS

6th Volume

Sur l'application aux phénomènes thermo-électriques de la seconde loi de la théorie mécanique de la chaleur.

Sur la théorie des phénomènes thermo-électriques.

On the equilibrium of radiant heat in the case of doubly refracting bodies.

De l'influence des corps étrangers sur la température de transformation.

The theory of radiation and the second law of thermodynamics.

Boltzmann's and Wien's laws of radiation.

On the radiation of heat in a system of bodies having a uniform temperature.

On Nernst's heat-theorem.

Elsewhere

Über die Grösse von Gebieten in einer n-fachen Mannigfaltigkeit.
    H. A. Lorentz, Abh. ü. theoret. Physik, Teubner, Leipzig, 1907.

Les théories statistiques en thermodynamique, Teubner, Leipzig, 1912.

Über den zweiten Hauptsatz der Thermodynamik und dessen Beziehung zu den Molecular-theorien.
    H. A. Lorentz, Abh. ü. theoret. Physik, Teubner, Leipzig, 1907.

LECTURES ON VARIOUS TOPICS

7th Volume

Hydrodynamic problems.

Sur la théorie des phénomènes magnéto-optiques récemment découverts.

Nobel-Vorlesung.

The theoretical significance of the Zeeman-effect.

Die Fragen, welche die translatorische Bewegung des Lichtäthers betreffen.

La gravitation.

Considérations élémentaires sur le principe de relativité.

The Michelson-Morley experiment and the dimensions of moving bodies.

The rotation of the earth and its influence on optical phenomena.

Sur la rotation d'un électron qui circule autour d'un noyau.

Alte und neue Fragen der Physik.

Deux mémoires de Henri Poincaré sur la physique mathématique.

L'ancienne et la nouvelle mécanique.

La thermodynamique et les théories cinétiques.

Le partage de l'énergie entre la matière pondérable et l'éther.

Zur Strahlungstheorie.

Sur l'application au rayonnement du théorème de l'équipartition de l'energie.

Die Hypothese der Lichtquanten.

Max Planck und die Quantentheorie.

8th Volume

Das Licht und die Struktur der Materie.

The radiation of light.

How can atoms radiate?

Positive and negative electricity.

Ergebnisse und Probleme der Elektronentheorie.

The experimental foundations of the theory of electricity.

On positive and negative electrons.

The methods of the theory of gases extended to other fields.

Nouveaux résultats dans le domaine des théories moléculaires.

Anwendung der kinetischen Theorien auf Elektronenbewegung.

Notes sur la théorie des électrons.

Application de la théorie des électrons aux propriétés des métaux.
The motion of electricity in metals.
Elektromagnetische Theorien physikalischer Erscheinungen.
Clerk Maxwell's electromagnetic theory.
Quelques remarques sur la théorie du magnétisme.
La liquéfaction de l'hélium.
La prévision scientifique.
Physics in the new and the old world.

E l s e w h e r e
The relation between entropy and probability
  Brit. Ass. Rep. 1913, 374.
Het relativiteitsbeginsel. Voordrachten in Teyler's Stichting, 1913
  Arch. du Musée Teyler: 2, 1, 1914.
  German translation: Beihefte zur Zeitschrift für den math. und
  naturw. Unterricht, 1, 1914.
Röntgenstralen en de structuur der kristallen. Voordrachten in
  Teyler's Stichting, 1916.
  Arch. du Musée Teyler: 3, 180, 1917. Edited by W. H. Keesom.
De electronentheorie. Voordrachten in Teyler's Stichting, 1918.
  Arch. du Musée Teyler: 5, 1, 1922. Edited by W. H. Keesom.
Het magnetisme. Voordrachten in Teyler's Stichting, 1922.
  Arch. du Musée Teyler: 5, 77, 1922. Edited by W. H. Keesom.
Problems of modern Physics. Lectures at the Institute of Techno-
  logy at Pasadena. Bateman & Co., Boston, 1927.

ADDRESSES AND ELEMENTARY LECTURES. MISCELLANEOUS

9 t h   V o l u m e
De moleculaire theoriën in de natuurkunde.
Molecular theories in physics.
De tegenwoordige stand der mechanische warmtetheorie, in het
  bijzonder wat de toepassingen van de tweede wet dezer theorie
  betreft.
De wegen der theoretische natuurkunde.
Toeval en waarschijnlijkheid bij natuurkundige verschijnselen.
Electriciteit en ether.
De electronen-theorie.
De laatste vorderingen der electriciteitsleer.
De electrische stroom, oude en nieuwe denkbeelden.
De door Prof. Röntgen ontdekte stralen.
Het licht en de bouw der materie.

Uitkomsten der spectroscopie en theorie der atomen.

Nieuwe richtingen in de natuurkunde.

De lichaether en het relativiteitsbeginsel.

De gravitatietheorie van Einstein en de grondbegrippen der natuurkunde.

De zwaartekracht en het licht. Een bevestiging van Einstein's gravitatietheorie.

Über das Ringsystem der Cyclophanie bei zweimaliger innerer Reflexion in besonders geschliffenen Kalkspathprismen.

De tonen van de aeolusharp.

Het proefschrift van Prof. Kamerlingh Onnes.

Prof. van der Waals' bekroning met den Nobelprijs.

Ernest Solvay.

Rede bij de aanvaarding van het doctoraat in de technische wetenschappen, honoris causa. 7 Maart 1918.

Rede bij de aanvaarding van het doctoraat in de geneeskunde, honoris causa, bij de herdenking van het 50-jarig doctoraat. 11 December 1925.

Prof. Dr. P. Zeeman 1900–1925.

Centenaire d'Augustin Fresnel (1788–1827).

Ansprache, anlässlich der Überreichung der Lorentz-medaille an Professor Max Planck 28 Mei 1917.

Lord Kelvin (1824–1907).

Ludwig Boltzmann.

Johannes Bosscha (1831–1911).

Johan Kuenen (1866–1922).

Heike Kamerlingh Onnes (1853–1926).

Elsewhere

Zichtbare en onzichtbare bewegingen. Brill, Leiden, 1901.
    German translation: Sichtbare und unsichtbare Bewegungen. Vieweg, Braunschweig, 1902.

TEXT BOOKS

Leerboek der differentiaal- en integraalrekening en van de eerste beginselen der analytische meetkunde, Brill, Leiden, 1882.
    German translation: G. C. Schmidt, Barth, Leipzig, Auflagen in 1900, 1907, 1915, 1922.

Beginselen der Natuurkunde, 1ste druk, 1888. Brill, Leiden.
2de druk, 1893.
3de druk, 1899, 1899
4de druk, 1904, 1906 (this and the later editions in collaboration with Dr. L. H. Siertsema)
5de druk, 1908, 1909.
6de druk, 1914, 1914.
7de druk, 1918, 1919.
8ste druk, 1921, 1922.
9de druk, 1929, 1929.

  Translations: *German*: G. Siebert. Barth, Leipzig, 1906,1907.
  Russian: N. P. Kasterin. Odessa, 1910, 1912.
  Japanese: H. Nagaoka and A. Kuwaki, 1912.

Lessen in de theoretische natuurkunde. Brill, Leiden, 1919–1925.
Lectures on theoretical physics. Macmillan and Co, London, 1931.
Vorlesungen über theoretische Physik. Akad. Verlagsgesellschaft,
Leipzig, 1927–1931.
  I. The theory of radiation, ed. by Dr. A. D. Fokker.
  II. The theory of quanta, ed. by Dr. G. L. de Haas-Lorentz.
  III. Aether theories and aether models, ed. by Dr. H. Breme-
kamp.
  IV. Thermodynamics, ed. by T. C. Clay-Jolles.
  V. Kinetical problems, ed. by Dr. E. D. Bruins and Dr. J.
Reudler.
  VI. The principle of relativity for uniform translations, ed. by
Dr. A. D. Fokker.
  VII. Entropy and probability, ed. by Dr. C. A. Crommelin.
  VIII. Maxwell's theory, ed. by Dr. H. Bremekamp.

Theory of electrons. Teubner, Leipzig, 1909.

BIBLIOGRAPHY IN CHRONOLOGICAL ORDER

The numbers refer to the Volumes of the present edition and to the pages

1875. Concerning the motion of a circular cylinder on a plane.
IV, 1.
Original paper: Nieuw archief voor Wiskunde, 1, 189, 1875.

Over de theorie der terugkaatsing en breking van het licht.
Acad. proefschrift, Leiden, 1875.   I, 1.
French translation.   I, 193.
German translation, abridged, Z. Math. und Physik. 22, 1, 205.
1877. 23, 197, 1877.

1878. De moleculaire theorieën in de Natuurkunde.
Inaugureele rede, Leiden, 25 Januari 1878.   IX, 1.
English translation.   IX, 26.

Concerning the relation between the velocity of propagation
of light and the density and composition of media.   II, 1.
Original treatise: Verh. Kon. Akad. Wetensch. 18, 1, 1878.
German translation abridged: Ann. Physik. 9, 641, 1880.

Über das Ringsystem der Cyclophanie bei zweimaliger innerer Reflexion in besonders geschliffenen Kalkspathprismen.   IX, 276.

1880. Les équations du mouvement des gaz, et la propagation du
son suivant la théorie cinétique des gaz.   VI, 1.
Original paper: Versl. K. Akad. Wetensch., Amsterdam. 15
350, 1881.
French paper: Arch. néerl. 16, 1, 1881; H. A. Lorentz, Abh. ü.
theoret. Physik, Teubner, Leipzig, 1907.

1881. Les formules fondamentales de l'électrodynamique. II, 120.
Original paper: Versl. Kon. Akad. Wetensch. Amsterdam. 17,
144, 1882.
French paper: Arch. Néerl. 17, 83, 1882.

Über die Anwendung des Satzes vom Virial in der kinetischen Theorie der Gase.   VI, 40.
Ann. Physik, 12, 127, 660, 1881; H. A. Lorentz, Abh. ü. theo-
ret. Physik, Teubner, Leipzig 1907.

1882. Leerboek der differentiaal- en integraalrekening en van de eerste beginselen der analytische meetkunde. Brill, Leiden.

Sur les mouvements qui se produisent dans une masse gazeuse, sous l'influence de la pesanteur, à la suite de différences de temperature.   VI, 51.
Original paper: Versl. Kon. Akad. Wetensch. Amsterdam. 17, 179, 1882.
French paper: Arch. néerl. 17, 193, 1882.

1883. Le phénomene découvert par Hall et la rotation électromagnétique du plan de polarisation de la lumière. II, 136.
Original paper: Versl. Kon. Akad. Wetensch. Amsterdam. 19, 217, 1883.
French paper: Arch. néerl. 19, 123, 1884.

1885. Sur l'application aux phénomènes thermo-électriques de la seconde loi de la théorie mécanique de la chaleur. VI, 184.
Original paper: Versl. Kon. Akad. Wetensch. Amsterdam. 1, 327, 1885.
French paper: Arch. néerl. 2, 1, 1886.

1886. De l'influence du mouvement de la terre sur les phénomènes lumineux.   IV, 153.
Original paper: Versl. Kon. Akad. Wetensch. Amsterdam. 2, 297, 1886.
French paper: Arch. néerl. 21, 103, 1887. H. A. Lorentz, Abh. ü. theoret. Physik, Teubner, Leipzig 1907.

1887. Über das Gleichgewicht der lebendigen Kraft unter Gasmolekülen.   VI, 74.
Sitzungsber. Kais. Akad. Wissensch. Wien, 2. Abt., 95, 115, 1887; H. A. Lorentz, Abh. ü. theor. Physik, Teubner, Leipzig 1907.

De tegenwoordige stand der mechanische warmtetheorie; in het bijzonder wat de toepassing van de tweede wet dezer theorie betreft.   IX, 50.
Nederl. Natuur- en Geneeskundig Congres, 1 Oct. 1887. Verh. 1, 116, 1887.

1888. Beginselen der Natuurkunde. Brill, Leiden.

1889. Sur la théorie des phénomènes thermo-électriques. VI, 220.
French paper: Arch. néerl. 28, 115, 1889.
German translation: Ann. der Physik und Chemie. 36, 593, 1889.

On the molecular motion of dissolved substances. VI, 112.
Original paper: Versl. Kon. Akad. Wetensch. Amsterdam, 6, 337, 1889.

1891. Sur la théorie moléculaire des dissolutions diluées. VI, 114.
  French paper: Arch. néerl. **25**, *107, 1892.*
  German translation. Z. physik. Chemie. **7**, *36, 1891; H. A.*
  Lorentz, Abh. ü. theoret. Physik, Teubner, Leipzig, 1907.

  Electriciteit en aether.   IX, 89.
  Nederl. Natuur- en Geneeskundig Congres, 4 April 1891. Ver-
  handel. **3**, *40, 1891.*

1892. On the reflection of light by moving bodies.   IV, 215.
  Original paper: Versl. Kon. Akad. Wetensch. Amsterdam, **1**,
  28, 1892.

  The relative motion of the earth and the ether.   IV, 219.
  Original paper: Versl. Kon. Akad. Wetensch. Amsterdam. **1**,
  74, 1892.
  German translation: H. A. Lorentz, Abh. ü. theoret. Physik,
  Teubner, Leipzig, 1907.

  Stoke's theory of aberration.   IV, 224.
  Original paper: Versl. Kon. Akad. Wetensch. Amsterdam. **1**,
  97, 1892.
  German translation: H. A. Lorentz, Abh. ü. theoret. Physik,
  Teubner, Leipzig, 1907.

  On the influence of the earth's motion on the propagation of
  light in doubly refracting bodies.   IV, 232.
  Original paper: Versl. Kon. Akad. Wetensch. Amsterdam. **1**,
  149, 1892.

  La théorie électromagnétique de Maxwell et son application
  aux corps mouvants.   II, 164.
  Arch. néerl. **25**, *363, 1892.*

  Über die Brechung des Lichtes durch Metallprismen. IV, 87.
  Ann. der Physik und Chemie, **46**, *244, 1892.*

1895. The theorem of Poynting concerning the energy in the electromagnetic field and two general propositions concerning
  the propagation of light.   III, 1.
  Original paper: Versl. Kon. Akad. Wetensch. Amsterdam, **4**,
  176, 1896.

  Versuch einer Theorie der electrischen und optischen Erscheinungen in bewegten Körpern.   V, 1.
  Brill, Leiden. 1895. Neue Auflage 1906.

1896. On the equilibrium of radiant heat in the case of doubly refracting bodies.   VI, 252.
Original paper: Versl. Kon. Akad. Wetensch. Amsterdam 4, *305, 1896.*

A general theorem concerning the motion of a viscous fluid and a few consequences derived from it.   IV, 7.
Original paper: Versl. Kon. Akad. Wetensch. Amsterdam, 5, *168, 1897.*
Partly rewritten German translation: H. A. Lorentz, Abhandlungen ü theoretische Physik, Teubner, Leipzig, 1907.

On the entropy of a mass of gas.   VI, 134.
Original paper: Versl. Kon. Akad. Wetensch. Amsterdam, 5, *252, 1896.*
Partly rewritten German translation: H. A. Lorentz, Abh. ü. theoret. Physik, Teubner, Leipzig, 1907.

De door Prof. Röntgen ontdekte stralen.   IX, 149.
De Gids, 60, I, *510, 1896.*

On the resistance experienced by a flow of liquid in a cylindrical tube.   IV, 15.
Original paper: Versl. Kon. Akad. Wetensch. Amsterdam, 6, *28, 1898.*
Partly rewritten German translation: H. A. Lorentz, Abh. ü. theoret. Physik, Teubner, Leipzig, 1907.

1897. Concerning the problem of the dragging along of the ether by the earth.   IV, 237.
Original paper: Versl. Kon. Akad. Wetensch. Amsterdam, 6, *266, 1897.*
German translation: H. A. Lorentz, Abh. ü. theoret. Physik, Teubner, Leipzig, 1907.

Remark concerning a paper by Wind: Dispersion of the magnetic rotation of the plane of polarisation.   III, 12.
Original paper: Versl. Kon. Akad. Akad. wetensch. Amsterdam 6, *92, 94, 1897.*

Influence du champ magnétique sur l'émission lumineuse.
                                                         III, 40.
Original paper: Versl. Akad. Wetensch. Amsterdam. 7, *113, 1897.*
German translation: Ann. Physik. 63, *278, 1897.*
French translation: Rev. Electr. 14, *435, 1898.*
English translation: Astrophysical Journal. 9, *37, 1899.*

Sur la polarisation partielle de la lumière émise par une source lumineuse dans un champ magnétique.   III, 47.
Original paper: Versl. Kon. Akad. Wetensch. Amsterdam. 6, *193, 1897.*
French paper: Arch. néerl. 2, *1, 1899.*

1898. Optical phenomena connected with the charge and mass of
the ions I, II.   III, 17, 30.
> *Original paper: Versl. Kon. Akad. Wetensch. Amsterdam 6,*
> *506, 555, 1898.*

Die Fragen, welche die translatorische Bewegung des Lichtäthers betreffen.   VII, 101.
> *Verh. Vers. Deutscher Naturforscher 1897, 56.*

De l'influence des corps étrangers sur la température de
transformation.   VI, 259.
> *French paper: Arch. néerl. 2, 174, 1899.*
> *German translation: Z. phys. Chemie. 25, 332, 1898.*

1899. La théorie de l'aberration de Stokes dans l'hypothèse d'un
éther n'ayant pas partout la même densité.   IV, 245.
> *Original paper: Versl. Kon. Akad. Wetensch. Amsterdam, 7,*
> *523, 1899.*
> *French paper: Arch. néerl. 7, 81, 1902.*
> *English translation: Proc. roy. Acad. Amsterdam, 1, 443, 1899;*
> *German translation: H. A. Lorentz, Abh. ü. theoret. Physik,*
> *Teubner, Leipzig, 1907.*

Zur Theorie des Zeemaneffektes.   III, 67.
> *Phys. Z., 1, 39, 1899.*

La théorie élémentaire du phénomène de Zeeman. Réponse
à une objection de M. Poincaré.   III, 73.
> *Original paper: Versl. Kon. Akad. Wetensch. Amsterdam. 8,*
> *69, 1899.*
> *French paper: Arch. néerl. 7, 299, 1902.*

Théorie simplifiée des phénomènes électriques et optiques
dans des corps en mouvement.   V, 139.
> *Original paper: Versl. Kon. Akad. Wetensch. Amsterdam, 7,*
> *507, 1899.*
> *French paper: Arch. néerl. 7, 64, 1902.*
> *English translation: Proc. roy. Acad. Amsterdam, 1, 427, 1899.*

Sur les vibrations de systèmes portant des charges électriques et placés dans un champ magnétique.   III, 91.
> *Original paper: Versl. Kon. Akad. Wetensch. Amsterdam. 7,*
> *320, 1899.*
> *French paper: Arch. néerl., 2, 412, 1899.*

1900. Considérations sur la pesanteur.   V, 198.
> *Original paper: Versl. Kon. Akad. Wetensch. Amsterdam, 8,*
> *603, 1900.*
> *French paper: Arch. néerl. 7, 325, 1902.*
> *English translation: Proc. roy. Acad. Amsterdam, 2, 559, 1900.*

Elektromagnetische Theorien physikalischer Erscheinun-
gen.   VIII, 333.
> *Phys. Z., 1, 498, 514, 1900.*

1900. Sur la théorie des phénomènes magnéto-optiques récemment découverts.   VII, 35.
   Congrès internat. Physique à Paris, 3, 1, 1900.

   Sur la méthode du miroir tournant pour la détermination de la vitesse de la lumière.   IV, 104.
   Arch. néerl. 6, 303, 1901; H. A. Lorentz, Abh. ü. theoret. Physik, Teubner, Leipzig, 1907.

   Über die scheinbare Masse der Ionen.   III, 113.
   Phys. Z., 2, 78, 1901.

1901. De electronentheorie.   IX, 103.
   Nederl. Natuur- en Geneeskundig Congres, 12 April 1901. Verh. 8, 35, 1901.

   The theory of radiation and the second law of thermodynamics.   VI, 265.
   Original paper: Versl. Kon. Akad. Wetensch. Amsterdam, 9, 418, 1900.
   English translation: Proc. roy. acad. Amsterdam, 3, 436, 1901.

   Boltzmann's and Wien's laws of radiation.   VI, 280.
   Original paper: Versl. Kon. Akad. Wetensch. Amsterdam 9, 572, 1901.
   English translation: Proc. roy. Acad. Amsterdam, 3, 607, 1901.

   Zichtbare en onzichtbare bewegingen. Brill, Leiden.
   German translation: Sichtbare und unsichtbare Bewegungen. Vieweg. Braunschweig, 1902.

1902. The rotation of the plane of polarization in moving media.   V, 156.
   Original paper: Versl. Kon. Akad. Wetensch. Amsterdam, 10, 796, 1902.
   English translation: Proc. roy. acad. Amsterdam, 4, 669, 1902.

   The intensity of radiation and the motion of the earth.   V, 167.
   Original paper: Versl. Kon. Acad. Wetensch. Amsterdam, 10, 804, 1902.
   English translation: Proc. roy Acad. Amsterdam, 4, 678, 1902.

   Some considerations on the principles of dynamics, in connexion with Hertz's „Prinzipien der Mechanik".   IV, 36.
   Original paper: Versl. Kon. Akad. Wetensch. Amsterdam, 10, 876, 1902.
   English translation: Proc. Acad. Amsterdam, 4, 713, 1902.

   De laatste vorderingen van de leer der electriciteit. IX, 112.
   Voordracht gehouden bij de herdenking van het 150-jarig bestaan van de Holl. Maatschappij der Wetenschappen, 7 Juni 1902.

1902. The fundamental equations for electromagnetic phenomena in ponderable bodies, deduced from the theory of electrons.   III, 117

> *Original paper: Versl. Kon. Akad. Wetensch. Amsterdam, 11, 305, 1902.*
> *English translation: Proc. roy. Acad. Amsterdam, 5, 254, 1902.*

Nobel-Vorlesung.   VII, 66.

> *Gehalten am 11. Dezember 1902 at Stockholm. Les prix Nobel en 1902, Stockholm, 1905.*

1903. Contributions to the theory of electrons.   III, 132.

> *Proc. roy. Acad. Amsterdam, 5, 608, 1903.*

On the emission and absorption by metals of rays of heat of great wave-lengths.   III, 155.

> *Original paper: Versl. Kon. Akad. Wetensch. Amsterdam, 11, 729, 1903.*
> *English translation: Proc. roy. Acad. Amsterdam, 5, 666, 1903.*

1904. Bemerkungen zum Virialtheorem.   VI, 143.

> *Boltzmann-Festschrift, Barth, Leipzig, 1904, 721.*
> *H. A. Lorentz, Abhandlungen ü. theoret. Physik, Teubner, Leipzig, 1907.*

Maxwell's elektromagnetische Theorie.

> *Enc. math. Wissensch. 5, II, 63.*

Weiterbildung der Maxwellschen Theorie. Elektronentheorie.

> *Enc. math. Wissensch. 5, II, 145.*

Remarque au sujet d'induction unipolaire.   III, 177.

> *Arch. Néerl. 9, 380, 1904.*

Electromagnetic phenomena in a system moving with any velocity smaller than that of light.   V, 172.

> *Original paper: Versl. Kon. Akad. Wetensch. Amsterdam, 12, 986, 1904.*
> *English translation: Proc. roy. Acad. Amsterdam, 6, 809, 1904.*
> *Reprint in: H. A. Lorentz, A. Einstein, H. Minkowski, The Principle of Relativity, Methuen, London, 1913.*
> *German translation in: H. A. Lorentz, A. Einstein, H. Minkowski, Das Relitivitätsprinzip, Teubner, Leipzig, 1913. Zweiter Abdruck, 1915. (Fortschritte der Math. Wissenschaften in Monographien, Hft. 2)*

Ergebnisse und Probleme der Elektronentheorie. VIII, 76.

> *Elektrotechn. Verein zu Berlin, 1904. 2. Aufl. 1905.*
> *French translation: Arch. néerl. 11, 1, 1905.*

1905. De wegen der theoretische natuurkunde.   IX, 53.

> *Rede, uitgesproken voor de Vereen. „Secties voor Wetensch. Arbeid" te Amsterdam, 20 Jan. 1905.*

1905. La thermodynamique et les théories cinétiques.   VII, 290.
Journal de Physique, 4, 533, 1905.
German translation: Jahrbuch Radioakt. und Elektronik. 2, 363, 1905.

Le mouvement des électrons dans les métaux.   III, 180.
Original paper: Versl. Kon. Akad. Wetensch. Amsterdam. 13, 493, 565, 710, 1905.
French paper: Arch. néerl. 10, 336, 1905.

On the radiation of heat in a system of bodies having a uniform temperature.   VI, 293.
Original paper: Versl. Kon. Akad. Wetensch. Amsterdam, 14, 345, 408, 1905.
English translation: Proc. roy. Acad. Amsterdam 7, 401, 1905.

The absorption and emission lines of gaseous bodies.
III, 215.
Original paper: Versl. Kon. Akad. Wetensch. Amsterdam, 4, 518, 577, 1905.
Englisht ranslation: Proc. roy. Acad. Amsterdam, 8, 591, 1906.

1906. Vereinfachte Ableitung des Fresnel'schen Mitführungs-koeffizienten aus der elektromagnetischen Lichttheorie.
Naturwiss. Rundschau, 21, 487, 1906.

Über die Grösse von Gebieten in einer *n*-fachen Mannig-faltigkeit.
H. A. Lorentz, Abh. ü. theoret. Physik, Teubner, Leipzig, 1907.

Über den zweiten Hauptsatz der Thermodynamik und dessen Beziehung zu den Molekulartheorien.
Über die Symmetrie der Kristalle. Die Begrenzung der Kristalle.

Über die Fortpflanzung des Lichtes in einem sich in beliebiger Weise bewegenden Medium.
Die Fortpflanzung von Wellen und Strahlen in einem beliebigen nicht absorbierenden Medium.
H. A. Lorentz, Abh. ü. theoret. Physik, Teubner, Leipzig, 1907.

On positive and negative electrons.   VIII, 152.
Proc. American Philosoph. Soc., 45, 103, 1906.
German translation: Jahrbuch der Radioakt. und Elektronik. 4, 125, 1907.

1907. Das Licht und die Struktur der Materie.   VIII,1. IX,167.
Original paper: Ned. Natuur- en Geneeskundig Congres, Hand. 11, 4, 1907.
De Gids, 71, II, 303, 1907.
German translation: Phys. Z. 8, 542, 1907.

1907. The experimental foundations of the theory of electricity.
Original paper: De Ingenieur, 23, 86, 1908.   VIII, 125.

Ludwig Boltzmann. Gedächtnissrede.   IX, 359.
Verh. D. Phys. Gesellschaft, 9, 206, 1907.

Lord Kelvin.   IX, 349.
Nieuwe Rotterdamsche Courant, 23 Dec. 1907.

1908. La liquéfaction de l'hélium.   VIII, 379.
Original paper: Nieuwe Rotterd. Courant, 4 Augustus 1908.
French paper: Arch. Néerl. 13, 492, 1908.

Le partage de l'énergie entre la matière pondérable et
l'éther.   VII, 317.
4e Congrès internat. Mathématiciens à Rome, 1908.
Nuovo Cimento 16, 5, 1908.
Rev. gén. d. sciences, 20, 14, 1909.

Zur Strahlungstheorie.   VII, 344.
Phys. Z., 9, 562, 1908.

1909. Die Hypothese der Lichtquanten.   VII, 374.
Original paper: Ned. Natuur- en Geneeskundig Congres, Hand.,
12, 129, 1909.
German translation: Phys. Z., 11, 349, 1910.

The methods of the theory of gases extended to other fields.
    VIII, 159.
Original paper: Chem. Weekblad, 6, 655, 1909.

The Theory of Electrons.
Lectures in Columbia University. Teubner, Leipzig, 1909.
Sec. ed. 1916.

Theorie der magneto-optischen Phänomene.
Enc. math. Wissensch. 5, III, 199.

Toeval en waarschijnlijkheid bij natuurkundige verschijnselen.   IX, 77.
Verslag van een voordracht gehouden voor het Technologisch Ge-
zelschap te Delft, 1 April 1909.

Sur la théorie de l'effet Zeeman observé dans une direction
quelconque.   III, 258.
Original paper: Versl. Kon. Akad. Wetensch. Amsterdam. 18,
126, 1909.
French paper: Arch. du Musée Teyler, 1, 1, 1912.

1910. On the scattering of light by molecules.   III, 239.
Original paper: Versl. Kon. Akad. Wetensch. Amsterdam, 18,
650, 1910.
English translation: Proc. roy. Acad. Amsterdam, 13, 92, 1910.

Alte und neue Fragen der Physik.   VII, 205.
Phys. Z., 11, 1234, 1910.

1910. Nouveaux résultats dans le domaine des théories molécu-
laires. VIII, 183.
Original paper: Chemisch Weekblad, 7, 811, 1910.
French paper: Arch. Musée Teyler, 1, 1, 1910.

On the visibility of small particles. IV, 119.
Original paper: „Het Gedenkboek van Bemmelen", 1910.

Prof. v. d. Waals' bekroning met den Nobelprijs. IX, 308.
Nieuwe Rotterdamsche Courant, 22 Nov. 1910.

1911. Sur la masse de l'energie. V, 216.
*Original paper: Versl. Kon. Akad. Wetensch. Amsterdam. 20,
87, 1911.*
French paper: Arch. néerl. Sc. ex., 2, 139, 1912.

The nature of light.
Encyclopedia Brittannica, 11th ed. 16, 617, 1911.

Sur l'application au rayonnement du théorème de l'équipartition de l'énergie. VII, 347.
Rapport Réunion Solvay, 12, 1911–12.

Voordracht over J. Bosscha. IX, 391.
*Herdenkingsrede, uitgesproken in de 159e jaarvergadering van
de Holl. Maatschappij der Wetenschappen te Haarlem, 20
Mei 1911.*

1912. Quelques remarques sur la théorie du magnétisme.
Arch. du Musée Teyler, 1, 73, 1912. VIII, 367.
Rév. Scientifique, 50, 1, 1912.

Sur la théorie des éléments d'énergie. VI, 152.
*Original paper: Versl. Kon. Akad. Wetensch. Amsterdam, 20,
103, 1912.*
French paper: Arch. néerl. Sc. ex., 2, 176, 1912.

On the nature of Röntgen rays. III, 281.
*Original paper: Versl. Kon. Akad. Wetensch. Amsterdam 21,
911, 1913.*

Les théories statistiques en thermodynamique.
Conférences faites au Collège de France en novembre 1912.
Rédigées en 1913 par L. Dunoyer. Teubner. Leipzig, 1916.

1913. The motion of underground water in the vicinity of wells.
Original paper: De Ingenieur, 28, 24, 1913. IV, 59.

The relation between entropy and probability.
Brit. Ass. Rep. 1913, 374.

On Nernst's heat-theorem. VI, 318
Original paper: Chem. Weekblad, 10, 621, 1913.
J. Russ. Phys. Chem. Gesellsch. Physik. Teil, 46.

1913. Sur un théorème general de l'optique.   IV, 144.
Arch. du Musée Teyler, 2, 156, 1914.
Annali di Mat. pura ed. appl. 20, 185, 1913.

Nieuwe richtingen in de Natuurkunde.   IX, 214.
Voordracht Genootsch. Bevorder. Genees-, Heel- en Verloskunde,
22 Oct. 1913.
Nederl. Tijdschr. voor Geneeskunde 57, 217, 1913.

Het relativiteitsbeginsel. Voordrachten in Teyler's Stichting
Arch. du Musée Teyler, 2, 1, 1914.
German translation: Beihefte zur Zeitschrift für den math. und
naturw. Unterricht, 1, 1914.

Anwendung der kinetischen Theorien auf Elektronenbewegung.   VIII, 214.
Mathem. Vorlesungen Univ. Göttingen, 6, 169, 1914.

1914. La gravitation.   VII, 116.
Scientia, 16, 28, 1914.

La prévision scientifique.   VIII, 390.
Revue de l'Université de Bruxelles, 26, 445, 1920–21.

The width of spectral lines.   III, 295.
Proc. roy. Acad. Amsterdam, 18, 134, 1915.

Some remarks on the theory of monatomic gases. VI, 168.
Original paper: Versl. Kon. Akad. Wetensch. Amsterdam, 23,
515, 1914.
English translation: Proc. roy. Acad. Amsterdam, 19, 737, 1914.

Ernest Solvay.   IX, 315.
Naturwissensch., 2, 997, 1914.
French translation: l'Indépendence. 4 Oct. 1914.
Revue du mois, 10, 456, 1914.

Considérations élémentaires sur le principe de relativité.
Rev. gén. Sciences, 25, 179, 1914.   VII, 147.
Italian translation, Torino, 1923.

Deux mémoires de Henri Poincaré sur la physique mathématique.   VII,258
Acta mathematica, 38, 293, 1914.

1915. Hydrodynamic problems.   VII, 1.
Original paper: De Ingenieur, 30, 206, 1915.

De lichtaether en het relativiteitsbeginsel.   IX, 233.
Jaarb. Kon. Akad. Wetensch. Amsterdam, 1915.
Onze eeuw, 15, II, 365, 1915.

Die Maxwellsche Theorie und die Elektronentheorie.
Kultur der Gegenwart, Physik, 311. 2. Aufl., 343, (1925).

1915. On Hamilton's principle in Einstein's theory of gravitation.
V. 229.
*Original paper: Versl. Kon. Akad. Wetensch. Amsterdam, **23**, 1073, 1915.*
*English translation: Proc. roy. acad. Amsterdam, **19**, 751, 1915.*

The dilatation of solid bodies by heat.   IV, 67.
*Original paper: Versl. Kon. Acad. Wetensch. Amsterdam, **24**, 661, 1915.*
*English translation: Proc. roy. Acad. Amsterdam, **19**, 1324, 1916.*

1916. On Einstein's theory of gravitation.   V, 246.
*Original paper: Versl. Kon. Acad. Wetensch. Amsterdam, **24**, 1389, 1759, 1916; **25**, 468, 1380, 1917.*
*English translation: Proc. roy. Acad. Amsterdam, **19**, 1341, 1354, 1916; **20**, 2, 20, 1917.*

1917. De gravitatietheorie van Einstein en de grondbegrippen der natuurkunde.   IX, 244.
*Ned. Natuur- en Geneeskundig Congres, April 1917. Hand. **16**, 33, 1917.*

Röntgenstralen en de structuur der kristallen.
*Voordrachten in Teyler's Stichting, 1916. Edited by W.H.Keesom. Arch. du Musée Teyler: **3**, 180, 1917.*

The motion of a system of bodies under the influence of their mutual attraction, according to Einstein's theory.
In collaboratin with J. Droste.   V, 330.
*Original paper: Versl. Kon. Akad. Wetensch. Amsterdam, **26**, 392, 1917.*

The connection between momentum and flow of energy. Remarks concerning the structure of electrons and atoms.
V, 314.
*Original paper: Versl. Kon. Akad. Wetensch. Amsterdam, **26**, 981, 1917.*

On the changes in intensity in the diffraction pattern of a large number of irregularly arranged holes or particles.
IV, 125.
*Original paper: Versl. Kon. Akad. Wetensch. Amsterdam, **26**, 1120, 1918.*

1918. De electronentheorie.
*Voordrachten in Teyler's Stichting, 1918. Edited by W.H.Keesom. Arch. du Musée Teyler: **5**, 1, 1922.*

1918. Rede bij de aanvaarding van het doctoraat h.c. in de technische wetenschappen te Delft.   IX, 318.
De Ingenieur: 33, 211, 1918.

1919. Uitkomsten der Spectroscopie en theorie der atomen.
De Gids, 83, II, 278, 1919.   IX, 182.

De electrische stroom, oude en nieuwe denkbeelden IX, 127.
Voordracht in het Bataafsch genootschap der proefondervinde-
lijke wijsbegeerte te Rotterdam, 20 September 1919.
De zwaartekracht en het licht.   IX, 264.
Nieuwe Rotterdamsche Courant, 13 November 1919.

1920. De tonen van den Aeolusharp.   IX, 283.
Gedenkboek Willem Mengelberg, 1895–1920.
Positive and negative electricity.   VIII, 48.
Original paper: De Ingenieur, 36, 212, 1921.

1921. The theoretical significance of the Zeeman-effect. VII, 87.
Original paper: Physica, 1, 228, 1921.
Double refraction by regular crystals.   III, 314.
Original paper: Versl. Kon. Akad. Wetensch. Amsterdam 30,
362, 1921.
English translation: Proc. roy. Acad. Amsterdam, 24, 333, 1921.

Notes sur la théorie des électrons.   VIII, 244.
Réunion Solvay, 1921.

The Michelson-Morley experiment and the dimensions of
moving bodies.   V, 356.
Nature, 106, 793, 1921.

1922. Johan Kuenen. Grafrede.   IX, 404.
Ein Rechnungsansatz für den Widerstand bei Flüssigkeits-
Schwingungen.   IV, 252.
Original paper: De Ingenieur, 37, 695, 1922.

Het magnetisme.
Voordrachten in Teyler's Stichting, 1921. Edited by W.H.Keesom.
Arch. du Musée Teyler: 5, 77, 1922.

On Whittaker's quantum mechanism in the atom. III, 321.
Original paper: Versl. Kon. Acad. Wetensch. Amsterdam 31,
453, 1922.
English translation: Proc. roy. Acad. Amsterdam, 2 , 414, 1922.
Proof of a theorem due to Heaviside.   III, 331.
Proc. nat. Acad. of Sciences, 8, 333, 1922.

1922. Problems of modern physics. Lectures at the Institute of Technology at Pasadena. Bateman and Company, Boston, 1927.

1923. The radiation of light.   VIII, 17.
Proc. roy. Institution, **24**, *158, 1925.*
Nature, **113**, *608, 1924.*

The determination of the potentials in the general theory of relativity, with some remarks about the measurement of lengths and intervals of time and about the theories of Weyl and Eddington.
Original paper: Versl. Kon. Akad. Wetensch. Amsterdam, **32**, *383, 1923.*
English translation Proc. roy. Acad. Amsterdam, **29**, *383, 1923.*

The rotation of the earth and its influence on optical phenomena.   VII, 173.
Nature, **112**, *103, 1923.*

Clerk Maxwell's electromagnetic theory.   VIII, 353
The Rede lecture for 1923.

Les rapports de l'énergie et de la masse d'après Ernest Solvay.
Note de H. A. Lorentz et Ed. Herzen.
C. R. Acad. Sc. Paris, **177**, *925, 1923.*

1924. Die Theorie des Zeemaneffektes.
Handbuch der Radiologie, **6**. *Akad. Verlagsgesellschaft, 1924.*

Application de la théorie des électrons aux propriétés des métaux.   VIII, 263.
Réunion Solvay, 1924.
Arch. Musée Teyler, **6**, *1, 1927.*

Le mouvement de l'électricité dans une couche sphérique placée dans un champ magnétique.   III, 338.
Arch. néerl. Sc. ex. **9**, *171, 1925.*
English translation: Communications phys. lab. Leiden.
Suppl. 50b, to nos. 157-168, p. 37-40.

1925. The motion of electricity in metals.   VIII, 307.
J. Inst. Metals, **33**, *257, 1925.*

L'ancienne et la nouvelle mécanique.   VII, 274.
Livre du Cinquantenaire Soc. fr. Phys., 1925.

Prof. Dr. P. Zeeman. 1900–12 Maart–1925.   IX, 335.
Physica **5**, *73, 1925.*

Max Planck und die Quantentheorie.   VII, 385.
Naturwissensch. **13**, *1077, 1925.*

1925. Rede bij de aanvaarding van het doctoraat in de geneeskunde h.c. te Leiden.   IX, 326.
      Physica 6, 21, 1926.

1926. Physics in the new and the old world.   VIII, 404.
      „American Week" at Leiden, 1926.
      Het proefschrift van Professor H. Kamerlingh Onnes.
      Physica 6, 165, 1926.   IX, 291.
      Heike Kamerlingh Onnes. Grafrede.   IX, 407.

1927. Centenaire d'Augustin Fresnel.   IX, 340.
      Revue d'Optique 6, 514, 1927.
      Ansprache, anläszlich der Überreichung der Lorentzme-
      daille an Prof. Max Planck.   IX, 343.
      Versl. Kon. Akad. Wetensch. Amsterdam 36, 532, 1927.
      Sur la rotation d'un électron qui circule autour d'un noyau.
                                                         VII, 179.
      Congrès international de Physique à Como, 1927.
      How can atoms radiate?   VIII, 28.
      J. Franklin Inst., 205, 449, 1928.